国家示范性建设院校课程改革成果教材

机械加工设备

主　编　郑喜朝
副主编　刘彦伯　刘苍林
参　编　崔德敏　张娟飞　谭　波　张伟博
主　审　黄雨田　侯百康

西安电子科技大学出版社

内 容 简 介

本书是根据近年来高职高专教育教学改革的精神，按照基于工作过程的教学目标和教学内容要求编写而成的。在内容的编排上，主要介绍零件典型表面的机械加工方法及其加工设备的特点、传动系统、典型结构和应用知识。全书共5个项目，分别为：回转体表面加工设备的使用、平面与沟槽加工设备的使用、各种孔加工设备的使用、齿形加工设备的使用、特种加工设备的使用。每个项目均以工作过程为导向，对常用的机床附件、刀具与机床的安装、工件在机床夹具中的安装、典型零件的具体加工操作与检验及机床的日常维护与保养都作了详细介绍。

本书以典型项目为载体，符合工学结合的职业教育理念，适合作为职业技术教育机械类各专业和近机类专业的教材，也可供相关技术人员和操作人员参考。

图书在版编目(CIP)数据

机械加工设备 / 郑喜朝主编. 一西安：西安电子科技大学出版社，2018.12

ISBN 978-7-5606-5148-4

Ⅰ. ① 机…　Ⅱ. ① 郑…　Ⅲ. ① 金属切削—机械设备　Ⅳ. ① TG502

中国版本图书馆 CIP 数据核字(2018)第 280951 号

策划编辑　刘玉芳
责任编辑　武翠琴
出版发行　西安电子科技大学出版社(西安市太白南路2号)
电　　话　(029)88242885　88201467　　邮　　编　710071
网　　址　www.xduph.com　　电子邮箱　xdupfxb001@163.com
经　　销　新华书店
印刷单位　陕西天意印务有限责任公司
版　　次　2018年12月第1版　2018年12月第1次印刷
开　　本　787毫米×1092毫米　1/16　印张 18.5
字　　数　437千字
印　　数　1～3000册
定　　价　38.00元

ISBN 978-7-5606-5148-4/TG

XDUP 5450001-1

前　言

本书为高职机械类专业“机械加工设备”课程的基本教材之一，是参照机械类高职规划教材的总体要求，为适应机械类专业应用型人才培养目标对高等职业技术人才专业知识的要求，在总结教学实践经验及学生反馈意见的基础上编写而成的。

本书在内容的编排上循序渐进，从机床的基本运动要求入手，逐渐展开至普通机床的运动与传动系统分析，以典型机床为例，详细分析了机床的运动，介绍了传动链与调整计算方法和机床的典型结构及工作原理分析，在此基础上，逐步过渡到复杂运动机床的传动系统分析，这样由浅入深地引导学生，培养其对机床运动和传动系统独立分析的能力。

本书在内容的定位上重点突出，从零件典型表面入手，引入其机械加工方法和加工设备的特点、传动系统、典型结构和应用知识，进而对常用的机床附件、刀具与机床的安装、工件在机床夹具中的安装、典型零件的具体加工操作与检验及机床的日常维护与保养进行具体介绍。

本书由陕西国防工业职业技术学院郑喜朝任主编，刘彦伯、刘苍林任副主编，黄雨田、侯百康任主审，参加编写的有郑喜朝(任务1.1、1.2、2.1、2.2)、刘彦伯(任务1.3、4.1、4.2)、张娟飞(任务1.4、2.3)、张伟博(任务2.4)、崔德敏(任务3.1、3.2、3.3)、谭波(任务5.1、5.2)，刘苍林负责全书的统稿工作。

在本书编写过程中，得到了有关院校和企业同行的大力支持和热情帮助，陕西国防工业职业技术学院实习工厂的田晋源和邢武工程师提供了大量编写资料，陕西国防工业职业技术学院黄雨田教授、惠安集团机电公司技术总监侯百康高级工程师和西安航空动力控制科技有限公司张振海高级工程师对教材体系及内容选择提出了很多宝贵意见，在此表示衷心的感谢！本书在编写过程中还借鉴了其他书刊的长处和精华以及部分网络资源，谨在此表示真诚的感谢！

由于编者水平有限，书中难免有疏漏和不妥之处，殷切希望读者批评指正。

编　者

2018年7月

目　录

项目一　回转体表面加工设备的使用

任务 1.1　台阶轴车削加工设备的使用

【任务描述】

按台阶轴车削工序卡片完成台阶轴车削加工过程。

【任务要求】

读懂工序卡片，选择合适的机床型号，完成刀具、工件和夹具与机床的安装，调整操作机床，完成台阶轴车削加工过程。

【知识目标】

(1) 能读懂工序卡片中有关刀具、量具、附具、夹具的内容。

(2) 理解车床的分类及其工艺范围。

(3) 理解车床的主运动、进给运动和辅助运动。

(4) 理解车床各传动件的典型结构和工作原理。

【能力目标】

(1) 能根据机床型号编制规范解释某机床型号的含义。

(2) 能理解车床主运动传动系统、进给箱传动系统和溜板箱传动系统。

(3) 能根据零件加工表面形状、加工精度和表面质量选择合适的机床型号。

(4) 能调整 CA6140 型普通卧式车床，会安装刀具、工件并操作 CA6140 型普通卧式车床车削台阶轴零件。

(5) 能正确使用量具检验工件。

(6) 能处理简单车床故障。

【学习步骤】

以台阶轴车削加工工序卡片的形式提出任务，在车削台阶轴的准备工作中学会分析工序卡片及图样，根据分析，选择合适的机床型号，对选定的机床的参数及运动进行分析，掌握本机床的调整及操作方法，掌握刀具、夹具、附具及工件与机床的连接与安装，完成零件的加工操作及检验，掌握对一般机床故障的分析与排除能力，学会本类机床的操作规程及其维护保养。

1.1.1　台阶轴车削加工工序卡片

台阶轴车削加工工序卡片如表 1.1－1 所示。

表 1.1-1　台阶轴车削加工工序卡片

××××学院	机械加工工序卡片	产品型号		零件图号		
		产品名称		零件名称	台阶轴	共　页 第　页

55　$Ra\,6.3$　$2\times45^\circ$　$Ra\,6.3$　2　$\phi70^{\ 0}_{-0.034}$　$\phi40^{\ 0}_{-0.052}$　$Ra\,3.2$　20　150

车间	工序号	工序名称	材料牌号
机加	001	车台阶轴	45钢
毛坯种类	毛坯外形尺寸	每毛坯可制件数	每台件数
棒料	$\phi75$	1	1
设备名称	设备型号	设备编号	同时加工件数
卧式车床	CA6140		1

夹具编号	夹具名称	切削液	
	通用夹具	水溶液	
工位器具编号	工位器具名称	工序工时（分）	
		准终	单件

工步号	工步内容	工艺装备	主轴转速 r/min	切削速度 m/min	进给量 mm/r	切削深度 mm	进给次数	工步工时 机动	工步工时 辅助
1	装夹								
2	车右端面	三爪卡盘、45°车刀	400	89.8	0.29				
2	粗车外圆$\phi71.5^{\ 0}_{-0.19}$及$\phi41.5^{\ 0}_{-0.16}$	三爪卡盘、外圆车刀、卡尺	400	89.8	0.29				
3	半精车外圆$\phi70.5^{\ 0}_{-0.19}$及$\phi41.5^{\ 0}_{-0.16}$	三爪卡盘、外圆车刀、千分尺	560	123.1	0.1				
4	倒角 $2\times45^\circ$	45°车刀	560	66.3	0.1				
5	车槽 4×2	切槽刀	320	123.1	手动				

设计（日期）	校对（日期）	审核（日期）	标准化（日期）	会签（日期）

1.1.2　车削台阶轴的准备工作

1. 分析图样

台阶轴加工表面由圆柱表面和轴肩及端面组成，加工精度为 7 级精度，表面粗糙度为 $Ra6.3\ \mu m$ 和 $Ra3.2\ \mu m$。

2. 金属切削机床型号的选择

车床主要用于加工各种回转表面（如内外圆柱面、圆锥面及成型回转表面）和回转体的端面，有些车床可以加工螺纹面。

根据车床工艺范围及本图样分析选择车床，并考虑到零件的最大回转直径，可以选择 CA6140 型卧式车床。

1）机床的类型、型号编制及运动

（1）机床的类型。

机床的传统分类方法主要是按加工性质和所用的刀具进行分类的，根据我国制定的机床型号编制方法，目前将机床共分为 11 大类：车床、钻床、镗床、磨床、齿轮加工机床、螺纹加工机床、铣床、刨插床、拉床、锯床及其他机床。每一类机床又按工艺范围、布局形式和结构等，分为 10 个组，每一组又细分为 10 个系（系列）。

在上述基本分类方法的基础上，还可根据机床其他特征进一步区分。

同类型机床按工艺范围又可分为通用机床、专门化机床和专用机床。

① 通用机床。它可用于加工多种零件的不同工序，加工范围较广，通用性较大，但结

构比较复杂。这种机床主要适用于单件小批生产，例如卧式车床、万能升降台铣床等。

② 专门化机床。它的工艺范围较窄，专门用于加工某一类或几类零件的某道(或几道)特定工序，如曲轴车床、凸轮轴车床等。

③ 专用机床。它的工艺范围最窄，只能用于加工某一种零件的某一道特定工序，适用于大批量生产，如用于加工机床主轴箱的专用镗床、用于加工车床导轨的专用磨床等。汽车、拖拉机制造中使用的各种组合机床也属于专用机床。

同类型机床按精度等级又可分为普通精度机床、精密机床和高精度机床。

机床还可按自动化程度分为手动、机动、半自动和自动机床。其中，半自动和自动机床按机床控制方式不同又分为用机械方式控制的、用电气控制的和用计算机数字控制的机床。

机床按重量与尺寸的不同可分为仪表机床、中型机床(一般机床)、大型机床(重量达10 t)、重型机床(大于30 t)和超重型机床(大于100 t)。

机床按主要工作部件的数目不同可分为单轴的、多轴的或单刀的、多刀的机床等。

通常，机床首先根据加工性质进行分类，然后再根据其某些特点进一步描述，如多刀半自动车床、高精度外圆磨床等。

随着机床的发展，其分类方法也将不断改变。现代机床正向数控化方向发展，数控机床的功能日趋多样化，工序也更加集中，一台数控机床集中了越来越多的传统机床的功能。例如，数控车床在卧式车床功能的基础上，又集中了转塔车床、仿形车床、自动车床等多种车床的功能；车削加工中心出现以后，数控车床在原有功能的基础上，又加入了钻、铣、镗等类机床的功能。又如，具有自动换刀功能的镗铣加工中心机床(习惯上所称的“加工中心”)集中了钻、镗、铣等多种类型机床的功能；有的加工中心的主轴既能立式又能卧式，还集中了立式加工中心和卧式加工中心的功能。可见，机床数控化引起了机床传统分类方法的变化，这种变化主要表现在机床品种不是越分越细，而是趋向综合。

(2) 机床型号的编制。

机床的型号是赋予每种机床的一个代号，以简明地表示机床的类型、通用特性和结构特性、主要技术参数等。目前我国的机床型号是按2008年颁布的标准GB/T 15375—2008《金属切削机床型号编制方法》编制的。此标准规定，机床型号由大写汉语拼音字母和阿拉伯数字按一定的规律组合而成，它适用于各类通用机床和专用机床及自动线，不包括组合机床和特种加工机床。

① 通用机床型号。

通用机床型号由基本部分和辅助部分组成，中间用“/”隔开，读作“之”。前者需统一管理，后者纳入型号与否由企业自定。其型号构成如图1.1-1所示。

型号表示法中，有“(　)”的代号或数字，若无内容则不表示，若有内容则不带括号；有“□”符号者，为大写的汉语拼音字母；有“△”符号者，为阿拉伯数字；有“⧋”符号者，为大写的汉语拼音字母或阿拉伯数字，或两者兼有之。

例如，1组4系最大磨削直径320 mm经第一次重大改进的高精度磨床类机床型号为MG1432A。

a. 机床类代号。机床的类代号包括分类代号和类别代号。类别代号用大写汉语拼音字母表示，例如，“车床”的汉语拼音是“Chechuang”，所以用“C”表示；分类代号用阿拉伯数

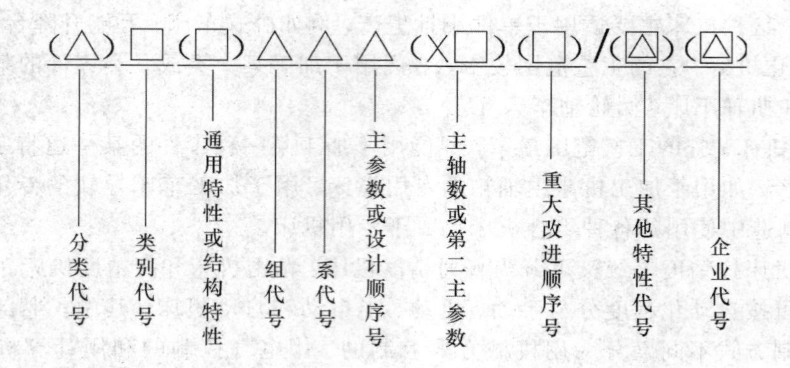

图 1.1－1　通用机床型号构成

字表示，并位于类别代号之前，即居于型号的首位，但第一分类不予表示，例如，磨床类分为 M、2M、3M 三个分类。机床的类别、代号及读音如表 1.1－2 所示。

表 1.1－2　机床的类别、代号及读音

类别	车床	钻床	镗床	磨床			齿轮加工机床	螺纹加工机床	铣床	刨插床	拉床	锯床	其他机床
代号	C	Z	T	M	2M	3M	Y	S	X	B	L	G	Q
读音	车	钻	镗	磨	二磨	三磨	牙	丝	铣	刨	拉	割	其

b. 机床的特性代号。机床的特性表示机床所具有的特殊性能，包括通用特性和结构特性。当某类型机床除有普通型外，还具有如表 1.1－3 所列的某种通用特性时，则在类别代号之后加上相应的特性代号，例如“CK”表示数控车床。如果同时具有两种通用特性，则可用两个代号同时表示，如“MBG”表示半自动高精度磨床。如果某类型机床仅有某种通用特性，而无普通型，则通用特性不必表示，如 C1312 型单轴转塔自动车床，由于这类自动车床没有“非自动”型，所以不必用“Z”表示通用特性。

表 1.1－3　机床的通用特性、代号及读音

通用特性	高精度	精密	自动	半自动	数控	加工中心自动换刀	仿形	轻型	加重型	简式或经济型	柔性加工单元	数显	高速
代号	G	M	Z	B	K	H	F	Q	C	J	R	X	S
读音	高	密	自	半	控	换	仿	轻	重	简	柔	显	速

为了区分主参数相同而结构不同的机床，在型号中用结构特性代号来加以区分。结构特性代号为汉语拼音字母。例如，CA6140 型卧式车床型号中的“A”，可理解为这种型号车床在结构上区别于 C6140 型车床。结构特性的代号字母是根据各类机床的情况分别规定的，在不同型号中的意义也不一样。

c. 机床组、系的划分原则及其代号。机床的组别和系别代号用两位阿拉伯数字表示。每类机床按其结构性能及使用范围划分为 10 个组，用数字 0～9 表示。每组机床又分 10 个系(系列)，系的划分原则是：在同一类机床中，主要布局或使用范围基本相同的机床，即为同一组；在同一组机床中，主参数、主要结构及布局形式相同的机床，即划为同一系。

d. 机床主参数、第二主参数和设计顺序号。机床主参数代表机床规格的大小，用折算值表示。某些通用机床，当无法用一个主参数表示时，则在型号中用设计顺序号表示。设计顺序号由1起始，当设计顺序号小于10时，则在设计顺序号之前加“0”。

e. 机床主轴数和第二主参数的表示方法。对于多轴车床、多轴钻床和排式钻床等机床，其主轴数应以实际数值列入型号，置于主参数之后，用“×”分开，读作“乘”。单轴可省略，不予表示。第二主参数(多轴机床的主轴数除外)一般不予表示，如有特殊情况，需在型号中表示，应按一定手续审批。在型号中表示的第二主参数，一般以折算成两位数为宜，最多不超过三位数。例如，以长度、深度值等表示的，其折算系数为1/100；以直径和宽度值等表示的，其折算系数为1/10；以厚度和最大模数值等表示的，其折算系数为1。当折算值大于1时，则取整数；当折算值小于1时，则取小数点后第一位数，并在前面加“0”。

f. 机床的重大改进顺序号。当机床的性能及结构布局有重大改进并按新产品重新设计、试制和鉴定时，在原机床型号的尾部应加重大改进顺序号，以区别于原机床型号，其序号按A、B、C等字母(I、O除外)的顺序选用。

重大改进设计不同于完全的新设计，它是在原有机床的基础上进行的改进设计，若其对原机床的结构性能没有作重大的改变，则不属于重大改进，其型号不变。

g. 其他特性代号及其表示方法。其他特性代号置于辅助部分之首，其中同一型号机床的变形代号，也应放在其他特性代号的首位。

其他特性代号主要用以反映各类机床的特性，例如，对于数控机床，可用以反映不同的控制系统；对于加工中心，可用以反映控制系统自动交换主轴头和自动交换工作台；对于柔性加工单元，可用以反映自动交换主轴箱；对于一机多能机床，可用以补充表示某些功能；对于一般机床，可用以反映同一机床的变型等。

其他特性代号可用汉语拼音字母(I、O除外)表示，当单个字母不够用时，可将两个字母组合起来使用，如AB、AC、AD、…、BA、CA、DA、…。此外，其他特性代号还可以用阿拉伯数字表示，也可以用阿拉伯数字和汉语拼音字母组合表示。在读法上，可用汉语拼音字母读音，如有需要也可以用相对应的汉字字意读音。

h. 企业代号及其表示方法。企业代号包括机床生产厂及机床研究单位代号。企业代号置于辅助部分的尾部，用“—”分开，读作“之”。若在辅助部分中仅有企业代号，则不加“—”。

下面举例说明通用机床型号。例如，北京机床研究所生产的精密卧式加工中心，其型号为THM6350/JCS；数控精密单轴纵切自动车床，其型号为CKM1116；大河机床厂生产的经过第一次重大改进、最大钻孔直径为25 mm的四轴立式排钻床，其型号为Z5625×4A/DH。

② 专用机床型号。

专用机床型号表示方法：专用机床型号一般由设计单位代号和设计顺序号组成，型号构成如图1.1-2所示。

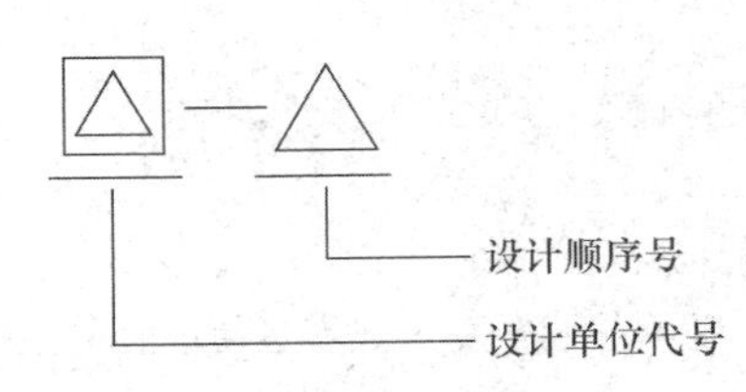

图1.1-2 专用机床型号构成

专用机床设计单位代号包括机床生产厂和机床研究单位代号(位于型号之首)。

专用机床设计顺序号按该单位的设计顺序号排列，

由 001 起始，位于设计单位之后，并用“—”隔开，读作“之”。

例如，沈阳第一机床厂设计制造的第一种专用机床为专用车床，其型号为 SI—001；北京第一机床厂设计制造的第 100 种专用机床为专用铣床，其型号为 BI—100。

③ 机床自动线型号。

机床自动线代号：由通用机床或专用机床组成的机床自动线，其代号为“ZX”，(读作“自线”)，位于设计代号之后，并用“—”分开，读作“之”。

机床自动线设计顺序号的排列与专用机床设计顺序号相同，位于机床自动线代号之后。

机床自动线型号构成如图 1.1－3 所示。

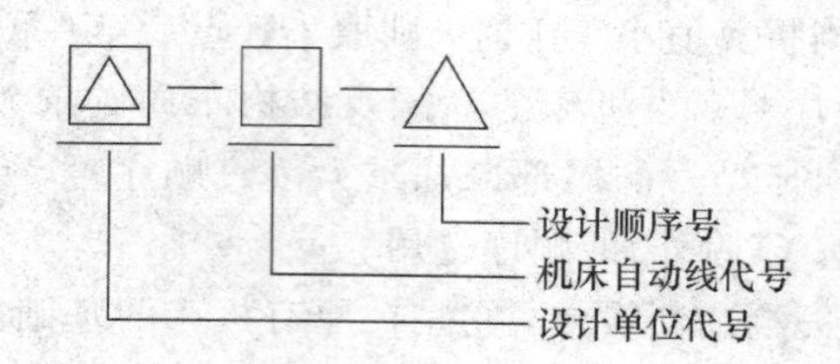

图 1.1－3　机床自动线型号构成

例如，北京机床研究所设计的第一条机床自动线，其型号为 JCS—ZX001。

(3) 机床的运动。

各种类型的机床在进行切削加工时，应使刀具和工件做一系列的运动。这些运动的最终目的是保证刀具与工件之间具有正确的相对运动，以便刀具按一定规律切除毛坯上的多余金属，而获得具有一定几何形状、尺寸、精度和表面粗糙度的工件。以车床车削圆柱表面为例(见图 1.1－4)，在工件安装于三爪自定心卡盘并启动之后，首先通过手动将车刀在纵、横向靠近工件(运动Ⅱ和Ⅲ)；然后根据所要求的加工直径 d，将车刀横向切入一定深度(运动Ⅳ)；接着通过工件旋转(运动Ⅰ)和车刀的纵向直线运动(运动Ⅴ)，车削出圆柱表面；当车刀纵向移动所需长度 l 时，横向退离工件(运动Ⅵ)并纵向退回至起始位置(运动Ⅶ)。除了上述运动外，尚需完成开车、停车和变速等动作。

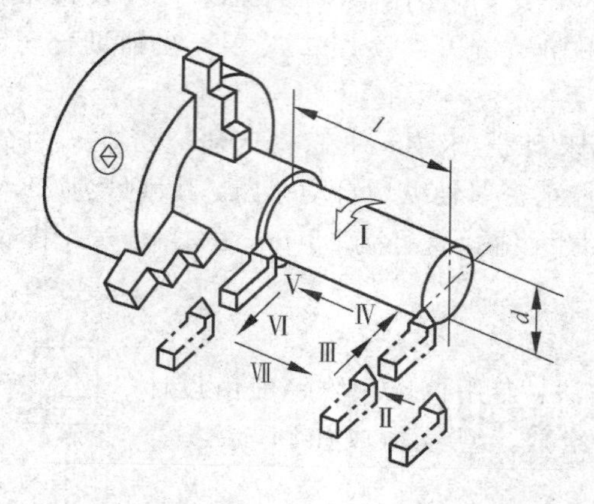

Ⅰ，Ⅴ—成型运动；Ⅱ，Ⅲ—快速趋近运动；Ⅳ—切入运动；Ⅵ，Ⅶ—快速退回运动

图 1.1－4　车削圆柱面过程中的运动

机床在加工过程中所需的运动，可按其功用不同分为表面成型运动和辅助运动两类。

① 表面成型运动。

机床在切削过程中，使工件获得一定表面形状所必需的刀具和工件间的相对运动称为表面成型运动。如图1.1－4中所示，工件的旋转运动Ⅰ和车刀的纵向运动Ⅴ是形成圆柱表面的成型运动。机床加工时所需表面成型运动的形式、数目与被加工表面的形状、所采用的加工方法和刀具结构有关。如图1.1－5(a)所示采用单刃刨刀刨削成型面，所需的成型运动为工件直线纵向移动 v 及刨刀的横向和垂向运动 s_1 及 s_2；如采用成型刨刀加工，则成型运动只需纵向直线移动 v，如图1.1－5(b)所示。

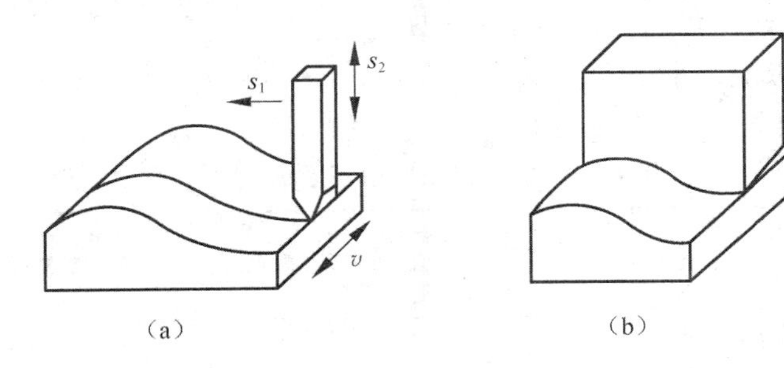

图1.1－5　刨削成型图

根据切削过程中所起的作用不同，表面成型运动又可分为主运动和进给运动。直接切除毛坯上的被切削层，使之变为切屑的运动(形成切削速度的运动)，称为主运动。例如，车床上工件的旋转和钻、镗床上刀具的旋转及牛头刨床上刨刀的直线运动等都是主运动。主运动速度高，消耗大部分机床动力。进给运动是保证将被切削层不断地投入切削，以逐渐加工出整个工件表面的运动。如车削外圆柱表面时车刀的纵向直线运动、钻床上钻孔时刀具的轴向运动、卧式铣床工作台带动工件的纵向或横向直线移动等都是进给运动。进给运动速度较低，消耗机床动力很少，如卧式车床的进给功率仅为主电动机功率的1/30～1/25。

机床在进行切削加工时，至少有一个主运动，但进给运动可能有一个或几个，也可能没有，如图1.1－5(b)所示成型刨刀刨削成型面的加工过程中就只有主运动 v 而没有进给运动。

机床运动按运动的组成情况不同，可分为简单运动和复合运动两种。

如果一个独立的成型运动是由单独的旋转运动或直线运动构成的，则称此成型运动为简单成型运动，简称简单运动。例如，在车床上车外圆柱面时，工件的旋转运动和刀具的直线运动就是两个简单运动；用砂轮磨外圆柱面时，砂轮和工件的旋转运动及工件的直线运动也都是简单运动。

如果一个独立的成型运动是由两个或两个以上的旋转运动或直线运动按某种确定的运动关系组合而成的，则称此成型运动为复合成型运动，简称复合运动。例如，在车床上车削螺纹时，形成螺旋线的刀具和工件之间的相对螺旋运动是由工件的匀速旋转运动和刀具的匀速直线运动形成的，彼此之间不能独立，它们之间必须保持严格的运动关系，即工件每转一转时，刀具匀速直线移动的距离应等于螺纹的导程，从而工件和刀具的这两个单元运动组成一个复合运动。

② 辅助运动。

除了表面成型运动以外，机床在加工过程中还需完成一系列其他的运动，即辅助运动。如图 1.1－4 中，除了工件旋转和刀具直线移动这两个成型运动外，还有车刀快速靠近工件、径向切入以及快速退离工件、退回起始位置等运动。这些运动与外圆柱表面形成无直接关系，但也是整个加工过程中必不可少的，上述这些运动均属于辅助运动。辅助运动的种类很多，主要包括：刀具接近工件、切入、退离工件、快速返回原点等运动；使刀具与工件保持相对正确位置的对刀运动；多工位工作台和多工位刀架的周期换位以及逐一加工多个相同局部表面时，工件周期换位所需的分度运动等。另外，机床的启动、停车、变速、换向以及部件和工件的夹紧、松开等的操纵控制运动，也属于辅助运动。总之，除了表面成型运动外，机床上其他所需的运动都属于辅助运动。

2）车床类机床的分类

车床类机床的分类如表 1.1－4 所示。

表 1.1－4　车床类机床的分类

类别	代号	机床名称	组别	系别	主参数名称	折算系数
车床	C	单轴纵切自动车床	1	1	最大棒料直径	1
		单轴横切自动车床	1	2	最大棒料直径	1
		单轴转塔自动车床	1	3	最大棒料直径	1
		多轴棒料自动车床	2	1	最大棒料直径	1
		多轴卡盘自动车床	2	2	卡盘直径	1/10
		立式多轴半自动车床	2	6	最大车削直径	1/10
		回轮车床	3	0	最大棒料直径	1
		滑鞍转塔车床	3	1	卡盘直径	1/10
		滑枕转塔车床	3	3	卡盘直径	1/10
		曲轴车床	4	1	最大工件回转直径	1/10
		凸轮轴车床	4	6	最大工件回转直径	1/10
		单柱立式车床	5	1	最大车削直径	1/100
		双柱立式车床	5	2	最大车削直径	1/100
		落地车床	6	0	最大工件回转直径	1/100
		卧式车床	6	1	床身上最大回转直径	1/10
		马鞍车床	6	2	床身上最大回转直径	1/10
		卡盘车床	6	4	床身上最大回转直径	1/10
		球面车床	6	5	刀架上最大回转直径	1/10
		仿形车床	7	1	刀架上最大回转直径	1/10
		多刀车床	7	5	刀架上最大回转直径	1/10
		卡盘多刀车床	7	6	刀架上最大回转直径	1/10
		轧辊车床	8	4	最大工件直径	1/10
		铲齿车床	8	9	最大工件直径	1/10

3）CA6140 型卧式车床的工艺范围、结构及技术性能

（1）工艺范围。

CA6140 型卧式车床的工艺范围很广，适用于加工各种轴类、套筒类和盘类零件上的回转表面，如内圆柱面、圆锥面、环槽、成型回转表面及端面和各种常用螺纹，还可以进行钻孔、扩孔、铰孔和滚花等工艺（如图 1.1－6 所示）。

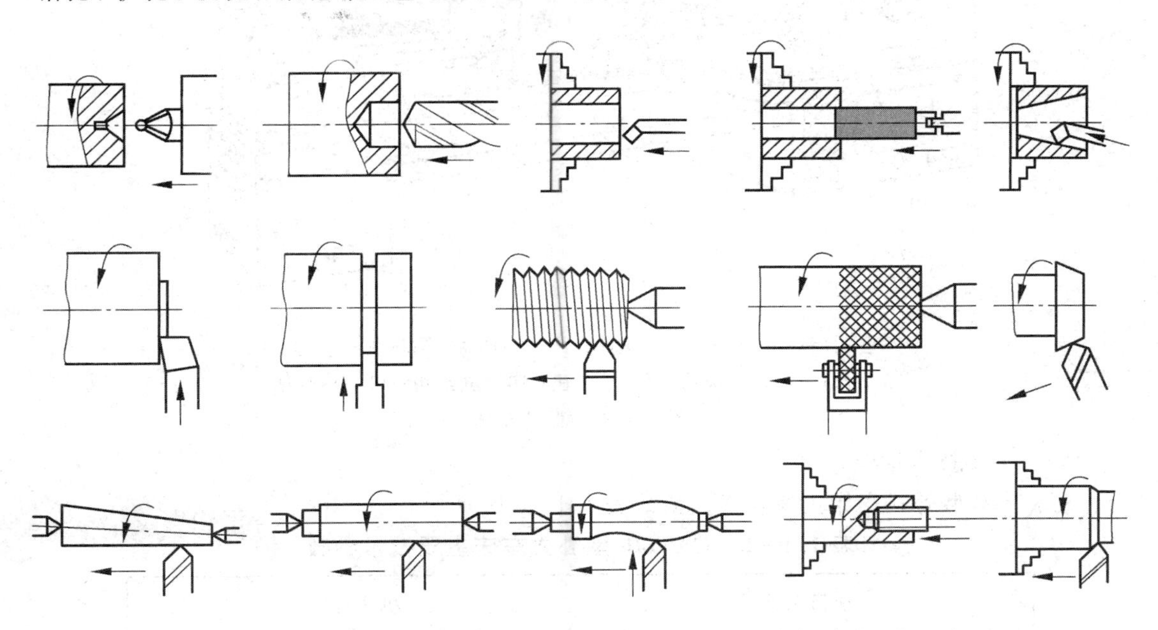

图 1.1－6　卧式车床工艺范围

（2）机床布局。

由于卧式车床主要加工轴类和直径不太大的盘套类零件，因此常采用卧式布局。如图 1.1－7 所示，卧式车床的主要组成部件及功用如下：

① 主轴箱。主轴箱 1 固定在床身 4 的左上部，内部装有主轴和变速传动机构。工件通过夹具装夹在主轴前端。主轴箱的功用是支承主轴，并把动力经变速机构传给主轴，使主轴带动工件按规定的转速旋转，以实现主运动。

② 刀架。刀架 2 可沿床身 4 上的刀架导轨做纵向移动。刀架部件由几层组成，它的功用是装夹车刀，实现纵向、横向和斜向运动。

③ 尾座。尾座 3 安装在床身 4 右端的尾座导轨上，可沿导轨纵向调整位置。它的功用是用后顶尖支撑长工件，也可以安装钻头、铰刀等孔加工刀具进行孔加工。

④ 进给箱。进给箱 10 固定在床身 4 的左前侧。进给箱内装有进给运动的变速机构，用于改变机动进给的进给量或所加工螺纹的导程。

⑤ 溜板箱。溜板箱 8 与刀架 2 最下层的纵向溜板相连，与刀架一起做纵向进给运动。它的功用是把进给箱传来的运动传给刀架，使刀架实现纵向和横向进给、快速运动或车螺纹。溜板箱上装有各种操作手柄和按钮。

⑥ 床身。床身 4 固定在左床腿 9 和右床腿 5 上。在床身上安装着车床的各个主要部件，使它们在工作时保持相对位置或运动轨迹。

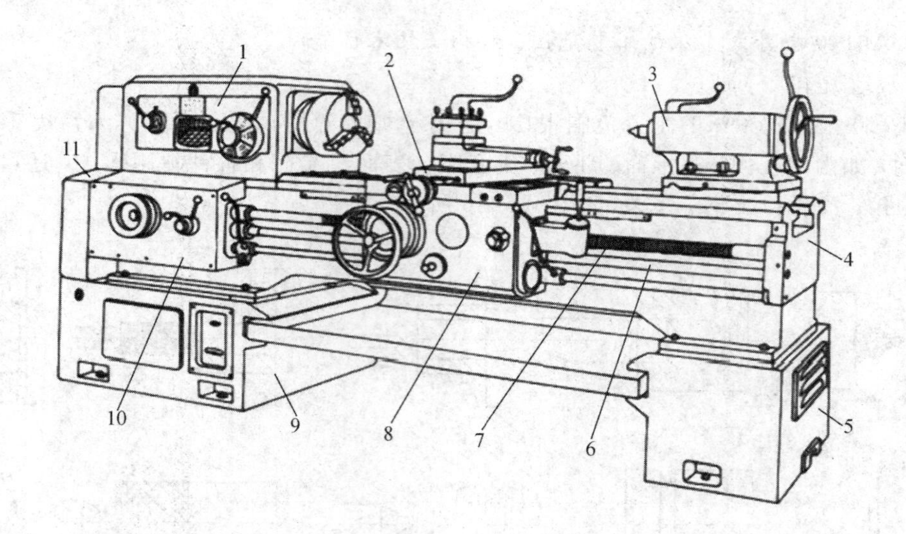

1—主轴箱；2—刀架；3— 尾座；4—床身；5—右床腿；6—光杠；
7—丝杠；8—溜板箱；9—左床腿；10—进给箱；11—挂轮架

图 1.1-7　卧式车床

(3) 主要技术性能。

CA6140 型卧式车床主要技术参数如表 1.1-5 所示。

表 1.1-5　CA6140 型卧式车床主要技术参数

项目名称	机床参数
床身上最大工件回转直径/mm	400
最大工件长度/mm	750，1000，1500，2000
刀架上最大工件回转直径/mm	210
主轴正转转速/(r/min)	10～1400(24 级)
主轴反转转速/(r/min)	14～1580(12 级)
纵向进给量/(mm/r)	0.028～6.33(64 级)
横向进给量/(mm/r)	0.014～3.16(64 级)
车削米制螺纹(44 种)导程/mm	P=1～192
车削英制螺纹 20 种/(牙/in)	α=2～24
车削螺纹(39 种)模数/mm	m=0.25～48
车削径节螺纹 37 种/(牙/in)	DP=1～96
主电机功率/kW	7.5

3. 刀、夹、附具及工件的安装

1）刀具的装夹

（1）车刀在刀架上的安装。

采用正确的方法安装车刀可以保证刀具的耐用度，延长刀具的使用寿命，使切削更加顺利，从而提高生产效率。具体安装时的注意事项如下：

① 车刀伸出刀架的长度要适宜，不能伸出刀架太长。因为车刀伸出过长，刀杆刚性相对减弱，容易在切削中产生振动，影响工件加工精度和表面粗糙度，且使刀尖磨损加速。若刀杆伸出过短，在切削中不便于清理切屑，甚至由于切屑积塞而影响正常加工。一般车刀伸出的长度不超过刀杆高度的 1～1.5 倍，如图 1.1－8 所示。

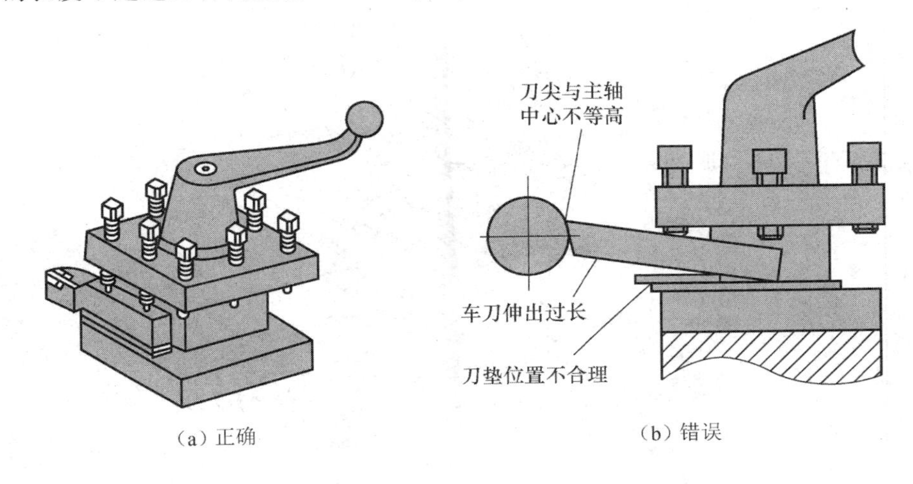

（a）正确　　（b）错误

图 1.1－8　车刀的安装

② 车刀在刀架上固定好以后，刀尖应与车床主轴中心线等高（工件中心）。车刀安装得过高或过低都会引起车刀角度的变化而影响切削。如车刀装得太高，则后角减小，后刀面与工件摩擦加剧；如车刀装得太低，则前角减少，切削不顺利，会使刀尖崩碎。根据经验，粗车外圆时，可将车刀装得比工件中心稍高一些；精车外圆时，可将车刀装得比工件中心稍低一些。但这要根据工件直径的大小来决定，无论装高或装低，一般均不能超过工件直径的 1%。

③ 车刀安装时刀杆应与刀架外侧对齐，不应贴紧刀架内侧，以免在车削过程中发生刀架与卡盘相碰撞的事故。刀头位置左右倾斜会影响车刀角度，若刀头向左倾斜，则主偏角变小，副偏角增大；若刀头向右倾斜，则主偏角增大，副偏角变小。在安装车刀时，应根据情况进行调整。

④ 车刀下面用的垫片要平整、规范，长短应一致，并尽可能用厚垫片，以减少垫片数量，一般用 2～3 片即可。如垫片数量太多或不平整，则会使车刀产生振动，影响切削。安装时，应注意垫片要与刀架前端面平齐，如图 1.1－8(b)所示。

⑤ 车刀装上后，要紧固刀架螺钉，至少要紧固两个螺钉。紧固时，用刀架扳手轮换将螺钉逐个拧紧。

（2）车刀对中心的方法。

① 试切法。试切法一般在粗车时经常采用，首先凭经验通过目测使刀尖对正工件中

心，然后紧固刀具，在端面上进行试切，不论刀尖位置高低都会在近工件中心处留有凸台，再调整刀尖的位置，使凸台平直地被切去，刀尖便对正了工件的中心。

② 尾座顶尖法。在尾座上安装好顶尖后，顶尖中心与主轴中心等高，因此，常采用刀尖对正顶尖中心的方法安装车刀，如图 1.1－9 所示。

③ 测量法。通过钢直尺等量具，测量好车床主轴中心至中滑板导轨面的高度，安装车刀时，用钢直尺测量刀尖高度，以保证车刀刀尖对正主轴中心。

④ 其他方法。除上述几种方法外，还可采用画线法、胎具法、辅助工具对中心等方法进行车刀安装。

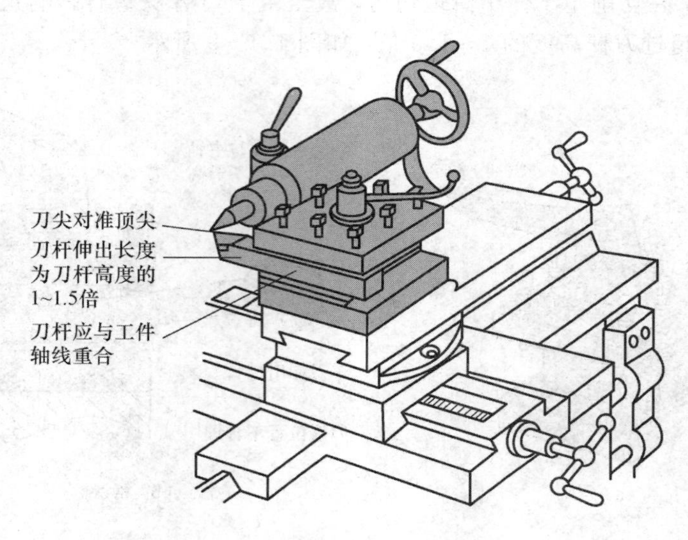

图 1.1－9　根据顶尖中心对刀

总之，车刀对中心的方法很多，在安装时应根据具体情况，灵活运用。

(3) 尾座上工具的安装。

尾座可用于安装顶尖、钻夹头、钻头等工具及刃具，安装时应注意所安装工具、刃具锥柄锥度规格是否与尾座套筒锥孔的锥度规格相同，若相同便可直接将其装入尾座锥孔内，若不同可在锥柄处装一个与尾座套筒相同的过渡锥套，再将其装入尾座中。

2) 夹具的安装

(1) 三爪自定心卡盘的装卸。

三爪自定心卡盘是连接并安装在主轴上的，用来装夹工件并带动工件随主轴一起旋转，从而实现车床的主运动。三爪自定心卡盘是车床上的常用夹具，公制三爪自定心卡盘的常用规格为 150 mm、200 mm、250 mm。

① 三爪自定心卡盘的构造及装夹原理。

三爪自定心卡盘主要由壳体、三个卡爪、三个小锥齿轮、一个大锥齿轮、防尘盖板、定位螺钉及紧固螺钉等零件组成。利用卡盘扳手转动圆周上三个锥齿中的任一个时，均可通过啮合关系带动大锥齿轮旋转，大锥齿轮背面是平面螺纹，它又和卡爪端面的螺纹啮合，从而带动三个卡爪同时向中心移动，起到自定心装夹工件或远离中心移动退出的作用，如图 1.1－10 所示。

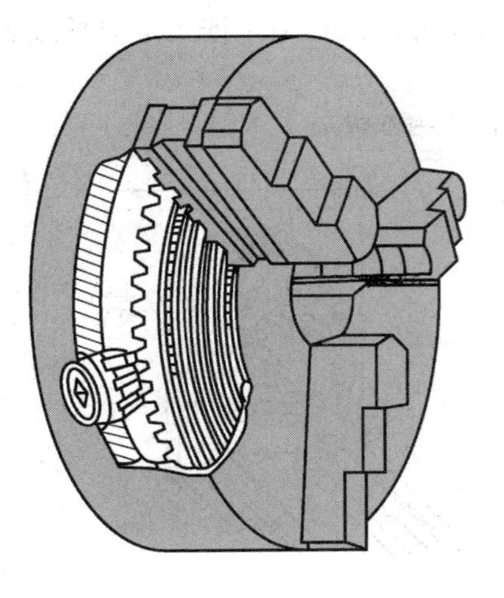
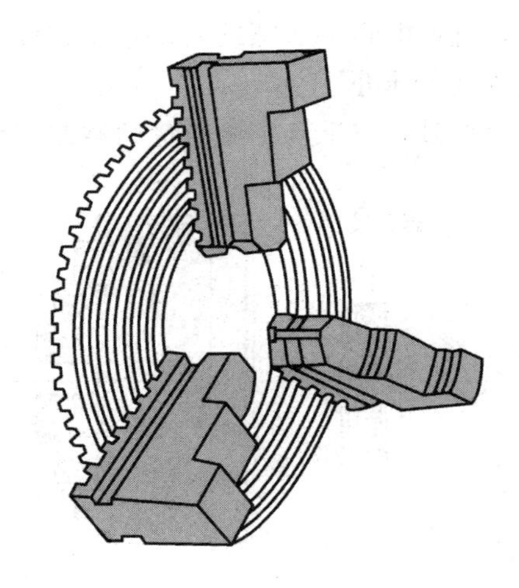

图 1.1－10　三爪自定心卡盘的构造

从机械结构上看，卡盘的三个锥齿具有相同的功能，但是经过仔细检测，可以发现三个锥齿装夹工件的精度并不一样，相差也较大，其中有一个锥齿装夹工件的精度既高又稳定。在精度要求较高的机械加工中，应利用这一特性，使工件加工质量得到进一步保证。

② 卡盘爪与卡盘的拆装。

三爪自定心卡盘有正、反两副卡爪，如图 1.1－11 所示，还有一种装配式卡爪，只要拆下卡爪上的螺钉，即可调换正、反爪。正卡爪用于装夹外圆直径较小或内孔直径较大的工件，一般卡爪伸出卡盘圆周长度不应超过卡爪长度的 1/3，否则会因卡爪背面螺纹与平面螺纹啮合较少而发生事故；反卡爪用于装夹外圆直径较大的工件，如图 1.1－12 所示，但三爪自定心卡盘由于夹紧力不大，故一般只适用于质量较轻的工件，当质量较重的工件进行装夹时，宜用四爪单动卡盘或其他专用夹具。

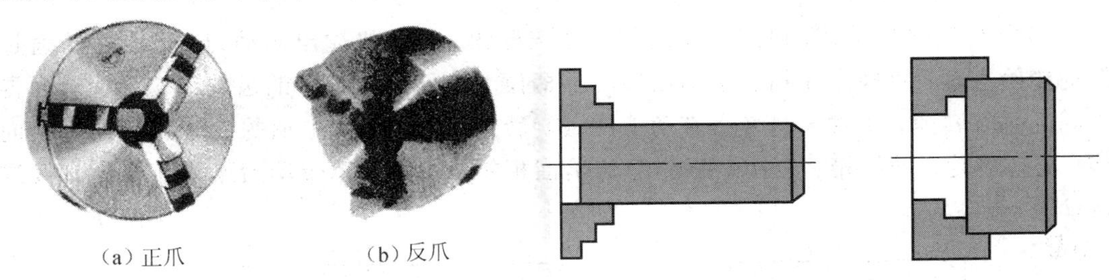

图 1.1－11　三爪自定心卡盘　　图 1.1－12　三爪卡盘正反爪结构和工件装夹

③ 卡盘爪的安装方法。

a. 卡盘爪上标有号码，安装卡爪时要按号码 1、2、3 的顺序依次进行装配，若卡爪号码已看不清楚，可把三个卡爪并排放在一起，比较卡爪端面的螺纹，螺纹牙形高低不一，1 号爪螺纹牙形较低，3 号爪螺纹牙形较高。

b. 将卡盘扳手的方榫插入卡盘外壳圆柱面上的方孔中旋转，带动大锥齿轮背面的平面螺纹转动，当观察到平面螺纹的第一条螺旋槽转到接近壳体上的牙槽时，将 1 号卡爪装到槽 1 内。

c. 接顺时针方向转动卡盘扳手，使平面螺纹与卡盘爪背面的螺纹啮合后，继续转动卡盘扳手，当观察到平面螺纹的第二条螺旋槽转到壳体上的牙槽时，将 2 号卡爪放入，之后依次放入 3 号卡爪。

综上所述，三爪自定心卡盘的拆卸方法如图 1.1－13 所示。

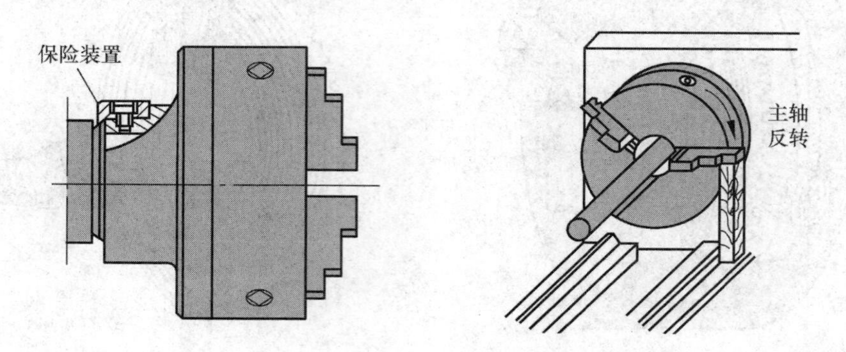

图 1.1－13　三爪自定心卡盘的拆卸方法

(2) 三爪自定心卡盘与主轴的连接方式。

三爪自定心卡盘与主轴的连接方式通常有两种：一种是螺纹连接，另一种是法兰连接，拆装时，应看清后再进行拆卸。

① 拆装时，应在床身导轨上垫木板，在主轴和卡盘中放置一根铁棒，防止拆卸时卡盘不慎掉下，砸伤机床表面。

② 卸卡盘时，在卡爪与导轨面之间放置一定高度的硬木板或软金属，然后将卡爪移至水平位置，慢速倒车冲撞，当卡盘松开后，应立即停车。

③ 卡盘卸下后，松开卡盘外壳上的三个定位螺钉，取出三个小锥齿轮。

④ 松开三个紧固螺钉，取出防尘盖板和带有平面螺纹的大锥齿轮。

4. 车床的调整与操作

如图 1.1－14 所示是卧式车床的传动系统框图，电动机输出的动力，经变速箱通过带传动传给主轴；更换变速箱和主轴箱外的手柄位置，可得到不同的齿轮组啮合，从而得到不同的主轴转速。主轴通过卡盘带动工件做旋转运动，同时，主轴的旋转运动通过换向机构、交换齿轮、进给箱、光杠(或丝杠)传给溜板箱，使溜板箱带动刀架沿床身做直线进给运动。

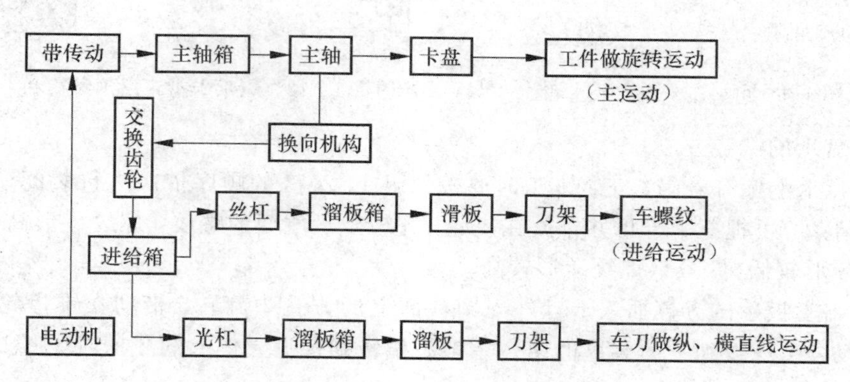

图 1.1－14　卧式车床传动系统框图

操作开机前应先检查各手柄位置是否正确，无误后方可开车。

1）主轴箱变速的操作

通过主轴箱变速的操作，学会正确变换主轴转速的方法。变动变速箱和主轴箱外面的变速手柄，可得到各种相对应的主轴转速。当手柄拨动不顺利时，可用手稍转动卡盘。

2）进给箱的操作

通过进给箱的操作，学会正确变换进给量的方法。按所选的进给量查看进给箱上的标牌，再按标牌上的指示变换进给手柄位置，即可得到所选定的进给量。

3）溜板箱的操作

通过溜板箱的操作，熟悉并掌握纵向和横向手动进给手柄的转动方向。左手握纵向进给手轮，右手握横向进给手轮，分别顺时针和逆时针旋转手轮，操纵刀架和溜板箱的移动方向。

在上述操作的基础上，熟悉并掌握纵向和横向机动进给的操作。光杠或丝杠接通手柄位于光杠接通位置上，将纵向机动进给手柄压下即可纵向机动进给，将横向机动进给手柄向上提起即可横向机动进给，机动进给手柄复位后则可停止纵、横向机动进给。

另外，需注意床鞍、中滑板和小滑板的刻度值。床鞍一小格为0.5 mm，中滑板一小格为0.02 mm，小滑板一小格为0.05 mm。

4）刀架的操作

当刀架上同时安装多把刀具时，应熟练掌握其换刀方法。逆时针转动刀架手柄，刀架可旋转；顺时针转动刀架手柄，则锁紧刀架。

5）尾座的操作

尾座在床身导轨面上移动，一般通过螺栓螺母固定。调整上、下螺母位置，以使尾座的锁紧力适当。转动尾座套筒手轮，可使套筒在尾架内移动，CA6140型车床尾座套筒手轮转动一周，套筒进给5 mm。转动尾座锁紧手柄，可将套筒固定在尾座内。

1.1.3 轴零件的加工与检验步骤

轴零件的具体加工与检验步骤如下：

(1) 用三爪卡盘夹持工件，夹持长度约35 mm，需稳定可靠。

(2) 将45°车刀安装在方刀架上，调整刀尖与车床主轴中心等高。

(3) 车床开启，主轴转速调到400 r/min，车右端面。

(4) 粗车外圆 $\phi71.5_{-0.19}^{0}$ 及 $\phi41.5_{-0.16}^{0}$。

(5) 停车，改变主轴转速调到560 r/min，半精车外圆 $\phi70_{-0.074}^{0}$ 及 $\phi40_{-0.062}^{0}$。

(6) 车倒角2×45°。

(7) 换4 mm宽切槽刀，安装在方刀架上，调整刀尖与车床主轴中心等高。

(8) 车4 mm×2 mm槽。

(9) 用游标卡尺测量尺寸。

(10) 用粗糙度对照样板检验粗糙度。

1.1.4 主轴箱常见故障的分析及排除

1. 切削负荷大时，主轴转速自动降低或自动停车

1）故障产生原因

(1) 摩擦离合器调整过松或磨损。摩擦离合器的内、外摩擦片在松开时的间隙应适当。

若间隙太大时压不紧，摩擦片之间会出现打滑现象，影响机床功率的正常传递，导致切削过程中产生“闷车”现象，易磨损摩擦片；间隙太小，机床启动时费力，松开时摩擦片不易脱开，使用过程中会因过热而导致摩擦片烧坏。

(2) 电动机传动带(V带)过松。传动带太松或松紧不一致，会使传动带与带轮槽之间的摩擦力明显减小，因此，当主轴受到较大切削力作用时，容易造成传动带与带轮槽之间互相打滑，使主轴转速降低或停止转动。

(3) 主轴箱变速手柄定位弹簧过松。由于变速手柄定位弹簧过松，使定位不可靠，当主轴受到切削力作用时，啮合齿轮将发生轴向位移，脱离正常啮合位置，使主轴停止转动。

2) 故障解决方案

(1) 调整摩擦离合器的间隙，增大摩擦力，若摩擦片磨损严重则应更换。摩擦离合器的调整方法如图1.1-15所示，先将定位销1按入紧固螺母2和3的缺口中，如正转(顺车)时摩擦片过松，则向左拧紧紧固螺母3进行调整，过紧则向右拧松紧固螺母3进行调整；如反转(倒车)时摩擦片过松，则向右拧紧紧固螺母2进行调整，过紧则向左拧松紧固螺母2进行调整。调整完毕后，应使定位销1弹回到紧固螺母2和3的缺口中。

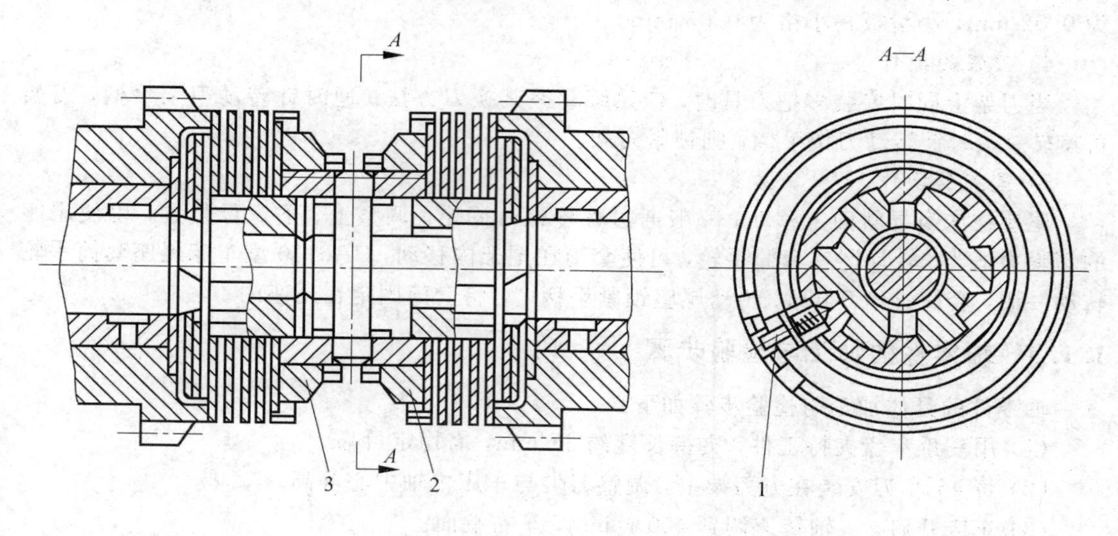

1—定位销；2，3—紧固螺母

图1.1-15 多片式摩擦离合器的调整

(2) 调整两带轮之间的轴线距离，使4根传动带受力基本均匀，以使其在运转时有足够的摩擦力。但不能把传动带调整得太紧，否则会引起电动机发热。若V带日久伸长，则需全部更换。

(3) 调整变速手柄定位弹簧压力，使手柄定位可靠，不易脱开。

2. 停机后，主轴仍自转

1) 故障产生原因

(1) 摩擦离合器调整过紧，停车后摩擦片未完全脱开。当开、停车操纵手柄处于停机位置时，如果摩擦离合器调整过紧，则摩擦片之间的间隙过小，内外摩擦片之间就不能立即脱开或者无法完全脱开。这时，摩擦离合器传递运动转矩的效能并没有随之消失，主轴依然继续旋转，因此，会出现停机后主轴仍自转的现象，这样就失去了保险作用，并且操纵费力。

(2) 制动器过松，制动带包不紧制动盘，刹不住车。制动器是与开、停车手柄同时配合刹车的制动机构。制动器太松，停车时主轴(工件)不能立即停止回转，则不能起到制动作用，影响生产效率；制动器太紧，则因摩擦严重会烧坏制动钢带。

(3) 齿条轴与制动器杠杆的接触位置不对。如图 1.1-16 所示，主轴箱内齿条 13 所处的位置正确与否，将直接影响卧式车床的正常运转与刹车制动。当开、停车手柄 6 处于停机位置时，制动器杠杆 12 应处于齿条轴凸起部分的中间(图中盘位置)；正转或反转时，杠杆应处于凸起部分左、右的凹圆弧处。如果此时两者位置不对，就会造成在制动状态下主轴继续运转的现象。

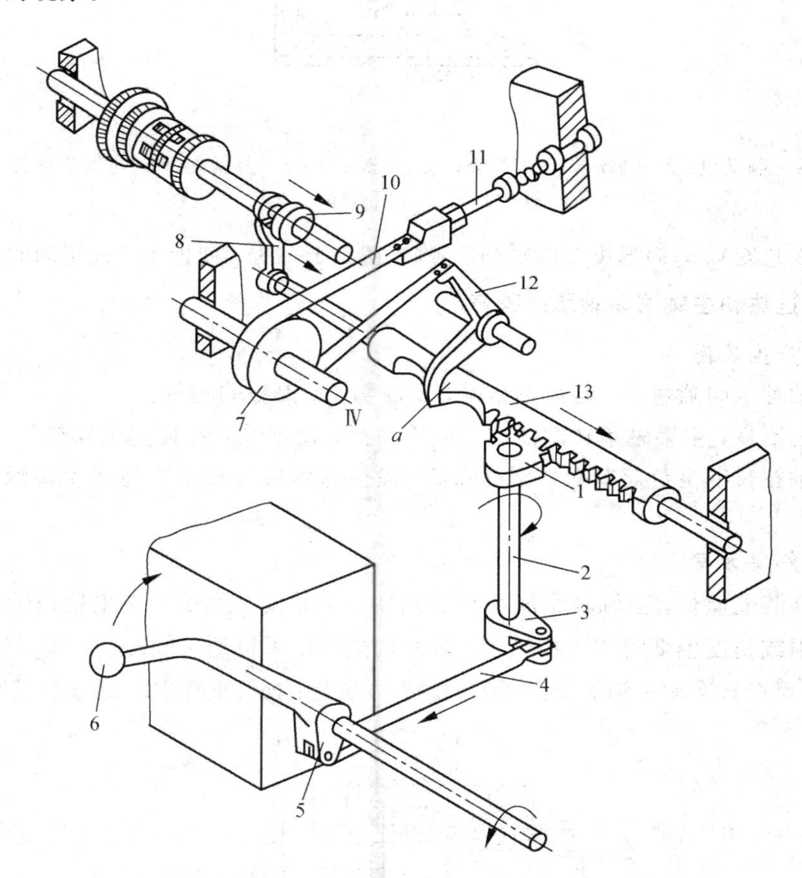

1—扇形齿；2—轴；3—杠杆；4—连杆；5—操纵杆；6—开、停车手柄；7— 制动轮；
8—拨叉；9—拨叉滑动环；10—钢带；11—螺钉；12—制动器杠杆；13—齿条

图 1.1-16　摩擦离合器、制动器的操纵机构

2) 故障解决方案

(1) 调整内、外摩擦片，使其间隙适当，这样既能保证传递正常转矩，又不至于发生过热现象。

(2) 制动器的调整。调整方法如图 1.1-17 所示，拧紧并紧螺母 5，调整调节螺母 4，使调节螺钉 6 向外侧移动，张紧制动带；反之，调节螺钉 6 向内侧移动，放松制动带。制动带松紧达到要求(当主轴在摩擦离合器松开时，能迅速停止转动)时，紧固并紧螺母 5。

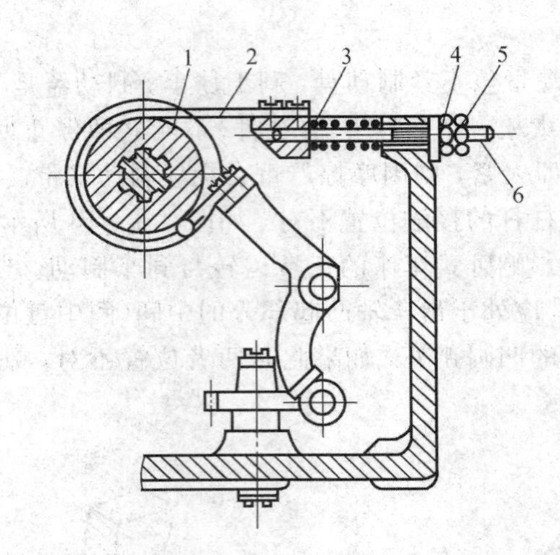

1—制动盘；2—制动带；3—弹簧；4—调节螺母；5—并紧螺母；6—调节螺钉

图 1.1－17　制动器的调整

(3) 调整齿条 13 与扇形齿 1 的啮合位置(见图 1.1－16)，使齿条处在正确的轴向位置。

3. 主轴过热和主轴滚动轴承的噪声

1）故障产生原因

(1) 主轴轴承间隙过小，装配不精确，使摩擦力、摩擦热增加。

(2) 润滑不良，主轴轴承缺润滑油造成干摩擦，发出噪声并使主轴发热。

(3) 主轴在长期全负荷车削中刚度降低、发生弯曲或传动不平稳而使接触部位产生摩擦而发热。

2）故障解决方案

(1) 提高装配质量，主轴轴承间隙调整适中；主轴前、后轴颈与主轴箱轴承孔保证同轴；轴承磨损或精度偏低时应更换轴承。装配调整后用手扳动主轴转动，应灵活自如。

CA6140 型卧式车床主轴前支撑间隙的调整方法是：松开支撑右端螺母 2(见图 1.1－18)，

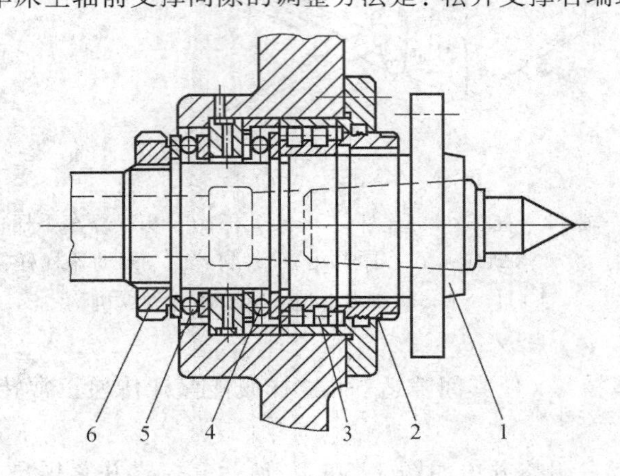

1—主轴；2—螺母；3，4，5—轴承；6—调整螺母

图 1.1－18　卧式车床主轴轴承间隙的调整

拧紧支撑左端调整螺母6，使轴承3内环相对主轴锥面向右移动。由于轴承内环很薄，内孔与主轴锥面有1∶12的锥度，因此，内环在向右轴向移动的同时将产生径向的弹性膨胀，从而达到调整轴承径向间隙或预紧的目的。调整后拧紧右端螺母2，然后略微松动调整螺母6，调整推力球轴承4和5的间隙，以免轴向间隙过紧。调整好后，拧紧调整螺母6上的锁紧螺钉。调整后的主轴径向跳动与轴向窜动允差均为0.01 mm，并应进行1 h的高速回转试验，轴承温度不得超过60℃。

(2) 合理选用润滑油，疏通油路，控制润滑油的注入量，缺油时应及时加油补充，但不能供油过多，供油过多会造成主轴箱内搅拌现象严重，反而使轴承和主轴发热。

(3) 应尽量避免长期全负荷车削。

4. 在切断工件或强力车削时，主轴出现向上的"擎动"

1) 故障产生原因

(1) 主轴轴承径向间隙过大，主轴径向跳动大。

(2) 主轴箱前、后主轴轴承孔不同轴。

(3) 切削功率过大(大于机床额定功率)。

2) 故障解决方案

(1) 调整主轴的径向与轴向间隙。

(2) 用镶套、精镗的方法修复主轴箱，使前、后主轴轴承孔同轴。

(3) 校验切削功率($N_{切} \leqslant N_{电} \eta$)，若超负荷应降低切削用量。

5. 主轴箱油窗不注油

1) 故障产生原因

(1) 滤油器、油管堵塞。

(2) 油泵箱内油面过低，油量不足。

(3) 进油管泄漏，油量减少。

2) 故障解决方案

(1) 清洗滤油器，疏通油路。

(2) 注入适量的机油，并防止渗漏。

(3) 拧紧管接头。

6. 主轴箱漏油

1) 故障产生原因

(1) 主轴箱箱体有砂眼、气孔或裂纹。

(2) 密封不严或纸垫破裂。

2) 故障解决方案

(1) 主轴箱箱体缺陷用树脂胶黏剂加细铸铁粉修补。

(2) 刮平结合面或换密封圈、纸垫等。

1.1.5 车床操作规程

坚持安全、文明生产是保障操作人员和设备的安全，防止工伤和设备事故的根本保证，同时也是实训车间科学管理的一项十分重要的手段。它直接影响到人身安全、产品质量和生产效率，影响设备和工、夹、量具的使用寿命及操作人员技术水平的正常发挥。

(1) 工作时要穿好工作服，女同学要戴好工作帽，防止衣角、袖口或头发被车床转动部分卷入。

(2) 车削时操作者必须戴护目镜，以防切屑伤害眼睛。

(3) 装夹工件和车刀要停机进行。工件和车刀必须装夹牢固，防止其飞出伤人。装刀时刀头伸出部分不要超出刀体高度的1.5倍，刀具下垫片的形状尺寸应与刀体基本一致，垫片应尽可能少而平。工件装夹好后，卡盘扳手必须立即取下。

(4) 在车床主轴上装卸卡盘，一定要停机后进行，不可利用电动机的力量来取下。

(5) 用顶尖装夹工件时，要注意使顶尖中心与主轴中心孔完全一致，不能使用破损或歪斜的顶尖，使用前应将顶尖、中心孔擦干净，尾座顶尖要顶牢。

(6) 开车前，必须重新检查各手柄是否在正常位置，卡盘扳手是否取下。

(7) 禁止把工具、夹具或工件放在车床床身和主轴变速箱上。

(8) 操作时，手和身体不能靠近卡盘和拨盘，应注意保持一定的距离。

(9) 换挡手柄变换的方法是左推右拉，如推(或拉)不动时，不可用力猛撞，可用手转动一下卡盘，使齿与齿槽对准即可搭上。

(10) 运动中严禁变速，必须等停车且惯性消失后再扳动换挡手柄变速。

(11) 车螺纹时，必须把主轴转速设定在最低挡，不准用中速或高速挡车螺纹。

(12) 测量工件时，要停机并将刀架移动到安全位置后进行。

(13) 需要用砂布打磨工件时，应把刀具移到安全位置，并注意不要让手和衣服接触工件表面。

(14) 切削时产生的切屑，应使用钩子及时清除，严禁用手拉。

(15) 车床开动后，务必做到"四不准"：

① 不准在运转中改变主轴转速和进给量；

② 初学者纵、横向自动走刀时，手不准离开自动手柄；

③ 纵向自动走刀时，刀架不准过于靠近卡盘，也不准过于靠近尾架；

④ 开车后，人不准离开机床。

(16) 设备使用完毕，应把刀具、工具、量具、材料等物品整理好，并做好设备清洁和日常保养。

(17) 要保持工作环境的清洁，设备使用结束后应关闭相关电源。

1.1.6 车床的润滑和日常保养

1. 车床的润滑

为使车床的床身及各部件保持正常运转并减少磨损，必须按车床润滑示意图所示经常对车床的所有摩擦部分进行润滑。车床上常用的润滑方式如表1.1-6及图1.1-19所示。

表 1.1-6　车床上常用的润滑方式

序号	润滑方式	润滑部位及方法	润滑时间
1	浇油润滑	车床的床身导轨面，中、小滑板导轨面等外露的滑动表面，擦干净后用油壶浇油润滑	每班一次
2	溅油润滑	车床主轴箱内的零件一般是利用齿轮的转动把润滑油飞溅到各处进行润滑	每三个月更换一次
3	油绳润滑	将毛线浸在油槽内，利用毛细管的作用把油引到所需要润滑的部位，如车床进给箱内的润滑就采用这种方式	每班一次
4	弹子油杯润滑	车床尾座和中、小滑板手柄转动轴承处，一般采用这种方式，润滑时，用壶嘴把弹子揿下，滴入润滑油	每班一次
5	润滑脂(油脂杯)润滑	交换齿轮箱的中间齿轮，一般用黄油杯润滑。润滑时，先在黄油杯中装满工业润滑脂，当拧紧油杯盖时，润滑油就挤入轴承套内	每天一次
6	油泵循环润滑	依靠车床内的油泵供应充足的油量来润滑	

(a) 浇油润滑

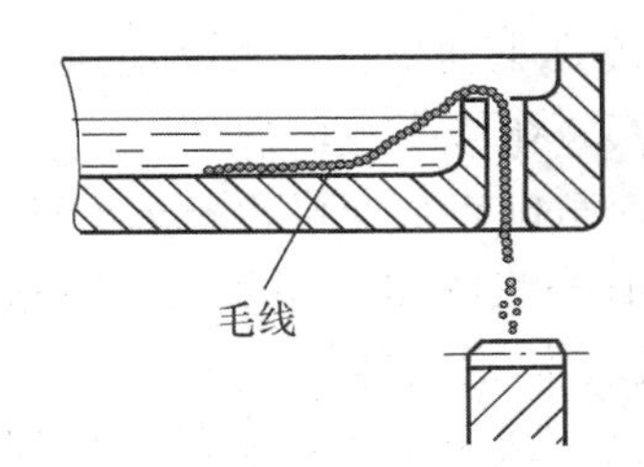

(b) 油绳润滑

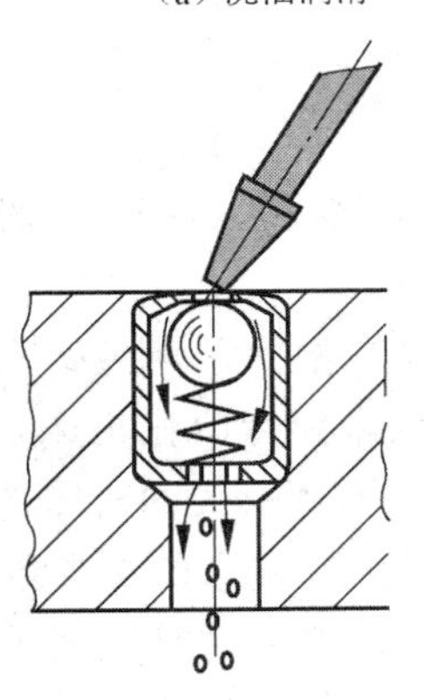

(c) 弹子油杯润滑

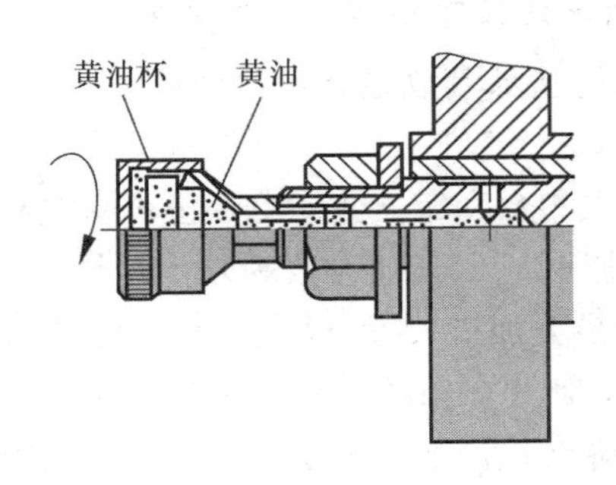

(d) 润滑脂润滑

图 1.1-19　车床的几种润滑方式

2. 车床的日常保养

对于车工来说，其工作任务不仅仅是操作机床设备，更应爱护它、保养它。车床的保养程度直接影响车床的加工精度、使用寿命和生产效率，因此操作者必须加强对车床的保养和维护。

1）车床的日常保养工作

(1) 工作前，应按车床润滑示意图对各个部位注油润滑，检查各部位是否正常。

(2) 工作中，应采用合理的方式操作车床设备，严格禁止非常规操作。

(3) 工作后，应切断电源，清空铁屑盘，对车床表面、导轨面、丝杠、光杠、操纵杠和各操纵手柄进行擦洗，做到无油污、黑渍，车床外表面干净、整洁，并注油润滑。

2）普通车床的一级保养

当车床运转 500 h 以后，需进行一级保养。保养工作以操作工人为主，由维修工人配合进行。保养时，必须先切断电源，然后对车床设备进行清洗、润滑及维护。

1.1.7 相关知识链接

1. 机床的基本组成

机床由本体、传动系统及操纵、控制机构等几个基本部分组成。

机床本体包括主轴、刀架、工作台等执行件及床身、导轨等基础件。执行件是安装刀具或工件并带动它们做规定运动，直接执行切削任务的部件。

传动系统是驱动执行件及其他运动部件做各种规定运动的传动装置，由各种传动机构组成，一般安装在机床本体内部。

操纵、控制机构是使机床各运动部件启动、停止、改变速度和改变运动方向等的机构。

其他还有一些使加工能正常、顺利进行并减轻工人劳动强度的辅助装置，如安全装置、冷却装置、润滑装置等。

根据切削方式及运动形式的不同确定各执行件应具有的相对位置，并按照有利于操作、调整、美观的原则将组成机床的其他部件及操作手柄等加以合理的配置和布局，就形成了具有一定外形特征的各种类型的机床。

2. 机床的技术参数与尺寸系列

机床的技术参数是表示机床尺寸大小及其工作能力的各种技术数据，一般包括以下几方面内容：

(1) 主参数和第二主参数。主参数是机床最主要的一个参数，它直接反映机床的加工能力，并影响机床其他参数和基本结构的大小。对于通用机床和专门化机床，主参数通常以机床的最大加工尺寸(最大工件尺寸或最大加工面尺寸)或与此有关的机床部件尺寸来表示。例如，卧式车床的主参数为床身上最大工件回转直径，摇臂钻床的主参数为最大钻孔直径，升降台铣床的主参数为工作台面宽度等。有些机床，为了更完整地表示出它的工作能力和加工范围，还规定有第二主参数。例如，卧式车床的第二主参数为最大工件长度，摇臂钻床的第二主参数为主轴轴线至立柱母线之间的最大跨距等。

(2) 主要工作部件的结构尺寸。主要工作部件的结构尺寸是一些与工件尺寸大小以及工、夹、量具标准化有关的参数。例如，主轴前端锥孔尺寸、工作台面尺寸等。

(3) 主要工作部件移动行程范围。例如，卧式车床刀架纵向、横向移动最大行程，尾座套筒最大行程等。

(4) 主运动、进给运动的速度和变速级数，快速空行程运动速度等。

(5) 主运动、进给电动机和各种辅助电动机的功率。

(6) 机床的轮廓尺寸(长×宽×高)和重量。

机床的技术参数是用户选择和使用机床的重要技术资料，在每台机床的说明书中均详细列出。

在机械制造业的不同生产部门中，需在同一类型机床上加工的工件及其尺寸相差悬殊。为了充分发挥机床的效能，每一类型机床应有大小不同的几种规格，以便不同尺寸范围的工件可以对应地选用相应规格的机床进行加工。

机床的规格大小常用主参数表示。某一类型不同规格机床的主参数数列，便是该类型机床的尺寸系列。为了既能有效地满足国民经济各部门使用机床的需要，又便于机床制造厂组织生产，某一类型机床尺寸系列中不同规格应作合理的分布，通常是按等比数列的规律排列。例如，中型卧式车床的尺寸系列为250、320、400、500、630、800、1000、1250(单位为mm)，即不同规格卧式车床的主参数为公比等于1.26的等比数列。

3. 机床的精度

机械零件的加工，不仅要保证它的形状、尺寸，还要保证其一定的加工精度。

机床上加工工件所能达到的精度取决于一系列因素，如机床、刀具、夹具、工艺方案、工艺参数以及工人技术水平等，而在正常加工条件下，机床本身的精度通常是最重要的一个因素。例如，在车床上车削圆柱面，其圆柱度主要取决于车床主轴与刀架的运动精度以及刀架运动轨迹相对于主轴轴线的位置精度。

机床的精度包括几何精度、传动精度和定位精度。不同类型和不同加工要求的机床，对这些方面的要求是不相同的。

几何精度是指机床某些基础零件工作面的几何形状精度。几何精度决定机床加工精度的运动部件的运动精度，决定机床加工精度的零、部件之间及其运动轨迹之间的相对位置精度等。例如，床身导轨的直线度、工作台台面的平面度、主轴的旋转精度、刀架和工作台等移动的直线度、车床刀架移动方向与主轴轴线的平行度等，这些都决定着刀具和工件之间的相对运动轨迹的准确性，从而也就决定了被加工表面的形状精度以及表面之间的相对位置精度，图1.1－20列举了这方面的几个例子。图1.1－20(a)所示为由于车床主轴的轴

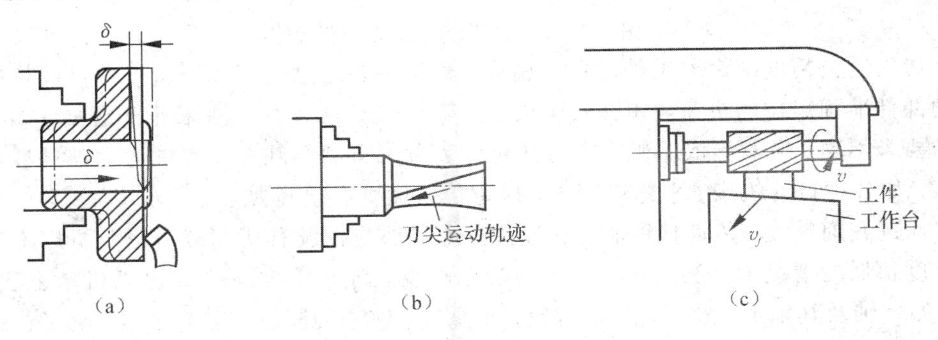

图1.1－20 机床加工误差

向窜动，使车出的端面产生平面度误差；图 1.1－20(b)所示为由于垂直平面内车床刀架移动方向与主轴轴线的平行度误差，使车出的圆柱面成为中凹的回转双曲面；图 1.1－20(c)所示为由于卧式升降台铣床的主轴旋转轴线对工作台的平行度误差，使铣出的平面与底部的定位基准平面产生平行度误差。

机床的几何精度是保证工件加工精度最基本的条件，因此，所有机床都有一定的几何精度要求。

传动精度是指机床内联系传动链两端件之间运动关系的准确性，它决定着复合运动轨迹的精度，从而直接影响被加工表面的形状精度。例如，卧式车床的螺纹进给传动链应保证主轴每转一转时，刀架均匀准确地移动被加工螺纹的一个导程，否则工件螺纹将会产生螺距误差(相邻螺距误差和一定长度上的螺距累积误差)，所以，凡是具有内联系传动链的机床，如螺纹加工机床、齿轮加工机床等，除几何精度外，还有较高的传动精度要求。

定位精度是指机床运动部件，如工作台、刀架和主轴箱等，从某一起始位置运动到预期的另一位置时所到达的实际位置的准确程度。例如，车床上车削外圆时，为了获得一定的直径尺寸 d，要求刀架横向移动 L(单位 mm)使车刀刀尖从位置Ⅰ移动到位置Ⅱ，如图 1.1－21(a)所示，如果刀尖到达的实际位置与预期的位置Ⅱ不一致，则车出的工件直径 d 将产生误差。又如图 1.1－21(b)所示车床液压刀架，由定位螺钉顶住死挡铁实现横向定位，以获得一定的工件直径尺寸 d；在加工一批工件时，如果每次刀架定位时的实际位置不相同，即刀尖与主轴轴线之间的距离在一定范围内变动，则车出的各个工件的直径尺寸 d 也不一致。上述这种机床运动部件在某一给定位置上做多次重复定位时实际位置的一致程度，称为重复定位精度。

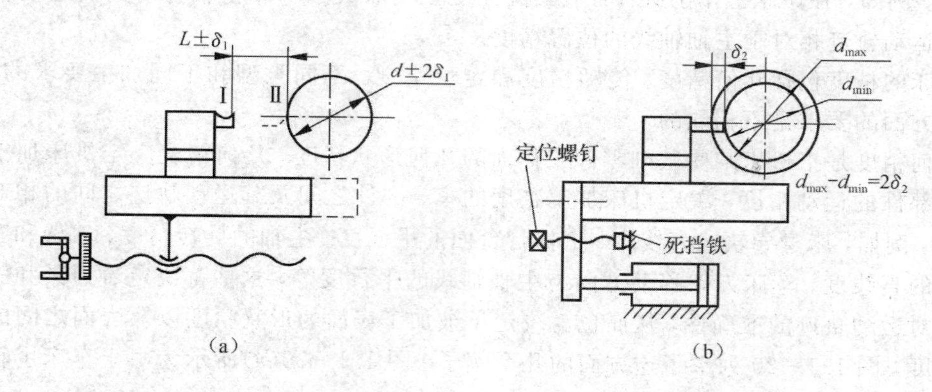

图 1.1－21　车床刀架的定位误差

机床的定位精度决定着工件的尺寸精度。对于主要通过试切和测量工件尺寸来实现机床运动部件准确定位的机床，如卧式车床、升降台式铣床、牛头刨床等普通机床，对定位精度的要求不高；但对于依靠机床本身的定位装置或自动控制系统实现运动部件准确定位的机床，如各种自动机床、坐标镗床等，对定位精度则有很高要求。

机床的几何精度、传动精度和定位精度，通常都是在没有切削载荷以及机床不运动或运动速度很低的情况下检测的，一般称为静态精度。静态精度主要取决于机床上主要零、部件，如主轴及其轴承、丝杠螺母、齿轮、车身、箱体等的制造与装配精度。为了控制机床的制造质量，保证加工出的零件能达到所需的精度，国家对各类通用机床都制定有精度标准。精度标准的内容包括：精度检验项目、检验方法和允许的误差范围。

静态精度只能在一定程度上反映机床的加工精度，因为机床在实际工作状态下，还有一系列因素会影响加工精度。例如，由于切削力、夹紧力等的作用，机床的零、部件会产生弹性变形；在机床内部热源（如电动机、液压传动装置的发热，齿轮、轴承、导轨等的摩擦发热）以及环境温度变化的影响下，机床零、部件将产生热变形；切削力和运动速度的影响；机床产生的振动；机床运动部件以工作状态的速度运动时，由于相对滑动面之间的油膜以及其他因素的影响，其运动精度也与低速运动时不同。所有这些，都将引起机床静态精度的变化，影响工件的加工精度。机床在载荷、温升、振动等作用下的精度，称为机床的动态精度。动态精度除了与静态精度密切有关外，还在很大程度上取决于机床的刚度、抗振性和热稳定性等。

任务1.2　CA6140型卧式车床主轴箱的拆装

【任务描述】

（1）画出整个主轴箱的传动示意图。

（2）拆卸轴Ⅰ到Ⅳ，画出各个轴及轴上附件的结构简图，记录拆卸顺序。

（3）测定指定轴Ⅲ的某一齿轮的主要参数（如m、z、α等）并记录，画出齿轮的标准零件。

（4）装配轴Ⅰ到Ⅳ。

（5）测量齿轮接触精度，记录检验步骤和测量结果。

（6）测量齿侧间隙，记录检验步骤和测量结果。

（7）测量轴承轴向间隙，记录检验步骤和测量结果。

【任务要求】

读懂CA6140型卧式车床主轴箱装配图，选择合适的拆装工具，按拆装工艺要求进行拆装，按零件测绘步骤完成有关零件图的绘制。

【知识目标】

（1）能读懂CA6140型卧式车床主轴箱装配图。

（2）掌握钳工箱体内轴系的装配工艺知识。

（3）掌握轴系机械零件的测绘知识。

【能力目标】

（1）制定CA6140型卧式车床主轴箱的拆装工艺步骤。

（2）能正确选择并使用钳工常用拆装工具。

（3）能使用正确的方法检验齿轮接触精度和齿侧间隙以及轴承轴向间隙。

【学习步骤】

以CA6140型卧式车床主轴箱拆装任务项目报告的形式提出任务，在CA6140主轴箱拆装的准备工作中先进行设备及工具的准备，再进行相关准备知识的学习，最后按照

CA6140 主轴箱的拆装步骤进行拆装。

1.2.1　CA6140 型卧式车床主轴箱拆装任务的项目报告

CA6140 型卧式车床主轴箱拆装任务的项目报告如表 1.2－1 所示。

表 1.2－1　CA6140 型卧式车床主轴箱拆装任务的项目报告

班级		组别		本组学生学号	
项目名称	任务 1.2　CA6140 主轴箱的拆装	指导教师		完成时间	
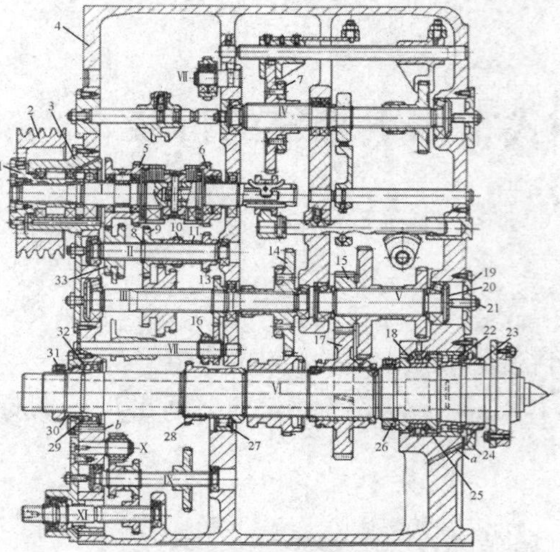				任务描述： (1) 画出整个主轴箱的传动示意图 (2) 拆卸轴Ⅰ到Ⅳ，画出各个轴及轴上附件的结构简图，记录拆卸顺序。 (3) 测定指定轴Ⅲ的某一齿轮的主要参数(如 m、z、α 等)并记录，画出齿轮的标准零件。 (4) 装配轴Ⅰ到Ⅳ。 (5) 测量齿轮接触精度，记录检验步骤和测量结果。 (6) 测量齿侧间隙，记录检验步骤和测量结果。 (7) 测量轴向间隙，记录检验步骤和测量结果。	

1.2.2　CA6140 型卧式车床主轴箱拆装的准备工作

1. 设备及其附件准备

设备及附件：CA6140 车床 10 台、大方桌 10 个、清洗零件用汽油容器及汽油、擦拭零件用棉布等。

2. 工具准备

工具：铜棒、手锤、一字旋具、内六方扳手一套、游标卡尺、内外卡钳、活扳手、钢尺、铅丝、涂料、拔轮器等。

3. 相关知识准备

主轴箱的功用是支承主轴和传动其旋转，并使其实现启动、停止、变速和换向等。因此，主轴箱中通常包含有主轴及其轴承，传动机构，启动、停止以及换向装置，制动装置，操纵机构和润滑装置等。

1）传动机构

主轴箱中的传动机构包括定比传动机构和变速机构两部分。定比传动机构仅用于传动运动和动力，一般采用齿轮传动副；变速机构一般采用滑移齿轮变速机构，因其结构简单紧凑，故传动效率高，传动比准确。但当变速齿轮为斜齿或尺寸较大时，则常采用离合器变速。为了便于了解主轴箱中各传动件的结构、形状、装配关系以及传动轴的支承结构等，常采用主轴箱展开图。主轴箱展开图基本上是按主轴箱中各传动轴传动运动的先后顺序，沿其轴线取剖切面展开绘制而成的平面装配图。图 1.2－1 所示为CA6140 型卧式车床的主轴箱展开图，它是沿轴Ⅳ→Ⅰ→Ⅱ→Ⅲ(Ⅴ)→Ⅵ→Ⅹ→Ⅸ→Ⅺ的轴线剖切展开的(见图 1.2－2)，图 1.2－1 中轴Ⅶ和轴Ⅷ是另外单独取剖切面展开的。由于展开图是把立体的传动结构展开在一个平面上绘制成的，因此其中有些轴之间的距离被拉开了，如轴Ⅶ和轴Ⅰ、轴Ⅳ和轴Ⅲ、轴Ⅸ和轴Ⅵ等，从而使某些原来啮合的齿轮副分开了，利用展开图分析传动件的传动关系时，应予注意。下面结合图 1.2－1，将主轴箱传动机构的结构择要说明如下：

(1) 卸荷式皮带轮。

主轴箱的运动由电动机经皮带传入，为改善主轴箱运动输入轴的工作条件，使传动平稳，主轴箱运动输入轴上的皮带轮常用卸荷式结构(见图 1.2－1)。皮带轮 2 与花键套 1 用螺钉连成一体，支撑在法兰 3 内的两个向心球轴承上，而法兰 3 则固定在主轴箱体 4 上。这样皮带轮 2 可通过花键套 1 带动轴Ⅰ旋转，而皮带的张力经法兰 3 直接传至箱体 4 上，轴Ⅰ不受此径向力的作用，弯曲变形减少，并可提高传动的平稳性。

(2) 传动齿轮。

主轴箱中的传动齿轮大多数是直齿的，为了使传动平稳，也有采用斜齿的，如图 1.2－1 所示中轴Ⅴ—Ⅵ间的一对齿轮 15 和 17 就是斜齿轮。多联滑移齿轮有的由整块材料制成，如轴Ⅱ上的双联滑移齿轮 33 和轴Ⅲ上的三联滑移齿轮 12；有的则由几个齿轮拼装而成，如轴Ⅲ上的双联固定齿轮 14 和轴Ⅳ上的双联滑移齿轮 7。齿轮和传动轴的连接情况有固定的、空套的和滑移的三种。固定齿轮、滑移齿轮与轴常采用花键连接，固定齿轮有时也采用平键连接，如主轴Ⅵ后部的固定齿轮 28。固定齿轮和空套齿轮的轴向固定常采用弹性挡圈、轴肩、隔套、轴承内圈和半圆环等，如轴Ⅱ上的三个固定齿轮 9、10 和 13，就是由左边的卡在轴上环槽中并由齿轮 9 箍住的两个半圆环 8 以及中间隔套 11 和右边的圆锥滚子轴承内圈来固定它们的轴向位置的，轴Ⅷ上的双联空套齿轮 16 是由左右两边的弹性挡圈来限定其轴向位置的。为了减少零件的磨损，空套齿轮和传动轴之间装有滚动轴承或铜套，如轴Ⅰ上的两个空套齿轮 5 和 6 装有滚动轴承，轴Ⅵ、Ⅷ上的齿轮 17 和 16 则装有铜套。空套齿轮的轮毂上钻有油孔，以便润滑油流进摩擦面之间。

(3) 传动轴的支承结构。

由于主轴箱中的传动轴转速较高，故一般采用向心球轴承或圆锥滚子轴承支承。传动轴常用的是双支承结构，即在轴的两端各有一个支承，但对于较长的传动轴，为了提高其刚度，则采用三支承结构。如轴Ⅲ、Ⅳ的两端各装有一个圆锥滚子轴承，在中间还装有一个(两个)向心球轴承作为附加支承。传动轴通过轴承在主轴箱体上实现轴向定位的方式有一端定位和两端定位两种。图 1.2－1 中，轴Ⅰ为一端定位，其左轴承内圈固定在轴上，外圈固定在法兰 3 内，作用于轴上的轴向力通过轴承内圈、滚球和外圈传至法兰 3，然后传至主轴箱体使轴实现轴向定位；轴Ⅱ、Ⅲ、Ⅳ和Ⅴ则都是两端定位，以轴Ⅴ为例，向左的轴向力通过左边的圆锥滚子轴承直接作用于箱体轴承孔台阶上，向右的轴向力由右端轴承盖板 20、调整螺钉 21 和盖板 19 传至箱体。利用螺钉 21 可调整左右两个圆锥滚子轴承外圈的相对位置，使轴承保持适当间隙，以保证其正常工作。

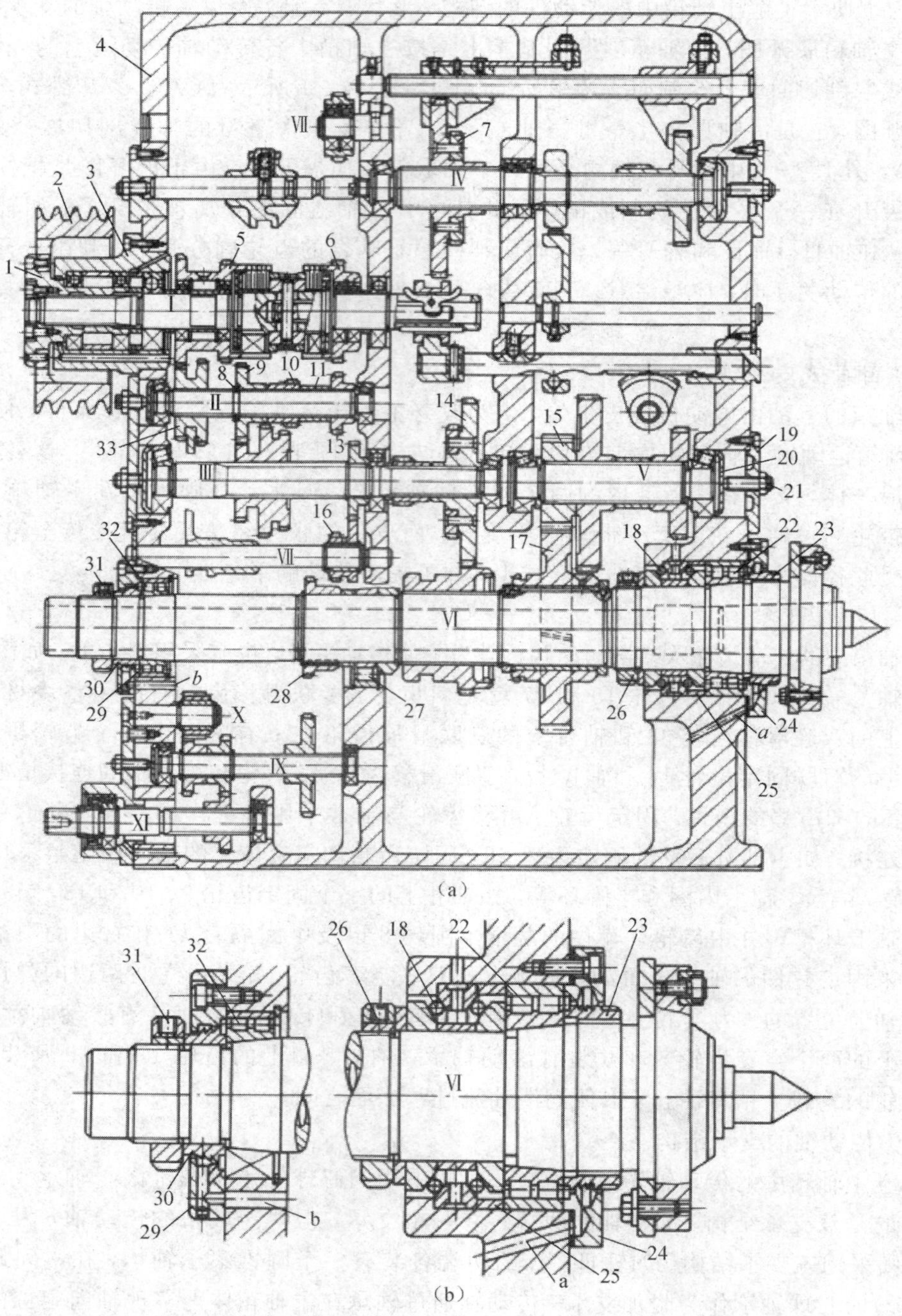

1—花键套；2—皮带轮；3—法兰；4—主轴箱体；5，16—双联空套齿轮；6—空套齿轮；
7，33—双联滑移齿轮；8—半圆环；9，10，13，28—固定齿轮；11，25—隔套；12—三联滑移齿轮；
14—双联固定齿轮；15，17—斜齿轮；18—双列推力向心球轴承；19—盖板；20—轴承盖板；
21—调整螺钉；22，32—双列短圆柱滚子轴承；23，26，31—螺母；24，29—轴承端盖；
27—向心短圆柱滚子轴承；30—套筒

图 1.2－1　CA6140 型卧式车床主轴箱展开图

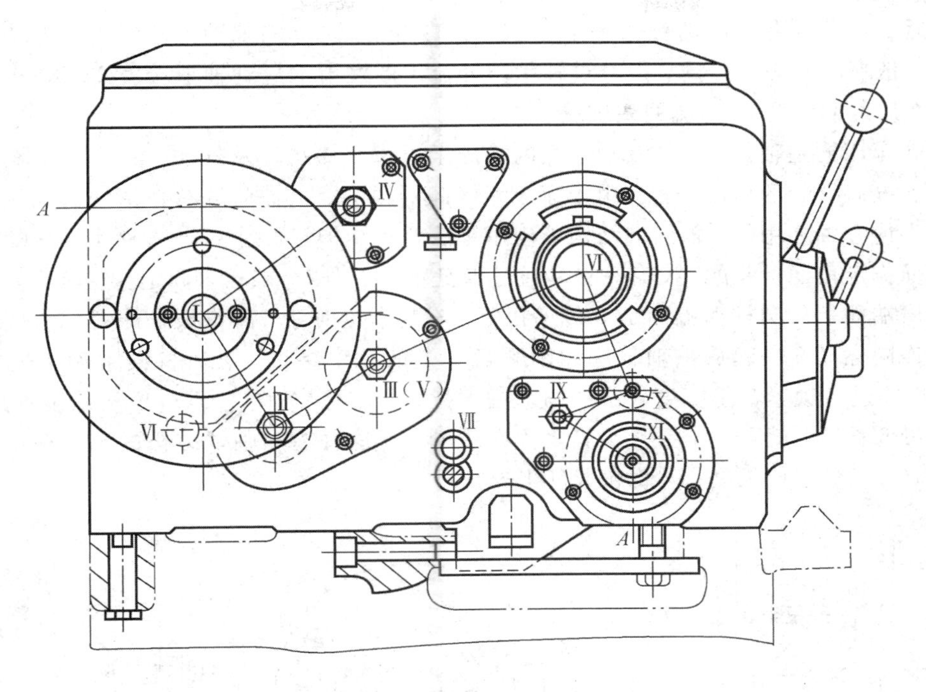

图 1.2-2　主轴箱展开图的剖面

2) 主轴及其轴承

主轴及其轴承是主轴箱最重要的部分。主轴前端可装卡盘，用于夹持工件，并由其带动旋转。主轴的旋转精度、刚度和抗振性等对工件的加工精度和表面粗糙度有直接影响，因此，对主轴及其轴承要求较高。

卧式车床的主轴支承大多采用滚动轴承，一般为前后两点支承。为了提高刚度和抗振性，有些车床特别是尺寸较大的车床主轴，也有采用三点支承的。例如 CA6140 型车床的主轴部件(见图 1.2-1)，前后支承处各装有一个双列短圆柱滚子轴承 22(NN3021K/P5，即 D3182121)和 32(NN3015K/P6，即 E3182115)，中间支承处则装有一个单列向心短圆柱滚子轴承 27(N3216P6，即 E32216)，用于承受径向力。由于双列短圆柱滚子轴承的刚度和承载能力大，旋转精度高，且内圈较薄，内孔是精度为 1∶12 的锥孔，并可通过相对主轴轴颈轴向移动来调整轴承间隙，因而可保证主轴有较高的旋转精度和刚度。其前支承处还装有一个 60°角接触的双列推力向心球轴承 18，用于承受左右两个方向的轴向力。向左的轴向力由主轴Ⅵ经螺母 23、轴承 22 的内圈和轴承 18 传至箱体；向右的轴向力由主轴经螺母 26、轴承 18、隔套 25、轴承 22 的外圈和轴承端盖 24 传至箱体。轴承的间隙直接影响主轴的旋转精度和刚度，因此，使用中如发现因轴承磨损致使间隙增大时，需及时进行调整。前轴承 22 可用螺母 23 和 26 调整，调整时先拧松螺母 23，然后拧紧并锁紧螺母 26，使轴承 22 的内圈相对主轴锥形轴径向移动(见图 1.2-1(b))。由于锥面的作用，薄壁的轴承内圈会产生径向弹性变形，使滚子与内、外圈滚道之间的间隙消除。调整妥当后，再将螺母 23 拧紧。后轴承 32 的间隙可用螺母 31 调整，调整原理同前轴承。中间轴承 27 的间隙不能调整，一般情况下，只调整前轴承即可，只有当调整前轴承后仍不能达到要求的旋转精度时，才需要调整后轴承。主轴的轴承由油泵供给润滑油进行充分的润滑，为防止润滑油外漏，前后支承处都有油沟式密封装置。在螺母 23 和套筒 30 的外圆上有锯齿形环槽，主轴旋转时，依靠离心力的作用，把经过轴承向外流出的润滑油甩到轴承端盖 24 和 29 的接油槽里，然后经回油孔 a、b 流回主轴箱。

卧式车床的主轴是空心阶梯轴，其内孔用于通过长棒料以及气动、液压等夹紧驱动装置(装在主轴后端)的传动杆，也用于穿入钢棒卸下顶尖。主轴前端有精密的莫氏锥孔，供安装顶尖或心轴之用。主轴前端结构采用短锥法兰式结构，如图 1.2-3 所示，它以短锥和轴肩端面作定位面。卡盘、拨盘等夹具通过卡盘座 4，用四个螺栓 5 固定在主轴上，由装在主轴轴肩端面上的圆柱形端面键 3 传递扭矩。安装卡盘时，只需将预先拧紧在卡盘座上的螺栓 5 连同螺母 6 一起从主轴轴肩和锁紧盘 2 上的孔中穿过，然后将锁紧盘转过一个角度，使螺栓进入锁紧盘上宽度较窄的圆弧槽内把螺母卡住(如图 1.2-3 中所示位置)，接着再把螺母 6 拧紧，就可把卡盘等夹具紧固在主轴上。这种主轴轴端结构的定心精度高，连接刚度好，卡盘悬伸长度小，装卸卡盘比较方便。

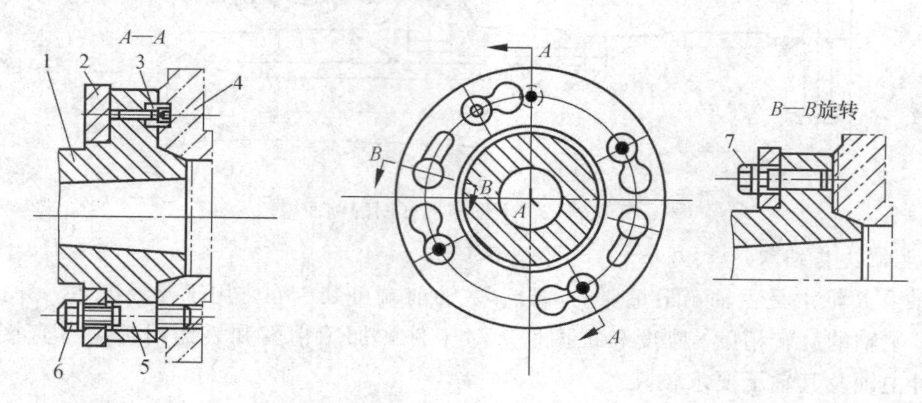

1—主轴；2—锁紧盘；3—端面键；4—卡盘座；5—螺栓；6—螺母；7—螺钉

图 1.2-3 主轴前端结构及盘类夹具安装

3) 双向多片式摩擦离合器、制动器及其操纵机构

双向多片式摩擦离合器装在轴Ⅰ上，如图 1.2-4 所示。摩擦离合器由内摩擦片 3、外摩擦片 2、止推片 10 及 11、压块 8 及空套齿轮 1 等组成。离合器左、右两部分结构是相同的。左离合器用来传动主轴正转，用于切削加工，需传递的转矩较大，所以片数较多；右离合器传动主轴反转，主要用于退刀，所以片数较少。

图 1.2-4 中所示的是左离合器。图中内摩擦片 3 的内孔为花键孔，装在轴Ⅰ的花键部位上，与轴Ⅰ一起旋转。外摩擦片 2 外圆上有四个凸起，卡在空套齿轮 1 的缺口槽中；外片内孔是光滑圆孔，空套在轴Ⅰ的花键外圆上。内、外摩擦片相间安装，在未被压紧时，内、外摩擦片互不联系。当杆 7 通过销 5 向左推动压块 8 时，使内摩擦片 3 与外摩擦片 2 相互压紧，于是轴Ⅰ的运动便通过内、外摩擦片之间的摩擦力传给齿轮 1，使主轴正向转动。同理，当压块 8 向右压时，运动传给轴Ⅰ右端的齿轮，使主轴反转。当压块 8 处于中间位置时，左、右离合器都处于脱开状态，这时轴Ⅰ虽然转动，但离合器不传递运动，主轴处于停止状态。

离合器的左、右接合或脱开(即压块 8 处于左端、右端或中间位置)由手柄 18 来操纵，如图 1.2-4(b)所示。当向上扳动手柄 18 时，杆 20 向外移动，使曲柄 21 及齿扇 17 做顺时针转动，齿条 22 向右移动。齿条左端有拨叉 23，它卡在空心轴Ⅰ右端的滑套 12 的环槽内，

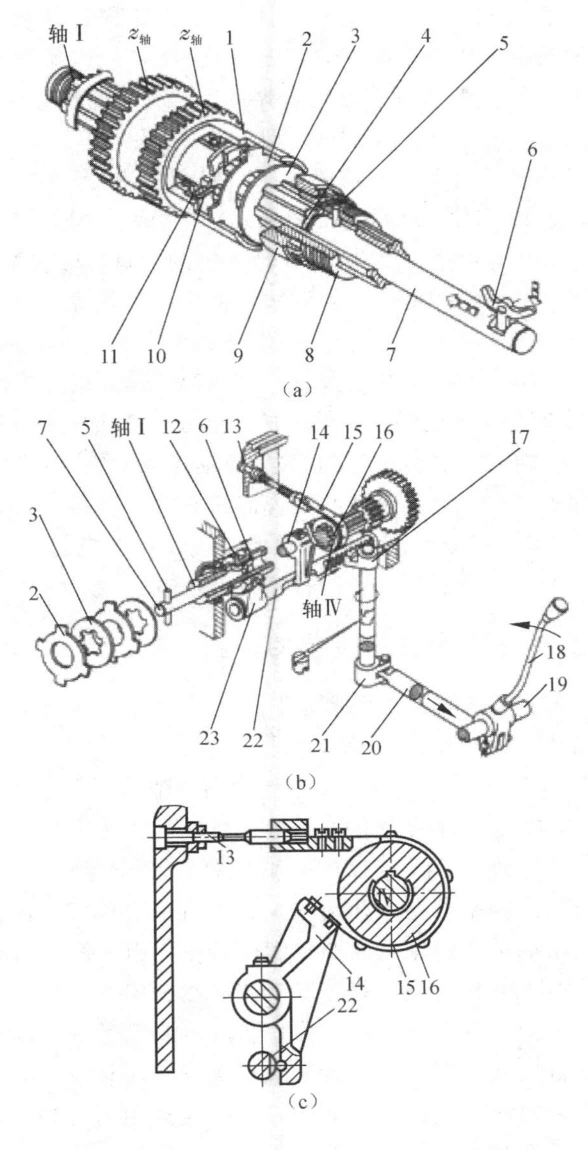

1—空套齿轮；2—外摩擦片；3—内摩擦片；4—弹簧销；5—销；6—元宝销；7，20—杆；8—压块；9—螺母；10，11—止推片；12—滑套；13—调节螺钉；14—杠杆；15—制动带；16—制动盘；17—齿扇；18—操纵手柄；19—操纵杆；21—曲柄；22—齿条；23—拨叉

图 1.2-4 摩擦离合器、制动器及其操纵机构

从而使滑套 12 也向右移动。滑套 12 内孔的两端为锥孔，中间为圆柱孔。当滑套 12 向右移动时，就将元宝销(杠杆)6 的右端向下压，由于元宝销 6 的回转中心轴装在轴Ⅰ上，因而元宝销 6 做顺时针转动，于是元宝销下端的凸缘便推动装在轴Ⅰ内孔中的拉杆 7 向左移动，并通过销 5 带动压块 8 向左压紧，主轴正转。同理，将手柄 18 扳至下端位置时，右离合器压紧，主轴反转。当手柄 18 处于中间位置时，离合器脱开，主轴停止转动。为了操纵方便，在操纵杆 19 上装有两个操纵手柄 18，分别位于进给箱右侧及溜板箱右侧。

摩擦离合器除了靠摩擦力传递运动和转矩外，还能起过载保护的作用。当机床过载时，摩擦片打滑，就可避免损坏机床。摩擦片间的压紧力是根据离合器应传递的额定扭矩来确定的。当摩擦片磨损后，压紧力减小，这时可用一字旋具(螺丝刀)将弹簧销 4 按下，同时拧动压块 8 上的螺母 9 直到螺母压紧离合器的摩擦片，调整好位置后，使弹簧销 4 重新卡入螺母 9 的缺口中，防止螺母在旋转时松动。

制动器(刹车)安装在轴Ⅳ上，它的功用是在摩擦离合器脱开时立刻制动主轴，以缩短辅助时间。制动器的结构如图 1.2－4(b)和(c)所示。它由装在轴Ⅳ上的制动盘 16、制动带 15、调节螺钉 13 和杠杆 14 等组成。制动盘 16 是一钢制圆盘，与轴Ⅳ用花键连接。制动盘的周边围着制动带，制动带为一钢带，为了增加摩擦面的摩擦系数，在它的内侧固定一层酚醛石棉。制动带的一端与杠杆 14 连接，另一端通过调节螺钉 13 等与箱体相连。为了操纵方便且不致出错，制动器和摩擦离合器共享一套操纵机构，也由手柄 18 操纵。当离合器脱开时，齿条 22 处于中间位置，这时齿条轴上的凸起正处于与杠杆 14 下端相接触的位置，从而使杠杆 14 向逆时针方向摆动将制动带拉紧，使轴Ⅳ和主轴迅速停止转动。由于齿条轴凸起的左边和右边都是凹下的槽，所以在左离合器或右离合器接合时，杠杆 14 向顺时针方向摆动，使制动带放松，主轴旋转。制动带的拉紧程度由调节螺钉 13 调整。调整后应检查在压紧离合器时制动带是否完全松开，否则稍微放开一些。

1.2.3 CA6140 型卧式车床主轴箱拆装的步骤

CA6140 型卧式车床主轴箱的拆装步骤如下：

(1) 拧开上盖与箱体的连接螺栓，移除上盖。

(2) 观察主轴箱内部结构，了解主轴箱内离合器、制动器及润滑装置的位置及结构，判断其传动方式、级数、齿轮啮合的先后关系等。操纵正反转手柄和转速调节手柄，观察其动作顺序。通过制动器的操纵，使学生了解制动器的传动原理。

(3) 轴Ⅰ的拆卸是从主轴箱的左端开始的。轴Ⅰ的左端有带轮，第一步用销冲把锁紧螺母拆下，然后用内六角扳手把带轮上的端盖螺丝卸下，用手锤配合铜棒把端盖卸下，拆下带轮上的另一个锁紧螺母，使用撬杠把带轮卸下，然后用手锤配合铜棒把轴承套从主轴箱的右端向左端敲击，直到卸下为止，这时轴Ⅰ整体轴组就可以一同卸到箱体外面了。在方桌上，轴Ⅰ上的零件首先从两端开始拆卸，两端各有一盘轴承，拆卸轴承时，应用手锤配合铜棒敲击齿轮，连带轴承一起卸下，敲击齿轮时注意用力均匀，卸下轴承后，把轴Ⅰ上的空套齿轮卸下，然后把摩擦片取出，到这时整个Ⅰ轴上的零件已卸下。画好轴Ⅰ的结构及零、部件简图，并记录拆卸顺序。

(4) 卸轴Ⅱ轴承盖螺钉，拆掉轴承盖，用铜棒手锤敲击轴Ⅱ左端，将轴Ⅱ及附件拆下，画好轴Ⅱ的结构及零、部件简图，并记录拆卸顺序。

(5) 依次按步骤拆下轴Ⅲ和轴Ⅳ(主轴)，画好轴Ⅲ和轴Ⅳ(主轴)的结构及零、部件简图，并记录拆卸顺序。

(6) 画出整个主轴箱的传动示意图，测定指定轴Ⅲ的某一齿轮的主要参数(如 m、z、α 等)，并记录下来，画出齿轮的标准零件图。

(7) 清洗所拆主轴箱的各个零件。

(8) 本着先拆的零件后装配，后拆的零件先装配的原则，参照拆卸记录顺序，将轴Ⅳ(主轴)及附件安装到主轴箱，再将轴Ⅲ及附件安装到主轴箱，最后依次安装轴Ⅱ和轴Ⅰ。

(9) 在指定轴Ⅰ和轴Ⅱ的某一对啮合齿轮中进行齿轮接触精度的测量，在主动齿轮的3～4个轮齿上均匀涂上一薄层红铅油，在轻微制动下运转(或用手转动)，则从动齿轮轮齿面上将印出接触斑点，如图1.2-5所示。接触精度通常用接触斑点大小与齿面大小的百分比来表示。

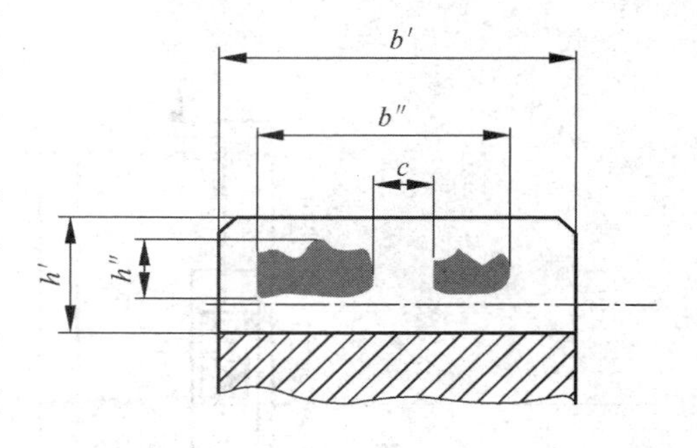

图1.2-5 齿轮接触精度测量

沿齿长方向：接触精度定义为接触痕迹的长度b''(扣除超过模数值的断开部分c)与工作长度b'之比，即

$$\frac{b''-c}{b'}\times 100\%$$

沿齿高方向：接触精度定义为接触痕迹的平均高度h''与工作高度h'之比，即

$$\frac{h''-h'}{h'}\times 100\%$$

将测量值与国标要求进行比较，检验齿轮接触精度是否符合国标的要求。

(10) 齿侧间隙的测量。将直径稍大于齿侧间隙的铅丝(或铅片)插入可啮合的轮齿之间，转动齿轮，辗压轮齿间的铅丝，齿侧间隙等于铅丝变形部分最薄的厚度。用千分尺或游标卡尺测出其厚度，并与国标要求进行比较，检验齿侧间隙是否符合国标规定。

(11) 轴承轴向间隙的测量。固定好百分表，用手推动轴至另一端，百分表所指示的量即为轴承轴向间隙的大小。检查所得轴承间隙是否符合规范要求，若不符合，则应进行调整。根据轴承间隙调整的结构形式进行合理操作，以便得到所要求的轴向间隙。

1.2.4 CA6140型卧式车床主轴箱拆装的注意事项

CA6140型卧式车床主轴箱拆装的注意事项如下：

(1) 看懂结构再动手拆，并按先外后里、先易后难、先下后上的顺序拆卸。

(2) 先拆紧固、连接、限位件(顶丝、销钉、卡圆、衬套等)。

(3) 拆前看清组合件的方向、位置排列等，以免装配时搞错。

(4) 拆下的零件要有秩序地摆放整齐，做到键归槽、钉插孔、滚珠丝杠盒内装。

(5) 注意安全，拆卸时要注意防止箱体倾倒或掉下，拆下的零件要往桌案里边放，以免不慎掉下砸伤人。

(6) 拆卸零件时，不准用铁锤猛砸，当拆不下或装不上时不要硬来，要分析原因，搞清楚后再拆装。

(7) 在扳动手柄观察传动时，不要将手伸入传动件中，防止挤伤。

1.2.5 相关知识链接

1. CA6140型卧式车床的传动系统

CA6140型卧式车床的传动系统如图1.2-6所示，车床传动系统由主运动传动链、车螺纹进给运动传动链、纵向机动进给运动传动链、横向机动进给运动传动链及刀架快速运动传动链组成。

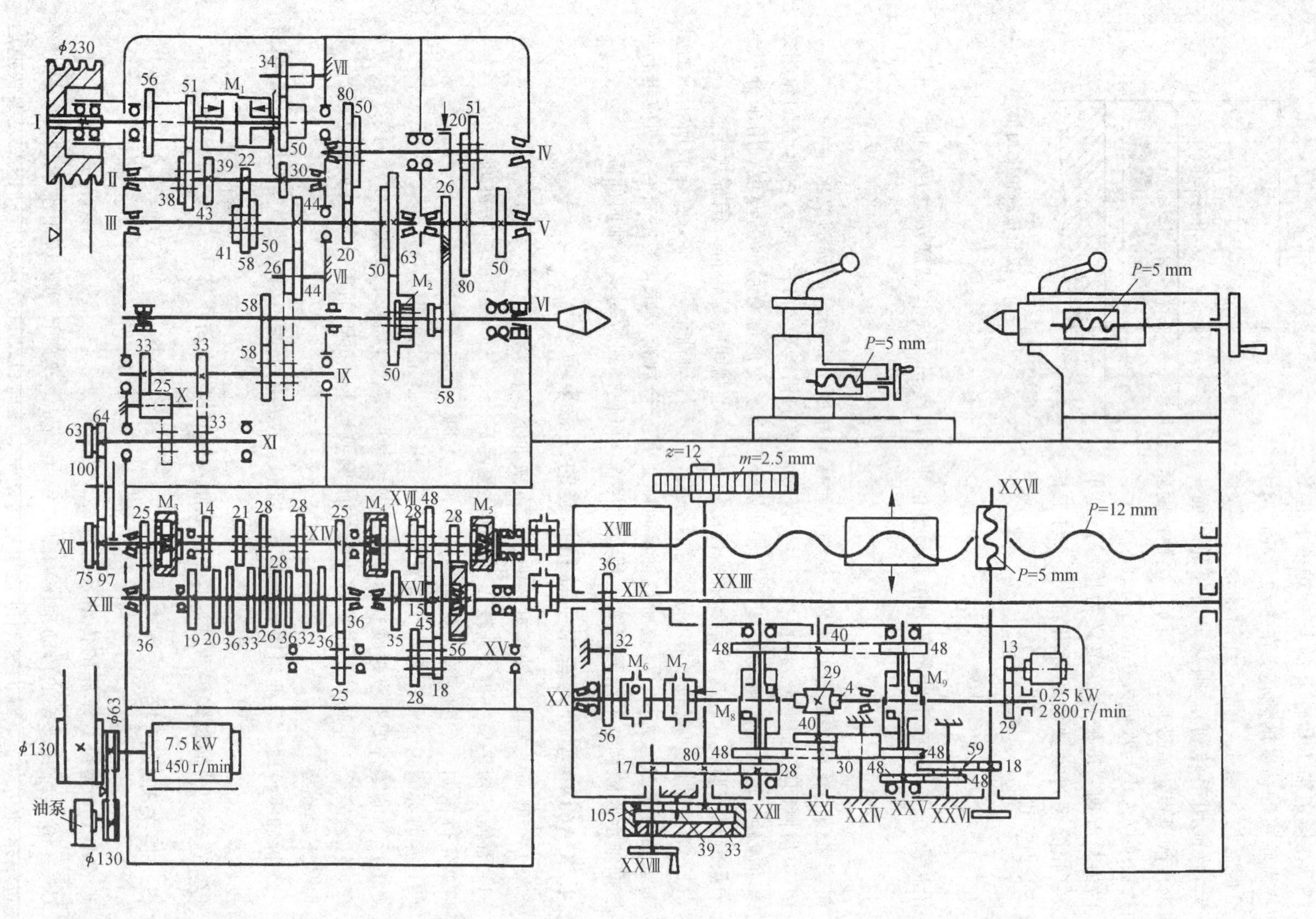

图 1.2-6 CA6140 型卧式车床传动系统图

1）主运动传动链

主运动传动链的两个末端件是主电动机与主轴，它的功用是把动力源（电动机）的运动及动力传给主轴，使主轴带动工件旋转实现主运动，并满足卧式车床主轴变速和换向的要求。主运动的动力源是电动机，执行件是主轴。运动由电动机经V带轮传动副 $\phi130/\phi230$ 传至主轴箱中的轴Ⅰ。轴Ⅰ上装有双向多片摩擦离合器 M_1，离合器左半部接合时，主轴正转；离合器右半部接合时，主轴反转；离合器左右都不接合时，轴Ⅰ空转，主轴停止转动。轴Ⅰ运动经 M_1→轴Ⅱ→轴Ⅲ，然后分成两条路线传给主轴：当主轴Ⅵ上的滑移齿轮（$z=50$）移至左边位置时，运动从轴Ⅲ经齿轮副63/50直接传给主轴Ⅵ，使主轴得到高转速；当主轴Ⅵ上的滑移齿轮（$z=50$）向右移使齿轮式离合器 M_2 接合时，则运动经轴Ⅲ→轴Ⅳ→轴Ⅴ，传给主轴Ⅵ，使主轴获得中、低转速。

主运动传动路线表达如下：

$$\text{电动机}—\frac{\phi130}{\phi230}—\text{Ⅰ}—\left[\begin{array}{l} M_1\ \text{左(正转)}—\begin{bmatrix}\frac{56}{38}\\ \frac{51}{43}\end{bmatrix} \\ M_1\ \text{右(反转)}—\frac{50}{34}—\text{Ⅶ}—\frac{34}{30}\end{array}\right]—\text{Ⅱ}—\begin{bmatrix}\frac{39}{41}\\ \frac{30}{50}\\ \frac{22}{58}\end{bmatrix}$$

$$—\text{Ⅲ}—\left[\begin{array}{l} M_2\ \text{啮合}\begin{bmatrix}\frac{20}{80}\\ \frac{50}{50}\end{bmatrix}—\text{Ⅳ}—\begin{bmatrix}\frac{20}{80}\\ \frac{51}{50}\end{bmatrix}—\text{Ⅴ}—\frac{26}{58} \\ M_2\ \text{脱开}—\frac{63}{50}\end{array}\right]—\text{Ⅵ}$$

由传动系统图和传动路线表达式可以看出，主轴正转时，轴Ⅱ上的双联滑移齿轮可有两种啮合位置，分别经56/38或51/43使轴Ⅱ获得两种速度。其中的每种转速经轴Ⅲ的三联滑移齿轮39/41或30/50或22/58的齿轮啮合，使轴Ⅲ获得三种转速，因此，轴Ⅱ的两种转速可使轴Ⅲ获得 $2\times3=6$ 种转速。经高速分支传动路线时，由齿轮副63/50使主轴Ⅵ获得6种高转速。经低速分支传动路线时，轴Ⅲ的6种转速经轴Ⅳ上的两对双联滑移齿轮，使主轴得到 $6\times2\times2=24$ 种低转速。因为轴Ⅲ到轴Ⅴ间的两个双联滑移齿轮变速组得到的四种传动比中，有两种重复，即

$$\mu_1=\frac{50}{50}\times\frac{51}{50}\approx1，\mu_2=\frac{50}{50}\times\frac{20}{80}=\frac{1}{4}，\mu_3=\frac{20}{80}\times\frac{51}{50}\approx\frac{1}{4}，\mu_4=\frac{20}{80}\times\frac{20}{80}=\frac{1}{16}$$

其中，μ_2、μ_3 基本相等，因此，经低速传动路线时，主轴Ⅵ实际获得的只有 $6\times(4-1)=18$ 级转速，其中有6种重复转速。所以，主轴总转速级数为：$2\times3+2\times3(2\times2-1)=24$ 级，这24级主轴转速可分解为4段6级，即1段高转速，3段中低转速，每段6级。这24级正转转速分别为：10、12.5、16、20、25、32、40、50、63、80、100、125、160、200、250、320、400、450、500、560、710、900、1120、1400 r/min。

同理，主轴反转时，只能获得 $3+3\times(2\times2-1)=12$ 级转速。

主轴的转速可按下列运动平衡式计算：

$$n_{主}=n_{电}\times\frac{\phi130}{\phi230}\times(1-\varepsilon)u_{\mathrm{I-II}}\times u_{\mathrm{II-III}}\times u_{\mathrm{III-IV}}$$

式中：ε 为 V 带轮的滑动系数，可取 $\varepsilon=0.02$；$u_{\mathrm{I-II}}$ 为轴Ⅰ和轴Ⅱ的可变传动比，其余类推。

例如，图 1.2-2 所示的齿轮啮合情况（离合器 M_2 拨向左侧），主轴的转速为

$$n_{主}=1450\times\frac{\phi130}{\phi230}\times(1-0.02)\times\frac{51}{43}\times\frac{22}{58}\times\frac{63}{50}\approx450\ \mathrm{r/min}$$

主轴反转主要用于车螺纹，在不断开主轴和刀架间传动联系的情况下，使刀架退回到起始位置。

2）进给运动传动链

进给运动传动链的两个末端件分别是主轴和刀架，其作用是实现刀具纵向或横向移动及变速与换向。它包括车螺纹进给运动传动链和机动进给运动传动链。

（1）车螺纹进给运动传动链。

CA6140 型普通车床可以车削米制、英制、模数和径节四种螺纹。车削螺纹时，主轴与刀架之间必须保持严格的传动比关系，即主轴每转一转，刀架应均匀地移动一个导程 L。CA6140 型普通车床上用的丝杠是米制丝杠，由此可列出车削螺纹传动链的运动平衡方程式为

$$1_{(主轴)}\times u_{主轴-丝杠}\times L_{丝}=L$$

式中：$u_{主轴-丝杠}$ 为从主轴到丝杠之间全部传动副的总传动比；$L_{丝}$ 为机床丝杠的导程，CA6140 型车床 $L_{丝}=12$ mm；L 为被加工工件的导程(mm)。

① 车削米制螺纹。

米制螺纹反映螺纹形状的主参数是螺纹的导程(螺距)L，而 CA6140 型普通车床采用米制螺纹的丝杠螺母机构驱动刀架。

a. 车削米制螺纹的传动路线。

车削米制螺纹时，运动由主轴Ⅵ经齿轮副 58/58 至轴Ⅸ，再经圆柱齿轮换向机构 33/33（车左螺纹时经 33/25×25/33）传到轴Ⅺ，再经挂轮 63/100×100/75 传到进给箱中轴Ⅻ，进给箱中的离合器 M_3 和 M_4 脱开，M_5 接合，再经移换机构的齿轮副 25/36 传到轴ⅩⅢ，由轴ⅩⅢ和ⅩⅣ间的基本变速组、移换机构的齿轮副 25/36×36/25 将运动传到轴ⅩⅤ，再经增倍变速组传至轴ⅩⅦ，最后经齿式离合器 M_5，传到丝杠ⅩⅧ，经溜板箱带动刀架纵向运动，完成米制螺纹的加工。其传动路线表达如下：

$$主轴\ \mathrm{VI}-\frac{58}{58}-\mathrm{IX}-\left\{\begin{array}{c}\frac{33}{33}(右螺纹)\\ \hline \frac{33}{25}\times\frac{25}{33}(左螺纹)\end{array}\right\}-\mathrm{XI}-\frac{63}{100}\times\frac{100}{75}-\mathrm{XII}-\frac{25}{36}-\mathrm{XIII}$$

$$-u_{基}-\mathrm{XIV}-\frac{25}{36}\times\frac{36}{25}-\mathrm{XV}-\mu_{倍}-\mathrm{XVII}-M_5-\mathrm{XVIII}(丝杠)-刀架$$

b. 车削米制螺纹的运动平衡式。

由传动系统图和传动路线表达式，可以列出车削米制螺纹的运动平衡式：

$$L=kP=1_{(主轴)}\times\frac{58}{58}\times\frac{33}{33}\times\frac{63}{100}\times\frac{100}{75}\times\frac{25}{36}\times\mu_{基}\times\frac{25}{36}\times\frac{36}{25}\times u_{倍}\times12$$

式中：L 为螺纹导程(对于单头螺纹为螺距 P)，单位为 mm；$u_{基}$ 为轴ⅩⅢ-ⅩⅥ间基本螺距

机构的传动比；$u_{倍}$ 为轴ⅩⅤ－ⅩⅧ间增倍机构的传动比。

将上式化简后得

$$L=7u_{基}\ u_{倍}$$

进给箱中的基本变速组为双轴滑移齿轮变速机构，由轴ⅩⅢ上的8个固定齿轮和轴ⅩⅣ上的4个滑移齿轮组成，每个滑移齿轮可分别与邻近的两个固定齿轮相啮合，共有8种不同的传动比：

$$u_{基1}=\frac{26}{28}=\frac{6.5}{7},\quad u_{基2}=\frac{28}{28}=\frac{7}{7}$$

$$u_{基3}=\frac{32}{28}=\frac{8}{7},\quad u_{基4}=\frac{36}{28}=\frac{9}{7}$$

$$u_{基5}=\frac{19}{14}=\frac{9.5}{7},\quad u_{基6}=\frac{20}{14}=\frac{10}{7}$$

$$u_{基7}=\frac{33}{21}=\frac{11}{7},\quad u_{基8}=\frac{36}{21}=\frac{12}{7}$$

不难看出，除了 $u_{基1}$ 和 $u_{基5}$ 外，其余的6个传动比组成一个等差数列。改变 $u_{基}$ 的值，就可以车削出按等差数列排列的导程组。上述变速机构是获得等差数列螺纹导程的基本变速机构，故通常称其为基本螺距机构，简称基本组。进给箱中的增倍变速组由轴ⅩⅤ－ⅩⅧ轴间的三轴滑移齿轮机构组成，可变换4种不同的传动比：

$$u_{倍1}=\frac{28}{35}\times\frac{35}{28}=1,\quad u_{倍2}=\frac{18}{45}\times\frac{35}{28}=\frac{1}{2}$$

$$u_{倍3}=\frac{28}{35}\times\frac{15}{48}=\frac{1}{4},\quad u_{倍4}=\frac{18}{45}\times\frac{15}{48}=\frac{1}{8}$$

它们之间依次相差2倍，改变 $u_{倍}$ 的值，可将基本组的传动比成倍地增加或缩小，这个变速机构用于扩大机床车削螺纹导程的种数，一般称其为增倍机构或增倍组。把 $u_{基}$ 和 $u_{倍}$ 的值代入上式，得到8×4＝32种导程值，其中符合标准的有20种，见表1.2－2。可以看出，表中的每一行都是按等差数列排列的，而行与行之间成倍数关系。

表1.2－2　CA6140型普通车床米制螺纹导程 L　mm

L \ $u_{基}$ \ $u_{倍}$	$\frac{26}{28}$	$\frac{28}{28}$	$\frac{32}{28}$	$\frac{36}{28}$	$\frac{19}{14}$	$\frac{20}{14}$	$\frac{33}{21}$	$\frac{36}{21}$
$\frac{18}{45}\times\frac{15}{48}=\frac{1}{8}$	—	—	1	—	—	1.25	—	1.5
$\frac{28}{35}\times\frac{15}{48}=\frac{1}{4}$	—	1.75	2	2.25	—	2.5	—	3
$\frac{18}{45}\times\frac{35}{28}=\frac{1}{2}$	—	3.5	4	4.5	—	5	5.5	6
$\frac{28}{35}\times\frac{35}{28}=1$	—	7	8	9	—	10	11	12

c. 扩大导程传动路线。

从表1.2－2可以看出，此传动路线能加工的最大螺纹导程是12 mm。如果需车削导程大于 12 mm 的米制螺纹，应扩大导程传动路线。这时，主轴Ⅵ的运动(此时 M_2 接合，主轴处于低速状态)经斜齿轮传动副 58/26 到轴Ⅴ，背轮机构 80/20 与 80/20 或 50/50 至轴Ⅲ，44/44、26/58(轴Ⅸ滑移齿轮 58 处于右位与轴Ⅷ Z=26 啮合)传到轴Ⅸ，其传动路线表达式为

$$\text{主轴Ⅵ}—\left[\begin{array}{l}(\text{扩大导程})\frac{58}{26}—\text{Ⅴ}—\frac{80}{20}—\text{Ⅳ}—\left[\begin{array}{c}\frac{80}{20}\\ \\ \frac{50}{50}\end{array}\right]—\text{Ⅲ}—\frac{44}{44}—\text{Ⅷ}—\frac{26}{58}\\ \\ (\text{正常导程})\frac{58}{58}\end{array}\right]$$

—Ⅸ—(接正常导程传动路线)

从传动路线表达式可知，扩大螺纹导程时，主轴Ⅵ到轴Ⅸ的传动比如下：

当主轴转速为 40～125 r/min 时，有

$$u_1=\frac{58}{26}\times\frac{80}{20}\times\frac{50}{50}\times\frac{44}{44}\times\frac{26}{58}=4$$

当主轴转速为 10～32 r/min 时，有

$$u_2=\frac{58}{26}\times\frac{80}{20}\times\frac{80}{20}\times\frac{44}{44}\times\frac{26}{58}=16$$

而正常螺纹导程时，主轴Ⅵ到轴Ⅸ的传动比为

$$u=\frac{58}{58}=1$$

所以，通过扩大导程传动路线可将正常螺纹导程扩大 4 倍或 16 倍，通常将这套机构称做扩大螺距机构。CA6140 型车床车削大导程米制螺纹时，最大螺纹导程为

$$L_{\max}=12\times16=192\ \text{mm}$$

② 车削非标准螺纹和较精密螺纹。

所谓非标准螺纹，是指利用上述传动路线无法得到的螺纹。这时需将进给箱中的齿式离合器 M_3、M_4、M_5 全部啮合，被加工螺纹的导程依靠调整挂轮的传动比$\frac{a}{b}\times\frac{c}{d}$来实现。其运动平衡式为

$$L=1_{(\text{主轴})}\times\frac{58}{58}\times\frac{33}{33}\times\frac{a}{b}\times\frac{c}{d}\times12$$

所以，挂轮的换置公式为

$$\frac{a}{b}\times\frac{c}{d}=\frac{L}{12}$$

适当地选择挂轮 a、b、c、d 的齿数，就可车出所需要的非标准螺纹。同时，由于螺纹传动链不再经过进给箱中任何齿轮传动，减少了传动件制造和装配误差对被加工螺纹导程的影响，若选择高精度的齿轮作挂轮，则可加工精密螺纹。

(2) 机动进给运动传动链。

机动进给运动传动链主要是用来加工圆柱面和端面的，为了减少螺纹传动链丝杠及开合螺母磨损，保证螺纹传动链的精度，机动进给是由光杠经溜板箱传动的。其传动路线表达式如下：

$$\text{主轴(VI)}-\left[\begin{matrix}\text{米制螺纹传动路线}\\ \text{英制螺纹传动路线}\end{matrix}\right]-\text{XVII}-\frac{28}{56}-\text{XIX(光杠)}-\frac{36}{32}\times\frac{32}{36}-$$

$$-M_6\text{(超越离合器)}-M_7\text{(安全离合器)}-\text{XX}-\frac{4}{29}-\text{XXI}$$

$$-\left[\begin{matrix}\left[\begin{matrix}\frac{40}{48}-M_8\uparrow\\ \frac{40}{30}\times\frac{30}{48}-M_8\downarrow\end{matrix}\right]-\text{XXII}-\frac{28}{80}-\text{XXIII}-z_{12}-\text{齿条}-\text{刀架(纵向进给)}\\ \left[\begin{matrix}\frac{40}{48}-M_9\uparrow\\ \frac{40}{30}\times\frac{30}{48}-M_9\downarrow\end{matrix}\right]-\text{XXV}-\frac{48}{48}\times\frac{59}{18}-\text{XXVII(丝杠)}-\text{刀架(横向进给)}\end{matrix}\right]$$

溜板箱中由双向牙嵌式离合器 M_8、M_9 和齿轮副$\frac{40}{48}$、$\frac{40}{30}\times\frac{30}{48}$组成的两个换向机构分别用于变换纵向和横向进给运动的方向。利用进给箱中的基本螺距机构和增倍机构以及进给传动链的不同传动路线，可获得纵向和横向进给量各 64 种。

纵向进给传动链两端件的计算位移为：主轴转 1 转，刀架纵向移动 $f_{纵}$ (mm)；

横向进给传动链两端件的计算位移为：主轴转 1 转，刀架横向移动 $f_{横}$ (mm)。

① 纵向机动进给运动传动链。

CA6140 型车床纵向机动进给量有 64 种。

a. 正常进给量：当运动由主轴经正常导程的米制螺纹传动路线时，可获得正常进给量(0.08～1.22 mm/r)32 种，这时的运动平衡式为

$$f_{纵}=1_{(主轴)}\times\frac{58}{58}\times\frac{33}{33}\times\frac{63}{100}\times\frac{100}{75}\times\frac{25}{36}\times u_{基}\times\frac{25}{36}\times\frac{36}{25}\times u_{倍}$$
$$\times\frac{28}{56}\times\frac{36}{32}\times\frac{32}{56}\times\frac{4}{29}\times\frac{40}{48}\times\frac{28}{80}\times2.5\times12\pi$$

将上式化简可得

$$f_{纵}=0.71u_{基}\,u_{倍}$$

b. 较大进给量：当运动由主轴经英制螺纹传动路线时，可获得较大进给量(0.86～1.59 mm/r)8 种，这时的运动平衡式为

$$f_{纵}=1_{(主轴)}\times\frac{58}{58}\times\frac{33}{33}\times\frac{63}{100}\times\frac{100}{75}\times\frac{1}{u_{基}}\times\frac{36}{25}\times u_{倍}$$
$$\times\frac{28}{56}\times\frac{36}{32}\times\frac{32}{56}\times\frac{4}{29}\times\frac{40}{48}\times\frac{28}{80}\times2.5\times12\pi$$

将上式化简可得

$$f_{纵}=1.474\,\frac{u_{倍}}{u_{基}}$$

c. 加大进给量：当主轴转速为 10～125 r/min(12 级低转速)时，运动经扩大螺距机构及英制螺纹传动路线传动，可获得 16 种供强力切削或宽刀精车用的加大进给量(1.71～6.33 mm/r)。

d. 精细进给量：当主轴转速为450～1400 r/min(6级高转速，其中500 r/min除外)时(此时M_2脱开，主轴由轴Ⅲ经齿轮副63/50直接传动)，运动经缩小螺距机构$\left(\frac{50}{63}\times\frac{44}{44}\times\frac{26}{58}\right)$及米制螺纹传动路线传动，可获得8种供高速精车用的细进给量(0.028～0.054 mm/r)。

② 横向机动进给运动传动链。

由传动系统图分析可知，当横向机动进给与纵向机动进给的传动路线一致时，所得到的横向进给量是纵向进给量的一半，横向与纵向进给量的种数相同，都为64种。

(3) 刀架快速运动传动链。

为了缩短辅助时间，提高生产效率，CA6140型卧式车床的刀架可实现快速机动移动。刀架的纵向和横向快速移动由快速移动电动机(P=0.25 kW，n=2800 r/min)传动，经齿轮副13/29使轴ⅩⅩ高速转动，再经蜗轮蜗杆副4/29、溜板箱内的转换机构，使刀架实现纵向或横向的快速移动。快移方向由溜板箱中双向离合器M_8和M_9控制。当快速电动机使传动轴ⅩⅩ快速旋转时，依靠齿轮z_{56}与轴ⅩⅩ间的超越离合器M_6，可避免与进给箱传来的慢速工作进给运动发生矛盾。

超越离合器M_6的结构原理如图1.2-7所示。它由空套齿轮1(即溜板箱中的齿轮z_{56})、星轮2、滚柱3、顶销4和弹簧5组成。当空套齿轮1为主动件并逆时针旋转时，其带动滚柱3挤向楔缝，使星轮2随同齿轮1一起转动，再经安全离合器M_7带动轴ⅩⅩ转动，这是机动进给的情况。当快速电动机启动，星轮2由轴ⅩⅩ带动逆时针方向快速旋转时，由于星轮2超越齿轮1转动，滚柱3退出楔缝，使星轮2和齿轮自动脱开，因而由进给箱传动齿轮1的慢速转动虽照常进行，却不能传到轴ⅩⅩ，此时轴ⅩⅩ由快速电动机传动做快速运动，使刀架实现快速运动。一旦快速电动机停止转动，超越离合器自动接合，刀架立即恢复正常的工作进给运动。

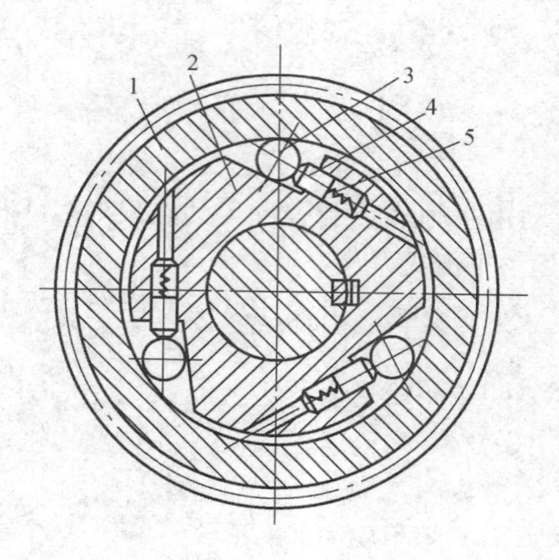

1—空套齿轮；2—星轮；3—滚柱；4—顶销；5—弹簧

图1.2-7　超越离合器

2. CA6140 型卧式车床的进给箱

图 1.2－8 所示为 CA6140 型卧式车床的进给箱结构图，它的传动关系以及加工不同螺纹时的调整情况已如前述。进给箱由以下几部分组成：变换螺纹导程和进给量的变速机构（包括基本组 1 和增倍组 2）、变换螺纹种类的移换机构 4、丝杠和光杠的转换机构 3 以及操纵机构等。

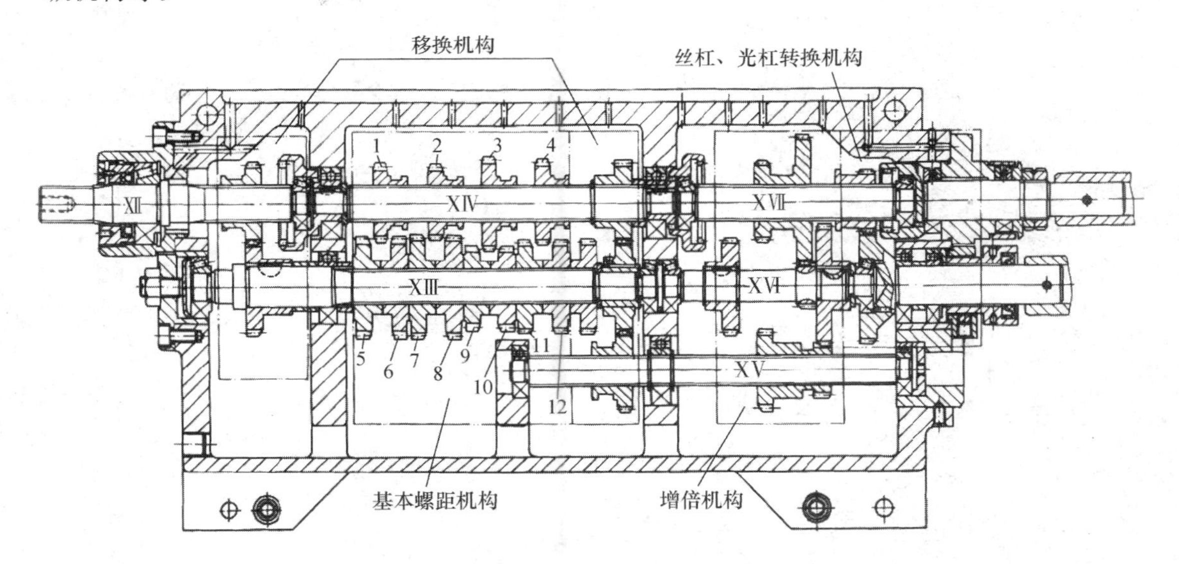

1—基本螺距机构；2—增倍机构；3—丝杠、光杠转换机构；4—移换机构；
5，6，7，8—滑移齿轮；9，10，11，12—固定齿轮

图 1.2－8　CA6140 型车床的进给箱结构图

3. CA6140 型卧式车床的溜板箱

图 1.2－9 所示为 CA6140 型卧式车床的溜板箱，它的传动关系以及实现纵向、横向进给运动和快速移动等情况已如前述。溜板箱主要由以下几部分组成：双向牙嵌式离合器 M_8 和 M_9 以及纵向、横向机动进给和快速移动的操纵机构、开合螺母及其操纵机构、互锁机构、超越离合器和安全离合器等。

1）开合螺母机构

开合螺母的功用是接通或断开从丝杠传来的运动。车螺纹时，将开合螺母扣合于丝杠上，丝杠通过开合螺母带动溜板箱及刀架。

开合螺母的结构见图 1.2－9 中的 *A*—*A* 剖视图及图 1.2－10，它由下半螺母 18 和上半螺母 19 组成。半螺母 18 和 19 可沿溜板箱中竖直的燕尾形导轨上下移动，每个半螺母上装有一个圆柱销 20，它们分别插入固定在手柄轴上的槽盘 21 的两条曲线槽 *d* 中（见图 1.2－9(c)中的 *C*—*C* 视图）。车削螺纹时，顺时针方向扳动手柄 15，使槽盘 21 转动，两个圆柱销带动上、下半螺母互相靠拢，于是开合螺母就与丝杠啮合。逆时针方向扳动手柄，则螺母与丝杠脱开。槽盘 21 上的偏心圆弧槽 *d* 接近盘中心部分的倾斜角比较小，使开合螺母闭合后能自锁，不会因为螺母上的径向力而自动脱开。限位螺钉 17 的作用是限定开合螺母的啮合位置，拧动螺钉 17，可以调整丝杠与螺母间的间隙。

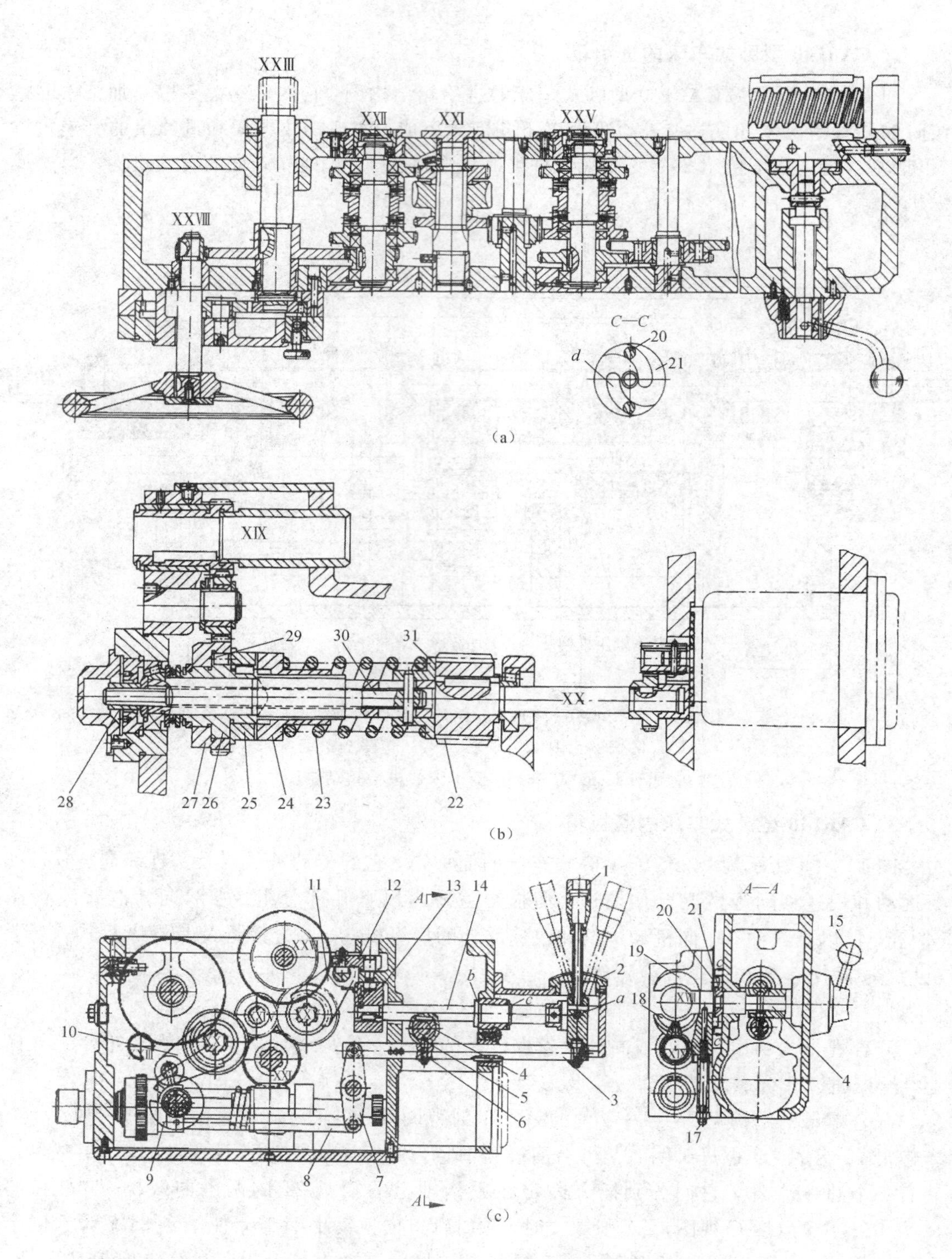

1，15—手柄；2，28—盖；3，8，30—拉杆；4，14—轴；5—支撑套；6，16—销；7，12—杠杆；9，13—鼓形凸轮；10，11—拨叉；17—限位螺钉；18—下半螺母；19—上半螺母；20—圆柱销；21—槽盘；22，27—齿轮；23—弹簧；24，25—离合器；26—星形体；29—滚子；31—弹簧压套

图 1.2-9　CA6140 型卧式车床溜板箱

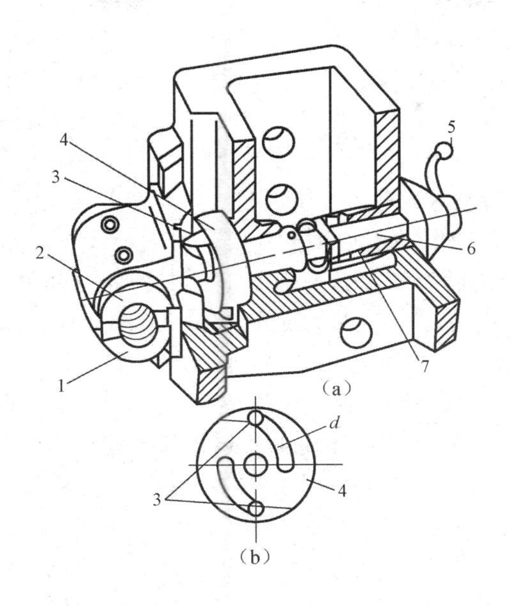

1—下半螺母；2—上半螺母；3—圆柱销；4—槽盘：5—开合螺母手柄；6—手柄轴；7—支承板

图 1.2－10　开合螺母机构

2）纵向、横向机动进给及快速移动的操纵机构

纵向、横向机动进给及快速移动是由一个手柄集中操纵的(见图 1.2－9 和图 1.2－11)。

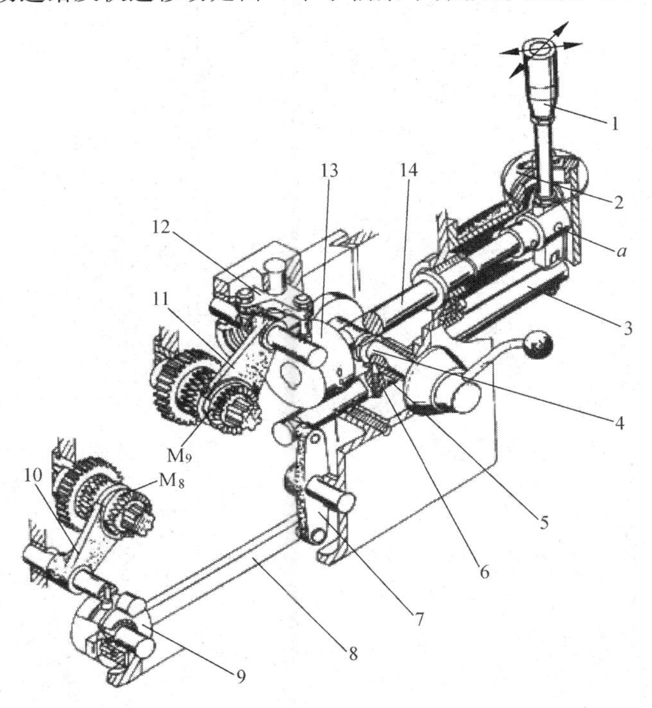

1—操纵手柄；2—盖；3，8—拉杆；4，14—二轴；5—支撑套；6—销；

7，12—杠杆；9，13—鼓形凸轮；10,11—拨叉

图 1.2－11　溜板箱操作机构

当需要纵向移动刀架时，向相应方向(向左或向右)扳动操纵手柄 1。由于轴 14 用台阶 b 及卡环 c 轴向固定在箱体上，因而操纵手柄 1 只能绕销 a 摆动，于是手柄 1 下部的开口槽就拨动轴 4 轴向移动。轴 4 通过杠杆 7 及拉杆 8 使鼓形凸轮 9 转动，凸轮 9 的曲线槽迫使拨叉 10 移动，从而操纵轴 XXII 上的牙嵌式双向离合器 M_8 向相应方向啮合(参见图 1.2-6)。这时，如光杠(轴号 XIX)转动，运动传给轴 XXIII，从而使刀架做纵向机动进给；如按下手柄 1 上端的快速移动按钮，快速电动机启动，刀架就可向相应方向快速移动，直到松开快速移动按钮为止。如向前或向后扳动操纵手柄 1，可通过轴 14 使鼓形凸轮 13 转动，凸轮 13 上的曲线槽迫使杠杆 12 摆动，杠杆 12 又通过拨叉 11 拨动轴 XXV 上的牙嵌式双向离合器 M_9 向相应方向啮合。这时，如接通光杠或快速电动机，就可使横刀架实现向前或向后的横向机动进给或快速移动。操纵手柄 1 处于中间位置时，离合器 M_8 和 M_9 脱开，这时机动进给及快速移动均被断开。为了避免同时接通纵向和横向的运动，在盖 2 上开有十字形槽以限制操纵手柄 1 的位置，使它不能同时接通纵向和横向运动。

3）互锁机构

为了避免损坏机床，在接通机动进给或快速移动时对开螺母不应合上，反之，合上对开螺母时，就不许接通机动进给和快速移动。互锁机构的工作原理如图 1.2-12(a)所示。

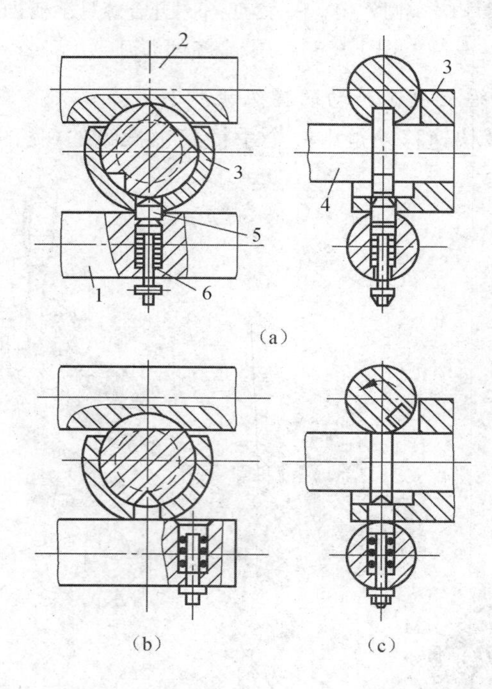

1，2，4—轴；3—支撑套；5—球头销；6—弹簧销

图 1.2-12　互锁机构工作原理

图 1.2-12(a)所示是合上对开螺母时的情况。这是由于手柄轴 4 转过了一个角度，它的凸肩旋入到轴 2 的槽中，将轴 2 卡住，使它不能转动，同时凸肩又将球头销 5 压入到轴 1 的孔中，由于球头销 5 的另一半尚留在固定套中，所以就将轴 1 卡住，使它不能轴向移动。由此可见，如合上对开螺母，进给及快移的操纵手柄就被锁住，不能扳动，因此能避免同时接通机动进给或快速移动。图 1.2-12(b)所示是向左扳动进给及快速操纵手柄的情况

(接通向左的纵向进给或快速移动)，这时，轴 1 向右移动，轴 1 上的圆孔也随之移开，球头销 5 被轴 1 的表面顶住，不能向下移动，于是它的上端就卡在手柄轴 4 的 V 形槽中将手柄轴 4 锁住，使对开螺母操纵手柄轴 4 不能转动，也就是使对开螺母不能闭合。图 1.2－12(c)所示是进给及快移操纵手柄向前扳动时的情况(接通向前的横向进给或快速移动)，这时，由于轴 2 转动，其上的长槽也随之转开，于是手柄轴 4 上的凸肩被轴 2 顶住而不能转动，所以这时对开螺母也不能闭合。

4) 单向超越离合器

为了避免光杠和快速电动机同时传动轴ⅩⅩ而造成损坏，在溜板箱左端的齿轮 z_{56} 与轴ⅩⅩ之间装有单向超越离合器(见图 1.2－13)。由光杠传来的进给运动(低速)，使齿轮 z_{56}(即外环齿轮 2)按图示逆时针方向转动。三个短圆柱滚子 1 分别在弹簧 5 的弹力及滚子 1 与外环齿轮 2 间摩擦力作用下，楔紧在外环齿轮 2 和行星轮 3 之间，外环齿轮 2 通过滚子 1 带动行星轮 3 一起转动，于是运动便经过安全离合器 M_8 传至轴ⅩⅩ，即为正常的机动进给。当按下快移按钮时，快速电动机的运动由齿轮副 14/28 传至轴ⅩⅩ，使行星轮 3 得到一个与齿轮 z_{56} 转向相同而转速却快得多的旋转运动(高速)。这时，由于滚子 1 与外环齿轮 2 及行星轮 3 之间的摩擦力，使滚子 1 通过柱销 4 压缩弹簧 5 而向楔形槽的宽端滚动，从而脱开外环齿轮 2 与行星轮 3(及轴ⅩⅩ)间的传动联系。这时光杠ⅩⅨ不再驱动轴ⅩⅩ。因此，刀架可实现快速移动。

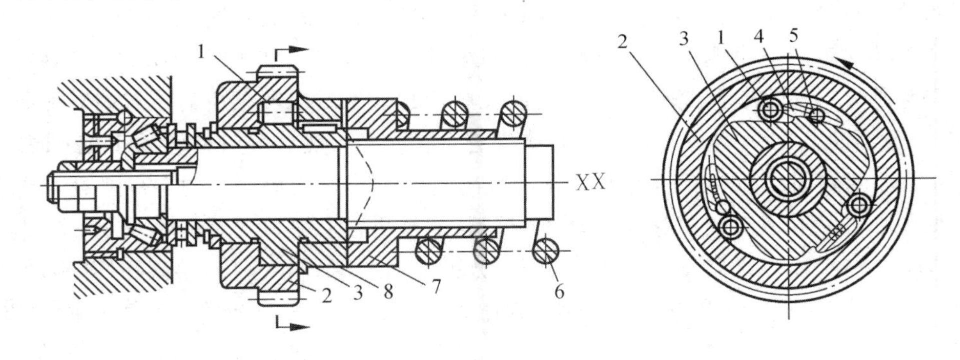

1—滚子；2—齿轮；3—行星轮；4—柱销；5，6—弹簧；7，8—离合器

图 1.2－13　单向超越离合器

4. 刀架

方刀架工作原理如图 1.2－14(a)所示，主要工作过程包括松夹、拔出定位销、方刀架转位、放下定位销、夹紧等动作。

方刀架装在刀架溜板 1 的上面，以刀架溜板上的圆柱形凸台定心，用拧在轴 9 顶端螺纹上的手把 12 夹紧。方刀架可转动间隔为 90°的四个位置，使装在它四侧的四把车刀依次进入加工位置。每次转位后，定位销 2 插入刀架溜板上的定位孔中进行定位。方刀架换位过程中的松夹、拔销、转位、定位以及夹紧等动作，都由手把 12 操纵。逆时针转动手把 12，使其从轴 9 顶端的螺纹上拧松时，刀架体 11 便被松开。同时，手把通过内花键套 7(用销钉 10 与手把连接)带动外花键套 6 转动，外花键套 6 的下端有锯齿形齿爪与凸轮 3 上的

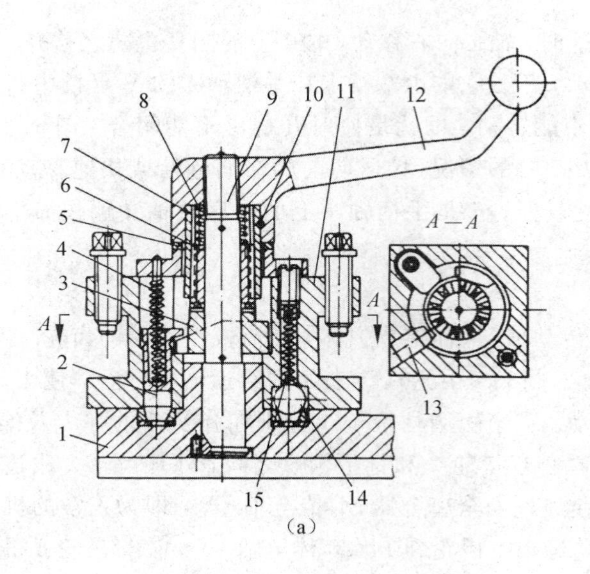

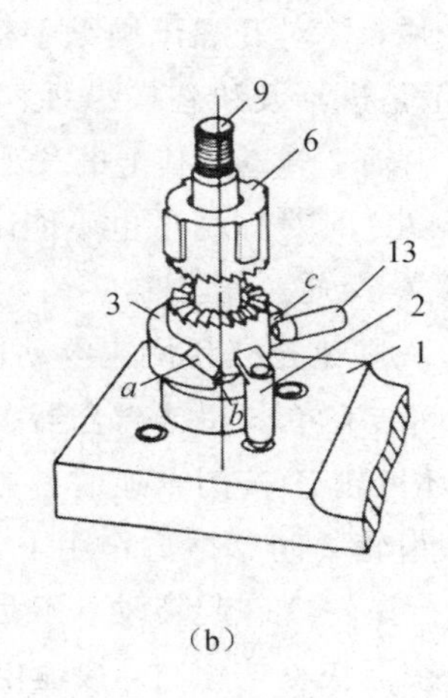

1—刀架溜板；2—定位销；3—凸轮；4，8，15—弹簧；5—垫圈；6—外花键套；7—内花键套；
9—轴；10—销钉；11—刀架体；12—手把；13—销；14—钢球

图 1.2-14　方刀架

端面齿啮合，凸轮也逆时针传动。凸轮转动时，先由其上的斜面 a 将定位销 2 从定位孔中拔出，接着其缺口的一个垂直侧面 b 与装在刀架体中的销 13 相碰(见图 1.2-14(b))，于是带动刀架体 11 一起转动，钢球 14 从定位孔中滑出。当刀架转至所需位置时，钢球 14 在弹簧 15 作用下进入另一定位孔，使刀架体先进行初定位。然后顺时针转动手把，同时凸轮 3 也被带动一起顺时针转。当凸轮上斜面 a 脱离定位销 2 的钩形尾部时，在弹簧 4 作用下，定位销插入新的定位孔，使刀架实现精确定位；接着凸轮上缺口的另一垂直侧面 c 与销 13 相碰，凸轮便被挡住不再转动。此时手把 12 仍然带着花键套 6 一起继续顺时针传动，直到把刀架体压紧在刀架溜板上为止。在此过程中，由于花键套 6 与凸轮 3 是以单向斜齿的斜面接触，因而套 6 克服弹簧 8 的压力，使其齿爪在固定不转的凸轮 3 的齿爪上打滑。修磨垫圈 5 的厚度，可调整手把 12 在夹紧方刀架后的正确位置。

5. 其他车床

1) 立式车床

立式车床分单柱式和双柱式，一般用于加工直径大、长度短且质量较大的工件。立式车床工作台的台面是水平面，主轴的轴心线垂直于台面，工件的矫正、装夹比较方便，工件和工作台的重量均匀地作用在工作台下面的圆导轨上，如图 1.2-15 所示。

2) 转塔车床

与 CA6140 车床相比，转塔车床除了有前刀架外，还有一个转塔刀架。转塔刀架有六个装刀位置，可以沿床身导轨做纵向进给，每一个刀位加工完毕后，转塔刀架快速返回，转动 60°，更换到下一个刀位进行加工，如图 1.2-16 所示。

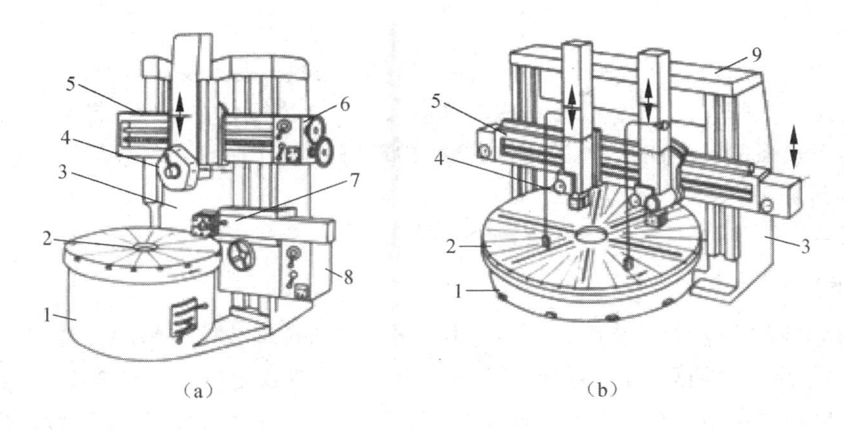

1—底座；2—工作台；3—立柱；4—垂直刀架；5—横梁；
6—垂直刀架进刀箱；7—侧刀架；8—侧刀架进刀箱；9—顶梁；
图 1.2－15　立式车床外形

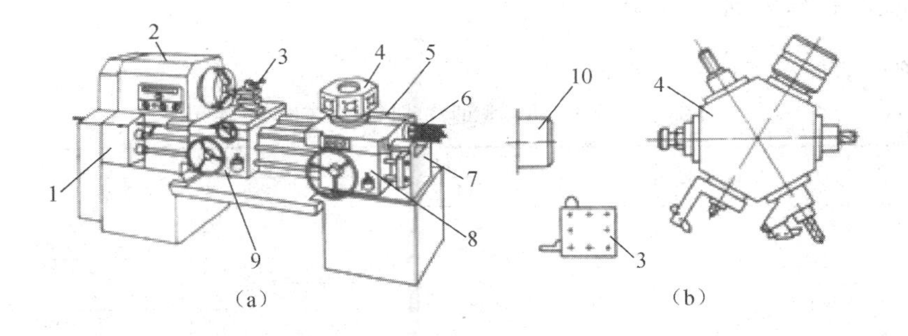

1—进刀箱；2—主轴箱；3—前刀架；4—转塔刀架；5—纵向溜板；
6—定程装置；7—床身；8—转塔刀架溜板箱；9—前刀架溜板箱；10—主轴
图 1.2－16　滑鞍转塔车床

任务 1.3　圆弧轴数控车削加工设备的使用

【任务描述】

能按工序卡片利用数控车床完成任务零件的加工。

【任务要求】

（1）根据要求合理选用机床，会选用刀具、夹具、附件并安装。

（2）用 CAK6150D 型数控车床车削圆弧轴。

【知识目标】

（1）了解 CAK6150D 型数控车床的加工工艺范围和主要技术参数。

（2）掌握车削圆弧轴的具体操作。

（3）了解 CAK6150D 型数控车床的主要结构并能对常见简单故障进行诊断和排除。

【能力目标】

（1）能合理选用机床并读懂说明书，能正确使用刀具、夹具及其他附件。

（2）能使用 CAK6150D 型数控车床车削圆弧轴，能读懂数控程序，会基本操作。

（3）具备较强的识图能力，能根据典型结构理解其工作原理，能对常见简单故障进行分析诊断和排除。

（4）安全文明生产，并对工件进行质检。

【学习步骤】

以圆弧轴数控车削工序卡片的形式提出任务，在圆弧轴数控车削的准备工作中学会分析工序卡片及图样，根据分析，选择合适的机床型号，对选定的机床的参数及运动进行分析，掌握本机床的调整及操作方法，掌握刀、夹、附具及工件与机床的连接与安装，最后完成零件的加工操作及检验，掌握对一般机床故障的分析与排除能力，学会本类机床的操作规程、维护及其保养。

1.3.1 圆弧轴车削加工工序卡片

圆弧轴车削加工工序卡片如表 1.3－1 所示。

表 1.3－1 圆弧轴车削加工工序卡片

××××学院	机械加工工序卡片	产品型号		零件图号		
		产品名称		零件名称	圆弧轴	共 页 第 页

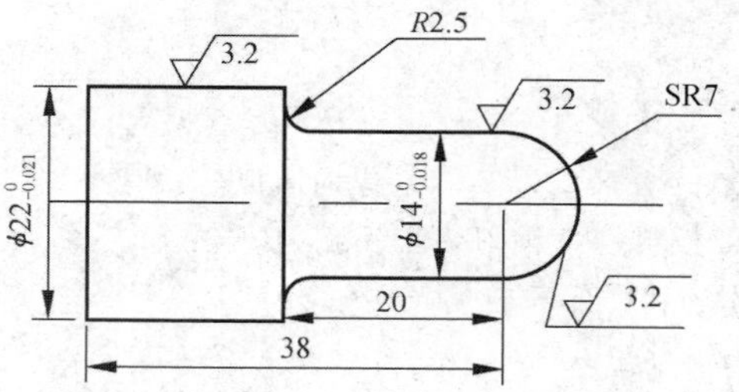

车间	工序号	工序名称	材料牌号
机加	002	数控车削外圆	45钢
毛坯种类	毛坯外形尺寸	每毛坯可制件数	每 台 件 数
		1	1
设备名称	设备型号	设备编号	同时加工件数
数控车床	CAK6150D		
夹具编号	夹具名称		切削液
	通用夹具		水溶液
工位器具编号	工位器具名称	工序工时（分）	
		准终	单件

工步号	工步内容	工艺装备	主轴转速 r/min	切削速度 m/min	进给量 mm/r	切削深度 mm	进给次数	工步工时 机动	工步工时 辅助
1	装夹								
2	粗车外圆	三爪卡盘、卡尺、外圆车刀	800		0.2	1.5			
3	半精车外圆	三爪卡盘、卡尺、外圆车刀	最高转速限定1800	100	0.1				
4									
5									

设 计（日期）	校 对（日期）	审 核（日期）	标准化（日期）	会签（日期）

1.3.2 数控车削圆弧轴的准备工作

1. 分析图样

根据图样，加工表面为圆柱体和球形结构，表面粗糙度为 $Ra3.2$，保证尺寸 $\phi22$、$\phi14$（7 级精度），SR7 要求在数控车床上一次装夹完成加工并切断工件，加工时以毛坯外圆面为定位基准，采用先粗后精的加工工艺。

2. 机床的选取

1）数控车床的工艺范围

数控车床(NC lathe)和普通车床一样，主要用于加工回转体类零件。它集中了卧式车床、多刀车床、转塔车床、仿形车床、自动和半自动车床的功能，是数控机床中产量最大的品种之一。

数控车床工艺范围很广，它适用于加工各种轴类、套筒类和盘类零件上的回转表面，如：内圆柱面、圆锥面、环槽及成型回转表面，端面及各种常用螺纹，还可以进行钻孔、扩孔、铰孔和滚花等工艺。

2）数控车床的分类

数控车床的分类方法较多，通常按与普通车床相似的方法进行分类。

(1) 按车床主轴位置分类。

① 立式数控车床。这类数控车床的主轴垂直于水平面，并有一个直径很大、供装夹工件用的圆形工作台，主要用于加工径向尺寸相对较小的大型复杂零件。

② 卧式数控车床。卧式数控车床又分为数控水平导轨卧式车床和数控倾斜导轨卧式车床。倾斜导轨结构可以使车床具有更大的刚性，并易于排除切屑。

(2) 按数控系统的功能分类。

① 经济型数控车床。这类数控车床一般采用开环控制，具有CRT显示、程序存储、程序编辑等功能，加工精度较低，功能较简单。

② 全功能型数控车床。这是较高档次的数控车床，具有刀尖圆弧半径自动补偿、恒线速、倒角、固定循环、螺纹切削、图形显示、用户宏程序等功能，加工能力强，适于加工精度高、形状复杂、循环周期长、品种多变的单件或中小批量零件。

③ 精密型数控车床。该类数控车床采用闭环控制，不但具有全功能型数控车床的全部功能，而且机械系统的动态响应较快，适于精密和超精密加工。

(3) 其他分类方法。

按数控车床的不同控制方式，可以分为直线控制数控车床、两主轴控制数控车床等；按特殊或专门工艺性能，可分为螺纹数控车床、活塞数控车床、曲轴数控车床等。

3）数控机床的特点

数控机床与一般机床相比，具有以下几方面的特点：

(1) 采用数控机床可以获得更高的加工精度和稳定的加工质量。

数控机床是按以数字形式给出的指令脉冲进行加工的。目前脉冲当量基本达到了0.001 mm。进给传动链的反向间隙与丝杠导程误差等均可由数控装置进行补偿，所以可获得较高的加工精度。

当加工轨迹是曲线时，数控机床可以做到使进给量保持恒定。这样，加工精度和表面质量可以不受零件形状复杂程度的影响。

工件的加工尺寸是按预先编好的程序由数控机床自动保证的，加工过程消除了操作者人为的操作误差，使得同一批零件的加工尺寸一致，重复精度高，加工质量稳定。

(2) 具有较强的适应性和通用性(即充分的柔性)。

数控机床的加工对象改变时，只需重新编制相应的程序，输入计算机就可以自动地加工出新的工件。同类工件系列中不同尺寸、不同精度的工件，只需局部修改或增删零件程序的相应部分。随着数控技术的迅速发展，数控机床的柔性也在不断地扩展，逐步向多工序集中加工方向发展。

使用数控车床、数控铣床和数控钻床等时，分别只限于各种车、铣和钻等加工。然而，在机械工业中，多数零件往往必须进行多种工序的加工。这种零件在制造中，大部分时间用于安装刀具、装卸工件、检查加工精度等，真正进行切削的时间只占30%左右。在这种情况下，单功能数控机床就不能满足要求了。因此出现了具有刀库和自动换刀装置的各种加工中心机床，可以实现一机多用，如车削加工中心、镗铣加工中心等。车削加工中心用于加工回转体，且兼有铣(铣键槽、扁头等)、镗、钻(钻横向孔等)等功能。镗铣加工中心用于箱体零件的钻、扩、镗、铰、攻螺纹等工序。加工中心机床具有更强的适应性和更广的通用性。

(3) 具有较高的生产率。

数控机床不需人工操作，四面都有防护罩，不用担心切屑飞溅伤人，可以充分发挥刀具的切削性能。主轴和进给都采用无级变速，可以达到切削用量的最佳值，这就有效地缩短了切削时间。

数控机床在程序指令的控制下可以自动换刀、自动变换切削用量、快速进退等，因而大大缩短了辅助时间。在数控加工过程中，由于可以自动控制工件的加工尺寸和精度，一般只需作首件检验或工序间关键尺寸的抽样检查，因而可以减少停机检验时间。

加工中心进一步实现了工序集中，一次装夹可以完成大部分工序，从而有效地提高了生产效率。

(4) 改善了劳动条件，减轻了工人的劳动强度。

应用数控机床时，工人不需直接操作机床，而是编好程序调整好机床后由数控系统来控制机床，免除了繁重的手工操作。一人能管理几台机床，提高了劳动生产率。当然，对工人的文化技术要求也提高了。数控机床的操作者，既是体力劳动者，也是脑力劳动者。

(5) 便于现代化的生产管理。

用计算机管理生产是实现管理现代化的重要手段。数控机床的切削条件、切削时间等都是由预先编好的程序决定的，都能实现数据化，这就便于准确地编制生产计划，为计算机管理生产创造有利条件。数控机床适宜于与计算机联系，目前已成为以计算机辅助设计、辅助制造和计算机管理一体化的计算机集成制造系统(CIMS)的基础。

(6) 造价高，维护复杂。

数控机床造价高，维护比较复杂，需专门的维修人员，需高度熟练和经过培训的零件编程人员。

4) 机床型号的选择

根据加工要求，选择CAK6150D型数控车床对项目零件进行加工。CAK6150D型数控车床是一种经济、实用的万能型加工机床，产品结构成熟，性能质量稳定可靠，可进行多次重复循环加工，广泛地应用于汽车、军工等行业的机械加工，可实现轴类、盘类的内外表面及锥面、圆弧、螺纹、镗孔、铰孔等加工。

CAK6150D型数控车床型号解读如下：

C为机床类型代号，读作“车”，意为车床；

A为结构特性代号，和CA6140型卧式车床中A的意义相似；

K 为通用特性代号，读作“控”，意为数控；

6 为组代号，1 为系代号，查表可知，6 组 1 系的车床为卧式车床；

50 为主参数，由于折算系数为 1/10，查表可知床身上最大回转直径为 500 mm；

D 为重大改进顺序号，CAK6150D 型数控车床经过了第四次重大改进。

CAK6150D 型数控车床的技术参数如表 1.3-2 所示。

表 1.3-2　CAK6150D 型数控车床的技术参数

项目名称	机床参数	项目名称	机床参数
机床型号	CAK6150D	Z 轴行程/mm	外圆：25×25
			内孔：φ32，φ25
数控系统	FANUC 0T-D	重复定位精度/mm	250
床身上最大回转直径/mm	φ500		850
最大工件长度/mm	890		0.012/0.016
最大车削长度/mm	850	中心高/mm	距床身：250 距地面：1130
最大车削直径/mm	500	床身导轨宽度/mm	400
滑板上最大回转直径/mm	300	主电机型号	YD132M-4/2，双速电机
主轴端部形式及代号	A8	主电机功率/kW	6.5
主轴通孔直径/mm	70	机床净重/kg	2300
主轴前端锥孔锥度	莫氏 4 号	机床轮廓尺寸/mm	2660×1265×1755
主轴转速范围/(r/min)	40～1800	加工精度/mm	加工工件圆度： 0.004； 加工工件圆柱度： 0.02/φ300； 加工工件平面度： 0.020/300
卡盘直径-手动/mm	φ250		
刀架形式	卧式四工位		
快移速度 $X/Z/$(m/min)	5/10		
刀架转位时间/min	2.4		
刀架转位重复定位精度/mm	0.008		
床尾主轴直径/mm	75	工件表面粗糙度/μm	Ra1.6
床尾主轴孔锥度	莫氏 5 号	工件精度	IT6-IT7
床尾套筒行程/mm	150	存储容量/KB	4

3. CAK6150D 型数控车床的调整与操作

1）数控车床的结构及运动分析

数控车床的外形结构如图 1.3-1 所示。数控车床多采用这种布局形式。数控车床没有机械操作元件和手柄、摇把等，不需进行繁重的人工操作。车床在防护罩的保护下工作，只能通过防护罩上的玻璃窗观察工作情况。底座 1 上装有后斜床身 5。床身导轨 6 与水平面的夹角为 75°。刀架装在主轴的右上方。刀架的位置决定了主轴的转向应与卧式车床相反。数控车床集中了粗、精加工工序，切屑多，切削力大。倾斜床身可使切屑方便地排除。数控车床采用箱式结构，刚度比卧式车床高。导轨 6 镶钢、淬硬、磨削，因此比较耐磨。床身中部为刀架溜板 4，分为两层。底层为纵向溜板，可沿床身导轨 6 做纵向（Z 向）移动；上层为横向溜板，可沿纵向溜板的上导轨做横向（沿床身倾斜方向，即 X 向）移动。刀架溜板 4 上装有转塔刀架 3，可安装多把刀具，可按照加工情况自由选取。

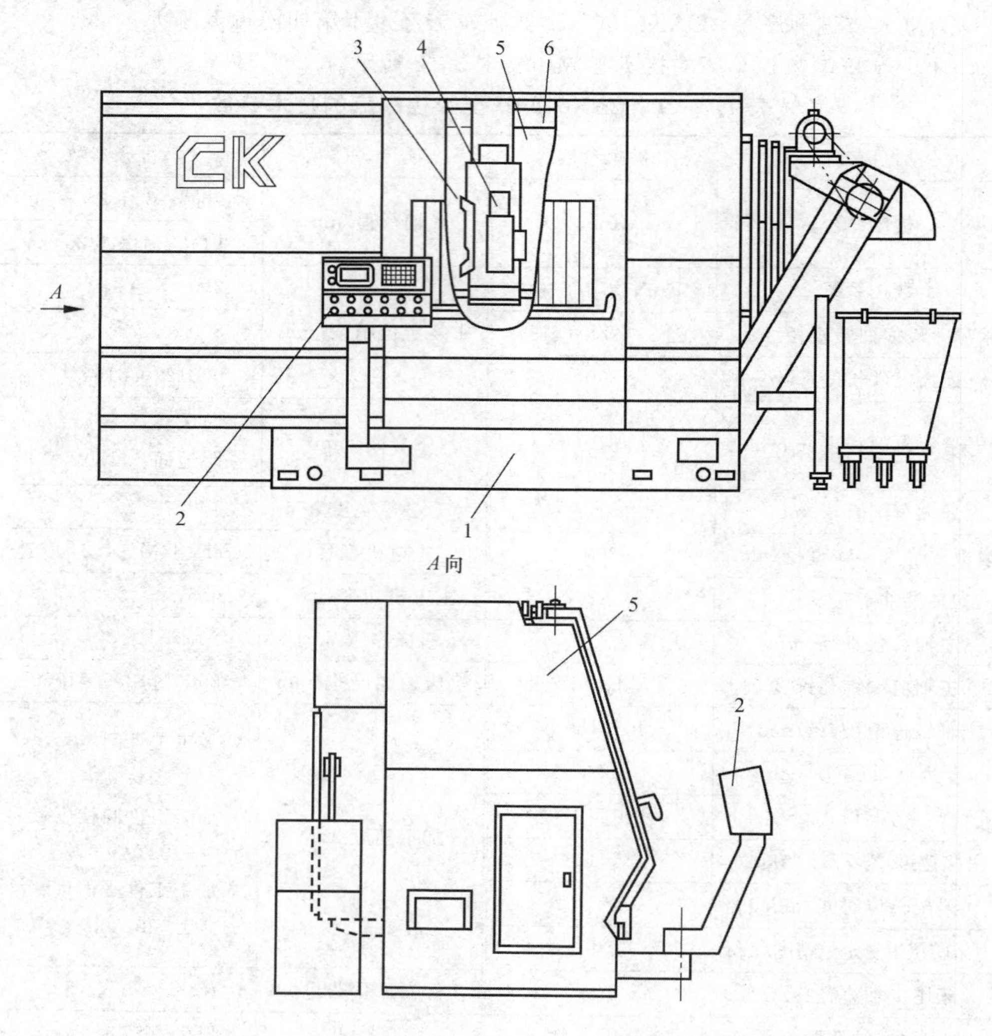

1—底座；2—操作台；3—转塔刀架；4—刀架溜板；5—后斜床身；6—床身导轨

图 1.3－1　数控车床外形结构

图 1.3－2 所示是这种数控车床的传动系统图，和普通车床相比，传动系统有了较大的简化。主电动机 M_1 是直流电动机，也可安装交流变频调速电动机。主电动机经带轮副和多速变速机构驱动主轴，使主轴得到多段转速。在切削端面和阶梯轴时，随着切削直径的变化，主轴转速也随之而变化，以维持切削速度不变。这时切削不能中断，滑移齿轮不能移动，可以在任意一段转速内由电动机无级变速来实现。

数控车床切削螺纹时，主轴与刀架间为内联系传动链。数控车床是用电脉冲实现车削的。主轴经一对齿轮驱动主轴脉冲发生器 G，经数控系统根据加工程序处理后，输出一定数量的脉冲，再通过伺服系统，经伺服电动机 M_2（Z 轴）或 M_3（X 轴）、联轴节 1 或 6 以及滚珠丝杠Ⅴ或Ⅵ，驱动刀架的纵向或横向运动，这就可切削任意导程的螺纹或进行进给量

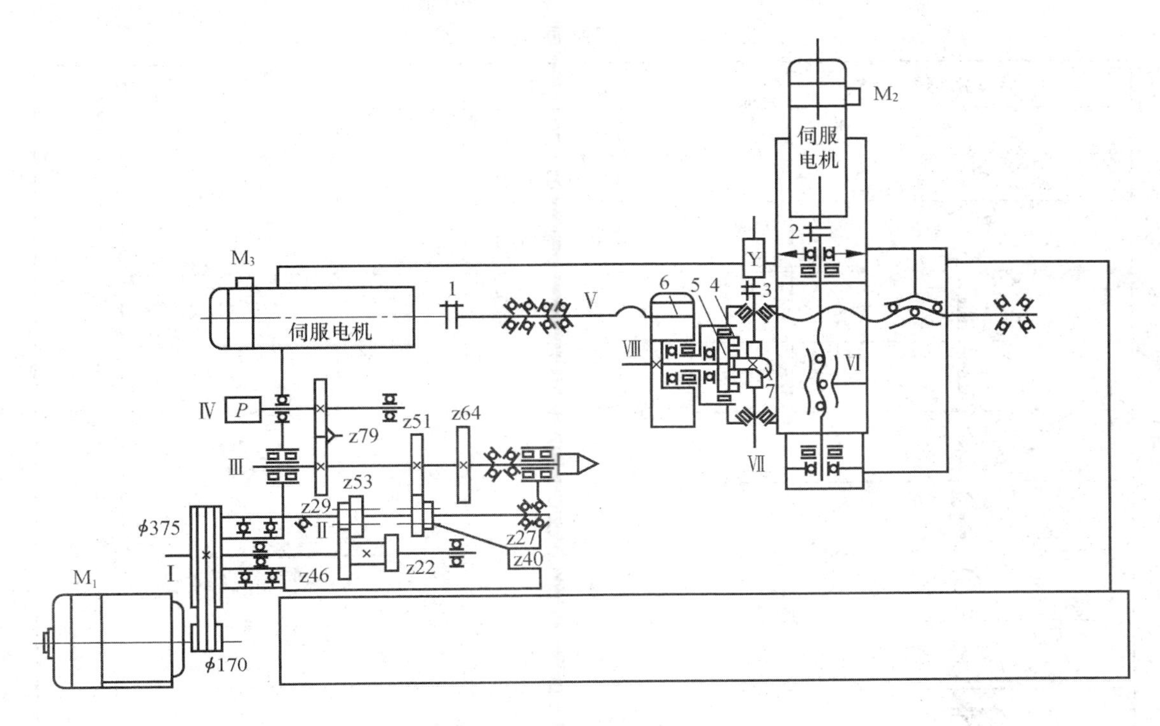

图 1.3-2 数控车床的传动系统

以 mm/min 计的车削。如果根据加工程序，主轴每转数控系统输出的脉冲数是变动的，则可切削变导程螺纹。如果脉冲同时输往 X 和 Z 轴，脉冲频率又根据加工程序是变化的，则可加工任意回转曲面。螺纹往往需多次车削，一刀切完后刀架退回原处，下一刀必须在上次的起点处开始才不会乱扣。因此，脉冲发生器还发出另一组脉冲，每转一个脉冲，显示工件旋转的相位，以避免乱扣。

2) CAK6150D 型数控车床的操作

和普通车床不同，由于没有手柄等手动操作机构，数控车床的控制操作基本由控制面板完成。数控车床控制面板如图 1.3-3 所示。

图 1.3-3 数控车床控制面板

利用数控车床控制面板上的操作方式选择开关，可以选择如下各种方式，如表 1.3-3 所示。

表 1.3-3　控制面板按钮介绍

形象化符号	含　义	方式开关位置
S	当前主轴挡位显示	
T	当前刀号显示	
	手动刀架启动	JOG 或 HNDL
	主轴升挡	JOG 或 HNDL
	主轴降挡	JOG 或 HNDL
	主轴正转	JOG 或 HNDL
	主轴反转	JOG 或 HNDL
	主轴停	JOG 或 HNDL
	导轨润滑	
	冷却自动/停/手动转换	
	X/Z 轴已返回参考点指示灯	
?	超程释放	JOG 或 HNDL
$+X$、$-X$	手动点动移动 X 轴	JOG
$+Z$、$-Z$	手动点动移动 Z 轴	JOG
	快速	JOG
	存储保护开/关	
	程序试运行	AUTO
	机床锁住	AUTO
	程序任选跳过	AUTO
	程序单段运行	AUTO
	循环启动	AUTO

续表

形象化符号	含　义	方式开关位置
	机床进给保持	AUTO
	进给倍率及手动速度调节	
	编辑方式	EDIT
	MDI 操作方式	MDI
	自动操作方式	AUTO
	手动操作方式	JOG
0.001、0.01、0.1	手摇轴方式	HNDL
	X/Z 轴返回参考点	ZRN
	手摇脉冲发生器	
X　Z	手摇轴选择	
	手轮	
紧急停止	机床紧急停止	
	倍率选择开关	
	方式选择开关	

CRT/MDI 操作面板如图 1.3－4 所示，面板中各按键的含义如下：

RESET 复位(RESET)键。用于解除报警，CNC 复位。

POS 位置显示页面。位置显示有三种方式，可用 PAGE 按键切换选择。

PRGRM 数控程序显示与编辑页面。

MENU OFSET 参数输入页面。可用 PAGE 按键切换。

DGNOS PARAM 进行参数的设定，诊断数据的显示。

OPR ALARM 进行报警号的显示。

AUX GRAPH 未使用。

ALTER 替换键。用新输入的数据替换光标所在的数据。

INSRT 插入键。把输入域之中的数据插入到当前光标之后的位置。

DELET 删除键。删除光标所在的数据或者删除一个(或全部)数控程序。

/,# EOB 换行键。结束一行程序的输入并且换行。

CAN 修改键。用于删除输入域内的数据。

INPUT 输入键。把输入域内的数据输入参数页面或者输入一个外部的数控程序。

OUTPUT START 输出键。把当前数控程序输出到计算机。

光标移动(CURSOR)，向下或向上移动光标。

翻页按钮(PAGE)，向下或向上翻页。

数字/字母键。→ K I H 键的输入顺序是：K→I→H→K…循环。

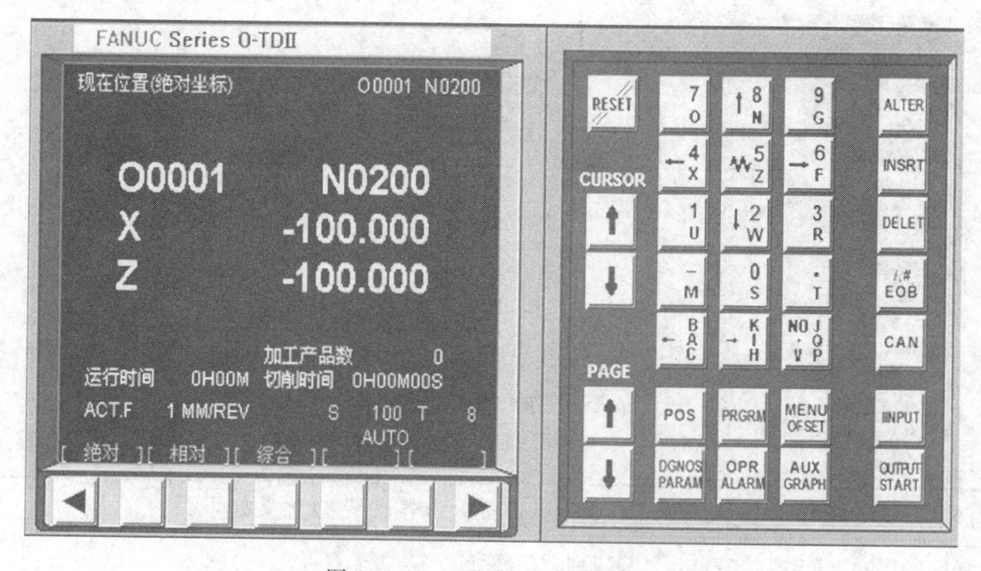

图 1.3-4 CRT/MDI 操作面板

4. 刀具、夹具及工件与机床的连接与安装

1）数控车削加工中的装刀与对刀

装刀与对刀是数控机床加工中极其重要并十分棘手的一项工艺准备工作，特别是对刀的好坏将直接影响到加工程序的编制及零件的尺寸精度。通过对刀或刀具预调，还可同时测定各号刀的刀位偏差，有利于设定刀具补偿量。

（1）车刀的安装。

在实际切削中，车刀安装的高低，车刀刀杆轴是否垂直，对车刀工作角度有很大影响。以车削外圆（或横车）为例，当车刀刀尖高于工件轴线时，因车削平面与基面的位置发生变化，使前角增大，后角减小；反之，前角减小，后角增大。车刀安装歪斜，对主偏角、副偏角影响较大，特别是在车螺纹时，会使牙形半角产生误差。因此，正确地安装车刀，是保证加工质量，减少刀具磨损，提高刀具使用寿命的重要步骤。图 1.3－5 所示为车刀安装角度。当车刀安装成负前角时，切削力较大；当车刀安装成正前角时，可减小切削力。

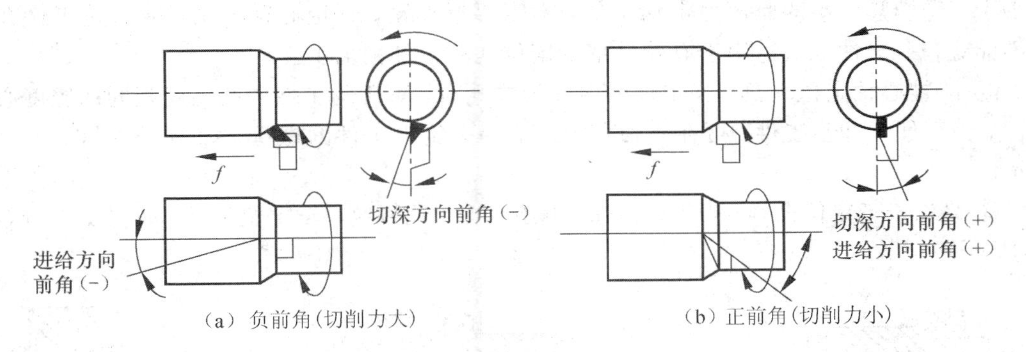

图 1.3－5 车刀安装角度

（2）换刀点、对刀点位置的确定。

换刀点是指在编制数控车床多刀加工的加工程序时，相对于机床固定原点而设置的一个自动换刀或换工作台的位置。换刀的具体位置应根据工序内容而定。为了防止在换（转）刀时碰撞到被加工零件、夹具或尾座而发生事故，除特殊情况外，换刀点都设置在被加工零件的外面，并留有一定的安全区。

对刀点是数控车床加工时刀具相对于工件运动的起点。编程时应首先选好对刀点的位置。选择对刀点的一般原则如下：

① 尽量使加工程序的编制工作简单、方便。

② 便于用常规量具在车床上进行测量；便于工件的装夹。

③ 对刀误差较小或可能引起的加工误差最小。

2）数控车削加工的装夹与定位

（1）对数控车床的定位及装夹要求。

在数控车床上加工零件，应按工序集中的原则划分工序，在一次装夹下尽可能完成大部分甚至全部表面的加工。根据零件的结构形状不同，通常选择外圆、端面、内孔装夹，并力求设计基准统一，以减小定位误差，提高加工精度。

要充分发挥数控车床的加工效能，工件的装夹必须快速，定位必须准确。数控车床对工件的装夹要求是：首先应具有可靠的夹紧力，以防止工件在加工过程中松动；其次应具有较高的定位精度，并多采用气动或液压夹具，以便迅速、方便地装、卸工件。

（2）常用的夹具形式及定位方法。

数控车床主要应用通用的三爪自定心卡盘、四爪单动卡盘和为大批量生产中使用的自动控制液压、电动及气动夹具，另外还有多种相应的实用夹具。其定位主要采用心轴、顶块、缺牙爪等方式，与普通车床的装夹定位方式基本相同。夹具主要分为两大类，即用于轴类工件的夹具和用于盘类工件的夹具。

对于轴类零件，通常以零件外圆柱面和端面作为定位基准定位；对于套类零件，则多以内孔和端面作为定位基准。以下是几种常见的夹具形式。

① 圆柱心轴定位夹具。加工套类零件时，常用工件的孔在圆柱心轴上定位，如图 1.3－6(a)、(b)所示。

② 小锥度心轴定位夹具。将圆柱心轴改成锥度很小的锥体时，就成了小锥度心轴。工件放在小锥度心轴定位，消除了径向间隙，提高了心轴的定心精度。定位时，工件楔紧在心轴上，靠楔紧产生的摩擦力带动工件，不需要再夹紧，且定心精度高；缺点是工件在轴向不能定位。这种方法适用于有较高精度定位孔的工件精加工。

③ 圆锥心轴定位夹具。当工件的内孔为锥孔时，可用与工件内孔锥度相同的锥度心轴定位。为了便于卸下工件，可在心轴大端配上一个旋出工件的螺母，如图 1.3－6(c)、(d)所示。

④ 螺纹心轴定位夹具。当工件内孔是螺孔时，可用螺纹心轴定位夹具，如图 1.3－6(e)、(f)所示。

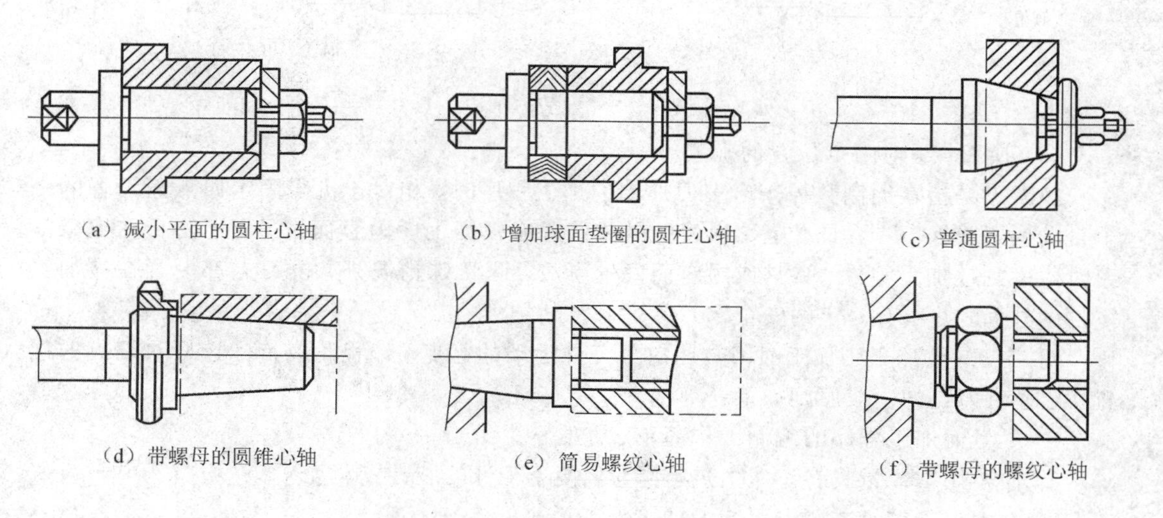

图 1.3－6　常用的心轴

⑤ 可调卡爪式卡盘夹具。可调卡爪式卡盘夹具的结构如图 1.3－7 所示。每个基体卡座 2 上都对应配设有不淬火的卡爪 1，其径向夹紧位置可以通过卡爪上的端齿和螺钉单独进行粗调整（错齿移动），或通过差动螺杆 3 单独进行细调整。为了便于对较特殊的、批量大的盘类零件进行准确定位及装夹，还可按其实际需要，用车刀将不淬火卡爪的夹持面车至所需的尺寸。这种卡盘适用于在没有尾座的卡盘式数控车床上使用，还可在车床主轴尾部设置拉紧机构，通过该卡盘上的拉杆 4，实现对零件的自动快速松开和夹紧。

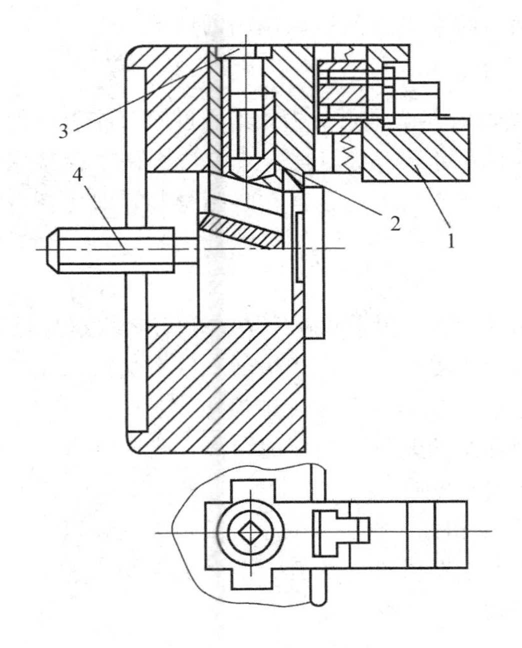

1—卡爪；2—基体卡座；3—差动螺杆；4—拉杆

图 1.3-7　可调卡爪式卡盘夹具

1.3.3　CAK6150D 型数控车床车削圆弧轴的具体操作与检验

使用CAK6150D型数控车床、三爪自定心卡盘、93°机夹可转位车刀，对本项目零件进行加工，具体步骤如下：

1. 安装并夹紧工件

在工件安装时，首先根据加工工件尺寸选择三爪自定心卡盘，再根据其材料及切削余量的大小调整好卡盘卡爪夹持直径、行程和夹紧力。如有需要，可在工件尾端打中心孔，用顶尖顶紧，使用尾座时应注意其位置、套筒行程和夹紧力的调整。工件夹紧时，夹紧力要合适，以防夹紧力不够使工件在车削过程中受力产生位移。装夹完工件后卡盘扳手随手取下，以防开车后飞出伤人。

2. 刀具的安装

根据零件的加工要求，选择93°机夹可转位车刀和切断刀进行安装。

93°机夹可转位车刀安装要领：车刀装夹在刀架上的伸出部分应尽量短，以增强其刚性，伸出长度约为刀柄厚度的1～1.5倍；车刀下面垫片的数量要尽量少，并与刀架边缘对齐；车刀刀杆至少用两个螺钉平整压紧，以防振动；主偏角的范围为 $91° \leqslant K_r \leqslant 93°$；车刀刀尖应与工件中心等高。

切断刀安装要领：切断刀装夹在刀架上的伸出部分不宜过长，以增强其刚性；车刀下面垫片的数量要尽量少，并与刀架边缘对齐；车刀刀杆至少用两个螺钉平整压紧，以防振动；切断刀的中心线必须与工件中心线垂直，以保证两个副偏角对称；切槽刀的主切削刃必须与工件中心等高。

安装过程中要注意的是：安装刀具的刀具位置编号一定要与程序中的调用刀具号相对

应，以防自动加工中换刀时发生刀具错误调用的情况。

3. 对刀、设定工件坐标系

在这里选用刀具试切对刀法进行对刀，其通过对刀将刀偏值写入参数从而获得工件坐标系。这种方法操作简单，可靠性好，通过刀偏与机械坐标系紧密地联系在一起，只要不断电、不改变刀偏值，工件坐标系就会存在且不会变，即使断电重启后回参考点，工件坐标系还在原来的位置。

对刀过程如下：

(1) 选择实际使用的刀具，用手轮 0.1 方式将刀具快速靠近工件，然后用手轮 0.01 方式继续靠近工件，最后用手轮 0.001 方式切削工件右端面；

(2) 不移动 Z 轴，仅 X 方向退刀，主轴停止；

(3) 测量从工件坐标系的原点到端面的距离，把该值作为 Z 轴的测量值，设定到指定号的刀偏存储器中，Z 轴即完成对刀。

X 轴对刀过程与 Z 轴相似。要注意的是：X 轴为直径测量值，若把测量值作为几何形状补偿量输入，则所有的偏置量都变为几何补偿量，与之相应，磨损补偿量为“零”；加工中，刃磨刀具和更换刀具后，要重新对刀。

4. 程序的输入

首先应根据加工要求确定各种工艺参数并合理编制加工程序，再把编制好的程序输入机床试加工并完善程序。可在数控车床的控制面板处手动输入程序，为了提高功效也可利用计算机进行程序的导入。

需要使用到的各种工艺参数：粗车时每次背吃刀量取 1.5～2 mm，主轴转速为 800 r/min，进给量为 0.15～0.2 mm/r，给出径向精车余量为 0.5～1 mm，轴向精车余量为 0.2～0.3 mm；精车最后一次完成，线速度取 100 m/min，主轴最高转速限定为 2000 r/min，进给量为 0.05～0.1 mm/r；切断工件时主轴转速为 300 r/min，进给量为 0.05～0.1 mm/r。

圆弧轴加工参考程序(FANUC 系统)如下：

```
00001;                           主程序名
G97 G99 G21 G40;                 程序初始化(G97 恒转速)
T0101;                           换 1 号外圆车刀
S800 M03;                        主轴正转，转速为 800 r/min
G00 X100. Z100. M08;             刀具到目测安全位置
X26. Z2.;                        切削循环起始点，毛坯直径为 25 mm
G71 U1.5 R1.;                    毛坯切削循环
G71 P10 Q20 U0.5 W0.2 F0.15;
N10 G00 X0;                      精加工轮廓描述(精加工路径)
G01 Z0;
G03 X14. Z-7. R7.;
G01 Z-24.5.;
G02 X19. Z-27. R2.5;
```

```
G01 X22.;
N20 Z-50.;
G96;                          恒周速加工
G50 S1800;                    主轴最高转速限定为1800 r/min
G70 P10 Q20 S100 F0.08;       精加工外轮廓
G00 X100. Z100.;              换外切槽刀，恒转速加工
T0202 G97S300;
X30. Z-40.;                   刀具定位，刀宽4 mm
G01 X0 F0.05;                 切断
G00 X100.;
Z100.;
M05 M09;
M30;                          程序结束
```

5. 零件的加工

和普通车床相比较而言，数控车床的操作比较简单，一切准备就绪后只需按下控制面板上的程序启动键便可进行加工，整个加工过程基本不需要其他手动操作，这样就大大减轻了工人的劳动强度并且提高了生产效率。

在加工过程中还应时刻注意机床的报警信息和异常的声响、气味，以保障设备的正常运行。

6. 零件的检验

零件的轴向和径向尺寸可用游标卡尺进行检验测量。粗糙度的检验可用对照样板进行比对检验。球头和圆弧可用R规进行检验。

1.3.4 数控车床的日常维护保养、安全操作规程与文明生产

1. 数控车床的日常维护保养

数控车床的日常维护保养如表1.3-4所示。

表1.3-4 数控车床的日常维护保养

序号	检查部位	检查要求	检查周期
1	导轨润滑油箱	检查油标、油量，及时添加润滑油，润滑泵能定时启动打油及停止	每天
2	*X*、*Z*轴导轨面	清除切屑及脏物，检查润滑油是否充分，导轨面有无划伤损坏	每天
3	压缩空气气源压力	检查气动控制系统压力，应在正常范围	每天
4	气源自动分水滤气器、自动空气干燥器	及时清理分水器中滤出的水分，保证自动空气干燥器工作正常	每天
5	气源转换器和增压气油面	发现油面不够时及时补足油	每天

续表

序号	检 查 部 位	检 查 要 求	检查周期
6	主轴润滑恒温油箱	工作正常、油量充足并调节温度范围	每天
7	机床液压系统	油箱、液压泵无异常噪声，压力表指示正常，管路及管接头无泄漏，工作油面高度正常	每天
8	液压平衡系统	平衡压力指示正常，快速移动时平衡阀工作正常	每天
9	CNC的输入/输出单元	如光电阅读机清洁、机械结构润滑良好等	每天
10	各种电气柜散热通风装置	各电柜冷却风扇工作正常，风道过滤网无堵塞	每天
11	各种防护装置	导轨、机床防护罩等应无松动、漏水	每天
12	清洗各电柜过滤网		每天
13	滚珠丝杠	清洗丝杠上旧的润滑脂，涂上新油脂	每半年
14	液压油路	清洗溢流阀、减压阀、滤油器，清洗油箱箱底，更换或过滤液压油	每半年
15	主轴润滑恒温油箱	清洗过滤器，更换润滑油	每半年
16	检查并更换直流伺服电机碳刷	检查换向器表面，吹净碳粉，去除毛刺，更换长磨过短的电刷，并应跑合后才能使用	每年
17	润滑油泵	清理润滑油池底，更换滤油器	每年
18	检查各轴导轨上镶条、压紧滚轮松紧状态	按机床说明书调整	不定期
19	冷却水箱	检查液面高度，冷却液太脏时需更换并清理水箱底部，经常清洗过滤器	不定期
20	排屑器	经常清理切屑，检查有无卡住等	不定期
21	清理废油池	及时取走废油池中的废油，以免外溢	不定期
22	调整主轴驱动带松紧	按机床说明书调整	不定期

2. 数控车床的安全操作规程与文明生产

(1) 操作人员必须熟悉数控车床使用说明书等有关资料，如主要技术参数、传动原理、主要结构、润滑部位及维护保养等一般知识。

(2) 开机前应对数控车床进行全面细致的检查，确认无误后方可操作。

(3) 数控车床通电后，检查各开关、按钮是否正常、灵活，机床有无异常现象。

(4) 检查电压、油压是否正常，有手动润滑的部位先要进行手动润滑。

(5) 各坐标轴手动回零。

(6) 程序输入后，应仔细核对代码、数值等是否正确。

(7) 正确计算和建立工件坐标系，并对所得结果进行检查。每把刀首次使用时，必须先验证它的实际长度与所给刀补值是否相符。

(8) 正式加工前，试运行程序，检查程序的正确性，刀具和夹具安装是否合理，有无超程现象。

(9) 试切和加工中，刃磨刀具和更换刀具后，要重新测量刀具位置并修改刀补值和刀补号。

(10) 程序修改后，对修改部分要仔细核对。

(11) 必须在确认工件夹紧后才能启动机床，严禁工件转动时测量、触摸工件。

(12) 操作中出现工件跳动、打抖、异常声音、夹具松动等异常情况时必须立即停车处理。

(13) 加工完毕，清理机床。

1.3.5 相关知识链接

1. 典型数控系统简介

数控系统是数控机床的核心。数控机床根据功能和性能要求，配置不同的数控系统。系统不同，其指令代码也有差别，因此，编程时应按所使用数控系统代码的编程规则进行编程。

FANUC(日本)、SIEMENS(德国)、FAGOR(西班牙)、HEIDENHAIN(德国)、MIT-SUBISHI(日本)等公司的数控系统及相关产品，在数控机床行业占据主导地位；我国数控产品以华中数控、航天数控为代表，也已将高性能数控系统产业化。

2. 数控机床的主要性能指标

1) 数控机床的可控轴数与联动轴数

数控机床的可控轴数是指机床数控装置能够控制的坐标数目，即数控机床有几个运动方向采用了数字控制。数控机床的可控轴数与数控装置的运算处理能力、运算速度及内存容量等有关。国外最高级数控装置的可控轴数已达到24轴。

数控机床的联动轴数是指机床数控装置控制的坐标轴同时达到空间某一点的坐标数目。目前有两轴联动、三轴联动、四轴联动和五轴联动等。三轴联动数控机床可以加工空间复杂曲面，实现三坐标联动加工。四轴联动和五轴联动数控机床可以加工飞行器叶轮和螺旋桨等零件。

2) 数控机床的运动性能指标

数控机床的运动性能指标主要包括：

(1) 主轴转速。数控机床的主轴一般均采用直流或交流调速主轴电动机驱动，选用高速精密轴承支承，保证主轴具有较宽的调速范围和足够高的回转精度、刚度及抗振性。

(2) 进给速度。数控机床的进给速度是影响零件加工质量、生产效率以及刀具寿命的主要因素。它受数控装置的运算速度、机床动特性及工艺系统刚度等因素的限制。

(3) 坐标行程。数控机床坐标轴 X、Y、Z 的行程大小构成数控机床的空间加工范围，即加工零件的大小。坐标行程是直接体现机床加工能力的指标参数。

(4) 摆角范围。具有摆角坐标的数控机床，其转角大小也直接影响到加工零件空间部位的能力。但转角太大又造成机床的刚度下降，因此给机床设计带来许多困难。

(5) 刀库容量和换刀时间。刀库容量和换刀时间对数控机床的生产率有直接影响。刀库容量是指刀库能存放加工所需要的刀具数量，目前常见的中小型数控加工中心多为16～60把刀具，大型数控加工中心达100把刀具。换刀时间指带有自动交换刀具系统的数控机床，将主轴上使用的刀具与装在刀库上的下一工序需用的刀具进行交换所需要的时间。

3. 数控机床的精度指标

数控机床的精度指标主要包括：定位精度、重复定位精度、分度精度、分辨度与脉冲当量等。下面重点介绍分辨度与脉冲当量。

分辨度是指两个相邻的分散细节之间可以分辨的最小间隔。对测量系统而言，分辨度是可以测量的最小增量；对控制系统而言，分辨度是可以控制的最小位移增量。机床移动部件相对于数控装置发出的每个脉冲信号的位移量叫做脉冲当量。坐标计算单位是一个脉冲当量，它标志着数控机床的精度分辨度。脉冲当量是设计数控机床的原始数据之一，其数值的大小决定数控机床的加工精度和表面质量。目前，普通精度级的数控机床的脉冲当量一般采用0.001 mm/pulse，简易数控机床的脉冲当量一般采用0.01 mm/pulse，精密或超精密数控机床的脉冲当量采用0.0001 mm/pulse。脉冲当量越小，数控机床的加工精度和加工表面质量越高。

4. 滚珠丝杠副

1）滚珠丝杠副的结构及特点

在数控机床上，滚珠丝杠副用于将旋转运动转换为直线运动，一般采用滚珠丝杠螺母结构。滚珠丝杠螺母结构的特点是：传动效率高，一般为0.92～0.96；传动灵敏，不易产生爬行；使用寿命长，不易磨损；具有可逆性，不仅可以将旋转运动转变为直线运动，也可将直线运动转变成旋转运动；施加预紧力后，可消除轴向间隙，反向时无空行程；成本高，价格昂贵；不能自锁，垂直安装时需有平衡装置。

滚珠丝杠螺母的结构有内循环和外循环两种方式。外循环方式的滚珠丝杠螺母结构如图1.3-8所示，它由丝杠1、滚珠2、回珠管3和螺母4组成。

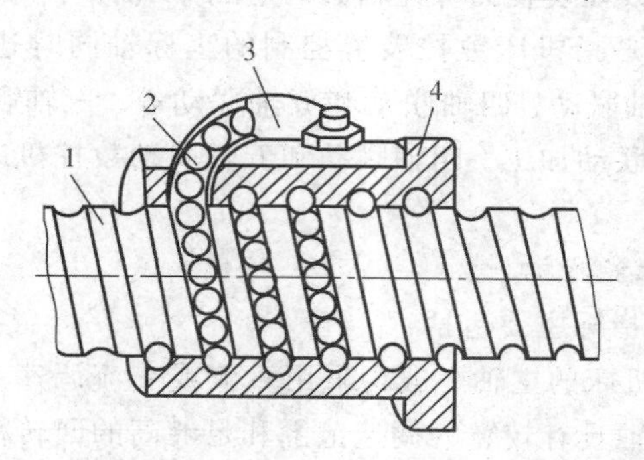

1—丝杠；2—滚珠；3—回珠管；4—螺母

图1.3-8　外循环滚珠丝杠螺母结构

在丝杠1和螺母4上各加工有圆弧形螺旋槽，将它们套装起来便形成了螺旋形滚道，在滚道内装满滚珠2。当丝杠1相对于螺母4旋转时，丝杠1的旋转面经滚珠2推动螺母4轴向移动。同时滚珠2沿螺旋形滚道滚动，使丝杠1和螺母4之间的滑动摩擦转变为滚珠2与丝杠1和螺母4之间的滚动摩擦。螺母4螺旋槽的两端用回珠管3连接起来，使滚珠2能够从一端重新回到另一端，构成一个闭合的循环回路。

内循环方式的滚珠丝杠螺母结构如图1.3-9所示。在螺母的侧孔中装有圆柱凸轮式反向器，反向器上铣有S形回珠槽，将相邻两螺纹滚道连接起来。滚珠从螺纹滚道进入反向器，借助反向器迫使滚珠越过丝杠牙顶进入相邻滚道，实现循环。

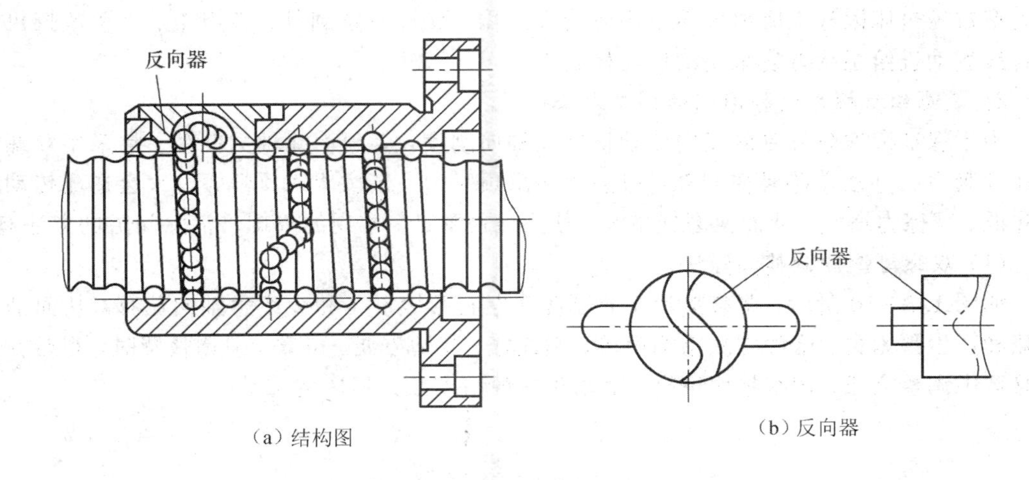

(a) 结构图　(b) 反向器

图1.3-9　内循环滚珠丝杠螺母结构

滚珠丝杠副具有以下优点：

(1) 传动效率高。滚珠丝杠传动系统的传动效率高达90%～98%，为传统的滑动丝杠系统的2～4倍，所以能以较小的扭矩得到较大的推力，亦可由直线运动转为旋转运动(运动可逆)。

(2) 运动平稳。滚珠丝杠传动系统为点接触滚动运动，工作中摩擦阻力小、灵敏度高、启动时无颤动、低速时无爬行现象，因此可精密地控制微量进给。

(3) 高精度。滚珠丝杠传动系统运动中温升较小，并可预紧消除轴向间隙和对丝杠进行预拉伸以补偿热伸长，因此可以获得较高的定位精度和重复定位精度。

(4) 高耐用性。钢球滚动接触处均经硬化(HRC58～63)处理，并经精密磨削，循环体系过程纯属滚动，相对磨损甚微，故具有较高的使用寿命和精度保持性。

(5) 同步性好。由于运动平稳、反应灵敏、无阻滞、无滑移，用几套相同的滚珠丝杠传动系统同时传动几个相同的部件或装置，可以获得很好的同步效果。

(6) 高可靠性。与其他机械传动、液压传动相比，滚珠丝杠传动系统故障率很低，维护保养也较简单，只需进行一般的润滑和防尘。在特殊场合可在无润滑状态下工作。

(7) 无背隙与预紧。滚珠丝杠副采用沟槽形状、轴向间隙可调整得很小，也能轻便地传动。若加入适当的预紧载荷，消除轴向间隙，可使丝杠具有更佳的刚性，在承载时减少滚珠和螺母、丝杠间的弹性变形，达到更高的精度。

滚珠丝杠副具有以下缺点：

(1) 制造成本高。由于结构复杂，丝杠和螺母等元件的加工精度和表面质量要求高，因此制造成本高。

(2) 不能实现自锁。垂直安装的滚珠丝杠副在传动时，会因部件的自重而自动下降，不能实现自锁。

滚珠丝杠副具有传动效率高，传动平稳、不易产生爬行，磨损小、寿命长、精度保持性好，可通过预紧和间隙消除措施提高轴间刚度和反向精度，运动具有可逆性等优点。但它制造工艺复杂，成本高，在垂直安装时不能自锁，因而须附加制动机构。现代数控机床除了大型数控机床因移动距离大而采用齿轮齿条副、蜗杆蜗条副外，各类中、小型数控机床的直线运动进给系统普遍采用滚珠丝杠副。

2）滚珠丝杠螺母结构间隙的调整方法

为了保证滚珠丝杠副的反向传动精度和轴向刚度，必须消除轴向间隙。常采用双螺母施加预紧力的办法消除轴向间隙，但必须注意预紧力不能太大，预紧力过大会造成传动效率降低、摩擦力增大，从而使磨损增大，使用寿命降低。常用的双螺母消除间隙的方法有：

（1）双螺母垫片调整间隙法。

如图 1.3－10 所示，调整垫片 4 的厚度使左右两螺母 1 和 2 产生轴向位移，从而消除间隙和产生预紧力。这种方法结构简单、刚性好、装卸方便、可靠。但调整费时，很难在一次修磨中调整完成，调整精度不高，适用于一般精度数控机床的传动。

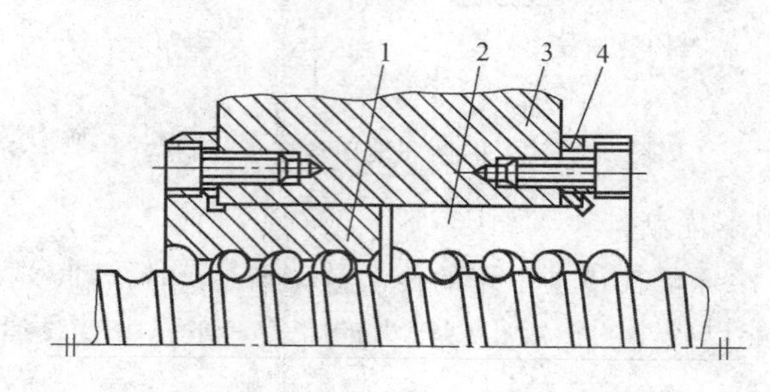

1，2 —螺母；3—螺母座；4—调整垫片

图 1.3－10　垫片调整间隙法

（2）双螺母齿差调整间隙法。

如图 1.3－11 所示，两个螺母 1 和 2 的凸缘为圆柱外齿轮，而且齿数差为 1，两个内齿轮 3 和 4 用螺钉、定位销紧固在螺母座上。调整时先将内齿轮 3 和 4 取出，根据间隙大小使两个螺母 1 和 2 分别向相同方向转过 1 个齿或几个齿，然后再插入内齿轮 3 和 4，使螺母 1 和 2 在轴向彼此移动相应的距离，从而消除两个螺母 1 和 2 的轴向间隙。这种方法的结构复杂，尺寸较大，但调整方便，可获得精确的调整量，预紧可靠不会松动，适用于高精度的传动。

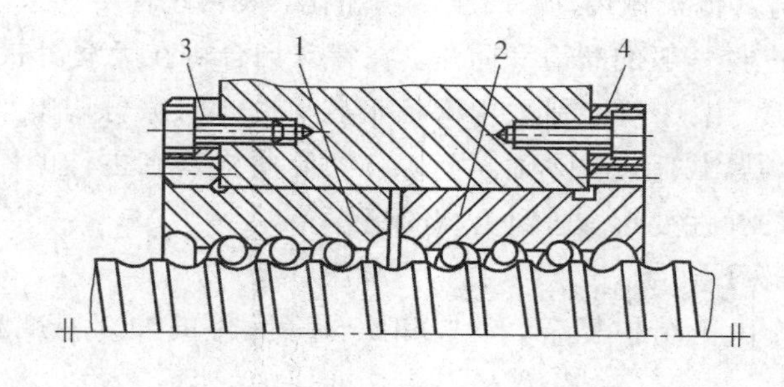

1，2—螺母；3，4—内齿轮

图 1.3－11　齿差调整间隙法

(3) 双螺母螺纹调整间隙法。

如图 1.3-12 所示，右螺母 2 外圆上有普通螺纹，并用调整螺母 4 和锁紧螺母 5 固定。当转动调整螺母 4 时，即可调整轴向间隙，然后用锁紧螺母 5 锁紧。这种方法的结构紧凑，工作可靠，滚道磨损后可随时调整，但预紧力不准确。

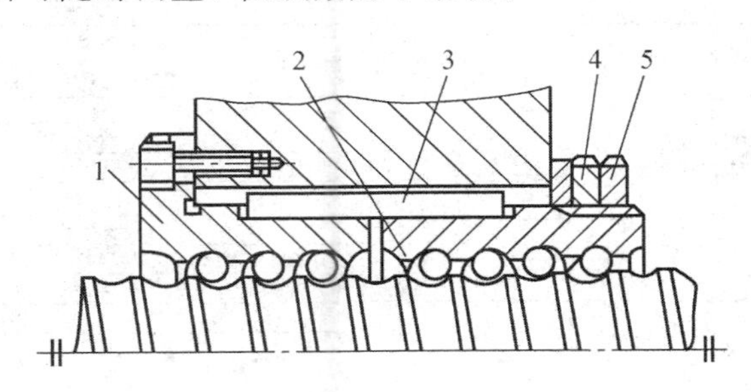

1，2—螺母；3—平键；4—调整螺母；5—锁紧螺母

图 1.3-12　螺纹调整间隙法

任务 1.4　光轴磨削加工设备的使用

【任务描述】

按光轴磨削加工工序卡片完成光轴的磨削加工。

【任务要求】

认真阅读工序卡片，准备好所需工装及零件毛坯，装夹好砂轮和零件毛坯，调整好磨床磨削用量，完成光轴的磨削加工。

【知识目标】

(1) 熟悉磨床的种类、型号、特点及用途。

(2) 熟悉 M1432A 型万能外圆磨床的传动系统及典型结构和工作原理。

【能力目标】

(1) 能根据工序卡片的要求正确选择砂轮和夹具。

(2) 能操作 M1432A 型万能外圆磨床。

(3) 能正确调整主轴转速和进给量。

(4) 能正确使用量具检验工件。

(5) 具备简单机床故障诊断处理的能力。

【学习步骤】

以光轴零件磨削工序卡片的形式提出任务，在磨削光轴零件的准备工作中学会分析工序卡片及图样，根据分析，选择合适的机床型号——M1432A 型万能外圆磨床，对选定的 M1432A 型万能外圆磨床的参数及其运动进行分析，掌握本类机床的调整及操作方法，掌握砂轮及工件与机床的连接与安装，最后完成零件的加工操作及检验，掌握本类机床一般故障的分析与排除能力，学会本类机床的操作规程及其维护保养。

1.4.1 光轴磨削加工工序卡片

光轴磨削加工工序卡片如表 1.4－1 所示。

表 1.4－1 光轴磨削加工工序卡片

××××学院	机械加工工序卡片	产品型号		零件图号		
		产品名称		零件名称	轴	共 页 第 页

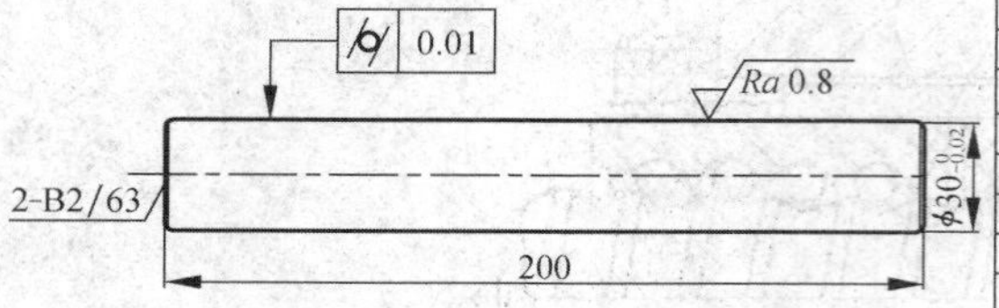

车间	工序号	工序名称	材料牌号
机加	003	磨外圆	45钢
毛坯种类	毛坯外形尺寸	每毛坯可制件数	每台件数
棒料		1	1
设备名称	设备型号	设备编号	同时加工件数
万能外圆磨床	M1432A		1
夹具编号		夹具名称	切削液
		通用夹具	水溶液
工位器具编号		工位器具名称	工序工时（分）
			准终 / 单件

工步号	工步内容	工艺装备	主轴转速 r/min	切削速度 m/min	进给量 mm/r	切削深度 mm	进给次数	工步工时 机动	工步工时 辅助
1	装夹								
2	磨削外圆到尺寸$\phi 30_{-0.02}^{0}$	两顶尖鸡心夹头卡尺	1 400	1 758.4	0.03~0.07/往复				
		ϕ400平行砂轮							

设计（日期）	校对（日期）	审核（日期）	标准化（日期）	会签（日期）

1.4.2 磨削加工光轴的准备工作

1. 分析图样

根据图样和技术要求分析，如表 1.4－1 加工工序卡片所示，加工一光轴零件，材料为 45 钢，热处理调质 220～250 HBS，外圆尺寸为 $\phi 30_{-0.02}^{0}$ mm，圆柱度公差为 0.01 mm，表面粗糙度为 Ra0.8 μm，尺寸公差达到 IT8。

2. 机床型号的选取

1）磨床的工艺范围及加工特点

磨床可以加工各种表面，如内外圆柱面和圆锥面、平面、渐开线齿廓面、螺旋面以及各种成型面等，还可以刃磨刀具和进行切断等，工艺范围非常广泛。其加工特点有：

(1) 适合磨削硬度很高的淬硬钢件及其他高硬度的特殊金属材料和非金属材料。

(2) 使工件较易获得高的加工精度和小表面粗糙度值。在一般磨削加工中，加工精度可达到 IT5～IT7 级，表面粗糙度值为 Ra0.32～1.45 μm；在超精磨削和镜面磨削中，表面粗糙度值可分别达至 Ra0.04～0.08 μm 和 Ra0.01 μm。

(3) 在通常情况下，磨削余量较其他切削加工的切削余量小得多。因此，磨床广泛地应用于零件的精加工，尤其是淬硬钢件和高硬度特殊材料的精加工。

随着科学技术的不断发展，对机器及仪器零件的精度和表面粗糙度要求愈来愈高，各种高硬度材料的使用增加。同时，由于精密铸造和精密锻造工艺的进步，毛坯可不经过其他切削加工而直接磨成成品。此外，高速磨削和强力磨削工艺的发展进一步提高了磨削效率。因此，磨床的使用范围日益扩大，其在金属切削机床中所占的比重不断上升。

2）磨床的分类

为了适应磨削各种加工表面、工件形状及生产批量的要求，磨床的种类很多，其中主要类型有：

（1）外圆磨床，包括普通外圆磨床、万能外圆磨床、半自动宽砂轮外圆磨床、端面外圆磨床和无心外圆磨床等。

（2）内圆磨床，包括内圆磨床、无心内圆磨床和行星式内圆磨床等。

（3）平面磨床，包括卧轴矩台平面磨床、立轴矩台平面磨床、卧轴圆台平面磨床和立轴圆台平面磨床等。

（4）工具磨床，包括工具曲线磨床和钻头沟槽磨床等。

（5）刀具刃磨磨床，包括万能工具磨床、拉刀刃磨床和滚刀刃磨床等。

（6）各种专门化磨床，这是专门用于磨削某一类零件的磨床，如曲轴磨床、凸轮轴磨床、花键轴磨床、活塞环磨床、齿轮磨床和螺纹磨床等。

（7）其他磨床，包括研磨机、抛光机、超精加工机床和砂轮机等。

3）常用磨床型号

常用磨床型号如表1.4－2所示。

表1.4－2　常用磨床型号

机床名称	组别	系别	主参数名称	折算系数
抛光机	0	4	—	
刀具磨床	0	6	—	
无心外圆磨床	1	0	最大磨削直径	1
外圆磨床	1	3	最大磨削直径	1/10
万能外圆磨床	1	4	最大磨削直径	1/10
宽砂轮外圆磨床	1	5	最大磨削直径	1/10
端面外圆磨床	1	6	最大回转直径	1/10
内圆磨床	2	1	最大磨削孔径	1/10
立式行星内圆磨床	2	5	最大磨削孔径	1/10
落地砂轮机	3	0	最大砂轮直径	1/10
落地导轨磨床	5	0	最大磨削宽度	1/100
龙门导轨磨床	5	2	最大磨削宽度	1/100
万能工具磨床	6	0	最大回转直径	1/10
钻头刃磨床	6	3	最大刃磨钻头直径	1
卧轴矩台平面磨床	7	1	工作台面宽度	1/10
卧轴圆台平面磨床	7	3	工作台面直径	1/10
立式圆台平面磨床	7	4	工作台面直径	1/10
曲轴磨床	8	2	最大回转直径	1/10
凸轮轴磨床	8	3	最大回转直径	1/10
花键轴磨床	8	6	最大磨削直径	1/10
曲线磨床	9	0	最大磨削长度	1/10

4）磨削方式

外圆磨床磨削外圆的方法有以下几种。

（1）纵磨法。

用纵磨法磨削时，砂轮高速旋转为主运动，工件在主轴带动下旋转并和磨床工作台一起做往复直线运动，分别为圆周进给运动和纵向进给运动，工件每转一转的纵向进给量为砂轮宽度的 2/3 左右，致使磨痕互相重叠。当工件一次往复行程结束时，砂轮做周期性的横向进给（背吃刀量），这样就能使工件上的磨削余量不断被切除，如图 1.4－1(a)所示。

纵磨法的磨削特点是：散热条件较好；加工精度和表面质量较高；具有较大的适应性，可以用一个砂轮加工不同长度的工件；生产率较低。纵磨法广泛适用于单件、小批生产及精磨，特别适用于细长轴的磨削。

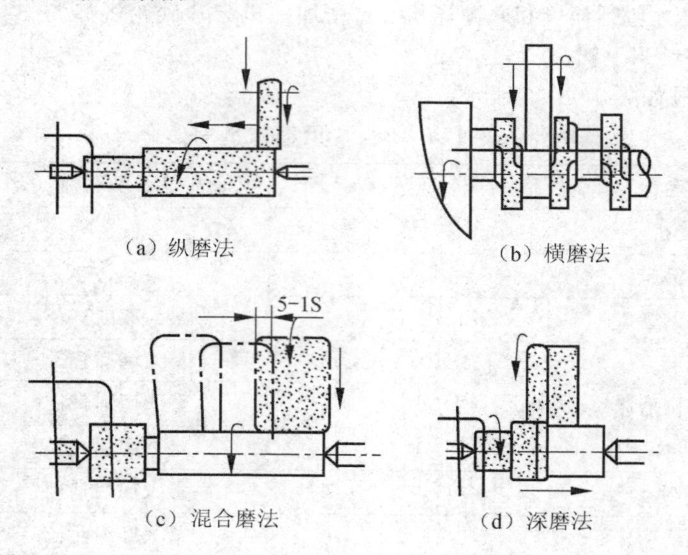

图 1.4－1　外圆磨床上磨外圆的方法

由于纵磨法是使工作台做纵向往复运动进行磨削的方法，故用这种方法加工时，表面成型方法常采用相切（轨迹）法，共需要三个表面成型运动，分别为：

① 砂轮的旋转运动。当磨削外圆表面时，磨外圆砂轮做旋转运动 $n_{砂}$，按“切削原理”的定义，这是主运动；当磨削内圆表面时，磨内孔砂轮做旋转运动 $n_{内}$，它也是主运动。

② 工件的纵向进给运动。这是砂轮与工件之间的相对纵向直线运动。实际上这一运动由工作台纵向往复运动来实现，称为纵向进给运动 $f_{纵}$。它与砂轮旋转运动一起用相切法磨削工件的轴向直线（导线）。

③ 工件的旋转运动。这是用轨迹法磨削工件的母线（圆）。工件的旋转运动，称为圆周进给运动 $f_{周}$。

（2）横磨法（切入法）。

用横磨法磨削时，工件只需与砂轮做同向转动（圆周进给），不做纵向移动，而砂轮除高速旋转外，还需根据工件加工余量做缓慢连续的横向切入，直至磨去全部磨削余量，如图 1.4－1(b)所示。

横磨法的磨削特点是：磨削效率高，磨削长度较短，磨削较困难；散热条件差，工件容易产生热变形和烧伤现象；因背向力大，工件易产生弯曲变形；无纵向进给运动，磨痕明显，工件表面粗糙度 Ra 值较纵磨法大。横磨法一般用于大批大量生产中磨削刚性较好、长度较短的外圆以及两端都有台阶的轴颈。

（3）混合磨法。

混合磨法是纵磨法和横磨法的综合运用，如图 1.4－1(c)所示，先用横磨法将工件分段进行粗磨，各段留精磨余量，相邻两段间有 5～10 mm 的重叠，然后再用纵磨法进行精磨。

混合磨法兼有横磨法效率高、纵磨法质量好的优点。

（4）深磨法。

用深磨法磨削时，磨削用的砂轮前端修磨成锥形或阶梯形，如图 1.4－1(d)所示，砂轮的最大外圆面起精磨和修光作用，锥面或阶梯面起粗磨或半精磨作用。磨削时用较低的工件圆周进给速度和较小的纵向进给量，把全部余量在一次走刀中全部磨去。

深磨法法生产效率较高，但修整砂轮较复杂，只适用于大批量生产并允许砂轮越出加工面两端较大距离的工件。

外圆锥面的磨削方法有 3 种。

（1）斜置工作台法。

如图 1.4－2(a)所示，采用纵磨法，适用于磨削锥度小而锥体长的工件。

（2）斜置头架法。

如图 1.4－2(b)所示，采用纵磨法，工件用卡盘装夹，适用于磨削锥度大而锥体短的工件。

（3）斜置砂轮架法。

如图 1.4－2(c)所示，适用于磨削长工件上锥度大而锥体短的表面。

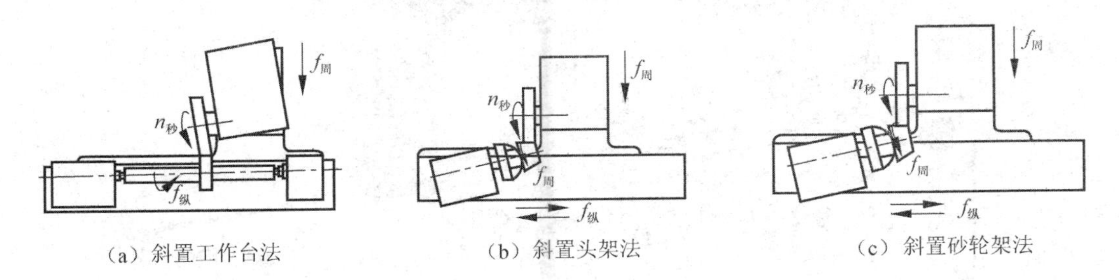

（a）斜置工作台法　（b）斜置头架法　（c）斜置砂轮架法

图 1.4－2　外圆锥面的磨削方法

5）确定机床型号

根据之前磨削光轴的工序卡片以及外圆磨床的工艺特点等选定机床为 M1432A 型万能外圆磨床。

3. M1432A 型万能外圆磨床的调整与操作

1）M1432A 型万能外圆磨床的主要技术参数

M1432A 型万能外圆磨床的主要技术参数如表 1.4－3 所示。

表 1.4－3　M1432A 型外圆磨床的主要技术参数

项目名称	机床参数	项目名称	机床参数
最大磨削外圆长度/mm	1500	最大磨削直径/mm	ϕ320
最小磨削直径/mm	ϕ15	磨削内圆直径/mm	ϕ16～ϕ125
最大磨削内圆长度/mm	125	最大工件重量/kg	150
中心高/mm	180	头尾架顶尖孔锥度	莫氏 4 号
尾架套筒移动量/mm	30	手动最小进给量/mm	0.0025
砂轮尺寸/mm	ϕ400×50×ϕ203	砂轮线速度/(m/s)	35
砂轮架快速进退量/mm	50	砂轮架回转角度/(°)	±30
手轮一转砂轮架移动量/mm	粗：2	手轮一格砂轮架进给量/mm	粗：0.01
	细：0.5		细：0.025
工作台换向时自动周期进给量/mm	最大：0.04	冷却系统中冷却泵流量/(L/min)	22
	最小：0.025		
手轮一转工作台移动量/mm	6	总功率/kW	≤7.5
包装箱尺寸/mm	3530×2000×2010	机床毛净重/kg	4600/4000

2）M1432A 型万能外圆磨床的结构及其运动分析

(1) 万能外圆磨床的结构。

图 1.4－3 所示为 M1432A 型万能外圆磨床的外形图，它由下列主要部件组成：

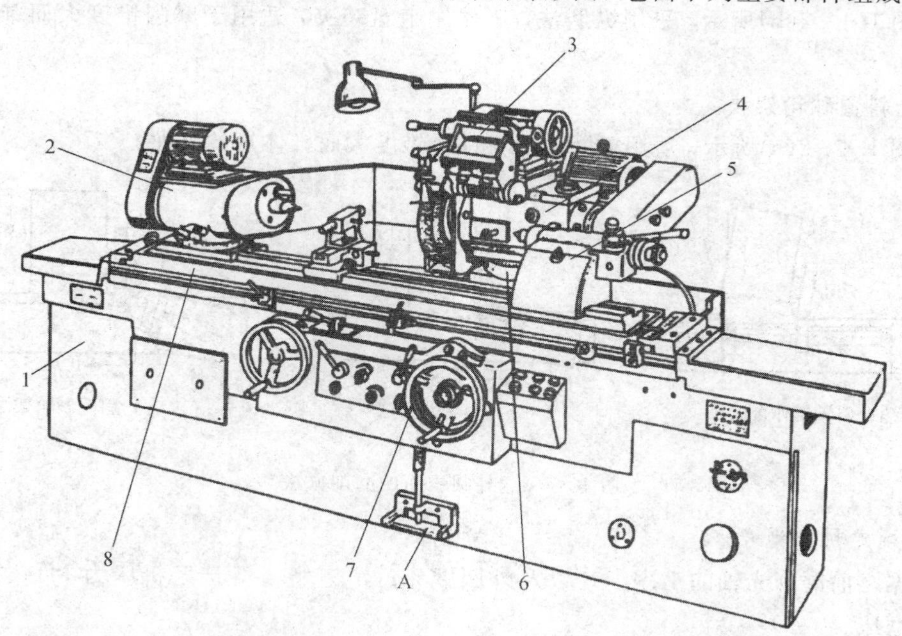

1 —床身；2—头架；3—内圆磨具；4—砂轮架；5—尾座；6—滑鞍；7—手轮；8—工作台；A—脚踏操纵板

图 1.4－3　M1432A 型万能外圆磨床外形图

① 床身 1。它是磨床的基础支承件。在它的上面装有砂轮架、工作台、头架、尾座及横向滑鞍等部件，使它们在工作时保持准确的相对位置。床身内部用作液压油的油池。

② 头架 2。它用于安装及夹持工件，并带动工件旋转，实现圆周进给运动。在水平面内可逆时针方向转 90°。

③ 内圆磨具 3。它用于支承磨内孔的砂轮主轴。内圆磨具主轴由单独的电机驱动。

④ 砂轮架 4。它用于支承并传动高速旋转的砂轮主轴。砂轮架装在滑鞍 6 上，当需磨削短圆锥面时，砂轮架可以在水平面内调整至一定角度位置(±30°)。

⑤ 尾座 5。它和头架的前顶尖一起支承工件。

⑥ 滑鞍 6 及横向进给机构。转动横向进给手轮 7，可以使横向进给机构带动滑鞍 6 及其上的砂轮架做横向进给运动。

⑦ 工作台 8。它由上下两层组成。上工作台可绕下工作台在水平面内回转一个角度(±10°)，用以磨削锥度不大的长圆锥面。上工作台的上面装有头架和尾座，它们随着工作台一起，沿床身导轨做纵向往复运动。

(2) 万能外圆磨床的传动系统。

M1432A 型磨床的运动是由机械和液压联合传动的。由液压传动的有：工作台纵向往复移动、砂轮架快速进退和周期径向自动切入、尾座顶尖套筒缩回等，其余运动都由机械传动。图 1.4－4 所示是机床的机械传动系统图。

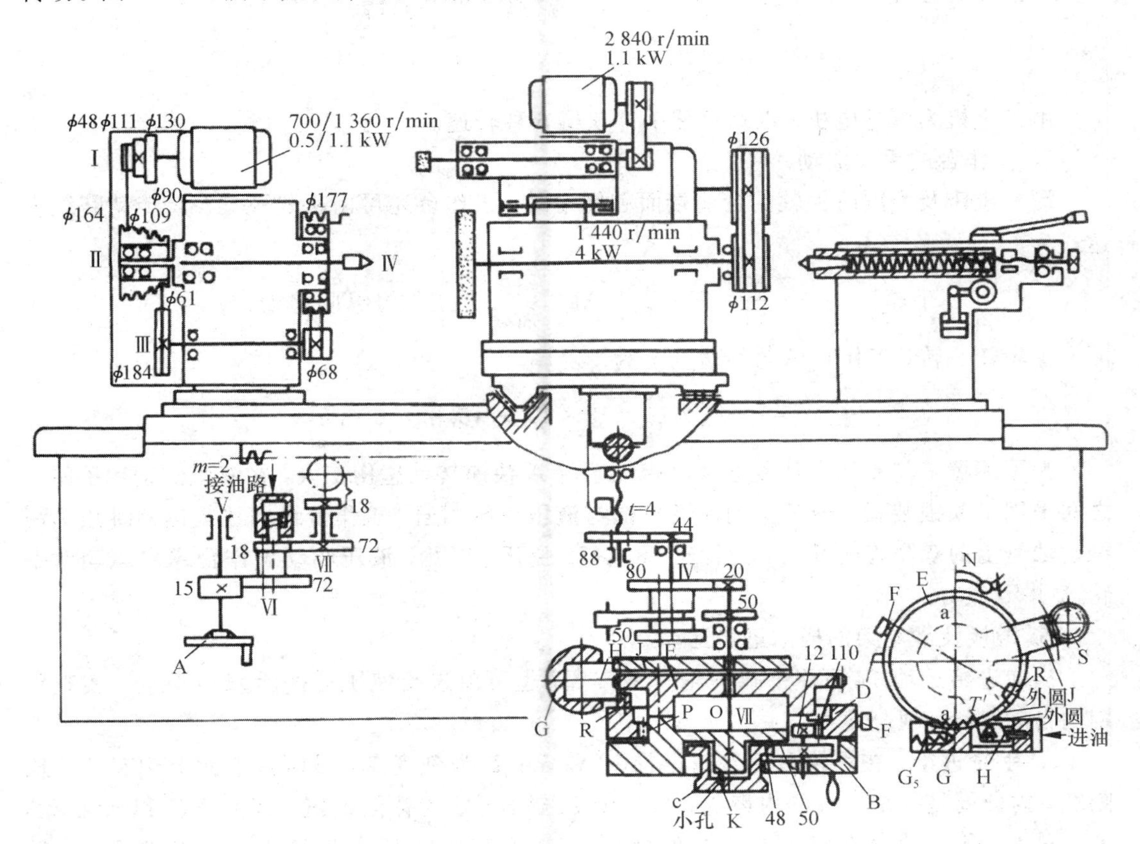

图 1.4－4　M1432A 型外圆磨床机械传动系统图

① 外圆磨削时砂轮主轴的传动链。

外圆磨削时砂轮旋转主运动($n_{砂}$)是由电动机(1400 r/min，4 kW)经 V 带直接传动的，传动链较短，其传动路线为

$$主电机—\frac{\phi126}{\phi112}—砂轮(n_{轮})$$

② 内圆磨具的传动链。

内圆磨削时，砂轮旋转的主运动($n_{内}$)是由单独的电动机(2840 r/min，1.1 kW)经平带直接传动的。更换平带轮，可使内圆砂轮获得两种高转速：10 000 r/min 和15 000 r/min。内圆磨具装在支架上，为了保证工作安全，内圆砂轮电动机的启动与内圆磨具支架的位置有联锁作用，只有当支架翻到工作位置时，电动机才能启动。这时，(外圆)砂轮架快速进退手柄在原位上自动锁住，不能快速移动。

③ 头架拨盘的传动链。

工件旋转运动由双速电机驱动，经 V 带塔轮及两级 V 带传动，使头架的拨盘或卡盘带动工件，实现圆周进给 $f_{周}$，其传动路线表达式为

$$头架电机(双速)—Ⅰ—\left.\begin{matrix}\frac{\phi130}{\phi90}\\ \frac{\phi111}{\phi109}\\ \frac{\phi48}{\phi164}\end{matrix}\right\}—Ⅱ—\frac{\phi61}{\phi184}—Ⅲ—\frac{\phi68}{\phi177}—拨盘或卡盘(f_{周})$$

由于电机为双速电机，因而可使工件获得 6 种转速。

④ 工作台的手动驱动。

调整机床及磨削阶梯轴的台肩端面和倒角时，工作台还可由手轮驱动。其传动路线表达式为

$$手轮 A—Ⅴ—\frac{15}{72}—Ⅵ—\frac{18}{72}—Ⅶ—\frac{18}{齿条}—工作台纵向移动(f_{纵})$$

手轮转一转，工作台纵向移动量 f 为

$$f=1\times\frac{15}{72}\times\frac{18}{72}\times18\times2\times\pi=5.89\approx6\ \text{mm}$$

为了避免工作台纵向往复运动时带动手轮 A 快速转动碰伤工人，在液压传动和手轮 A 之间采用了联锁装置。轴Ⅵ上的小液压缸与液压系统相通，工作台纵向往复运动时压力油推动轴Ⅵ上的双联齿轮移动，使齿轮 18 与 72 脱开。因此，液压驱动工作台纵向运动时手轮 A 并不转动。

⑤ 滑板及砂轮架的横向进给运动。

横向进给运动 $f_{横}$ 可用手摇手轮 B 来实现，也可由进给液压缸的活塞 G 驱动，实现周期的自动进给。现分述如下：

a. 手轮进给。在手轮 B 上装有齿轮 12 和 50。D 为刻度盘，外圆周表面上刻有 200 格刻度，内圆周是一个 110 的内齿轮，与齿轮 12 啮合。C 为补偿旋钮，其上开有 21 个小孔，平时总有一孔与固装在 B 上的销子 K 接合。C 上又有一只 48 的齿轮与 50 齿轮啮合，故转动手轮 B 时，上述各零件无相对转动，仿佛是一个整体，于是 B 和 C 一起转动。

当顺时针方向转动手轮 B 时，就可实现砂轮架的径向切入，其传动路线表达式如下：

$$手轮\ B—Ⅷ—\left\{\begin{array}{l}\frac{50}{50}(粗)\\ \\ \frac{20}{80}(细)\end{array}\right\}—Ⅸ—\frac{44}{88}—丝杠(t=4)—半螺母$$

因为 C 有 21 孔，D 有 200 格，所以 C 转过一个孔距，刻度盘 D 转过 1 格，即

$$\frac{1}{21}\times\frac{48}{50}\times\frac{12}{110}\times200\approx1\ 格$$

因此，C 每转过 1 孔距，砂轮架的附加横向进给量为 0.01 mm(粗进给)或 0.0025 mm(细进给)。

在磨削一批工件时，通常总是先试磨一只，待磨到尺寸要求时，再将刻度盘 D 的位置固定下来。这可通过调整刻度盘上挡块 F 的位置，使工件在横进给磨削至所需直径时，正好与固定在床身前罩上的定位爪 N 相碰时，停止进给。这样，就可达到所需的磨削直径了。

假如砂轮磨损或修整以后，砂轮本身外圆尺寸变小，如果挡块 F 仍在原位停下，则势必引起工件磨削直径变大，这时必须重新调整挡块 F 的位置。其调整方法是：拨出旋钮 C，使小孔与销子 K 脱开，握住手轮 B，转动旋钮 C 通过齿轮 48、50、12 和 110 使刻度盘倒转(即使 F 与 N 远离)，其刻度盘倒转的格数(角度)取决于因砂轮直径减小而引起的工件径向尺寸的增大值。调整妥当后，将旋钮 C 推入，使小孔和销子接合，又一次将 C、B、D 连成一体。

b. 液动周期自动进给。当工作台在行程末端换向时，压力油通入液压缸 G_5 的右腔，推动活塞 G 左移，使棘爪 H 移动(因为 H 活装在 G 上)，从而使棘轮 E 转过一个角度，并带动手轮 B 转动(因为用螺钉将 E 固装在 B 上)，即可实现径向切入运动。当 G_5 右腔通回油时，弹簧将活塞 G 推至右极限位置。

液动周期切入量大小的调整：棘轮 E 上有 200 个棘齿，正好与刻度盘 D 上的 200 格刻度相对应，棘爪 H 每次最多可推过棘轮上 4 个棘齿(即相当刻度盘转过 4 个格)。转动齿轮 S，使空套的扇形齿轮板 J 转动，根据它的位置就可以控制棘爪 H 推过的棘齿数目。

当自动径向切入达到工件尺寸要求时，刻度盘 D 上与旋钮 F 成 180°，安装的调整块 R 正好处于最下部位置，压下棘爪 H，使它无法与棘轮啮合(因为 R 的外圆比棘轮大)，于是自动径向切入就停止了。

4. 砂轮及工件与机床的连接与安装

1）砂轮的选择

根据工件的材料、工作情况及加工要求，选用磨粒粒度、硬度及组织黏结剂等适当的砂轮。

砂轮选择的一般原则为：加工钢料采用氧化铝砂轮；加工铸铁则采用碳化硅砂轮，其硬度选用 ZR2。

材料越硬，则应选用砂轮的硬度越软，这样磨削时，工件发热少，能获得较好的工作面。用硬的砂轮磨削，工件在慢速的时候砂轮最容易被嵌塞，使工作物大量散热，有时适当地提高工作台的速度，会起到调整砂轮硬度的作用，使其适应于工件的要求。

砂轮的粒度越细，则获得工件的表面越光洁，用粒度较大的砂轮在工作物和磨削用量选择恰当的情况下，也能获得较好的加工表面。选择砂轮时参考表 1.4－4。

表 1.4-4　选择砂轮时参考推荐表

工作物材料	砂轮的磨料	粒度	硬度
镍铬钢	氧化铝	24～60	ZR1～R2
渗碳钢	氧化铝	36～80	ZR1～R2
工具钢	氧化铝	36～80	ZR1～R2
低碳钢	氧化铝	24～46	ZR1
铸铁及青铜	碳化硅	24～46	ZR2
一般钢料	氧化铝	24～80	ZR2～R3
淬火钢	氧化铝	36～80	ZR2～R3

2）砂轮的安装

由于砂轮高速旋转工作，而且质地又较脆，因此安装前必须经过外观检查，不应有裂纹和损伤，以免砂轮碎裂飞出，造成严重的设备事故和人身伤害。

3）砂轮的磨损与修整

砂轮工作一段时间后会出现磨损，使磨削温度升高，磨削力增大，甚至引起振动，产生噪音，使加工质量恶化等。为此，对砂轮应及时进行修整。砂轮修整的目的主要是去除砂轮工作表面上的钝化磨粒层和被切屑堵塞层，恢复砂轮的切削能力和外形精度。

4）工件的安装

外圆磨床上安装工件的方法常用的有顶尖安装、卡盘安装和心轴安装等。

（1）顶尖安装。

① 死顶尖安装。

轴类工件常用死顶尖安装，其方法与车削基本相同，但磨床所用顶尖都不随工件一起转动。如图 1.4-5 所示，装夹时，利用工件两端的顶尖孔将工件支承在磨床的头架及尾座顶尖间，这种装夹方法的特点是装夹迅速方便，加工精度高。头架主轴和尾座套筒的径向圆跳动误差和顶尖本身的同轴度误差，不会对工件的旋转运动产生影响。只要中心孔的形状正确，装夹得当，就可以使工件的旋转轴线始终不变，获得较高的圆度和同轴度。死顶尖安装方法适用于轴类工件。

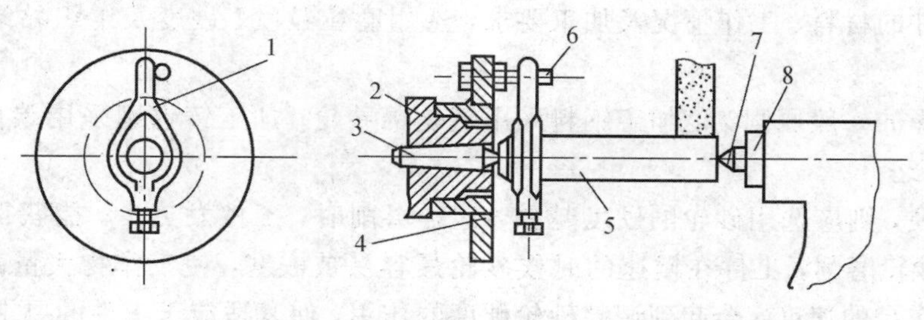

1—卡箍；2—头架主轴；3—前顶尖；4—拨盘；5—工件；6—拨杆；7—后顶尖；8—尾架套筒

图 1.4-5　死顶尖安装

② 自磨顶尖安装。

自磨顶尖(见 1.4.5“相关知识链接”中“头架”部分的“自磨顶尖装置”)，这时，拨盘通过连接板带动头架主轴旋转。

(2) 卡盘安装。

卡盘适用于装夹没有中心孔的工件，三爪卡盘适用于装夹圆形、三角形和六边形等规则表面的工件，而四爪卡盘特别适用于夹持表面不规则的工件，如图 1.4－6(a)、(b)所示。

(3) 心轴安装。

盘套类工件则用心轴和顶尖安装，如图 1.4－6(c)所示。

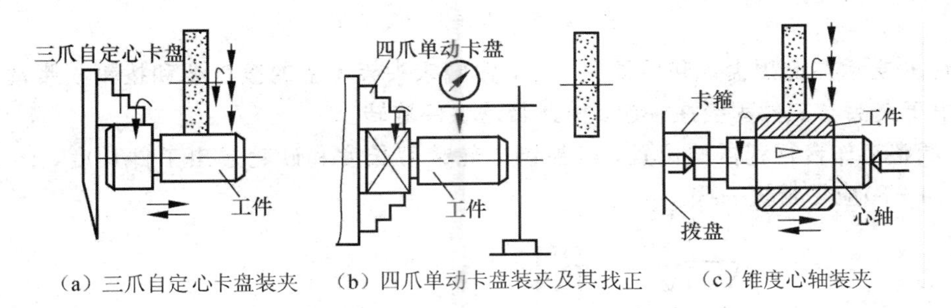

(a) 三爪自定心卡盘装夹　(b) 四爪单动卡盘装夹及其找正　(c) 锥度心轴装夹

图 1.4－6　卡盘和心轴安装

1.4.3　M1432A 型万能外圆磨床磨削光轴的具体操作

M1432A 型万能外圆磨床磨削光轴的具体操作如下：

(1) 开机前的准备工作。

① 检查工件中心孔。若不符合要求，需修磨正确。

② 找正头架、尾座的中心，不允许偏移。

③ 用金刚石笔粗修整砂轮。

④ 检查工件磨削余量。

⑤ 将工件装夹于两顶尖间。一般光轴要分两次安装，调头磨削才能完成。该工件因两端有中心孔，可用前、后顶尖支承工件，并由夹头、拨盘带动工件旋转。

在磨床上磨削轴类零件外圆，一般都以两端中心孔作为装夹定位基准。由于工件在粗加工时中心孔有一定程度的磨损或碰伤，而热处理则会使中心孔产生变形，这些缺陷都会直接影响到工件的磨削精度，使外圆产生圆度误差等，因此，在磨削前对工件中心孔的 60°圆锥部分应进行研磨工序的修正，以消除粗加工所造成的种种缺陷，保证定位基准的准确，这也是保证磨削质量的关键。

装夹的方法基本上与车床两顶尖装夹相同。与车外圆不同的是，磨外圆时，头架和尾座的装夹方法如图 1.4－7 所示。

调整拨销位置，使其能拨动夹头；将工件两端中心孔擦干净，并加润滑油，前、后顶尖 60°圆锥也需擦拭干净；调整尾座位置，然后将尾座套筒后退，装上工件，尾座顶尖适度顶紧工件。装夹工件时应注意选用大小适中的夹头，为防止夹伤被夹持的精磨表面，工件被夹持部分应垫铜皮；顶尖对工件的夹紧力要适当。

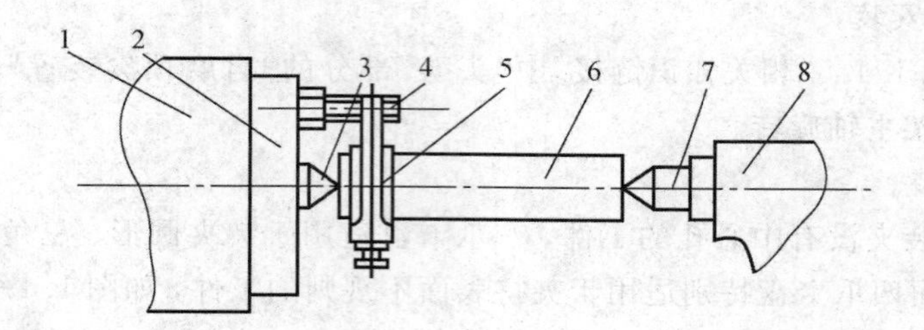

1—头架；2—拨盘；3—前顶尖；4—拨销；5—夹头；6—工件；7—后顶尖；8—尾座

图 1.4-7　两顶尖装夹工件

工件 6 支承在前顶尖 3 和后顶尖 7 上，由磨床头架 1 上的拨盘 2 和拨销 4 带动夹头 5 旋转。由于夹头与工件固接在一起，因此带动工件旋转。

⑥ 调整工作台行程挡铁位置，以控制砂轮接刀长度和砂轮越出工件长度，接刀长度(见图 1.4-8)应尽量短一些。

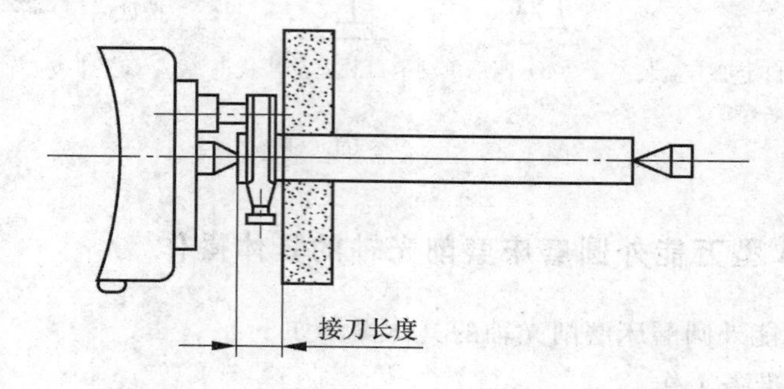

图 1.4-8　砂轮接刀长度

(2) 试磨。

① 砂轮的选择。

所选砂轮的特性为：磨料 WA-PA，粒度 40#～60#，硬度 L—M，结合剂 V。平形砂轮，砂轮标记为 1—300×50×75—WA60L5V—35m/s，GB 2485。

② 试磨。

试磨时，用尽量小的背吃刀具，磨出外圆表面，圆柱度误差不大于 0.01 mm。用百分表检查工件圆柱度误差。若超出要求，则调整找正工作台至理想位置，以保证圆柱度误差。

注意：整个磨削过程均需采用乳化液进行充分冷却。

(3) 粗磨外圆。

① 磨削用量的选择。

a. 砂轮圆周速度的选择。

砂轮的圆周速度可由公式求得，即

$$v_c = \frac{\pi d n}{1000} \times 60 = \frac{3.14 \times 300 \times 1400}{1000} \times 60 = 22 \text{ m/s}$$

说明：M1432A 外圆磨床砂轮主轴转速为 1400 r/min，因此砂轮圆周速度小于 35 m/s，满足要求。

b. 工件圆周速度的选择。

工件采用纵磨法，工件的转速不宜过高。通常工件圆周速度 v_ω 与砂轮圆周速度 v_c 应保持适当的比例关系，外圆磨削取 $v_\omega=(1/80\sim1/100)v_c$。

c. 背吃刀量的选择。

背吃刀量增大时，工件表面粗糙度值增大，生产率提高，但砂轮寿命降低。根据试磨测得的工件尺寸 $d_{试}$，留精磨余量 0.05 mm，则 $a_p=d_{试}-30-1/2$ mm。利用手轮刻度时注意，粗加工手轮刻度为 0.01 mm/格。

d. 纵向进给量的选择。

纵向进给量加大，对提高生产率、加快工件散热、减轻工件烧伤有利，但不利于提高加工精度和降低表面粗糙度值。特别是在磨削细、长、薄的工件时，易发生弯曲变形。一般粗磨时，纵向进给量 $f=(0.04\sim0.08)B$（B 为砂轮宽度），取 $f=0.05B=2.5$ mm/r。

由于切深分力的影响会使实际的切入深度小于给定的切深，因此需反复多次磨削，直至无火花产生。

② 粗磨外圆。

粗磨外圆至 $\phi30.1_{-0.02}^{\ 0}$ mm，圆柱度误差不大于 0.01 mm。

(4) 工件调头装夹。

(5) 粗磨接刀。

在工件接刀处涂上薄层显示剂，用切入磨削法接刀磨削，当显示剂消失时立即退刀。

(6) 精修整砂轮。

(7) 精磨外圆。

① 磨削用量的选择。

a. 砂轮圆周速度的选择。

M1432A 外圆磨床砂轮主轴转速为 1400 r/min。

b. 工件圆周速度的选择。

根据磨床切削用量手册表可选择 300 r/min。

c. 背吃刀量的选择。

$a_p=0.05$ mm，利用手轮刻度时注意，精加工手轮刻度为 0.0025 mm/格。

d. 纵向进给量的选择。

选择纵向进给量 $f=0.01B=0.5$ mm/r。

② 精磨外圆。

精磨外圆至 $\phi30.1_{-0.02}^{\ 0}$ mm，圆柱度误差不大于 0.01 mm，表面粗糙度在 $Ra0.8$ μm 以内。

(8) 调头装夹工件并找正。

(9) 精磨接刀。

在工件接刀处涂显示剂，用切入磨削法接刀磨削，待显示剂消失，立即退刀。保证外圆尺寸为 $\phi30.1_{-0.02}^{\ 0}$ mm，圆柱误差不大于 0.01 mm，表面粗糙度为 $Ra0.8$ μm 以内。

(10) 检验。

① 外圆尺寸的检验。

用千分尺来测量外圆尺寸。旋转千分尺的微分筒，使测砧与测量螺杆张开，卡在光轴上，操作锁紧装置，固定测量数值，读取测量数据。

② 圆柱度的检验。

用三点法来测量圆柱度。将光轴放在 $2\alpha=90°$的 V 形块上；安装好表座、表架和百分表，使百分表量头垂直于测量面，并将指针调零，如图 1.4-9 所示；记录光轴在回转一周过程中测量截面上百分表读数的最大值与最小值，将最大值与最小值之差的一半作为该截面的同轴度误差；移动百分表，测量四个不同截面，取截面同轴度误差中的最大误差值作为光轴的同轴度误差。

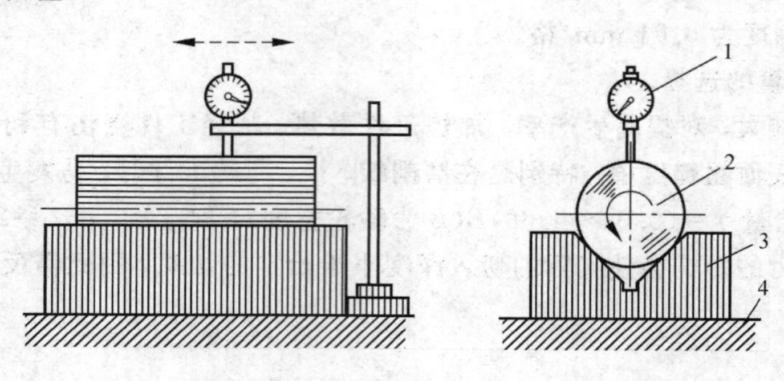

1—指示表；2—工件；3—V 形架；4—平板

图 1.4-9　三点法测量同轴度

1.4.4　磨床的操作规程与维护保养

1. 磨床的安全操作规程

(1) 未经检查有无裂纹和未经平衡的砂轮不能使用。

(2) 装夹砂轮的法兰盘时，要严格按操作规程进行。其底盘与压盘直径要相等，且不能小于砂轮直径的 1/3。

(3) 砂轮和法兰盘之间必须加垫 0.3～3 mm 的胶皮、毛毡等弹性垫片，增加接触面。装夹后，经静平衡，砂轮应在最高转速下至少试转 5 min 才能使用。

(4) 平面磨削前，要清理干净工件和吸盘上的铁屑，保证安装可靠。

(5) 用电磁吸盘安装工件时，首先检查工件是否吸牢，确认工件牢固可靠后方可开机作业。

(6) 对较长、较宽工件，要反复翻转磨削，保证加工表面的精度要求。

(7) 磨斜面时，先确定基准面，依此装夹。调整夹具或机床(头架或工作台)到所需角度，按磨削一般平面进行磨削。

(8) 磨削外圆工件时，若采用两顶或一夹一顶装夹方法时，顶紧力要适当，要检查中心孔有无毛刺、碰伤或过大现象，如有，应及时修研。精度要求较高的工件要用百分表来找正。

(9) 磨削外锥面时，无论是扳转头架还是砂轮架角度，都要注意对准刻度线。试磨后应进行检查，及时修正，保证锥度的精度。

(10) 磨削前应根据工件长度调整好行程挡铁，避免超程，发生碰撞。

(11) 开机前，检查磨削液供给系统，查看磨削液是否充足，保证冷却润滑正常。

(12) 开机前穿好劳动保护用品。

2. 磨床的维护保养

(1) 正确使用机床，熟悉自用磨床各部件的结构、性能、作用、操作方法和步骤。

(2) 开动磨床前，应首先检查磨床各部分是否有故障；工作后仍需检查各传动系统是否正常，并做好交接班记录。

(3) 严禁敲击磨床的零部件，不碰撞或拉毛工作面，避免重物磕碰磨床的外部表面。装卸工件前最好预先在台面上垫放木板。

(4) 工作台上调整尾座、头架位置时，必须擦净台面与尾座接缝处的磨屑，涂上润滑油后再移动部件。

(5) 磨床工作时应注意砂轮主轴轴承的温度，一般不得超过 60℃。

(6) 工作完毕后，应清除磨床上的磨屑和切削液，擦净工作台，并在敞开的滑动面和机械机构上涂油防锈。

1.4.5 相关知识链接

1. 砂轮架

砂轮架中的砂轮主轴及其支撑部分是砂轮架部件中的关键结构，直接影响工件的加工质量，故要求其应具有较高的回转精度、刚度、抗振性和耐磨性。如图 1.4-10 所示，砂轮主轴的前后径向支撑都为“短三瓦动压型液体滑动轴承”，每一个滑动轴承由 3 块扇形轴瓦组成，每块轴瓦都支撑在球面支撑螺钉 6 的球头上。调节球面支承螺钉的位置，即可调整轴承的间隙(通常间隙为 0.015～0.025 mm)。短三瓦轴承是动压型液体滑动轴承，工作中必须浸在油中。当砂轮主轴向一个方向高速旋转以后，3 块轴瓦各在其球面螺钉的球头上摆动到平衡位置，在轴和轴瓦之间形成 3 个楔形缝隙。当吸附在轴颈上的油液由入口(h_1 处)被带到出口(h_2 处)时(见图 1.4-10 中的 G 剖面)，使油液受到挤压(因为 $h_1<h_2$)，于是形成压力油楔，将主轴浮在 3 块瓦中间，不与轴瓦直接接触，所以它的回转精度较高。当砂轮主轴受到外界载荷作用而产生径向偏移时，在偏移方向处楔形缝隙变小，油膜压力升高，而在相反方向处的楔形缝隙增大，油膜压力减小。于是产生了一个使砂轮主轴恢复到原中心位置的趋势，减小偏移。由此可见，这种轴承的刚度很高。砂轮主轴的轴向定位如图 1.4-10 中 A—A 剖面所示。主轴右端轴肩 2 靠在止推滑动轴承环 3 上，以承受向右的轴向力。向左的轴向力则通过装于带轮上 6 个小孔内的 6 根小弹簧 5 及 6 根小滑柱 4 作用在止推滚动轴承上。小弹簧的作用是可给止推滚动轴承以预加载荷。润滑油装在砂轮架壳体内，油面高度通过油窗 1 观察。在砂轮主轴轴承的两端用橡胶油封密封。

因为砂轮主轴运转的平稳性对磨削表面质量影响很大，所以，对于装在砂轮主轴上的零件都要经过仔细平衡。特别是砂轮，直接参与磨削，如果它的重心偏离旋转的几何中心，将引起振动，降低磨削表面的质量。在将砂轮装到机床上之前，必须进行静平衡。平衡砂轮的方法是：首先将砂轮夹紧在砂轮法兰 7 上，法兰 7 的环形槽中安装有 3 个平衡块 9，先粗调平衡块 9，使它们处在周向大约相距为 120°的位置上；再把夹紧在法兰上的砂轮放在平衡架上，继续周向调整平衡块的位置，直到砂轮及法兰处于静平衡状态；然后，将平衡好的砂轮及法兰装到砂轮架的主轴上。每个平衡块 9 分别用螺钉 11 及钢球 10 固定在所需的位置。由于砂轮运动速度很高，外圆线速度达 35 m/s，为了防止由于砂轮碎裂损伤工人或设备，在砂轮的周围(磨削部位除外)安装有安全保护罩(砂轮罩)8。砂轮架壳体 19 用 T 形螺钉紧固在滑鞍 12 上，它可绕滑鞍上定心圆柱销 18 在±30°范围内调整位置。磨削时，滑鞍带着砂轮架沿垫板上的滚动导轨做横向进给运动。

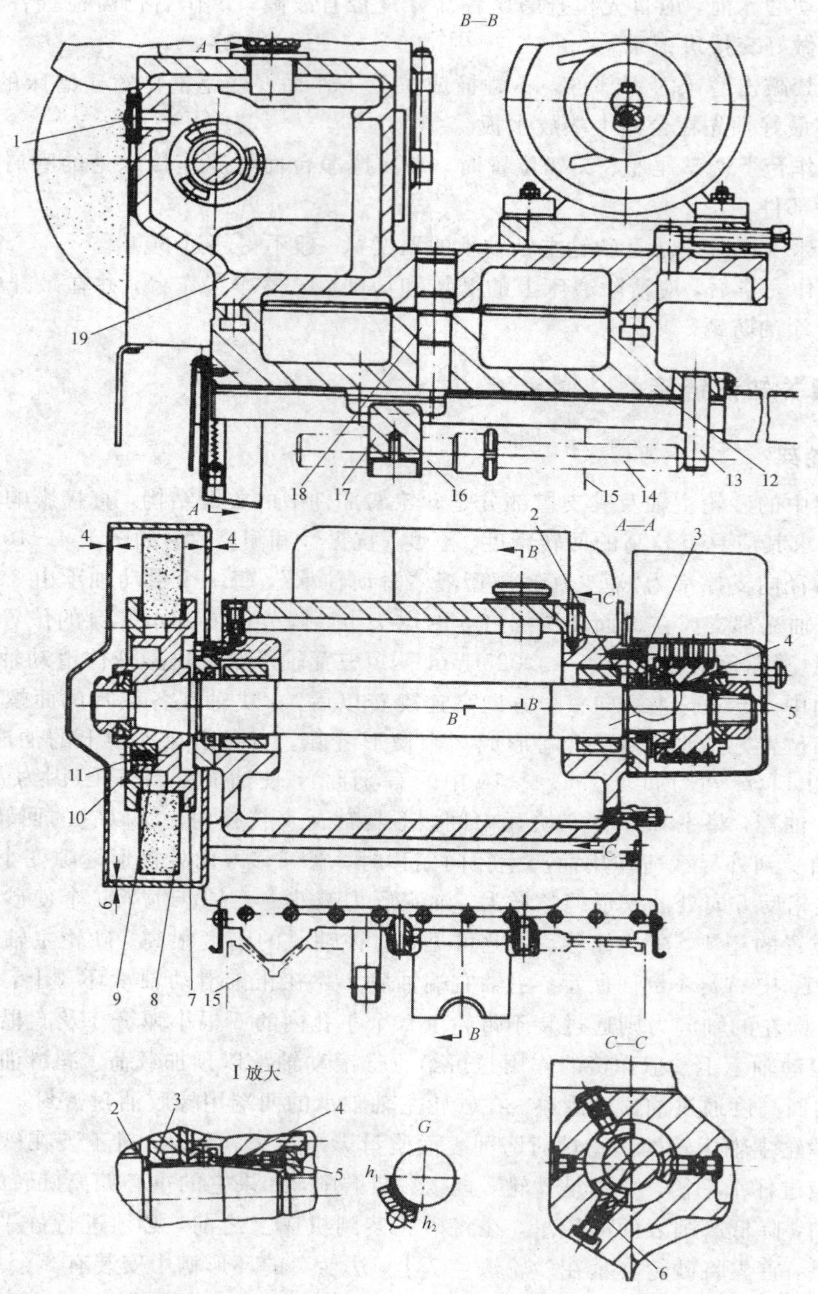

1—油窗；2—主轴右端轴肩；3—止推滑动轴承环；4—滑柱；5—弹簧；6—球面支承螺钉；7—法兰；8—保护罩；9—平衡块；10—钢球；11—螺钉；12—滑鞍；13—挡销；14—柱塞；15—床身；16—柱塞油缸；17—油缸支座；18—圆柱销；19—壳体

图 1.4－10　M1432A 型万能外圆磨床砂轮架

2. 头架

图 1.4－11 所示为头架的装配图。

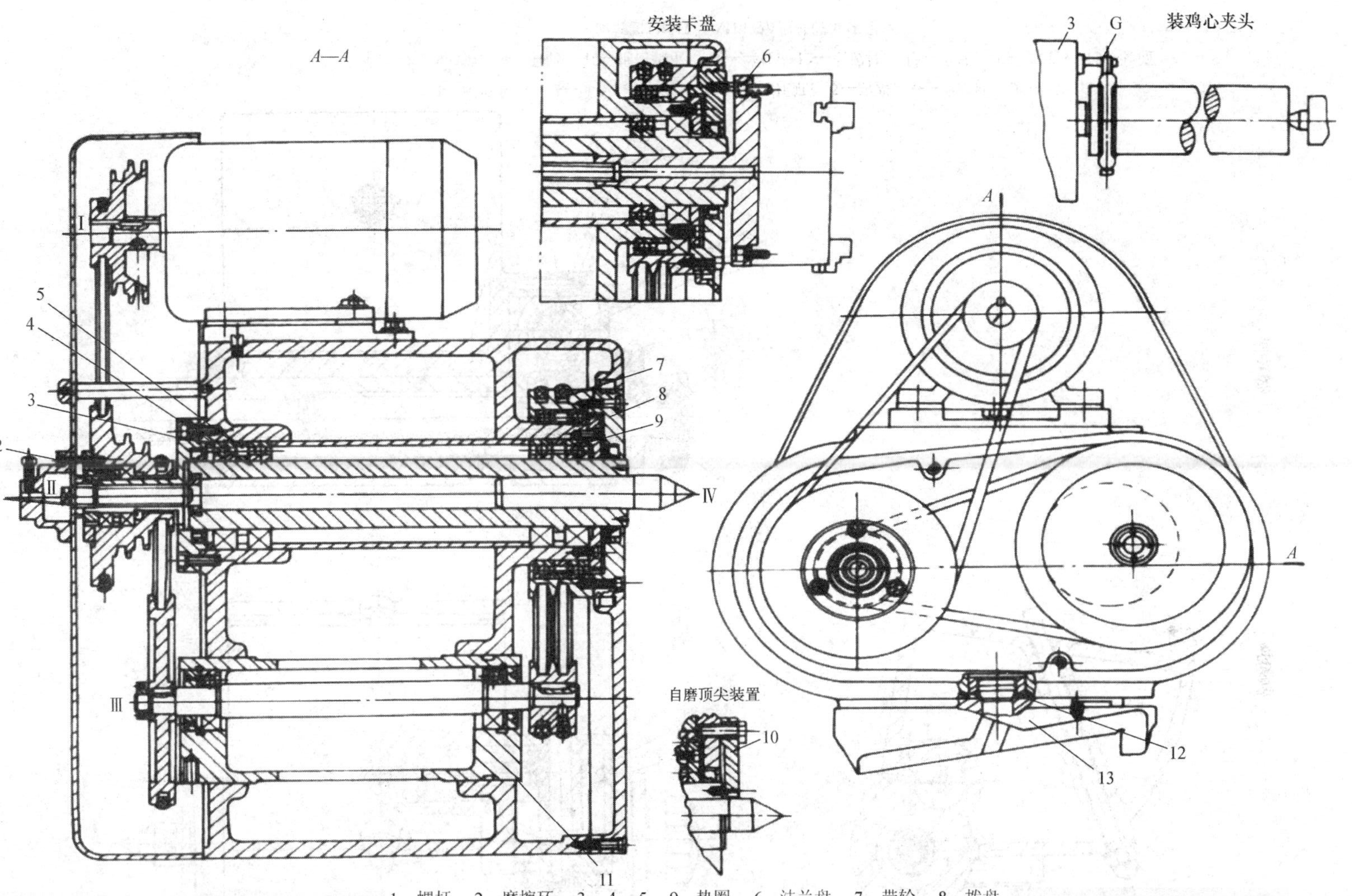

1—螺杆；2—摩擦环；3，4，5，9—垫圈；6—法兰盘；7—带轮；8—拨盘；

10—连接板；11—偏心套；12—圆柱销；13—底座

图 1.4-11　M1432A 型外圆磨床头架结构

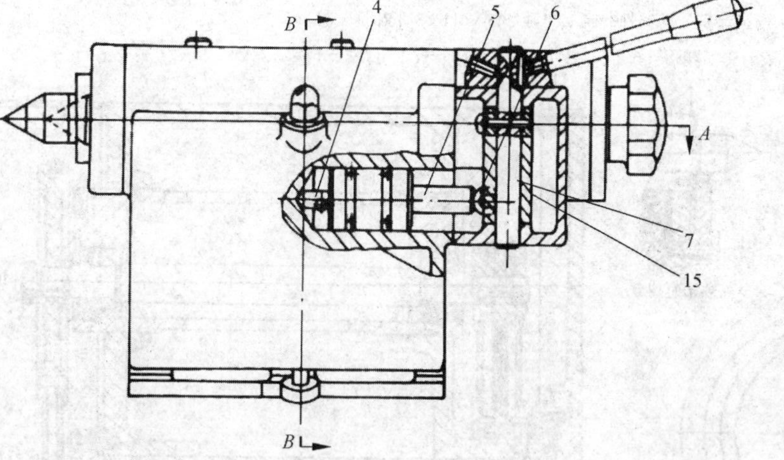

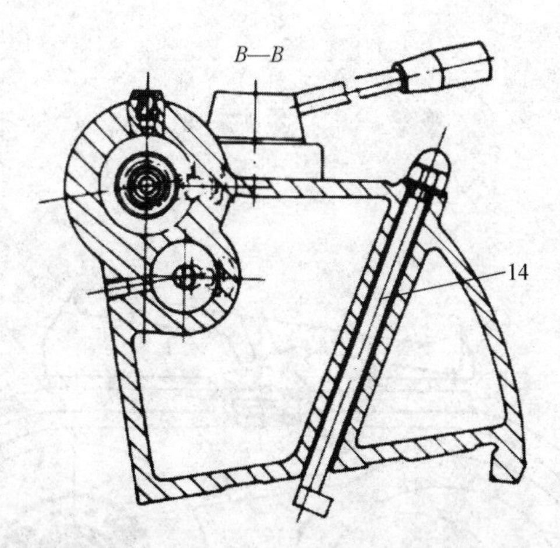

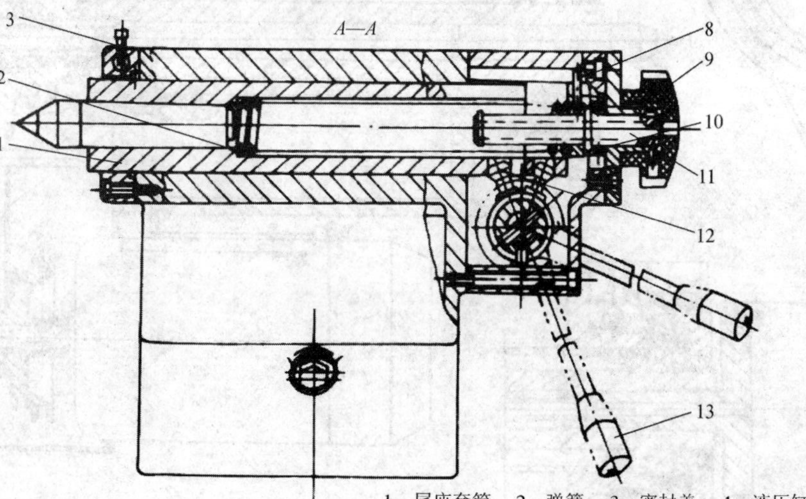

1—尾座套筒；2—弹簧；3—密封盖；4—液压缸；5—活塞；6—下拨杆；7—小轴；
8—销；9—手把；10—推力轴承；11—丝杠；12—上拨杆；13—手柄；14—螺钉；15—套筒

图1.4-12　M1432A型外圆磨床尾座

头架主轴直接支承工件，因此主轴及其轴承应具有较高的旋转精度、刚度和抗振性。M1432A 磨床的头架主轴轴承采用 P5 级精度的精密轴承，并通过仔细修磨主轴前端的台阶厚度及垫圈 9、4、5、3 等的厚度，对主轴轴承进行预紧，以提高主轴部件的刚度和旋转精度。主轴的运动由带传动，使运动平稳。带轮采用卸荷结构，以减少主轴的弯曲变形。带的张紧力和更换带可移动电机座及转动偏心套 11 来达到。头架可绕底座 13 上的圆柱销 12 转动，以调整头架的角度，其范围从 0°～90°(逆时针方向)。

3. 尾座

图 1.4 - 12 所示为 M1432A 型万能外圆磨床尾座结构图。尾座的功用就是利用尾座套筒顶尖来顶紧工件，并和头架主轴顶尖一起支承工件，作为工件磨削时的定位基准。因此，要求尾座顶尖和头架顶尖同心，一般其连心线还应平行于工作台纵向进给方向。尾座本身应有足够刚度。尾座顶紧工件的力是由弹簧 2 产生的。顶紧力的大小可以用手把 9 来调节。尾座套筒 1 退回，可以手动，也可以液动。

1）*手动退回*

顺时针转动手柄 13，通过小轴 7 及上拨杆 12，拨动尾座套筒 1 向后退。

2）*液动退回*

当砂轮架处在退出位置时，脚踩“脚踏板”，使液压缸 4 的左腔通入压力油，推动活塞 5，使下拨杆 6 摆动，于是又通过套筒 15、上拨杆 12，使尾座套筒 1 向后退出。磨削时，尾座用 L 形螺钉 14 紧固在上工作台的斜面上。

项目二　平面与沟槽加工设备的使用

任务 2.1　垫铁零件铣削加工设备的使用

【任务描述】

按垫铁零件铣削加工工序卡片完成垫铁零件的铣削加工过程。

【任务要求】

读懂工序卡片，选择合适的机床型号，完成刀具、工件和夹具与机床的安装，调整操作机床，完成垫铁零件的铣削加工过程。

【知识目标】

(1) 能读懂工序卡片中有关刀、量、附、夹具的内容。

(2) 能理解 X6132A 铣床的主运动、进给运动和辅助运动。

(3) 能理解各典型传动件和机床附件的结构和工作原理。

【能力目标】

(1) 能够根据零件加工表面形状、加工精度、表面质量等选择合适的机床型号。

(2) 能理解铣床主运动传动系统和进给运动传动系统。

(3) 能调整 X6132A 型铣床，会安装刀具、工件，并操作 X6132A 型铣床铣削加工垫铁零件。

(4) 能正确使用量具检验工件。

(5) 具备简单机床故障诊断处理的能力。

【学习步骤】

以垫铁零件铣削加工工序卡片的形式提出任务，在铣削垫铁零件的准备工作中学会分析工序卡片及图样，根据分析，选择合适的机床型号，对选定的机床的参数及运动进行分析，掌握本机床的调整及操作方法，掌握刀、夹、附具及工件与机床的连接与安装，最后完成零件的加工操作及检验，掌握对一般机床故障的分析与排除能力，学会本类机床的操作规程及其维护保养。

2.1.1　垫铁零件铣削加工工序卡片

垫铁零件铣削加工工序卡片如表 2.1-1 所示。

表 2.1-1　垫铁零件铣削加工工序卡片

××××学院	机械加工工序卡片	产品型号		零件图号		
		产品名称		零件名称	垫铁	共　页 第　页

车间	工序号	工序名称	材料牌号
机加	004	铣平面	Q235钢
毛坯种类	毛坯外形尺寸	每毛坯可制件数	每台件数
板材	120×60×24	1	1
设备名称	设备型号	设备编号	同时加工件数
立式铣床	X6132A		1

夹具编号	夹具名称	切削液	
	机用平口钳	水溶液	
工位器具编号	工位器具名称	工序工时(分)	
		准终	单件

工步号	工步内容	工艺装备	主轴转速 r/min	切削速度 m/min	进给量 mm/min	切削深度 mm	进给次数	工步工时 机动	工步工时 辅助
1	粗铣1面	机夹式直径80盘铣刀 0~150游标卡尺	300	80	205	1.5	1		
2	粗铣4面	0~150游标卡尺	300	80	205	1.5	1		
3	精铣1面	百分表、刀口尺、塞尺	475	100	190	0.5	1		
4	精铣4面	百分表、刀口尺、塞尺	475	100	190	0.5	1		

设计(日期)	校对(日期)	审核(日期)	标准化(日期)	会签(日期)

2.1.2　铣削垫铁零件的准备工作

1. 分析图样

1) 加工精度分析

平行面之间的尺寸为 21±0.015(mm)，为 IT8 级，平面度公差为 0.05 mm，平行面平行度公差为 0.10 mm。

毛坯件：120×60×24(mm)的矩形。材料：Q235 钢。

2) 表面粗糙度分析

工件加工表面粗糙度 *Ra* 值为 3.2 μm，铣削加工能达到要求。

3) 材料分析

Q235 钢为碳素结构钢，切削性能好，可选用高速钢铣刀，也可以选用硬质合金铣刀。

4) 形体分析

矩形坯件，外形尺寸不大，宜采用机用平口钳装夹。

2. 机床型号的选取

1) 铣床的工艺范围及特点

铣床是一种用途很广泛的机床。它的工艺范围较为广泛，如图 2.1-1 所示，可以加工平面(包括水平面、垂直面和斜面等)、沟槽(包括键槽、T 形槽、燕尾槽及异形截面槽等)、各种分齿类零件(齿轮、链轮、棘轮、花键轴等)、螺旋形表面(螺纹和螺旋槽)及各种模具型腔曲面等，此外，它还可以用于加工回转体表面及内孔，以及进行切断工作等。

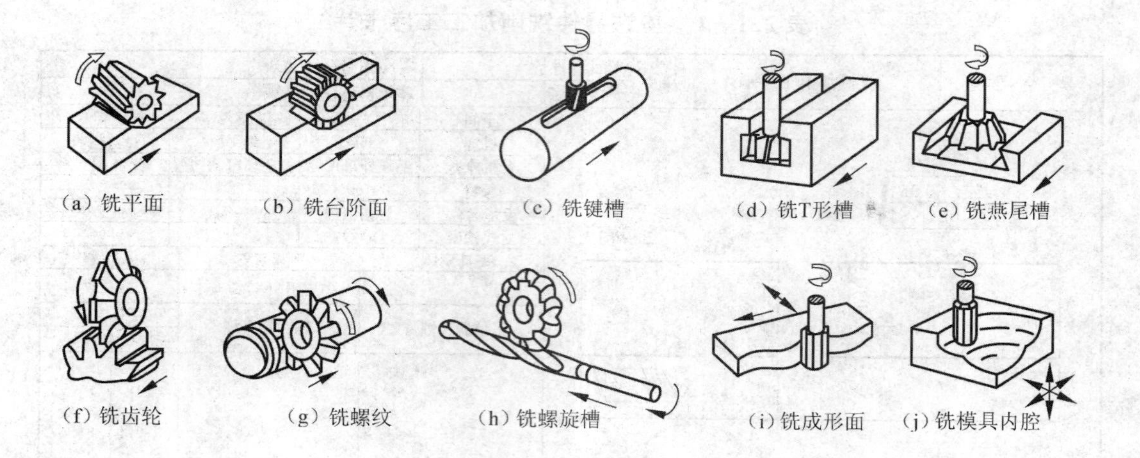

图 2.1-1 铣床加工的典型表面

由于铣床所使用的刀具为多齿刀具，切削过程中常有几个刀齿同时参与切削，因此可获得较高的生产效率。从整体切削过程来看，切削过程是连续的，但对每一个刀齿而言，在刀齿切入、连续切削、切出的整个过程，切削厚度发生着变化，从而使切削力相应发生着变化，这容易引起机床振动，因此，铣床在结构上要求有更高的刚度和抗振性能。

2）铣床的分类

铣床种类很多，其中常用的有卧式铣床、立式铣床、万能工具铣床和龙门铣床。

(1) 卧式铣床。

卧式铣床又分为平铣床和万能卧式铣床，它们的共同特点是主轴都是水平的。万能卧式铣床与平铣床的主要区别是：它的工作台能在水平面内做±45°范围内的旋转调整，以便铣削螺旋槽类工件，而平铣床的工作台不能做旋转调整。

(2) 立式铣床。

立式铣床又称立式升降台铣床，其主轴是垂直的，其他与卧式升降台铣床相同。

(3) 万能工具铣床。

万能工具铣床用得比较多，在工模具制造车间可以加工具有各种角度的表面以及一些比较复杂的型面。万能工具铣床有两个主轴，垂直方向的主轴用以完成立铣工作，水平方向的主轴用以完成卧铣工作。当装上万向工作台后，工作台还能在三个相互垂直的平面内旋转一定的角度。

(4) 龙门铣床。

龙门铣床在龙门式的框架两侧各有垂直导轨，其上安装有横梁及两个侧铣头，在横梁上又安装有两个铣头。这样，铣床上有四个独立的主轴，都可以安装一把刀具。加工时，工作台带动工件做纵向移动，几把刀具同时对几个表面进行粗铣或半精铣，生产效率较高。

3）铣床型号的编制

表 2.1-2 所示为常用铣床型号的组别、系别、主参数名称和折算系数等。

表 2.1-2　常用铣床型号

类别	代号	机床名称	组别	系别	主参数名称	折算系数
铣床	X	龙门铣床	2	0	工作台面宽度	1/100
		圆台铣床	3	0	工作台面直径	1/100
		平面仿形铣床	4	3	最大铣削宽度	1/10
		立体仿形铣床	4	4	最大铣削宽度	1/10
		立式升降台铣床	5	0	工作台面宽度	1/10
		卧式升降台铣床	6	0	工作台面宽度	1/10
		万能升降台铣床	6	1	工作台面宽度	1/10
		床身铣床	7	1	工作台面宽度	1/100
		万能工具铣床	8	1	工作台面宽度	1/10
		键槽铣床	9	2	最大键槽宽度	1

铣床主参数一般描述的是铣床工作台的宽度，此项目零件最大轮廓为 70 mm 左右，选择 X6132A 卧式升降台铣床。

4）铣削方式

铣削加工方式分为周铣和端铣，其中周铣又可分为逆铣和顺铣。

(1) 周铣法。

用分布于铣刀圆柱面上的刀齿铣削工件表面，称为周铣，如图 2.1-2 所示。周铣有两种铣削方式：逆铣和顺铣。铣削时，铣刀切入工件时的切削速度方向与工件进给方向相反，称为逆铣，如图 2.1-3(a)所示。铣削时，铣刀切出工件时的切削速度方向与工件进给方向相同，称为顺铣，如图 2.1-3(b)所示。下面从两个方面比较逆铣和顺铣的特点。

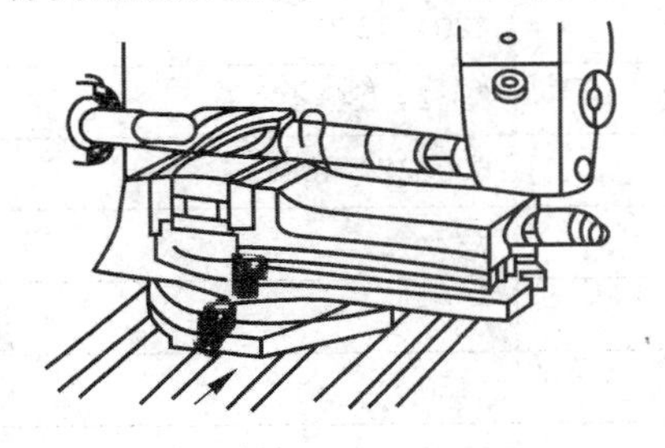

图 2.1-2　周铣法

(a) 逆铣

(b) 顺铣

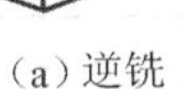

图 2.1-3　逆铣与顺铣

① 铣削厚度变化的影响。逆铣时，刀齿的切削厚度由薄到厚，刀刃初接触工件时，由于侧吃刀量几乎为零，因此刃口先是在工件已加工表面上滑行，滑到一定距离时，刀刃才能切入工件，刀齿的滑行会对已加工表面产生挤压，使工件表面产生冷硬层，工件表面粗糙度值增高，同时使刀刃磨损加剧。顺铣时，刀齿的切削厚度由厚到薄，故没有上述缺点。

② 切削力方向的影响。顺铣时，铣削力的纵向(水平)分力的方向与进给力方向相同，如果丝杠螺母传动副中存在背向间隙，则当纵向分力大于工作台与导轨间的摩擦力时，会使工作台连同丝杠沿背隙窜动，使由螺纹副推动的进给运动变成由铣刀带动工作台窜动，引起进给量突然变化，影响工件的加工质量，严重时会使铣刀崩刃。逆铣时，铣削力的纵

向分力的方向与进给力方向相反，使丝杠与螺母能始终保持在螺纹的一个侧面接触，工作台不会发生窜动。顺铣时刀齿每次都是从工件外表面切入金属材料，所以不宜用来加工有硬皮的工件。

实际上，顺铣与逆铣比较，顺铣加工可以提高铣刀耐用度2～3倍，降低工件表面粗糙度值，尤其在铣削难加工材料时，效果更加明显。但是，采用顺铣，首先要求铣床有消除工作台进给丝杠螺母副间隙的机构，能消除传动间隙，避免工作台窜动；其次要求毛坯表面没有硬皮，工艺系统有足够的刚度。如果具备以上条件，则应当优先考虑采用顺铣，否则应采用逆铣。目前，生产中采用逆铣加工方式的比较多。

(2) 端铣法。

用分布于铣刀端平面上的刀齿进行铣削，称为端铣，如图2.1-4所示。端铣法的特点是：主轴刚度好，切削过程中不易产生振动；端铣刀刀盘直径大，刀齿多，铣削过程比较平稳；端铣刀易于采用硬质合金可转位刀片，可以采用较高的切削速度，所以铣削用量大，生产率高；端铣刀还可以利用修光刃获得较低的表面粗糙度值。目前，在平面铣削中，端铣基本上代替了周铣，但周铣可以加工成型表面和组合表面。

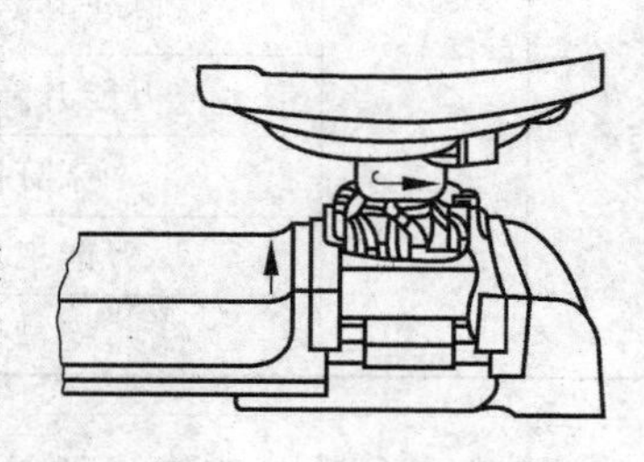

图2.1-4 端铣法

3. 卧式升降台铣床的调整与操作

1) X6132A型卧式万能升降台铣床的技术参数

X6132A型卧式万能升降台铣床的技术参数如表2.1-3所示。

表2.1-3 X6132A型卧式万能升降台铣床的技术参数

项目名称	机床参数
工作台面尺寸/mm	320×1200
主轴孔锥度	7：24 ISO 40
工作台行程(纵向/横向/垂向)/mm	650/320/400
铣刀杆直径/mm	ϕ22，ϕ27
主电机功率/kW	7.5
主电机转速/(r/min)	1450
主轴转速范围/(r/min)	18级 30～1500
工作台纵、横向进给范围/(mm/min)	21级 10～1000
垂直方向进给范围/(mm/min)	3.3～333
工作台“T”形槽(槽数/宽度/间距)/mm	3/14/80
机床外形尺寸/mm	1400×2100×1400
主轴中心至工作台面距离/mm	30～430
电动冷却液泵功率/W	40
电动冷却液泵输送量/(L/min)	12

2）X6132A 型卧式万能升降台铣床的结构及其运动分析

如图 2.1－5 所示为 X6132A 型卧式万能升降台铣床的结构图，由底座 1、床身 2、悬梁 3、刀杆支架 4、主轴 5、工作台 6、床鞍 7、升降台 8 及回转盘 9 等组成。床身 2 固定在底座 1 上，用于安装和支承其他部件。床身内装有主轴部件、主轴变速传动装置及其变速操纵机构。悬梁 3 安装在床身 2 的顶部，并可沿燕尾槽形导轨调整前后位置。悬梁 3 上的刀杆支架 4 用于支承刀杆，以提高其刚度。升降台 8 安装在床身 2 前侧面垂直导轨上，可做上下移动。升降台内装进给运动传动装置及其操纵机构。升降台 8 的水平导轨上装有床鞍 7，可沿主轴轴线方向做横向移动。床鞍 7 上装有回转盘 9，回转盘上面的燕尾槽导轨上装有工作台 6。因此，工作台除了可沿导轨做垂直于主轴轴线方向的纵向移动外，还可以通过回转盘绕垂直轴线在±45°范围内调整角度，以便铣削螺旋表面。

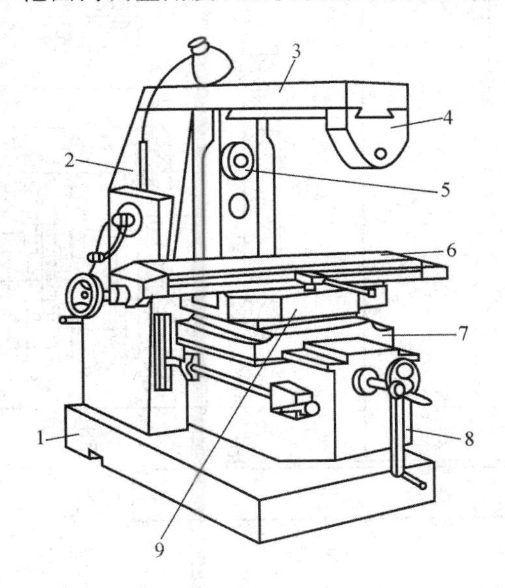

1—底座；2—床身；3—悬梁；4—刀杆支架；5—主轴；
6—工作台；7—床鞍；8—升降台；9—回转盘

图 2.1－5　X6132A 型卧式万能升降台铣床的结构

图 2.1－6 所示为 X6132A 型卧式万能升降台铣床的传动系统图，主运动为主轴的旋转运动，进给运动为纵向、横向及垂直方向 3 个方向的运动。

主传动链中有两组三联滑移齿轮和一组双联滑移齿轮，所以，主轴可获得 18(3×3×2＝18)级转速。主轴的正反转由主电机正反转实现。轴Ⅱ右端装有多片式电磁制动器 M，停车后，多片式电磁制动器 M 的线圈接通直流电源，使主轴迅速而平稳地停止转动。

主运动动力源为 7.5 kW、1450 r/min 的电机，末端件为主轴Ⅴ轴，其传动路线表达式为

$$\text{主动机}\left(\frac{7.5\ \text{kW}}{1450\ \text{r/min}}\right)-\frac{\phi 150}{\phi 290}-\text{Ⅱ}-\begin{bmatrix}\frac{19}{36}\\ \frac{22}{33}\\ \frac{16}{38}\end{bmatrix}-\text{Ⅲ}-\begin{bmatrix}\frac{27}{37}\\ \frac{17}{46}\\ \frac{38}{26}\end{bmatrix}-\text{Ⅳ}-\begin{bmatrix}\frac{80}{40}\\ \frac{18}{71}\end{bmatrix}-\text{Ⅴ(主轴)}$$

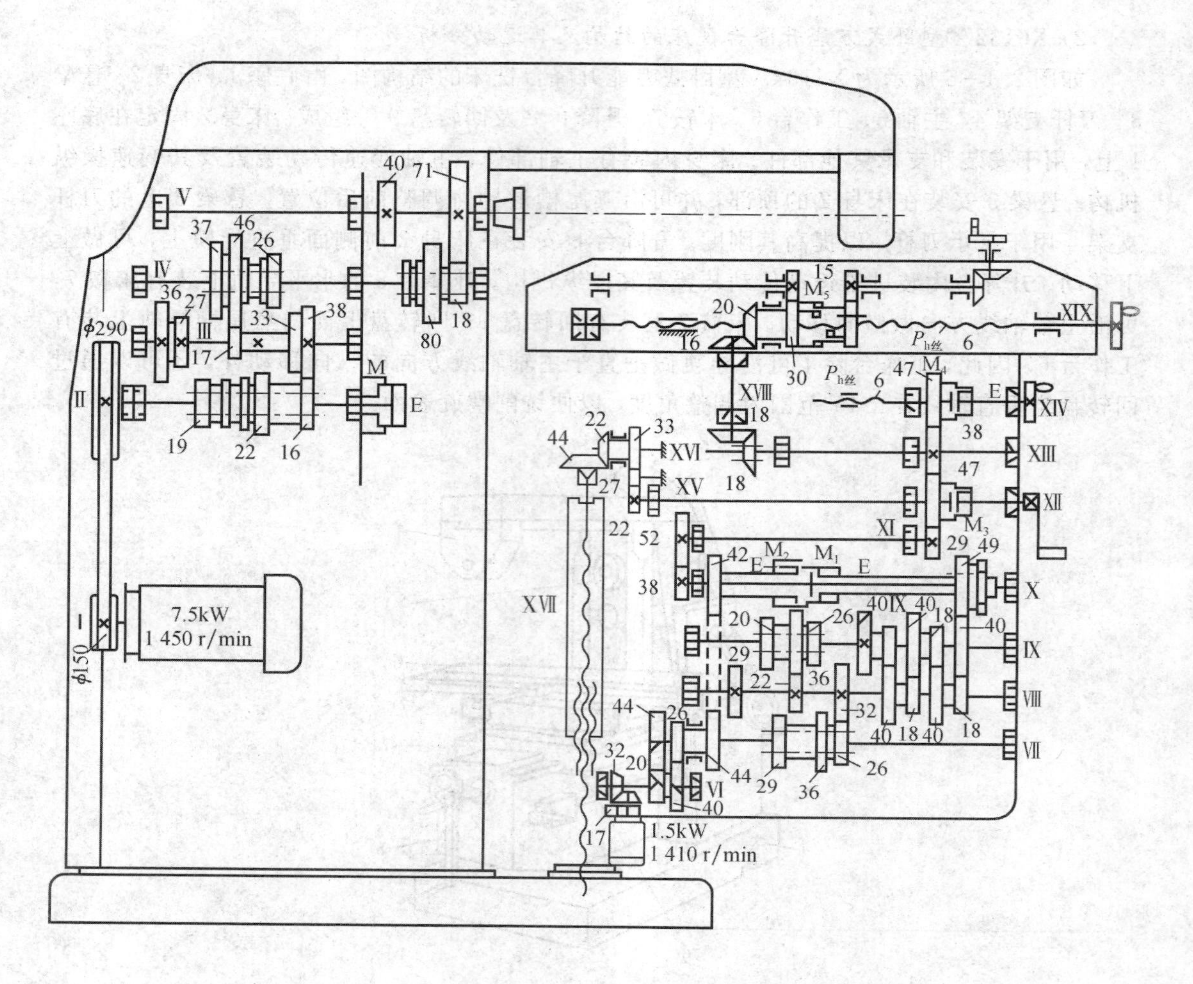

$P_{h丝}$—丝杠导程

图 2.1-6 X6132A 型卧式万能升降台铣床传动系统

进给运动由进给电动机(1.5 kW，1410 r/min)驱动。电动机的运动经一对锥齿轮 17/32 传到轴Ⅵ，然后根据轴Ⅹ的电磁摩擦离合器 M_1、M_2 的结合情况，分两条路线传动：如果轴Ⅹ上的离合器 M_1 脱开、M_2 啮合，则轴Ⅵ的运动经齿轮副 40/26、44/42 及离合器 M_2 传至轴Ⅹ，这条路线可使工作台做快速移动；如果轴Ⅹ上的离合器 M_2 脱开、M_1 结合，则轴Ⅵ的运动经齿轮副 20/44 传至轴Ⅶ，再经轴Ⅶ—Ⅷ间和轴Ⅷ—Ⅸ间两组三联滑移齿轮变速以及轴Ⅹ间的曲回机构，经离合器 M_1，将运动传至轴Ⅹ，这是一条使工作台做正常运动的传动路线。轴Ⅹ的运动可经过离合器 M_3、M_4、M_5 以及相应的后续传动路线，使工作台分别得到纵向、横向及垂直方向的移动。由此可知，X6132A 型铣床的纵向、横向、垂直方向进给量均为 21 级，纵向和横向的进给量范围为 10～1000 mm/min，垂直方向的进给量范围为 3.3～333 mm/min。

进给运动的传动路线表达式为

$$\text{电动机}\begin{pmatrix}1.5\ \text{kW}\\ 1410\ \text{r/min}\end{pmatrix}-\frac{17}{32}-\text{Ⅵ}-$$

$$\left[\begin{array}{l}\frac{20}{44}-\text{Ⅶ}-\begin{bmatrix}\frac{29}{29}\\ \frac{36}{22}\\ \frac{26}{32}\end{bmatrix}-\text{Ⅷ}-\begin{bmatrix}\frac{29}{29}\\ \frac{22}{36}\\ \frac{32}{26}\end{bmatrix}-\text{Ⅸ}-\begin{bmatrix}\frac{40}{49}\\ \frac{18}{40}\times\frac{18}{40}\times\frac{18}{40}\times\frac{18}{40}\times\frac{40}{49}\\ \frac{18}{40}\times\frac{18}{40}\times\frac{40}{49}\end{bmatrix}-M_1\ \text{合(工作进给)}\\ \frac{40}{26}\times\frac{44}{42}-M_2\ \text{合(快速)}\end{array}\right]$$

$$-\text{Ⅹ}-\frac{38}{52}-\text{Ⅺ}-\frac{29}{47}-\left[\begin{array}{l}\frac{47}{38}-\text{ⅩⅢ}-\begin{bmatrix}\frac{18}{18}-\text{ⅩⅧ}-\frac{16}{20}-M_5\ \text{合}-\text{ⅩⅨ(纵向进给)}\\ \frac{38}{47}-M_4\ \text{合}-\text{ⅩⅣ(横向进给)}\end{bmatrix}\\ M_3\ \text{合}-\text{Ⅻ}-\frac{22}{27}\ \text{ⅩⅤ}-\frac{27}{33}-\text{ⅩⅥ}-\frac{22}{24}-\text{ⅩⅦ(垂直进给)}\end{array}\right]$$

在理论上，铣床在互相垂直的 3 个方向上均可获得 $3\times3\times3=27$ 种进给量，但由于轴Ⅶ—Ⅸ间的两组三联滑移齿轮变速组的 $3\times3=9$ 种传动比中，有 3 种是相等的，即

$$\frac{29}{29}\times\frac{29}{29}=\frac{36}{22}\times\frac{22}{36}=\frac{26}{32}\times\frac{32}{26}=1$$

所以，轴Ⅶ—Ⅸ间的两个变速组只有 7 种不同的传动比。因而轴Ⅹ上的滑移齿轮 $z=49$ 只有 $7\times3=21$ 种不同的转速。

3) X6132A 型卧式万能升降台铣床的操作

(1) 工作台手动进给手柄的操作。

操作时将手柄纵向加力，分别接通其手动进给离合器。摇动工作台任何一个手动进给手柄，就能带动工作台做相应方向的手动进给运动。顺时针摇动手柄，即可使工作台前进(或上升)；反之，逆时针摇动手柄，则工作台后退(或下降)。工作台升降手动手柄如图 2.1-7(a)所示，工作台纵向手动手轮如图 2.1-7(b)所示。

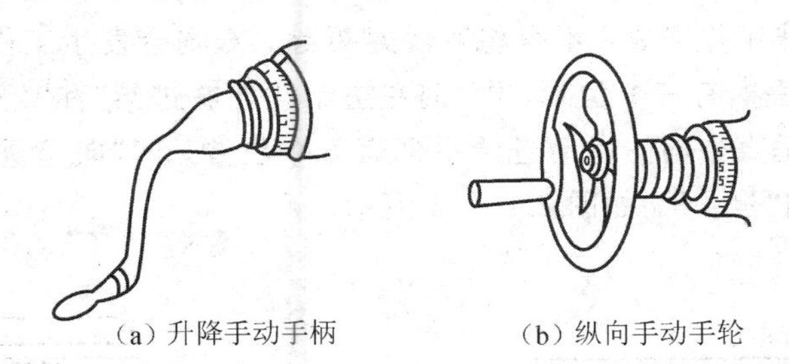

(a) 升降手动手柄　　(b) 纵向手动手轮

图 2.1-7　工作台手动进给手柄

在进给手柄刻度盘上刻有“1 格＝0.05 mm”字样，说明进给手柄每转过 1 小格，工作台移动 0.05 mm。摇动各自的手柄，通过刻度盘控制工作台在各进给方向的移动距离。为避免丝杠与螺母间隙的影响，若手柄摇过了刻度，不可直接摇回，必须将其旋转 1 转后，再重新摇到要求的刻度位置。

（2）主轴变速的操作。

变换主轴转速时，必须先接通电源，停车后按以下步骤进行：

① 手握变速手柄球部下压，使其定位的榫块脱出固定环的槽 1 位置，如图 2.1－8 所示。

② 将手柄快速向左推出，使其定位块送入到固定环的槽内，手柄处于脱开的位置Ⅰ。

③ 转动调速盘，将所选择的主轴转数对准指针。

④ 下压手柄，并快速推至位置Ⅱ，即可接合手柄。此时，冲动开关瞬时接通，电动机转动，带动变速齿轮转动，使齿轮啮合。随后，手柄继续向右至位置Ⅲ，并将其榫块送入固定环的槽 1 位置，电动机失电，主轴箱内齿轮停止转动。

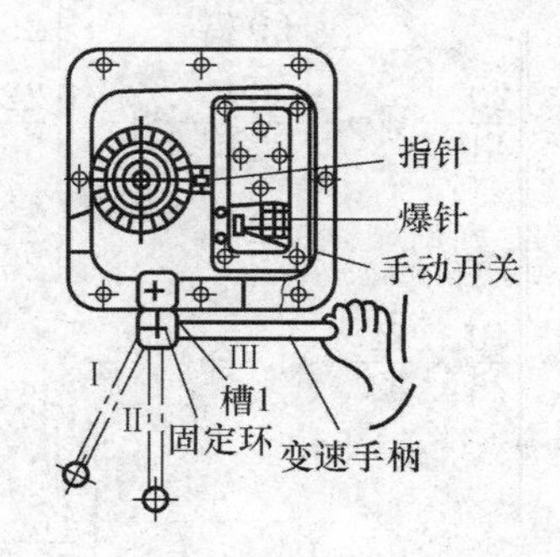

图 2.1－8　主轴变速的操作

⑤ 由于电动机启动电流很大，所以最好不要频繁变速。即使需要变速，中间的间隔时间应不少于 5 min。主轴未停止，严禁变速。

⑥ 主轴变速完成后，按下启动按钮，主轴即按选定的转速旋转。

⑦ 检查油窗是否上油。

（3）进给变速的操作。

铣床上的进给变速机构的操作非常方便，按照如下步骤进行：

① 向外拉出进给变速手柄。

② 转动进给变速手柄，带动进给速度盘转动，将进给速度盘上选择好的进给速度的值对准指针位置。

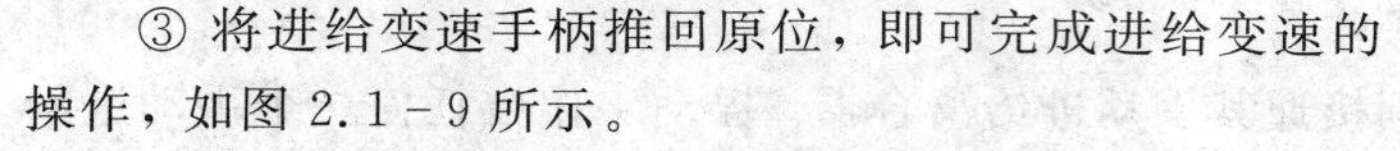

③ 将进给变速手柄推回原位，即可完成进给变速的操作，如图 2.1－9 所示。

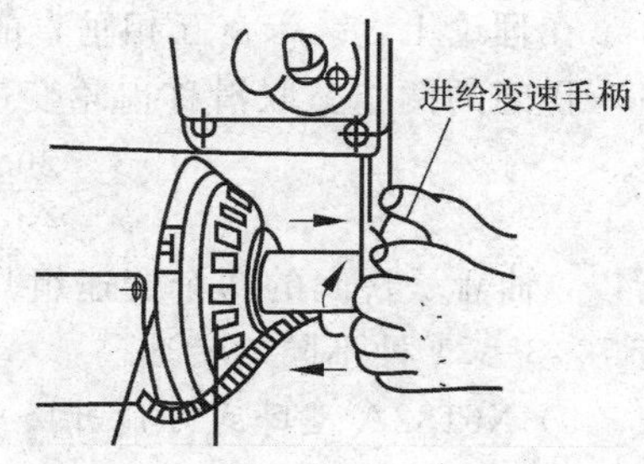

图 2.1－9　进给变速的操作

（4）工作台机动进给的操作。

X6132A 型卧式万能升降台铣床的工作台，在各个方向的机动进给手柄都有两副是联动的复式操纵机构，使操作更加方便。三个进给方向的安全工作范围，各由两块限位挡铁实现安全限位。若非工作需要，不得将其随意拆除，否则会发生工作超程而损坏铣床。工作台纵向机动进给手柄有三个位置，即“向左进给”“向右进给”和“停止”，如图 2.1－10 所示。工作台横向和垂直方向的机动进给手柄有五个位置，即“向里进给”“向外进给”“向上进给”“向下进给”和“停止”，如图 2.1－11 所示。

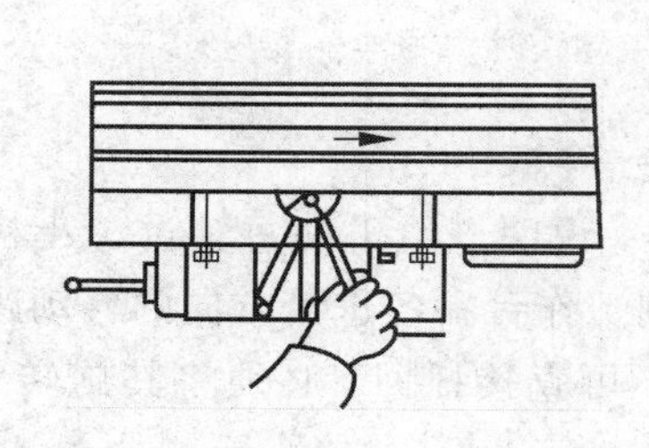
图 2.1－10　工作台纵向机动进给操作

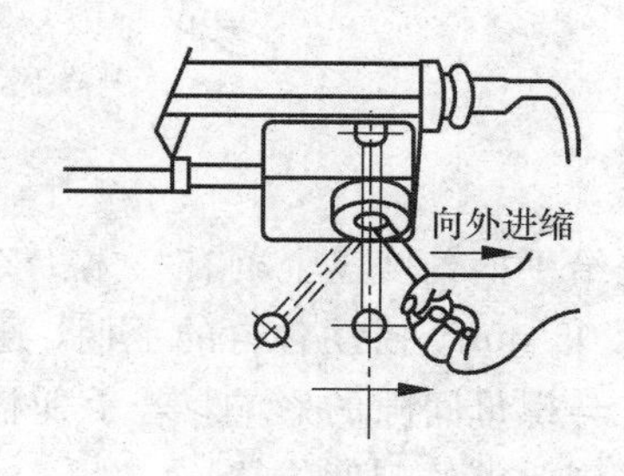

图 2.1－11　工作台横向和垂直方向的机动进给操作

机动进给手柄的设置使操作方便、不易出错，即当机动进给手柄与进给方向处于垂直状态时，机动进给是停止的。若机动进给手柄处于倾斜状态，则该方向的机动进给被接通。在主轴转动时，手柄向哪个方向倾斜，即向哪个方向进行机动进给；如果同时按下快速移动按钮，则工作台即向该方向进行快速移动。

4. 铣床附件的调整与操作

在铣床上装夹工件时，最常用的两种方法是用平口钳和用压板装夹工件。对于较小型的工件，一般采用平口钳装夹；对于较大型的工件，则多是在铣床工作台上用螺钉、压板来装夹。

平口钳的种类很多，有固定式、回转式、自定心式、V形、手动液压式等，其中固定式和回转式的应用最为广泛。图 2.1－12 所示为回转式机用平口钳。

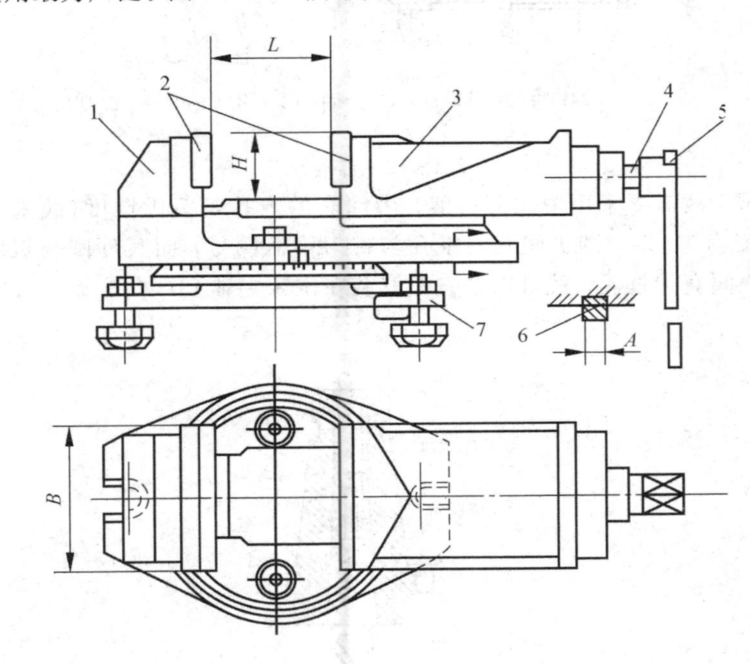

1—钳体；2—固定钳口；3—活动钳口；4—螺杆；5—扳手；6—定位键；7—底座

图 2.1－12　回转式机用平口钳

平口钳的钳口可以制成多种形式，可在平口钳上更换不同形式的钳口，以装夹多种形状的工件，从而扩大平口钳的使用范围。

5. 刀、夹、附具及工件与机床的连接与安装

1) 铣刀与机床的连接与安装

锥柄铣刀分为 7∶24 锥度的锥柄面铣刀和莫氏锥度的锥柄立铣刀两种，如图 2.1－13 所示，它们都安装在立式铣床上，具体安装步骤如下：

(1) 具有 7∶24 锥度的锥柄面铣刀(图 2.1－13(a)所示)，由于铣床主轴锥孔的锥度与铣刀柄部的锥度相同，故只要把铣刀锥柄和主轴锥孔擦拭干净后，把立铣刀直接装在主轴上，用拉杆把铣刀紧固即可。

(2) 对于莫氏锥度的锥柄立铣刀(图 2.1－13(b)所示)，由于铣床主轴锥孔的锥度与立

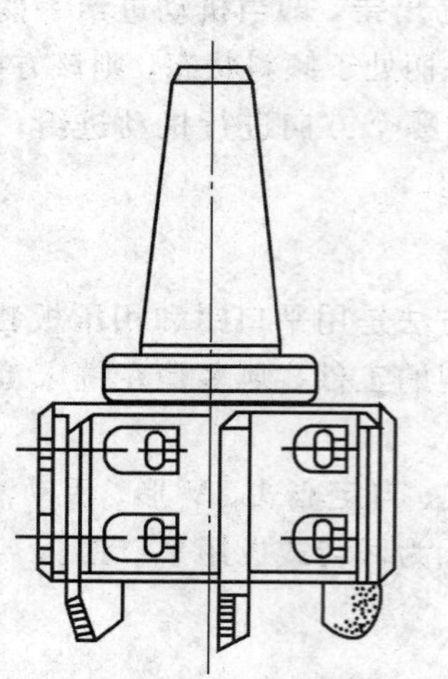

(a) 7∶24锥度的锥柄面铣刀

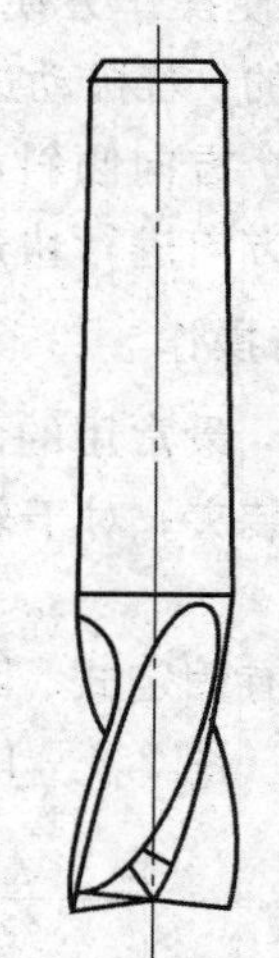

(b) 莫氏锥度的锥柄立铣刀

图 2.1-13　锥柄铣刀

铣刀的锥度不同，故需要采用中间套过渡。中间套的内孔是莫氏锥度(或采用弹簧夹头)，其外圆锥柄锥度为 7∶24，即中间套的锥孔与铣刀锥柄同号，而其外圆与机床主轴锥孔相同。所以通过中间套的过渡，就可以把铣刀安装在铣床主轴上，如图 2.1-14 所示。

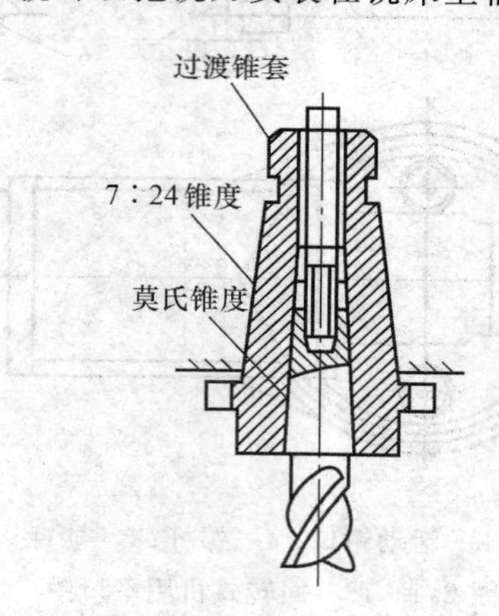

图 2.1-14　锥柄铣刀通过过渡锥套装夹在主轴上

将上述锥柄铣刀的安装步骤进行反向操作，即可把锥柄铣刀拆卸下来，其具体拆卸步骤如下：

(1) 旋松拉杆螺母，用手锤由上往下轻击拉杆，使铣刀或夹套松动。

(2) 用棉纱垫在夹套端面或铣刀上，以防铣刀刀刃划伤手。取下拉杆，拿下铣刀或夹套。

(3) 卸下铣刀。用两块平行垫块垫住夹套端面，用手锤由上往下轻击，使铣刀松动，取下铣刀；或把拉杆旋上(拉杆使铣刀松动)，然后旋松拉杆螺母使其脱离铣刀，取下铣刀。

2) 平口钳在铣床工作台上的安装

平口钳安装在铣床工作台上时需要占据正确的位置，通常以平口钳的固定钳口为基准来校正平口钳在工作台上的准确位置，如图 2.1－15 所示。多数情况下要求固定钳口表面与机床导轨运动方向平行，同时还要求固定钳口的工作面要与工作台面垂直。

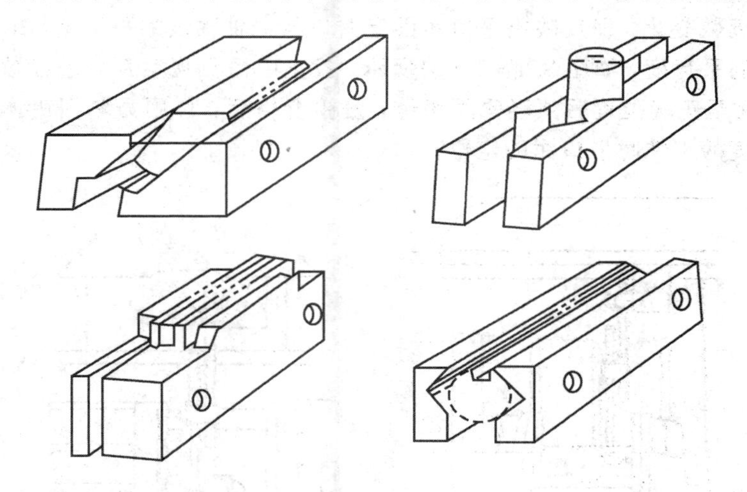

图 2.1－15　机用平口钳不同形式的钳口

常用的找正方法如下：

(1) 用划针校正固定钳口，使其与铣床主轴轴线垂直。

加工较长的工件时，一般采用固定钳口与铣床主轴轴线垂直的安装，此时可用划针校正钳口，如图 2.1－16 所示。将划针夹持在铣刀杆的垫圈间，使划针针尖靠近固定钳口，纵向移动工作台，观察并调正钳口位置，使划针针尖与固定钳口平面间的间隙大小均匀，并在钳口全长范围内间隙一致，此时固定钳口即与铣床主轴轴线垂直。紧固钳体后须再进行复检，以免紧固时平口钳发生位移。用划针校正的方法精度较低，常用于粗校正。

(2) 用直角尺找正，使固定钳口与铣床主轴轴心线平行。

用 90°角尺找正固定钳口的步骤是：将 90°角尺的尺座底面紧靠在床身的垂直导轨面上，移动钳体使固定钳口平面与 90°角尺的外测量面贴合，如图 2.1－17 所示，然后紧固钳体。紧固钳体后须再进行复检，以免紧固时平口钳发生位移。

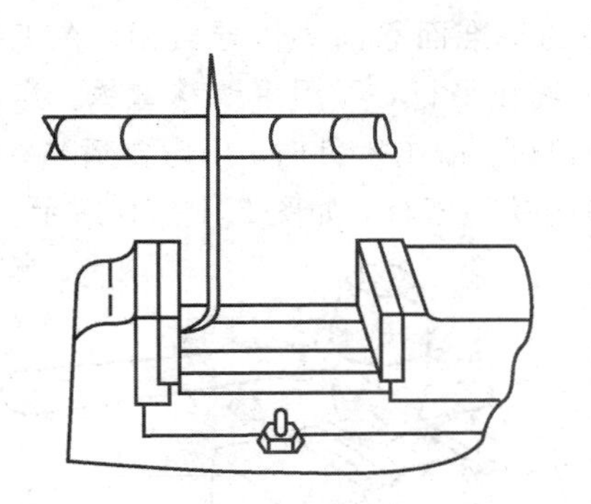

图 2.1－16　用划针找正，使固定钳口与铣床主轴轴线垂直

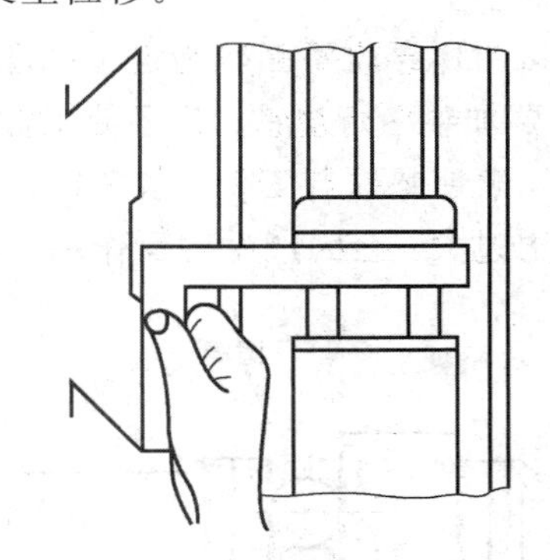

图 2.1－17　用直角尺找正，使固定钳口与铣床主轴轴心线平行

(3) 用百分表找正钳口位置。

将磁力表座吸在铣床横梁导轨面上，使百分表测量触头与固定钳口面接触，并使测量

触头微压缩 1 mm 左右，水平纵向移动工作台，则可测出固定钳口与主轴轴心线的垂直度，用以找正固定钳口与主轴轴心线的垂直度，如图 2.1－18(a)所示；水平横向移动工作台，观察百分表的读数变化，即反映出平口钳固定钳口与主轴轴线的平行度，用以找正固定钳口与主轴轴线的平行度，如图 2.1－18(b)所示。找正中需要观察百分表读数，并调整平口钳位置。平口钳至正确位置后须轻紧固钳体，复检合格后，再用力紧固钳体。此法用于需要加工较高精度的工件时平口钳的定位。

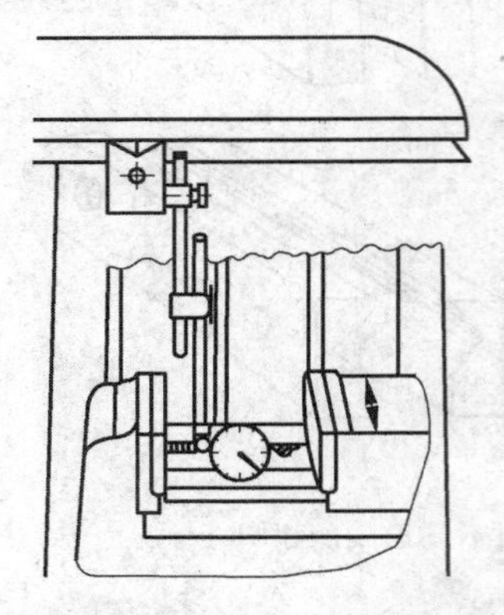

(a) 找正固定钳口与主轴轴心线垂直

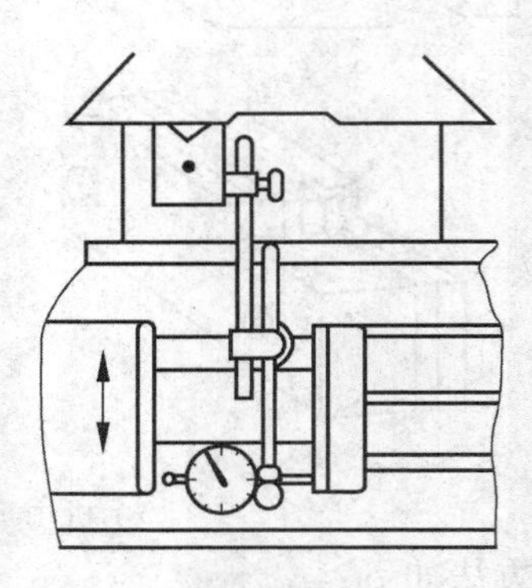

(b) 找正固定钳口与主轴轴心线平行

图 2.1－18　用百分表找正钳口位置

3) 工件在平口钳上的装夹

(1) 选择毛坯件上一个大而平整的毛坯作粗基准，将其靠在固定钳口面上。在钳口与工件之间垫上铜皮，以防钳口损伤。用划线盘校正毛坯上的平面位置，符合要求后夹紧工件。校正时，工件不宜夹得太紧。

(2) 以平口钳的固定钳口面作为定位基准时，将工件的基准面靠向固定钳口面，并在其活动钳口与工件间放置一圆棒。圆棒要与钳口的上表面平行，其位置应在工件被夹持部分高度的中间偏上，通过圆棒夹紧工件，能保证工件基准面与固定钳口面的密合，如图 2.1－19 所示。

(3) 以钳体导轨平面作为定位基准时，将工件的基准面靠向钳体导轨面，在工件与导轨面之间要加垫平行垫铁。为了使工件基准面与导轨面平行，可用手试移垫铁。当垫铁不再松动时，表明垫铁与工件、水平导轨面三者密合较好。敲击工件时，用力要适当，并逐渐减小。用力过大，会因产生的反作用力而影响水平垫铁的密合，如图 2.1－20 所示。

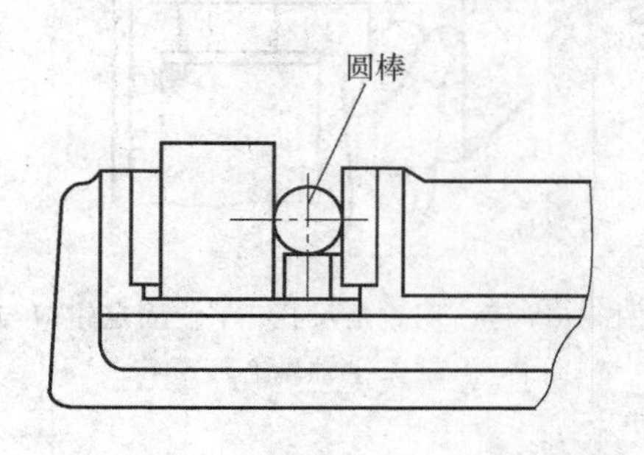

图 2.1－19　用圆棒装夹工件

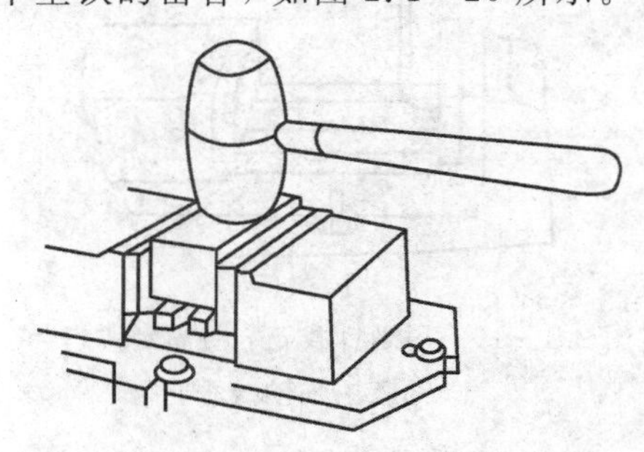

图 2.1－20　用铜锤校正工件

4）用平口钳装夹工件的注意事项

（1）在铣床上安装平口钳时，应擦净钳座底面、铣床工作台台面；装夹工件时，应擦净钳口铁平面、钳体导轨面及工件表面。

（2）为使夹紧可靠，应尽量使工件与钳口工作面的接触面积大些。夹持短于钳口宽度的工件时，应尽量应用中间均等部位。

（3）装夹工件时，工件待铣去的余量层应高出钳口上平面，但不宜高出过多，高出的高度以铣削时铣刀不接触钳口上平面为宜。

（4）用平行垫铁在平口钳上装夹工件时，所选用垫铁的平面度、平行度、相邻表面的垂直度应符合要求，垫铁表面应具有一定的硬度。

（5）装夹较长工件时，可用两台或多台平口钳同时夹紧，以保证夹紧可靠，并防止切削时发生振动。

（6）要根据工件的材料、几何廓型确定适当的夹紧力，不可过小，也不能过大。不允许任意加长平口钳手柄。

（7）在铣削时，应尽量使水平铣削分力的方向指向固定钳口，如图 2.1-21 所示。

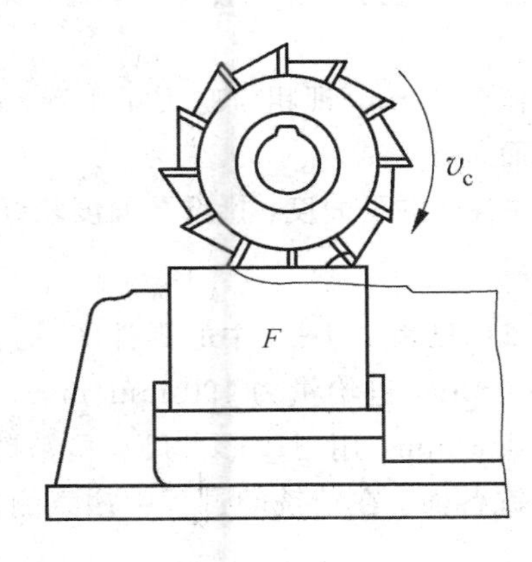

图 2.1-21　水平铣削分力指向

（8）夹持表面光洁的工件时，应在工件与钳口间加垫片，以防划伤工件表面。夹持粗糙毛坯表面时，也应在工件与钳口间加垫片，这样做既可以保护钳口，又能提高工件的装夹刚性。垫片可用铜或铝等软质材料制作，加垫片后不应影响工件的装夹精度。

（9）为提高回转式平口钳的刚性、增加切削稳定性，可将平口钳底座取下，把钳身直接固定在工作台上。

2.1.3　卧式铣床上铣削垫铁零件的具体操作与检验

1. 目测检验坯件

目测检验坯件的形状和表面质量，如各面之间是否基本平行、垂直，表面是否有无法通过铣削加工的凹陷、硬点等。用钢直尺检验坯件的尺寸，并结合各毛坯面的垂直和平行情况，测量最短的尺寸，以检验坯件是否有加工余量。

2. 安装机用平口钳

(1) 安装前，将机用平口钳的底面与工作台面擦干净，若有毛刺、凸起，则应用磨石修磨平整。

(2) 检查平口钳底部的定位键是否紧固，定位键定位面是否同一方向安装。

(3) 将平口钳安装在工作台中间的T形槽内，钳口位置居中。用手拉动平口钳底盘，使定位键向T形槽一侧贴合，并打表检测平口钳使之在图纸要求的范围之内。

(4) 用T形螺栓将机用平口钳压紧在工作台面上。

3. 装夹和找正工件

工件下面加垫长度大于120 mm、宽度小于50 mm的平行垫块，其高度应保证工件加工余量上平面高于钳口。用锤子轻轻敲击工件，并拉动垫块，检查下平面是否与垫块贴合。

4. 安装铣刀

按前述步骤安装铣刀。

5. 对刀、粗铣平面

(1) 启动主轴，调整工作台，使铣刀处于工件上方，对刀时轻轻擦到毛坯表面，然后铣刀退出。

(2) 纵向退刀后，上升工作台3 mm(即粗铣吃刀量1.5 mm)，用逆铣方式粗铣平面1。

(3) 同样，依次铣另外4面。

(4) 用刀口形直尺预检工件各面的平面度，挑选平面度较好的平面作为精铣定位基准。

6. 精铣平面

(1) 用游标卡尺测量尺寸21(见表2.1-1中的零件图)的实际余量。

(2) 调整主轴转速为475 r/min，进给量为190 mm/min。

(3) 精铣平面，吃刀量为0.5 mm，用刀口形直尺预检精铣后表面的平面度。

(4) 按粗铣平面的步骤精铣各面。在精铣的过程中注意测量，在达到尺寸要求的同时，达到平行度要求。

7. 检验工件铣削质量

(1) 卸下工件，用锉刀打毛刺，清除毛边。

(2) 按图中要求检验工件质量：用千分尺测量尺寸21(见表2.1-1中的零件图)精度，用刀口尺测平面度，用百分表测平行度。

2.1.4 铣床的一般故障及其排除

铣床的常见故障分电气故障和机械故障两类，操作者分清这两类故障，可以给迅速排除故障提供方便，并使机床能及时恢复正常工作，现以机械故障排除为例作以下说明。

(1) 进给电动机工作正常，但工作台纵、横、垂直三个方向均无快速移动，产生原因：

① 摩擦片调整太松。

② 电磁铁工作不正常，原因如下：

a. 衔铁工作位置调得太低。

b. 因频繁启动，使调整螺母上的定位开口销折断，造成螺母松动，使衔铁正常工作高度下降。

c. 电磁铁与安装底板或安装底板与升降台上的固定螺钉松动，工作时，衔铁将电磁铁座吸起。

(2) 工作台进给运动不连续，在切削时尤为严重。产生原因是，安全离合器工作不正常。

(3) 开动工作台时进给运动出现快速移动，产生原因如下：

① 因摩擦片磨光，内、外片间间隙变小，呈真空状态，再加上油膜的张力等诸因素的影响，停车后内、外摩擦片粘成一体不易脱开。如果摩擦片的启动静摩擦力矩大于安全离合器调定的扭矩，离合器 M_2 的左半部就会克服弹簧的张力，在钢球上打滑，由摩擦离合器将快速运动输出。这种情况一般出现在工作台下降和纵向移动没有工作负荷时。

② 离合器 M_2 的端面齿磨出圆角，造成结合不良，负荷稍大就会滑出齿槽，推动离合器 M_2 右半部右移，压迫摩擦片，使其处于工作状态，致工作台产生突然的快速移动。

(4) 开动进给时，进给箱内冒烟。产生原因：摩擦片调得太紧；进给箱内润滑不良。

(5) 主轴变速时，变速箱内有很大的撞击声，需往复扳动几次手柄，轮齿才能进入啮合状态。产生的原因是主轴电动机的点动线路接触时间太长。

(6) 铣削时振动大。造成振动大的主要原因，对机床来说，主要是主轴和工作台两个方面：

① 主轴松动，先用百分表检查主轴的径向，用手握住长约 300 mm 的心轴或刀轴端部，用力推和拉，看百分表指针的摆差是否大于 0.03 mm。再用百分表检查主轴端面，用木棍撬主轴，看百分表指针的摆差是否大于 0.02 mm。若超过要求，应请维修工来调整。

② 工作台松动，造成工作台松动的主要原因是导轨处的镶条太松。检查镶条松紧的方法，一般都用摇动丝杠手柄(手轮)的重量来测定。对纵向和横向，用 150 N 左右的力摇动；对升降(向上)，用 200～240 N 的力摇动。比上述所用的力轻，表示镶条太松；所用的力大，则表示镶条太紧。另外，由于丝杠螺母之间的配合不好或受其他传动机构的影响(尤其升降系统)，虽然在摇手柄时不感到轻，但镶条可能已太松。此时可用塞尺来辅助测定，一般以小能用 0.04 mm 的塞尺塞进为合适，调整方法是拧动螺杆调节。

(7) 工作台快速进给脱不开。在操作过程中，为了节约时间，一般都用快速退回，或快速移动较大的空进给。在做快速进给后，接着开动慢速进给，有时会遇到仍旧出现快速进给的情况，这是很危险的。其主要原因是电磁铁的剩磁太大，或者是慢速复位的弹簧力不够。出现这种情况必须请电工和机修工立即修理和调整。

(8) 主轴制动不良。拉按“停止”按钮时，主轴不能立即停止或产生反转现象。其主要原因是主轴制动系统调整得不好或失灵。应及时请电工修理调整。

(9) 变速齿轮不易啮合。在调整转速或进给量时，若出现手柄扳不动或推不进，这是由于微动开关失灵造成的。若在扳动手炳的过程中发现齿轮有严重打击声，则是由于微动开关接触时间太长的缘故，应请电工修理。

(10) 纵、横向进给有带动现象。在开动横向和垂直进给时有带动纵向移动现象，或在开动纵向进给时有带动横向移动的现象，这是由于纵向或横向离合器未完全脱开，应请机修工进行调整。

(11) 纵向工作台反向空程量大。其主要原因是工作台纵向丝杠与螺母之间的轴向间隙太大，或者是丝杠两端轴承的间隙太大。此时应按要求进行调整。

(12) 进给系统安全离合器失灵。工作台在进给过程中，若超载或遇到意外过大阻力时，进给运动不能自动停止，这是钢球安全离合器的扭矩调节得太大的缘故。应请机修工重新调整。

2.1.5 铣床的日常维护保养、安全操作规程与文明生产

1. 铣床的日常维护保养

1）铣床的日常维护保养要求

（1）严格遵守操作规程。

（2）熟悉机床性能和使用范围，不超负荷工作。

（3）若发现机床有异常现象，应立即停机检查。

（4）工作台、导轨面上不准乱放工具、工件或杂物，毛坯工件直接装夹在工作台上时应用垫片。

（5）工作前应先检查各手柄是否处在规定位置，然后开空车数分钟，观察机床是否正常运转。

（6）工作完毕，应将机床擦拭干净，并注润滑油。做到每天一小擦，每周一大擦，定期一级保养。

2）铣床的保养作业内容

（1）清洗、调整工作台、丝杠手柄及柱上镶条。

（2）检查、调整离合器。

（3）清洗三向导轨及油毛毡，清洁电动机、机床内外部及附件。

（4）检查油路，加注各部润滑油。

（5）紧固各部螺丝。

3）铣床的润滑

定期对铣床润滑是保养铣床的重要工作，X6132A 型万能铣床上各注油润滑点位置如图 2.1－22 所示，必须定期注润滑油，润滑周期如表 2.1－4 所示。注油工具一般使用手捏式油壶。润滑油的油质应清洁无杂质，一般使用 L—AN32 全损耗系统用油。

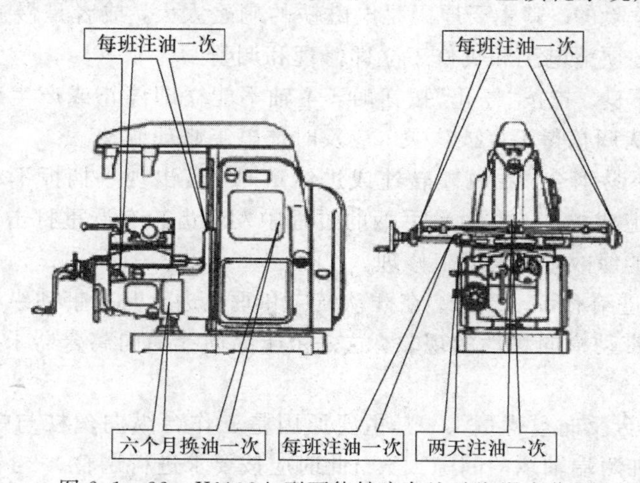

图 2.1－22 X6132A 型万能铣床各注油润滑点位置

表 2.1－4　铣床的润滑周期

序号	注油周期	注油润滑位置
1	每班注油一次	① 垂向导轨处油孔是弹子油杯，注油时，将油壶嘴压入弹子后注入。 ② 纵向工作台两端油孔，各有一个弹子油杯，注油方法同垂向导轨油孔。 ③ 横向丝杠处，用油壶直接注射于丝杠表面，并摇动横向工作台，使整个丝杠都注到油。 ④ 导轨滑动表面，工作前、后擦净表面后注油。 ⑤ 手动油泵在纵向工作台左下方，注油时，开动纵向机动进给，使工作台往复移动的同时，拉(或压)动手动油泵(每班润滑工作台 3 次，每次拉 8 回)，使润滑油流至纵向工作台的运动部位
2	两天注油一次	① 手动油泵油池在横向工作台左上方，注油时，旋开油池盖，注入润滑油至油标线齐。 ② 挂架上油池在挂架轴承处，注油方法同手动油泵油池
3	六个月换油一次	① 主轴传动箱油池，为了保证油质，六个月调换一次，一般由机修人员负责。 ② 进给传动箱油池，换油情况同主轴传动箱油池
4	油量观察点	① 带油标的油池共有 4 个，即主轴传动箱、进给传动箱、手动油泵和挂架上油池。要经常注意油池内的油量，当油量低于标线时，应及时补足。 ② 观察油窗有两个，即主轴传动箱和进给传动箱。启动机床后，观察油窗是否有油流动，若没有应及时处理

2. 铣床的安全操作规程与文明生产

1）安全操作规程

操作任何机械，发生事故都是很可能的事，操作铣床也不例外。为了保证工作中的安全，就必须对安全问题随时随地加以重视。有关操作安全方面的注意事项如下：

(1) 按规定使用防护用品，所穿戴工作服的袖口要扎好，女生戴好工作帽，将头发辫子盘好塞入帽内，防止衣角、袖口、发辫卷入旋转的机件中去。

(2) 操作时不准戴手套。

(3) 铣削中，切不可用手触摸旋转中的刀具和工件，否则容易切伤手指。清理切屑时要使用工具清理，不可用手直接清理。

(4) 铣削中，禁止用棉丝擦拭工件或旋转中的铣刀、杆等运动部件。测量工件时要停车，切忌在切削中测量工件尺寸。

(5) 高速铣削时，操作者要戴好防护眼镜。

(6) 刀、夹、量具要放稳放好，防止落下伤人。工件要夹持得牢固可靠，避免切削中工件松脱而发生事故。

(7) 铣床上的防护罩等防护装置不可随意拆卸，防止传动带、齿轮等露在外面而发生伤害事故。

(8) 不要随意拆卸和改装铣床电气设备和线路，以免发生触电事故。

(9) 工作中若发现机床部件、电气设备有故障，应及时申报，未经修复不得使用。

2) 文明生产要求

(1) 机床应做到每天一次小清洁，每周一次大清洁，按时一级保养，保持机床整齐清洁。

(2) 操作者对周围场地应保持整洁，地上无油污、积水、积油。

(3) 操作时，工具与量具应分类整齐地安放在工具架上，不要随便乱放在工作台上或与切屑等混在一起。

(4) 高速铣削或冲注切削液时，应加放挡板，以防切屑飞出及切削液外溢。

(5) 工件加工完毕，应安放整齐，不乱丢乱放，以免碰伤工件表面。

(6) 保持图样或工艺工件的清洁完整。

2.1.6 相关知识链接

1. X6132A 型卧式万能升降台铣床主轴部件

X6132A 型卧式万能升降台铣床的主轴部件结构如图 2.1-23 所示，其基本形状为阶梯形空心轴，前端直径大于后端直径，从而使主轴 1 前端具有较大的变形抗力。主轴 1 前端的 7：24 精密锥孔 7 用于安装铣刀刀杆，使其能准确定心，保证刀杆有较高的旋转精度。主轴中心孔穿入拉杆，拉紧并锁定刀杆或刀具，使它们定位可靠。端面键 8 用于连接主轴和刀杆，并传递转矩。

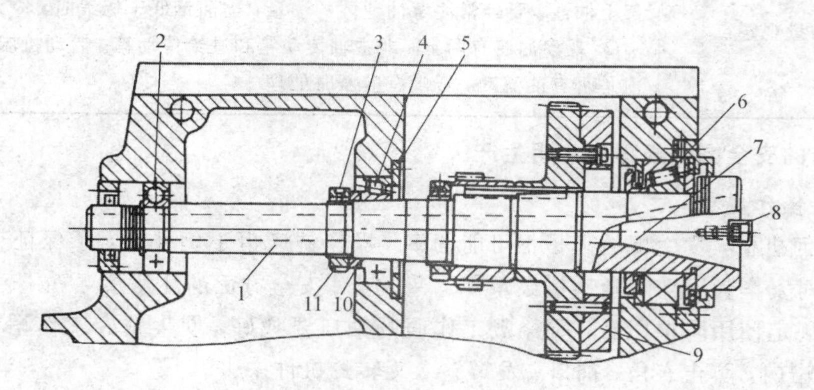

1—主轴；2—后支承；3—锁紧螺钉；4—中间支承；5—轴承盖；6—前支承；
7—主轴前锥孔；8—端面键；9—飞轮；10—隔套；11—螺母

图 2.1-23　X6132 型卧式万能升降台铣床的主轴部件结构

由于铣床采用多齿刀具，会引起铣削力周期性变化，从而使切削过程产生振动，这就要求主轴部件具有较高的刚度和抗振性，因此主轴采用三支承结构。前支承 6 和中间支承 4 分别采用 P5 级和 P6 级的圆锥滚子轴承，分别承受向左、向右的进给力和背向力，并保证主轴的回转精度。后支承 2 为单列深沟球轴承，只承受背向力。调整轴承间隙时，先将悬梁移开，并拆下床身盖板，露出主轴部件，然后拧松中间支承 4 左侧螺母 11 上的锁紧螺钉 3，用专用勾头扳手勾住螺母 11，再用一短铁棍通过主轴前端的端面键 8 扳动主轴 1 顺时针旋转，使中间支承 4 的内圈向右移动，从而使中间支承 4 的间隙得以消除。如继续转动主轴 1，使其向左移动，并通过轴肩带动前支承 6 的内圈左移，则可消除前支承 6 的间隙。

2. X6132A 型卧式万能升降台铣床工作台结构

X6132A 型卧式万能升降台铣床工作台结构如图 2.1-24 所示，其主要由工作台 6、床鞍 1 和回转盘 2 等组成。床鞍 1 与升降台用矩形导轨相配合（图 2.1-24 中未画出），使工作台在升降台导轨上横向移动。工作台不做横向移动时，可通过手柄 13 经偏心轴 12 的作用将床鞍夹紧在升降台上。工作台 6 可沿回转盘 2 上的燕尾形导轨做纵向移动。工作台 6 连同回转盘 2 一起可绕锥齿轮的轴线 XVIII 回转 ±45°，并利用螺栓 14 和两块弧形压板 11 固定在床鞍 1 上。纵向进给丝杠 3 的一端通过滑动轴承支承在前支架 5 上，另一端通过圆锥滚子轴承和推力球轴承支承在后支架 9 上。轴承的间隙可通过螺母 10 进行调整。回转盘 2 的左端安装有双螺母结构，右端装有带端面齿的空套锥齿轮。离合器 M_5 用花键与花键套筒 8 相连，而花键套筒 8 又通过滑键 7 与铣有长键槽的进给丝杠相连。因此，当 M_5 左移与空套锥齿轮的端面齿啮合时，轴 XVIII 的运动就可由锥齿轮副、离合器 M_5、花键套筒 8、滑键 7 传至进给丝杠，使其转动。由于双螺母既不能转动也不能轴向移动，所以丝杠在旋转时，同时做轴向移动，从而带动工作台 6 纵向进给。纵向进给丝杠 3 的左端空套有手轮 4，将手轮向前推进，压缩弹簧，使端面齿离合器啮合，便可手摇工作台纵向移动。纵向进给丝杠 3 的右端有带键槽的轴头，可以安装交换齿轮，用于与分度头连接。齿条 5 在压弹簧 6 的作用下右移，使冠状齿轮 4 按箭头方向旋转，并通过左螺母 1 和右螺母 2 外圆的齿轮使两者做相反方向转动（如图 2.1-25 中箭头所示），从而使左螺母 1 的螺纹左侧与丝杠螺纹右侧靠紧，右螺母 2 的螺纹右侧与丝杠螺纹左侧靠紧。顺铣时，丝杠 3 的进给力由左螺母 1 承受，由于丝杠 3 与左螺母 1 之间摩擦力 f 的作用，使左螺母 1 有随丝杠 3 转动的趋势，并通过冠状齿轮 4 使右螺母 2 产生与丝杠 3 反向旋转的趋势，从而消除了右螺母 2 与丝杠 3 间的间隙，不会产生轴向窜动；逆铣时，丝杠 3 的进给力由右螺母 2 承受，两者之间产生较大的摩擦力，因而使右螺母 2 有随丝杠 3 一起转动的趋势，从而通过冠状齿轮 4 使左螺母 1 产生与丝杠 3 反向旋转的趋势，使左螺母 1 螺纹左侧与丝杠螺纹右侧脱开，减少丝杠的磨损。

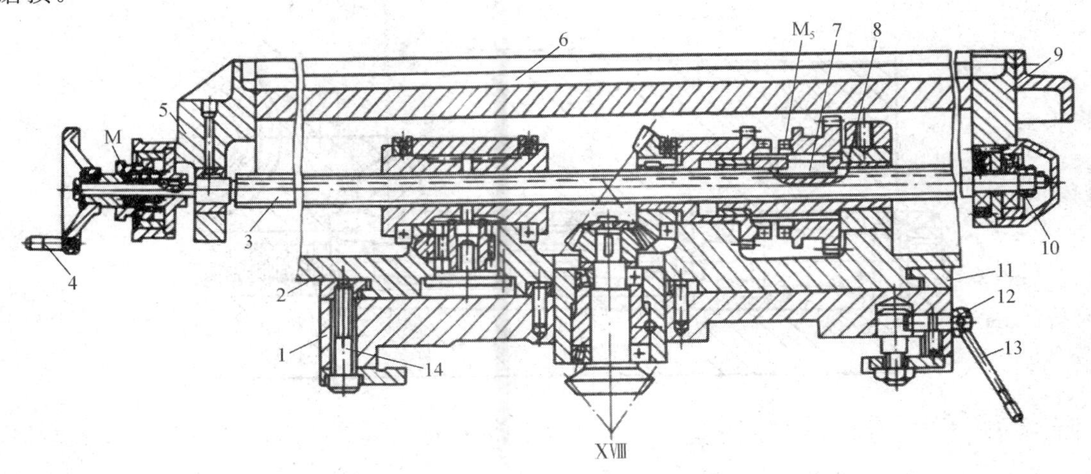

1—床鞍；2—回转盘；3—纵向进给丝杠；4—手轮；5—前支架；6—工作台；7—滑键；8—花键套筒；9—后支架；10—螺母；11—压板；12—偏心轴；13—手柄；14—螺栓

图 2.1-24　X6132A 型卧式万能升降台铣床工作台结构

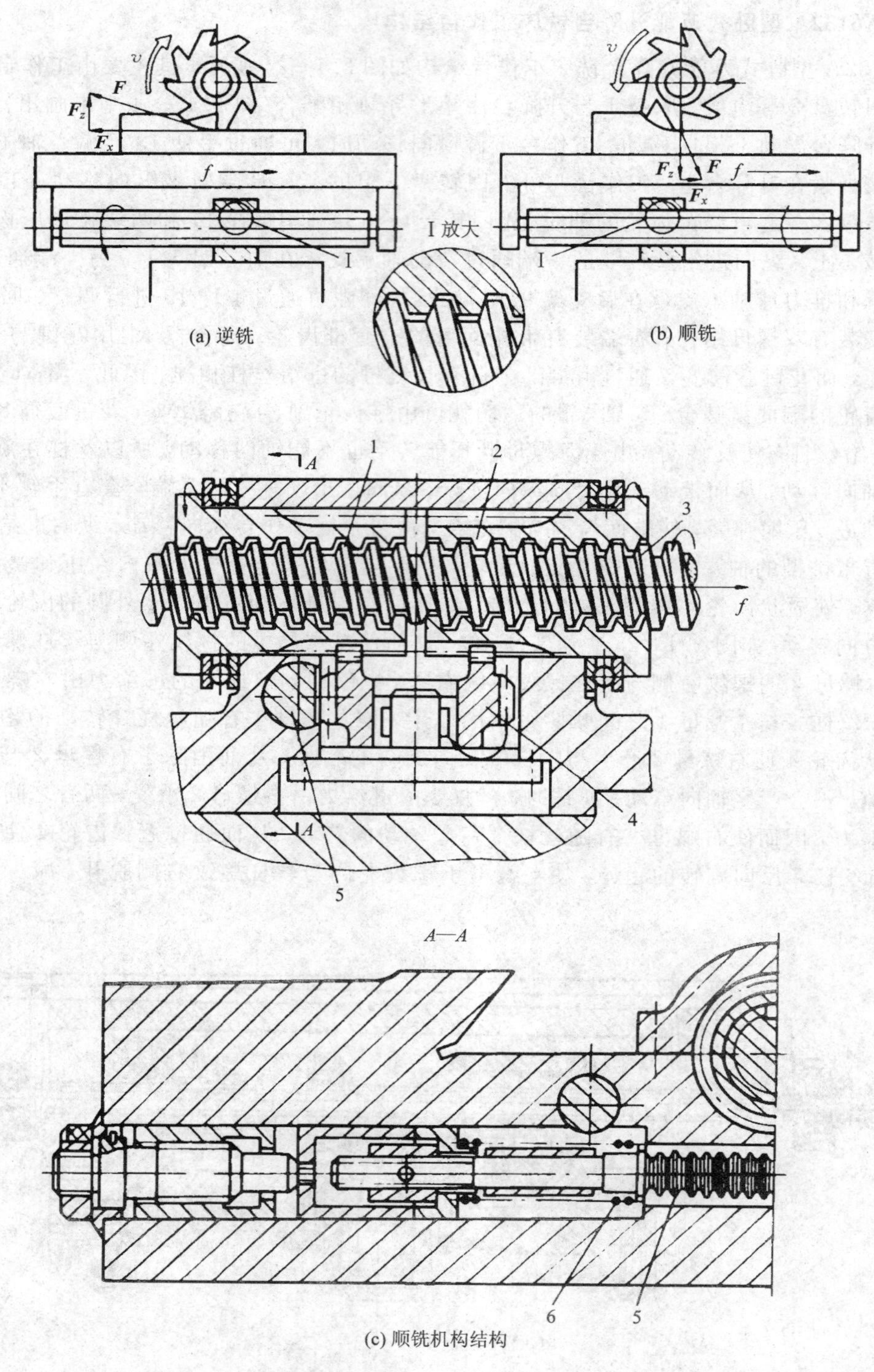

1—左螺母；2—右螺母；3—丝杠；4—冠状齿轮；5—齿条；6—压弹簧；

F—切削力；F_x—切削力的水平分力；F_z—切削力的垂直分力；v—铣刀线速度；f—摩擦力

图 2.1-25　X6132A 型万能卧式升降台铣床的顺铣机构工作原理

3. 工作台的纵向进给操纵机构

X6132A 型卧式万能升降台铣床工作台纵向进给操纵机构如图 2.1－26 所示，由手柄 23 来控制，在接通或断开离合器 M_5 的同时，压动微动开关 S_1 或 S_2，使进给电动机正转或反转，实现工作台向右或向左的纵向进给运动。

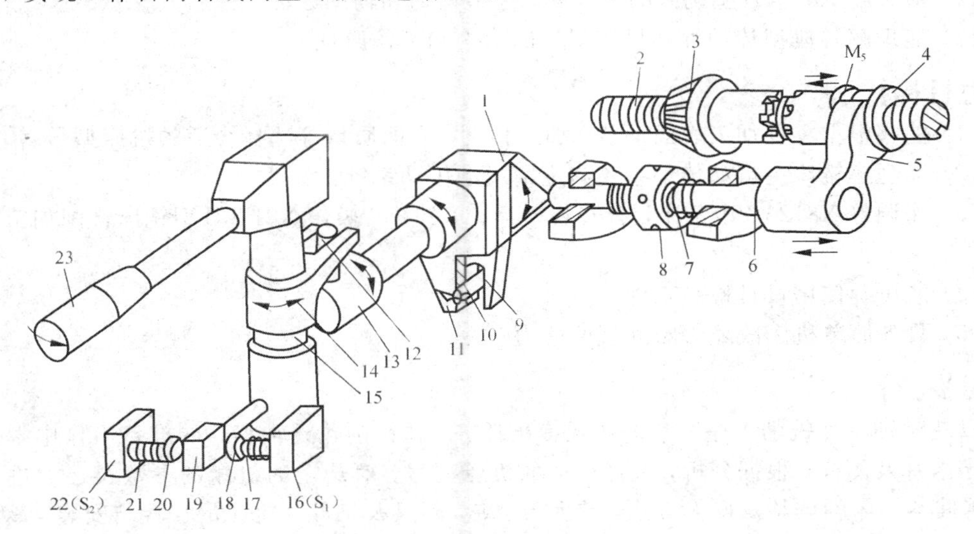

1—凸块；2—纵向丝杠；3—空套锥齿轮；4—离合器 M_5 右半部；5—拨叉；6—拨叉轴；7，17，21—弹簧；8—调整螺母；9，14—叉子；10，12—销子；11—摆块；13—套筒；15—垂直轴；16—微动开关 S_1；18，20—可调螺钉；19—压块；22—微动开关 S_2；23—手柄

图 2.1－26　工作台纵向进给操纵机构简图

当手柄 23 在中间位置时，凸块 1 顶住拨叉轴 6，使其右移，弹簧 7 受压，离合器 M_5 无法啮合，从而使进给运动断开。此时，手柄 23 下部的压块 19 也处于中间位置，使控制进给电动机正转或反转的微动开关 16(S_1)及微动开关 22(S_2)均处于放松状态，从而使进给电动机停止转动。把手柄 23 向右扳动时，压块 19 也向右摆动，压动微动开关 16，使进给电动机正转。同时，手柄中部叉子 14 逆时针转动，并通过销子 12 带动套筒 13、摆块 11 及固定在摆块 11 上的凸块 1 逆时针转动，使其突出点离开拨叉轴 6，从而使拨叉轴 6 及拨叉 5 在弹簧 7 的作用下左移，并使端面齿离合器 M_5 右半部 4 左移，与左半部啮合，接通工作台向右的纵向进给运动。把手柄 23 向左扳动时，压块 19 也向左摆动，压动微动开关 22，使进给电动机反转。此时，凸块 1 顺时针转动，同样不能顶住拨叉轴 6，离合器 M_5 的左、右半部同样可以啮合，接通工作台向左的纵向进给运动。机床侧面另有一个手柄，可通过杠杆及销子 10 拨动凸块 1 下部的叉子 9，从而使凸块 1 及压块 19 摆动，进而控制纵向进给运动。

任务 2.2　花键轴零件铣削加工设备的使用

【任务描述】

按花键轴零件铣削加工工序卡片完成花键轴零件的铣削加工过程。

【任务要求】

读懂工序卡片，选择合适的机床型号，完成刀具、工件和夹具与机床的安装，调整操作机床，完成花键轴零件的铣削加工过程。

【知识目标】

（1）能读懂工序卡片中有关刀、量、附、夹具的内容。

（2）能理解 X8126B 型铣床的主运动、进给运动和辅助运动。

（3）能理解各典型传动件和机床附件的结构和工作原理。

【能力目标】

（1）能够根据零件加工表面形状、加工精度、表面质量等选择合适的机床型号。

（2）能理解铣床主运动传动系统和进给运动传动系统。

（3）能调整 X8126B 型铣床，会安装刀具、工件，并操作 X8126B 型铣床铣削加工花键轴零件。

（4）能正确使用量具检验工件。

（5）具备简单机床故障诊断处理的能力。

【学习步骤】

以花键轴零件铣削工序卡片的形式提出任务，在铣削花键轴零件的准备工作中学会分析工序卡片及图样，根据分析，选择合适的机床型号，对选定的机床的参数及运动进行分析，掌握本机床的调整及操作方法，掌握刀、夹、附具及工件与机床的连接与安装，最后完成零件的加工操作及检验。

2.2.1 花键轴零件铣削加工工序卡片

花键轴零件铣削加工工序卡片如表 2.2－1 所示。

表 2.2－1 花键轴零件铣削加工工序卡片

××××学院	机械加工工序卡片	产品型号		零件图号			
		产品名称		零件名称	花键轴	共 页	第 页

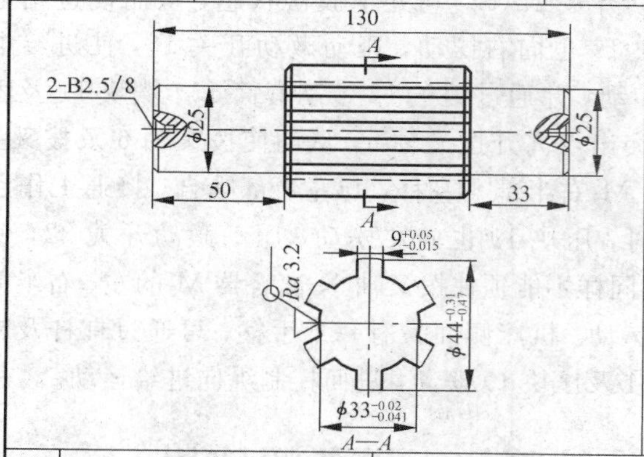

130; 2-B2.5/8; A; φ25; φ25; 50; 33; A; $9^{+0.05}_{-0.015}$; Ra 3.2; $\phi 44^{-0.31}_{-0.47}$; $\phi 33^{-0.02}_{-0.041}$; A—A

车间	工序号	工序名称	材料牌号
机加	006	铣花键轴	45
毛坯种类	毛坯外形尺寸	每毛坯可制件数	每台件数
圆棒料	φ45×190	1	1
设备名称	设备型号	设备编号	同时加工件数
万能工具铣床	X8126B		1
夹具编号	夹具名称	切削液	
	FW250型万能分度头、三爪卡盘、顶尖	水溶液	
工位器具编号	工位器具名称	工序工时（分）	
		准终	单件

工步号	工步内容	工艺装备	主轴转速 r/min	切削速度 m/min	进给量 mm/min	切削深度 mm	进给次数	工步工时 机动	工步工时 辅助
1	装夹	FW250型万能分度头、三爪卡盘、顶尖							
2	粗铣六键槽左侧面	φ80×8×27三面刃铣刀、卡尺	118	30	95	4.8			
3	粗铣六键槽右侧面	φ80×8×27三面刃铣刀、卡尺	118	30	95	4.8			
4	精铣六键槽侧面及底面	成形凹圆弧槽铣刀	118	30	49	0.2			

设计（日期）	校对（日期）	审核（日期）	标准化（日期）	会签（日期）

2.2.2 铣削花键轴零件的准备工作

1. 分析图样

该花键轴的外径为 ϕ40 mm，内径为 ϕ30 mm，精度为IT7级；花键的高为5 mm，宽为8 mm，精度为IT7级；花键长120 mm，轴的两端各有直径 ϕ5 mm、长30 mm的轴头，铣削前应加工到 ϕ25 mm和 ϕ40 mm的圆，由车削完成。

该工件是一根外径定心的轴，花键为矩形。在铣床上铣花键，有单刀铣削、组合铣刀铣削及成型铣刀铣削三种方法。

2. 机床型号及附件型号的选取

机床型号及附件型号的选取参见项目二任务2.1机床型号及附件型号的选取。

因工件尺寸外径为 ϕ40 mm，长为120 mm，故选择X8126B型万能工具铣床，铣床附件选取FW250万能分度头及其配用顶尖。

3. 铣削加工机床的调整与操作

1）X8126B型万能工具铣床的技术参数

X8126B型万能工具铣床的技术参数如表2.2-2所示。

表2.2-2 X8126B型万能工具铣床的技术参数

项目	项 目 名 称	机 床 参 数
水平工作台	工作台面积/mm^2	280×700
	工作台纵向移动量/mm	350
	工作台升降移动量/mm	350
	工作台进给量种数	8种
	工作台纵向和升降进给速度范围/(mm/min)	25～285
	工作台纵向和升降快速移动/(mm/min)	1000
水平主轴	主轴锥孔	莫氏锥度4号
	主轴体横向移动量/mm	200
	刻度盘每转移动量/mm	1.5
	主轴转速种数	8种
	主轴转速范围/(r/min)	110～1230
垂直主轴	主轴锥孔	莫氏锥度4号
	主轴垂直向移动量(手动)/mm	80
	刻度盘每格移动量/mm	0.5
	主轴体回转角度/(°)	±45
	主轴转速种数	8种
	主轴转速范围/(r/min)	150～1660
主电机	功率/kW	3
	转速/(r/min)	1430
其他	机床外形(包括行程在内)/mm	1450×1445×1650
	机床净重/kg	约1150

2）X8126B 型万能工具铣床的操作

机床开车前应充分润滑，用手操作各移动部件，运动应轻松自如，各操作手柄应灵活可靠，然后启动机床，使主轴在最低转速下运转，并观察润滑油泵的工作情况，若来油不正常，应停车检查润滑油泵系统。

为使所有轴承得以良好的运转，最初应使机床适当的空载运转，从最低速起逐级试车，每级运转时间一般不小于 2 分钟，最高转速时间一般不少于 30 分钟，变速前必须停车。

空载试运转时，应检查进给机构的工作情况以及行程限位挡块的可靠性，此时，必须注意移动部件是否在极限位置被卡住或与其他部分碰撞。

各操作件的位置分布如图 2.2-1 所示，各编号的名称、功用及操作的注意事项如表 2.2-3 所示。

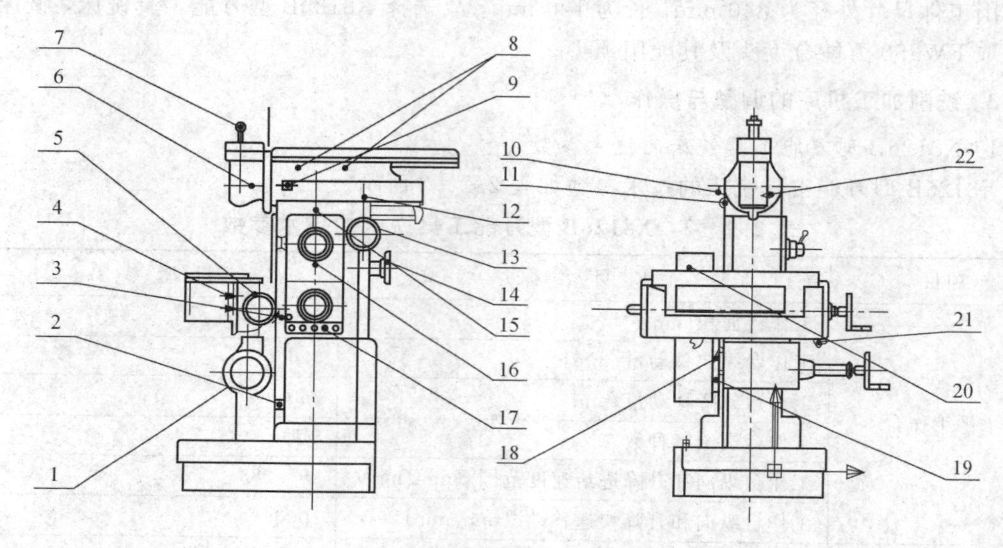

图 2.2-1　X8126B 型万能工具铣床操纵件图

表 2.2-3　X8126B 型万能工具铣床操纵明细表

编号	名称	功　用	操作的注意事项
1	手轮	手操作使工作台升降移动	操作时应使自动手柄 3 在空挡上
2	挡块	使工作台自动升降时自行停止	根据需要调整后紧固之
3	手柄	操作工作台纵向或升降自动进给	可在开车后操作之
4	螺钉	使水平工作台固定在垂直工件上	拆装时不得碰伤工作台台面
5	手轮	手操作使工作台纵向移动	操作时应使自动手柄 3 在空挡上
6	手柄	手操作时使垂直主轴做轴向移动	操作时应松开刹紧螺钉 22
7	螺母	紧固刀具拉杆	安装完刀具后拧紧螺母，紧固刀具
8	螺钉	刹紧水平主轴的上梁	两个螺钉的压紧力应均匀一致
9	螺钉	将垂直主轴体固紧在水平主轴体上	装拆时不得碰伤主轴体结合面

续表

编号	名称	功　　用	操作的注意事项
10	手柄	刹紧水平主轴体	刹紧时应使自动手柄12在中间位置
11	挡块	使水平主轴体自动进给时自行停止	根据需要调整后紧固之
12	手柄	操作水平主轴体横向自动进给	可以在开车后操作之
13	手轮	手操作使水平主轴体横向移动	操作时应使自动手柄12在中间位置
14	手轮	手操作旋转主轴	操作不得开车
15	手柄	手操作变换主轴转速	变速前必须停车
16	手柄	手操作变换进给量	应空挡变换进给量
17	按钮站	启动，停止，快速，照明，冷却	启动前各自动手柄必须在空挡上
18	手柄	刹紧工作台	刹车后不得自动纵向进给
19	手柄	刹紧升降台	刹紧后不得自动升降进给
20	开关	机床电器总开关	打开此开关电源指示灯泡
21	挡块	使工作台纵向进给自动停止	根据需要调整后紧固之
22	螺钉	刹紧垂直主轴的轴向移动	刹紧后不得移动垂直主轴

注：当机床开动以及各移动部件自动进给时，应注意1、5、13、14等操作件的旋转，以免发生意外事故。

3）铣床附件的调整与操作

（1）万能分度头的用途及其传动系统。

万能分度头是升降台铣床所配备的重要附件之一，用来扩大机床的工艺范围。分度头安装在铣床工作台上，被加工工件支承在分度头主轴顶尖与尾座顶尖之间或安装于分度头主轴前端的卡盘上。

利用分度头可进行以下工作：

① 使工件绕分度头主轴轴线回转一定角度，以完成等分或不等分的分度工作。如用于加工方头、六角头、花键、齿轮以及多齿刀具等。

② 通过分度头使工件的旋转与工作台丝杠的纵向进给保持一定的运动关系，以加工螺旋槽、交错轴斜齿轮及阿基米德螺旋线凸轮等。

③ 用卡盘夹持工件，使工件轴线相对于铣床工作台倾斜一定角度，以加工与工件轴线相交成一定角度的平面、沟槽及直齿锥齿轮等。

（2）万能分度头的结构与附件。

① FW250型万能分度头的结构。

FW250型万能分度头的结构如图2.2-2所示，图中所涉及的零件及其用途如下：

a. 分度盘紧固螺钉。分度盘的左侧有一紧固螺钉，用于在一般工作情况下固定分度盘；松开紧固螺钉，可使分度手柄随分度盘一起做微量的转动调整，或完成差动分度、螺旋面加工等。

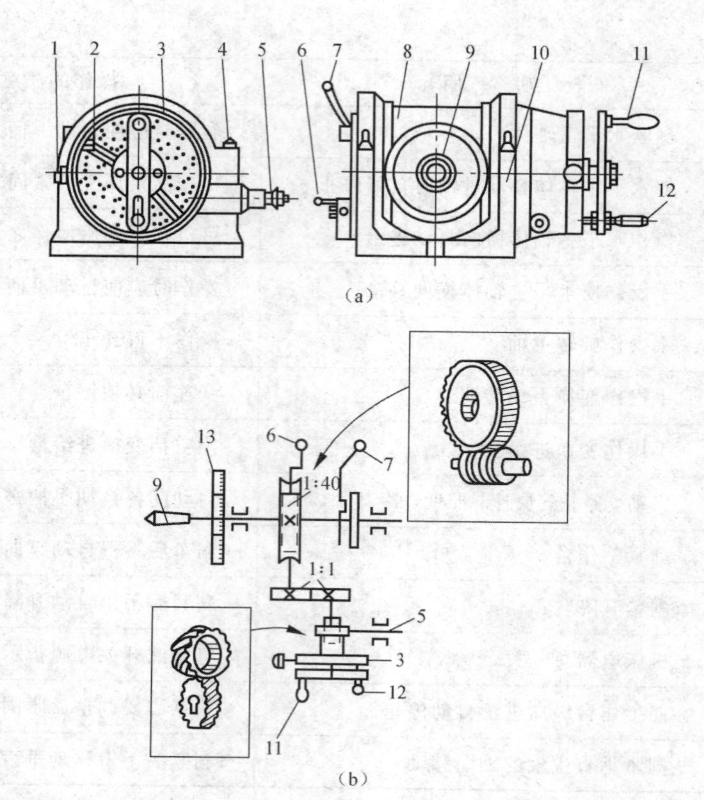

1—分度盘紧固螺钉；2—分度叉；3—分度盘；4—螺母；5—侧轴；6—蜗杆脱落手柄；
7—主轴锁紧手柄；8—回转体；9—主轴；10—基座；11—分度手柄；12—分度定位销；13—刻度盘

图 2.2-2　FW250 型万能分度头

b. 分度叉。分度叉又称扇形股，由两个叉角组成。其开合角度的大小，按分度手柄所需转过的孔距数予以调整并固定。分度叉的功用是防止分度差错和方便分度。

c. 分度盘。分度盘又称孔盘，套装在分度手柄轴上，盘上(正、反面)有若干圈在圆周上均布的定位孔，作为各种分度计算和实施分度的依据。分度盘配合分度手柄完成不是整转数的分度工作。不同型号的分度头都配有 1 块或 2 块分度盘。FW250 型万能分度头备有两块分度盘，供分度时选用，每块分度盘前后两面皆有孔，正面 6 圈孔，反面 5 圈孔。第一块正面每圈孔数为 24、25、28、30、34、37；反面每圈孔数为 38、39、41、42、43；第二块正面每圈孔数为 46、47、49、51、53、54；反面每圈孔数为 57、58、59、62、66。

d. 螺母。该螺母是固定连接上壳和基座螺栓的紧固螺母。

e. 侧轴。侧轴用于与分度头主轴间安装交换齿轮进行差动分度，或用于与铣床工作台纵向丝杠间安装交换齿轮进行直线移距分度来铣削螺旋面等。

f. 蜗杆脱落手柄。蜗杆脱落手柄用于脱开蜗杆与蜗轮的啮合。

g. 主轴锁紧手柄。主轴锁紧手柄通常用于在分度后锁紧主轴，使铣削力不致直接作用在分度头的蜗杆、蜗轮上，以减小铣削时的振动，保持分度头的分度精确。

h. 回转体。回转体是安装分度头主轴的壳体形零件。主轴随回转体可沿基座的环形导轨转动，使主轴轴线在以水平为基准的$-60°\sim+90°$范围内做不同仰角的调整。调整时，应先松开基座上靠近主轴后端面的两个螺母，调整后再予以紧固。

i. 主轴。分度头的主轴是一空心轴，FW250 型分度头主轴前后两端均为莫氏 4 号锥孔，前锥孔用来安装顶尖或锥度心轴，后锥孔用来安装挂轮轴，挂轮轴用于安装交换齿轮。主轴前端的外部有一段定位体(短圆锥)，用来安装三爪自定心卡盘的法兰盘。

j. 基座。基座是分度头的本体，分度头的大部分零件均装在基座上。基座底面槽内装有两块定位键，可与铣床工作台台面上的中央 T 形槽相配合，以精确定位。

k. 分度手柄。分度用，摇动分度手柄，主轴按一定传动比回转。

l. 分度定位销。分度定位销在分度手柄的曲柄的一端，可沿曲柄做径向移动，调整到所选孔数的孔圈圆周，与分度叉配合准确分度。

② FW250 型万能分度头的附件。

a. 三爪自定心卡盘。三爪自定心卡盘安装在分度头主轴上，用于夹持工件，如图 2.2 - 3 所示。

b. 分度叉。分度叉如图 2.2 - 4 所示。分度头分度时，为了避免每分度一次都要数一次孔数，分度盘上附设一对分度叉，利用分度叉计孔数。松开分度叉紧固螺钉可以调整分度叉两叉之间的夹角。分度叉两叉的夹角之间的实际孔数，应比所需要摇的孔数多一个孔，因为第一孔是作起始点而不计数的。图 2.2 - 4 所示为每次分度摇 5 个孔距的情况。分度叉受到弹簧的压力，可以紧贴在分度盘上而不移动。在第二次摇动分度手柄前，需拨出定位销才能转动分度手柄，并使定位销落入紧靠分度叉叉角 2 一侧的孔内，然后将分度叉叉角 1 一侧拨到紧靠定位销即可。

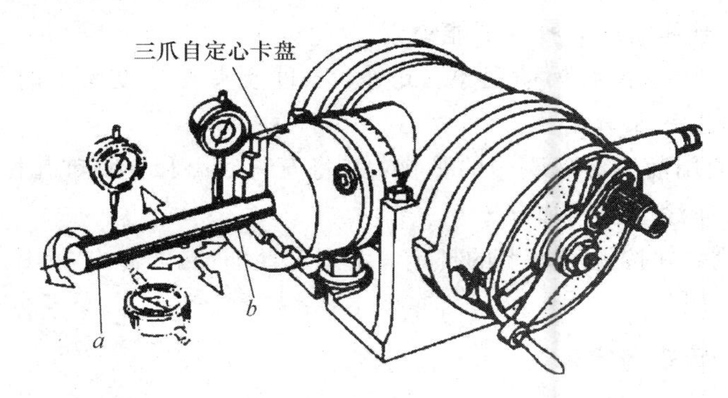

图 2.2 - 3　三爪自定心卡盘夹持圆棒校正

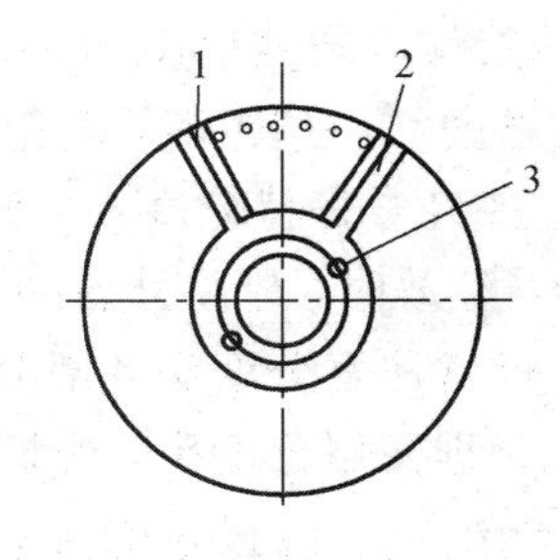

1，2—叉角；3—紧固螺钉

图 2.2 - 4　分度叉

c. 前顶尖。前项尖用来支承和装夹较长的工件。使用时卸下三爪自定心卡盘，将前顶尖插入分度头主轴锥孔中，前顶尖使工件和分度轴一起转动。

d. 千斤顶。为了使长轴在加工时不发生弯曲，在工件下面可以支撑千斤顶来增加工件的刚度。千斤顶有螺杆和螺母装置，可以调整一定的高度以适应工件的大小。

e. 交换齿轮。用于分度头上的交换齿轮一般都是成套的，常用的一套其齿数有 25、30、35、40、45、50、55、60、70、80、90、100。

f. 尾架。尾架和分度头合起来使用，一般用来支承较长的工件。在尾架上有一后顶尖，与分度头卡盘或前顶尖一起支撑工件。转动尾架手轮，后顶尖可以进退，以装夹工件。后项尖连同其架体可以倾斜一个不大的角度，由侧面紧固螺母固定在所需要的位置上。顶尖的高低也可以调整。尾架底座下有两个定位键块，用来保持后顶尖轴线与纵向进给方向一致，并与分度头轴线在同一直线上。

③ 分度头的使用与维护。

分度头是铣床的精密附件。正确地使用及日常维护保养，能发挥其效能并延长分度头的使用寿命，保持精度，因此在使用和维护保养时必须注意以下几点：

a. 分度头蜗杆和蜗轮的啮合间隙应保持为 0.02～0.04 mm，过小容易使蜗轮磨损，过大则工件的分度精度因切削力等因素而受到影响。一般通过偏心套及调整螺母来调整蜗杆和蜗轮的啮合间隙。

b. 分度头是铣床的精密附件，使用中严禁用锤子等物品敲打。在搬运时，也应避免碰撞而损坏分度头主轴两端的锥孔和安装底面。调整分度头主轴角时，应先松开基座主轴后部的螺母，再略微松开基座主轴前部的内六角螺钉，待角度调好后，紧固前部螺钉，再拧紧后部螺母。

c. 在分度头上装夹工件时，应先锁紧分度头主轴。在紧固工件时，切忌用加力杆在扳手上施力，以免用力过大而损坏分度头。

d. 分度时，在一般情况下，分度手柄应顺时针方向摇动，在摇动的过程中，应尽可能速度均匀。如果摇过了预定位置，则应将分度手柄多退回半圈以上，然后再按原来的方向摇到预定的位置。

e. 分度时，分度手柄上的定位销应慢慢地插入分度盘(即孔盘)的孔内，切勿突然撒手而使定位销自动弹入，以免损坏分度盘的孔眼。

f. 分度时，事先要松开主轴锁紧手柄，分度结束后再重新锁紧。但在加工螺旋面工件时，由于分度头主轴要在加工过程中连续旋转，所以不能锁紧。

g. 工件应装夹牢靠，在铣削过程中不得有松动现象。此外，工件装夹在分度头上时，应有足够的“退刀”距离，以免铣坏分度头及其附件。

h. 要经常保持分度头的清洁。使用前应清除表面的脏物，并将安装底面和主轴锥孔擦拭干净。存放时，应将外露的金属表面涂上防锈油。

i. 经常注意分度头各部分的润滑，并按说明书上的规定，做到定期加油。

j. 合理使用分度头，严禁超载使用。

4. 刀、夹、附具及工件与机床的连接与安装

1）圆柱带孔铣刀的安装、拆卸

圆柱带孔铣刀(图 2.2－5(a))和三面刃铣刀(图 2.2－5(b))安装在卧式铣床上。

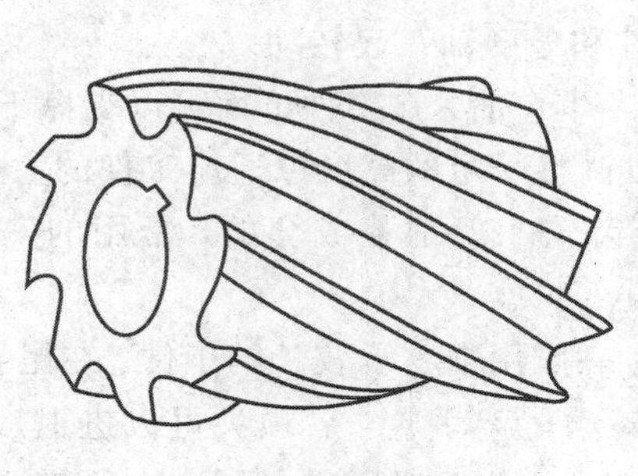

(a) 圆柱带孔铣刀

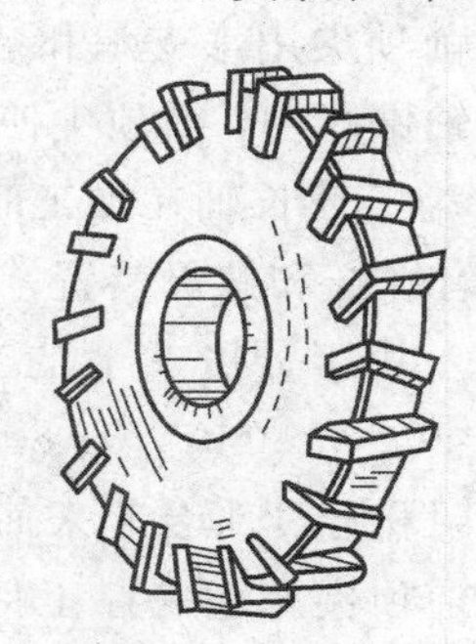

(b) 三面刃铣刀

图 2.2－5　圆柱铣刀

(1) 圆柱带孔铣刀的装夹。

圆柱带孔铣刀在卧式铣床上安装的操作步骤如下：

① 将床头的主轴安装孔用棉纱擦拭干净，按照刀具孔的直径选择标准刀杆。铣刀杆常用的标准尺寸有 32 mm、27 mm、22 mm。把刀杆推入主轴孔内，右手将铣刀杆的锥柄装入主轴孔，此时铣刀杆上的对称凹槽应对准床体上的凸键，左手转动主轴孔的拉紧螺杆(简称拉杆)，使其前端的螺纹部分旋入铣刀杆的螺纹孔，用扳手旋紧拉杆(提示：用扳手紧固拉杆时必须把主轴转速放在空挡位并夹紧主轴)，如图 2.2-6 所示。

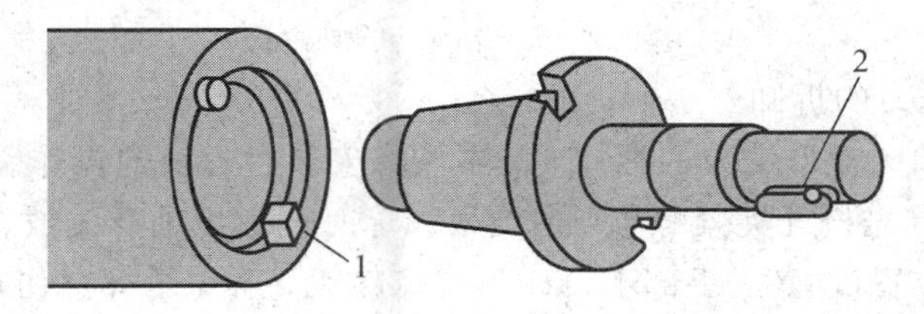

1—主轴；2—刀杆

图 2.2-6 圆柱带孔铣刀杆的安装

② 将刀杆口、刀孔、刀垫等擦拭干净，根据工件的位置选择合适尺寸的刀垫，推入刀杆，放好刀垫、刀具，旋紧刀杆螺母，如图 2.2-7 所示。铣刀的切削刃应和主轴旋转方向一致，在安装圆盘铣刀时，如锯片铣刀等，由于铣削力比较小，故一般在铣刀与刀轴之间不安装键。此时应使螺母旋紧的方向与铣刀旋转的方向相反，否则当铣刀在切削时，将由于铣削力的作用而使螺母松开，导致铣刀松动。另外，若在靠近螺母的一个垫圈内安装一个键，则可避免螺母松动和拆卸刀具时螺母不易拧开的现象。

③ 将铣床横梁调整到对应的位置。双手握住挂架，将其挂在铣床横梁导轨上，如图 2.2-8 所示。

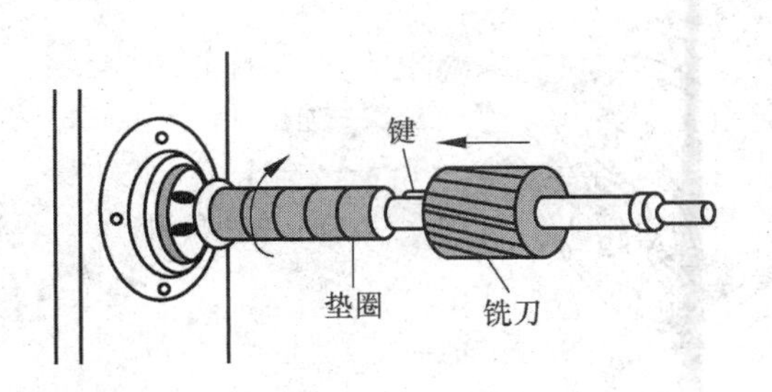

图 2.2-7 圆柱带孔铣刀的安装

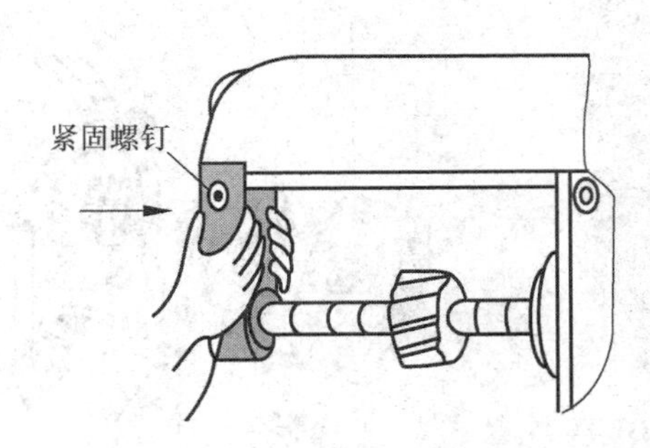

图 2.2-8 安放挂架

④ 旋紧刀轴的螺母，把铣刀固定。需注意的是，必须把挂架装上以后，才能旋紧此螺母，以防把刀轴扳弯。用扳手旋紧挂架左侧螺母，再把刀杆螺母用扳手旋紧。把注油孔调整到过油的位置。在旋紧螺母时要把主轴开关放在空位挡，并把主轴夹紧开关置于夹紧位置，夹紧主轴(注意：手部不要碰到铣床横梁，避免手部碰伤)，向内扳动扳手，如图 2.2-9 所示。

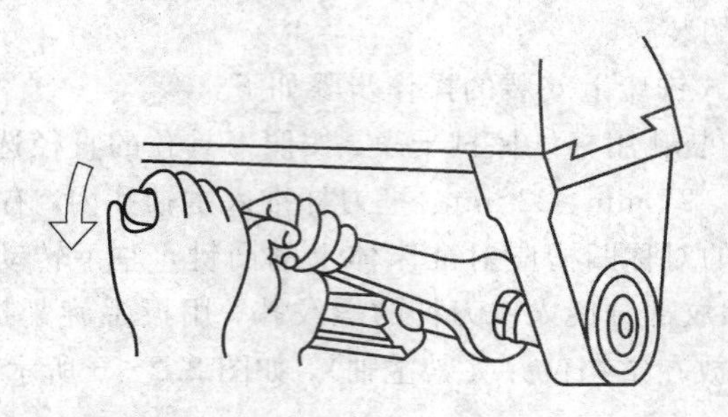

图 2.2-9 用扳手旋紧螺母

(2) 圆柱带孔铣刀的拆卸。

圆柱带孔铣刀和圆盘形铣刀的拆卸，基本按照安装过程反向操作。

① 松开铣刀。首先松开夹紧螺母，在旋松螺母时要把主轴开关放在空位挡，并把主轴夹紧开关放在夹紧位置(注意：手部不要碰到铣床横梁，避免手部碰伤)，逆时针旋松螺母。

② 松开挂架。逆时针旋松挂架螺母，移出挂架。

③ 拆卸铣刀。将夹紧铣刀螺母旋下，移出铣刀刀垫，卸下铣刀。

④ 将移出的铣刀刀垫安装回刀杆，旋上螺母。

⑤ 拆卸铣刀刀杆。松开拉杆螺母，轻击拉杆使铣刀刀杆松动，旋下拉杆，移出铣刀刀杆。

⑥ 将横梁移回原位。

2) 夹具与机床的安装

利用万能分度头装夹工件时，要根据工件的形状和加工要求选择装夹形式，也可以把三爪自定心卡盘安装在分度头上。三爪自定心卡盘安装在分度头上使用时须采用连接盘，如图 2.2-10 所示。连接盘与分度头主轴通过锥面配合定位，用内六角螺钉 5 连接固定。连接盘与卡盘壳体通过台阶圆柱面定位，用内六角螺钉 4 连接固定。

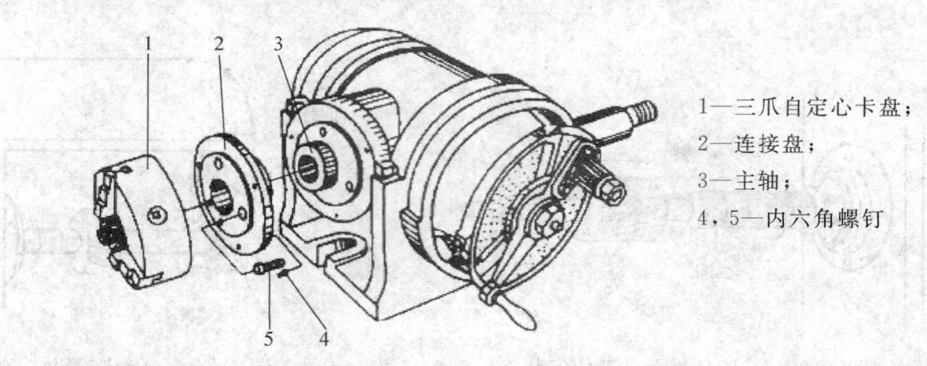

图 2.2-10 连接盘的作用

3) 工件的装夹

用分度头装夹工件的方法很多，可以充分利用分度头的附件，根据工件的不同特点来选择装夹方法。

(1) 用三爪自定心卡盘装夹工件。

三爪自定心卡盘用于装夹轴类工件。将分度头水平安放在工作台中间 T 形槽偏右端，用三爪自定心卡盘装夹轴件，并校正轴件上素线与工作台面平行，轴件侧素线与纵向工作台进给方向平行，平行度要求达到 0.02/100 mm，见图 2.2－3。

（2）“一夹一顶”装夹工件。

“一夹”是指零件一端用三爪自定心卡盘夹紧，“一顶”是指零件的另一端用尾架上的后顶尖顶紧定位。此方式一般用来加工回转体零件（圆周不同角度的加工部位），如图 2.2－11 所示。

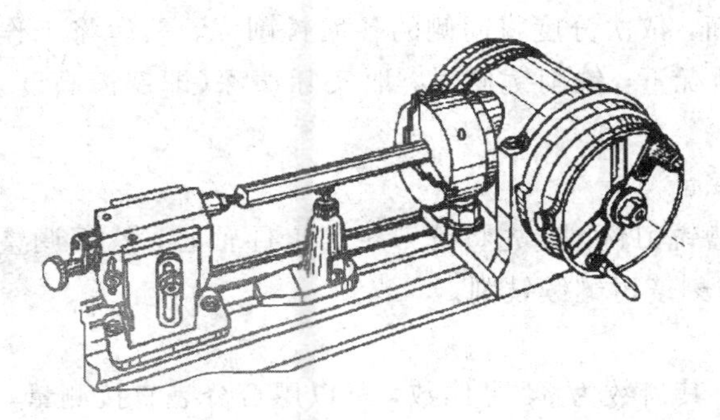

图 2.2－11　顶尖、千斤顶、卡盘装夹工件

（3）用两顶尖装夹工件。

工件两端分别用前顶尖和后顶尖实现装夹，如图 2.2－12 所示。此方法应用于切削力小的场合，不适合重切削，一般用于划线工序。

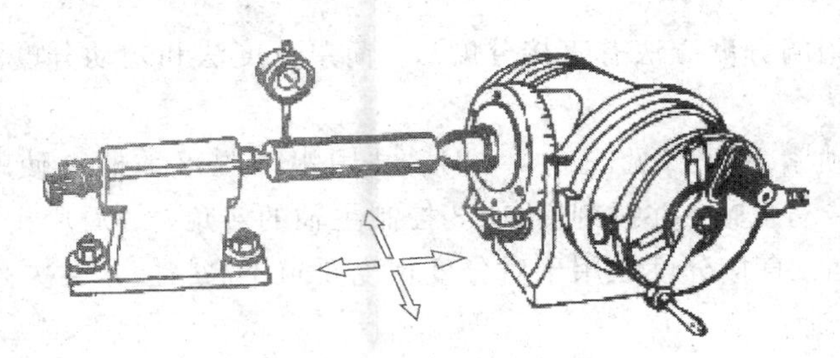

图 2.2－12　用两顶尖装夹工件

2.2.3　卧式铣床上铣削花键轴的具体操作与检验

1. 选择刀具和切削用量

选用 ϕ80 mm×8 mm×27 mm 的三面刃铣刀。在 X8126B 型铣床上安装好三面刃铣刀，调整主轴转速为 118 r/min，进给速度为 95 mm/min。

2. 工件的装夹和校正

先把工件的一端装夹在分度头的三爪自定心卡盘内，另一端用尾座顶尖顶紧。然后用百分表按下列三个方面进行校正：

（1）工件两端的径向跳动量。

（2）工件的上母线相对于纵向工作台移动方向的平行度。

（3）工件的侧母线相对于纵向工作台移动方向的平行度。

工件校正好后，按以下步骤进行：

（1）对刀。

将铣刀端面刃与工件侧面轻微接触，退出工件。横向移动工作台，使工件向铣刀方向

移动距离 S 为

$$S=\frac{D-b}{2}=\frac{40-8}{2}=16(\text{mm})$$

式中，b 为键宽，mm；D 为花键轴外径，mm。

(2) 铣削键侧。

先铣削键侧的一面，依次分度将同侧的各面铣削完，然后将工作台横向移动，再铣削键的另一侧面。一般情况下，铣削键侧时，取实际切深(即键齿高度)比图样尺寸大 0.1～1.2 mm。

(3) 铣削槽底圆弧面。

采用成型凹圆弧槽铣刀铣削，先将铣刀对准工件轴心，然后调整吃刀量，每铣削一刀后，测量，根据余量按刻度再继续铣削。

(4) 检验。

对于花键的小径，其齿数为 6，是偶数，可以用百分表直接测量，也可以采用小径通止规进行检验。

2.2.4 相关知识链接

1. 万能分度头的分度方法

万能分度头常用的分度方法有直接分度法、简单分度法和差动分度法等。

1) 直接分度法

首先松开主轴锁紧手柄 7(见图 2.2-2)，并用蜗杆脱落手柄 6 使蜗杆与蜗轮脱开啮合，然后用于直接转动主轴，并按刻度盘 13 控制主轴的转角，最后用主轴锁紧手柄 7 锁紧主轴，铣削工件表面。直接分度法用于对分度精度要求不高，且分度次数较少的工件。

2) 简单分度法

直接利用分度盘进行分度的方法称为简单分度法。分度时用分度盘紧固螺钉 1 锁定分度盘，拨出分度定位销 12(见图 2.2-2)，转动分度手柄 11，通过传动系统使分度主轴转过所需的角度，然后将分度定位销 12 插入分度盘 3 相应的孔中。

设被加工工件所需分度数为 z(即在一周内分成 z 个等份)，每次分度时分度头主轴应转过$(1/z)$ r，根据传动关系，这时手柄对应转过的转数可按下式求得：

$$n_{手}=\frac{1}{z}\times\frac{40}{1}\times\frac{1}{1}=\frac{40}{z}$$

为使分度时容易记忆，可将上式写成如下形式：

$$n_{手}=\frac{40}{z}=a+\frac{p}{q}$$

式中：a 为每次分度时手柄所转过的整数转(当 $40/z<1$ 时，$a=0$)；q 为所用分度盘中孔圈的孔数；p 为手柄转过整数转后，在 q 个孔的孔圈上转过的孔距数。

在分度时，q 值应尽量取分度盘上能实现分度的较大值，可使分度精度高些。为防止由于记忆出错而导致分度操作失误，可调整分度叉叉角 2(见图 2.2-4)的夹角，使分度叉叉角 2 以内的孔数在 q 个孔的孔圈上包含 $p+1$ 个孔，即包含的实际孔数比所需要转过的孔数多一个孔，在每次分度定位销 12(见图 2.2-2)插入孔中时可清晰地识别。

例 2.2-1 在铣床上加工直齿圆柱齿轮，齿数 $z=28$，求用 FW250 型万能分度头分度时，每次分度手柄应转过的整数转及转过的孔距数。

解
$$n_{手}=\frac{40}{z}=\frac{40}{28}=1+\frac{3}{7}=1+\frac{12}{28}=1+\frac{18}{42}=1+\frac{21}{49}$$

计算时应将分数部分化为最简分数，然后分子、分母同乘以一个整数，使分母等于 FW250 分度盘上具有的孔数。计算结果表明：每次分度时，手柄转过 $\frac{10}{7}$ r，即在手柄转过整数转后，应在孔数为 28 的孔圈上再转过 12 个孔距，或在孔数为 42、49 的孔圈上分别转过 18、21 个孔距。

3) *差动分度法*

若需分度的工件的分度数不能与 40 相约，或由于分度盘的孔圈有限，使得分度盘上没有所需分度数的孔圈，则无法用简单分度法进行分度，如 73、83、113 等。此时，应用差动分度法进行分度，如图 2.2-13 所示。用差动分度法进行分度时，须用交换齿轮。z_1、z_2、z_3、z_4 将分度头主轴与侧轴 2 联系起来，经一对交错轴斜齿轮副传动，使分度盘回转，补偿所需的角度。此时应松开分度盘紧固螺钉 3。交换齿轮 1 用于改变分度盘转动的方向，其安装形式如图 2.2-13(a)所示。

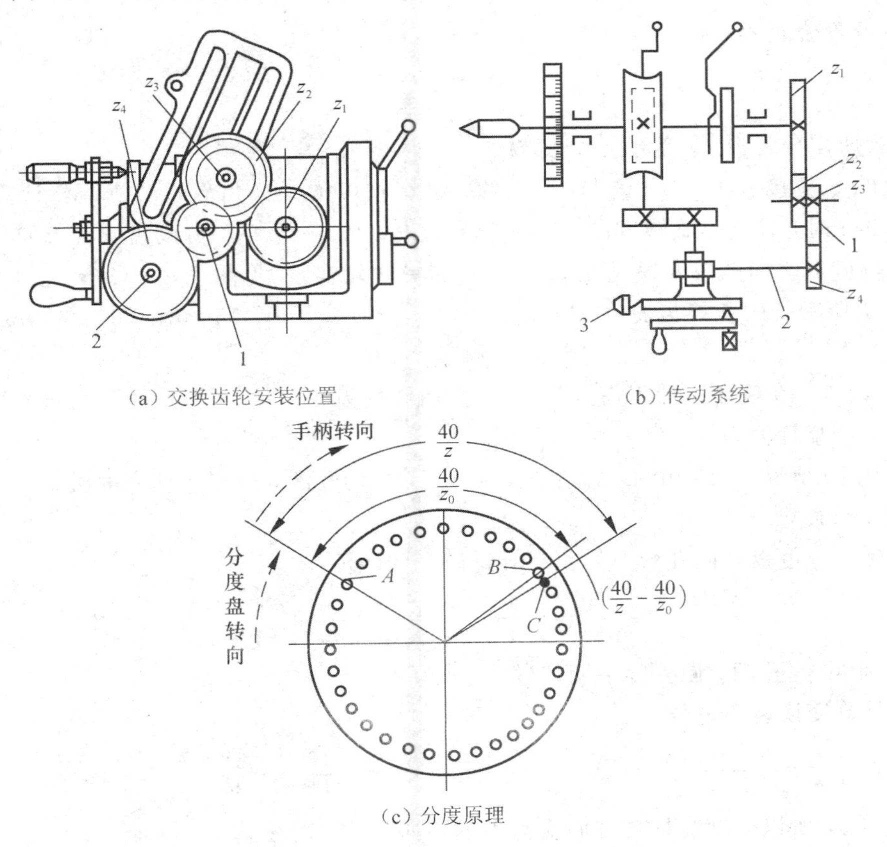

(a) 交换齿轮安装位置

(b) 传动系统

(c) 分度原理

1—交换齿轮；2—侧轴；3—紧固螺钉

图 2.2-13 差动分度法

差动分度法的基本思路是：要实现需分度工件的分度数 z（假定 $z>40$），手柄应转过 $(40/z)$r，其定位插销相应从 A 点到 C 点（见图 2.2-13(c)），但 C 点处没有相应的孔供定位，分度定位销 12（见图 2.2-2）无法插入，故不能用简单分度法分度。为了在分度盘现有孔数的条件下实现所需的分度数 z，并能准确定位，可选择一个在现有分度盘上可实现分度，同时又非常接近所需分度数 z 的假定分度数 z_0，并以假定分度数 z_0 进行分度，手柄转 $(40/z_0)$r，插销相应从 A 点转到 B 点（见图 2.2-13(c)），离所需分度数 z 的定位点 C 的差值为 $\frac{40}{z}-\frac{40}{z_0}$，要将分度盘上的 B 点转到 C 点，以使分度定位销 12（见图 2.2-2）插入准确定位，就可实现分度数为 z 的分度。实现补差的传动由手柄经分度头的传动系统，再经连接分度头主轴 9 与侧轴 5 的交换齿轮传动分度盘 3（见图 2.2-2）。分度时分度手柄 11 按所需分度数转 $(40/z)$r 时，经上述传动，使分度盘转 $\left(\frac{40}{z}-\frac{40}{z_0}\right)$r，分度定位销 12 准确插入 C 点定位。因此，分度时手柄轴与分度盘之间的运动关系为：手柄轴转 $(40/z)$r，则分度盘转 $\left(\frac{40}{z}-\frac{40}{z_0}\right)$r。这条差动传动链的运动平衡式为

$$\frac{40}{z}\times\frac{1}{1}\times\frac{1}{40}\times\frac{z_1}{z_2}\frac{z_3}{z_4}\times\frac{1}{1}=\frac{40}{z}-\frac{40}{z_0}=\frac{40(z_0-z)}{zz_0}$$

化简后得换置公式为

$$\frac{z_1}{z_2}\frac{z_3}{z_4}=\frac{40(z_0-z)}{z_0}$$

式中：z 为所需分度数；z_0 为假定分度数。

选取的 z_0 应接近于 z，并能与 40 相约，且有相应的交换齿轮，以使调整计算易于实现。当 $z_0>z$ 时，分度盘旋转方向与手柄转向相同；当 $z_0<z$ 时，分度盘旋转方向与手柄转向相反。分度盘方向的改变通过在 z_3 与 z_4 间加一介轮实现（见图 2.2-13(a)）。FW250 型万能分度头所配备的交换齿轮有 25（两个）、30、35、40、50、55、60、70、80、90、100 共 12 个。

例 2.2-2　在铣床上加工齿数为 77 的直齿圆柱齿轮，用 FW250 型万能分度头进行分度，试进行调整计算。

解　因 77 无法与 40 相约，分度盘上又无 77 孔的孔圈，故用差动分度法。

取假定分度数 $z_0=75$。

(1) 确定分度盘孔圈孔数及插销应转过的孔间距数：

$$n_{手}=\frac{40}{z_0}=\frac{40}{75}=\frac{8}{15}=\frac{16}{30}$$

即选孔数为 30 的孔圈，使分度手柄转过 16 个孔距。

(2) 计算交换齿轮齿数：

$$\frac{z_1}{z_2}\frac{z_3}{z_4}=\frac{40(z_0-z)}{z_0}=\frac{40(75-77)}{75}=-\frac{80}{75}=-\frac{16}{15}=-\frac{3200}{3000}=-\frac{80}{60}\times\frac{40}{50}$$

因 $z_0<z$，所以分度盘旋转方向应与手柄转向相反，需在 z_3、z_4 间加一介轮。

2. 铣螺旋槽的调整计算

在万能工具铣床上利用万能分度头铣削螺旋槽时，应作以下调整计算：

(1) 工件支承在工作台上的分度头与尾座顶尖之间，扳动工作台绕垂直轴线偏转角度β(β为工件的螺旋角)，使铣刀旋转平面与工件螺旋槽方向一致(见图 2.2－14(a))。铣右旋工件时工作台应绕垂直轴线逆时针方向旋转，铣左旋工件时工作台应绕垂直轴线顺时针方向旋转。

(2) 在分度头侧轴与工作台丝杠间装上交换齿轮架及一组交换齿轮(见图 2.2－14(b))，以使工作台带动工件做纵向进给的同时，将丝杠运动经交换齿轮组、轴及分度头内部的传动使主轴带动工件做相应回转。此时，应松开紧固螺钉 1(见图 2.2－2)，并将分度定位销 12 插入分度盘 3 孔内，以便通过锥齿轮将运动传至分度手柄 11。

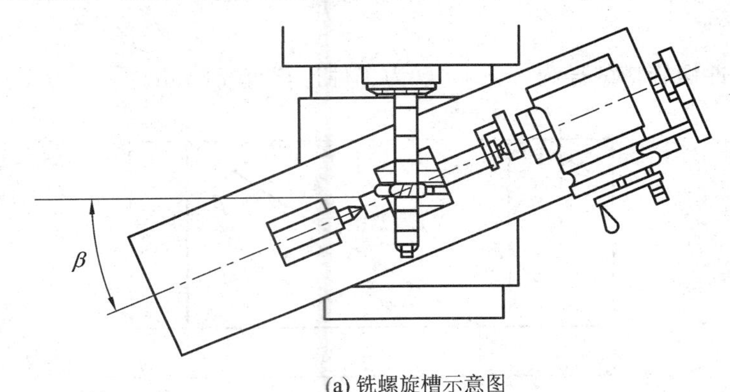

(a) 铣螺旋槽示意图

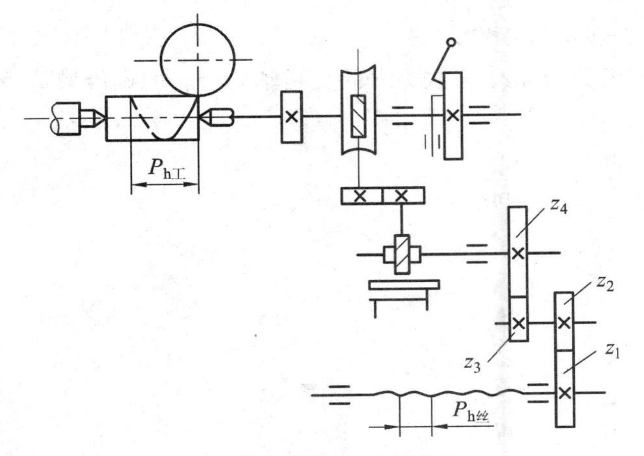

(b) 铣螺旋槽时传动关系图

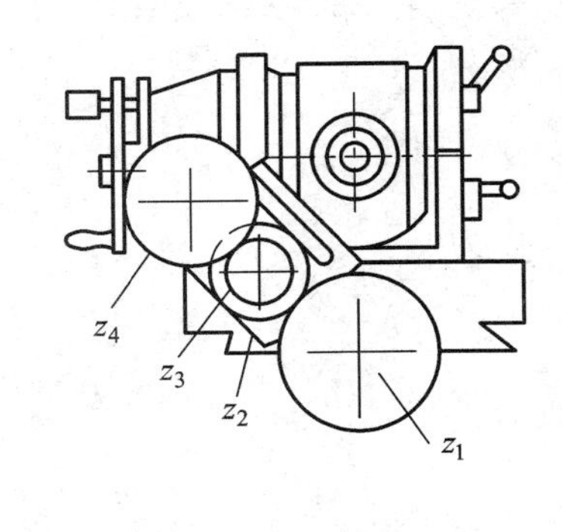

(c) 分度头与工作台的交换齿轮连接示意图

z_1、z_2、z_3、z_4—配换交换齿轮组的齿数；β—工件的螺旋角；
$P_{h丝}$—工作台纵向进给丝杠导程；$P_{h工}$—工件螺旋槽导程

图 2.2－14　铣螺旋槽的调整及传动联系

(3) 加工多头螺旋槽或交错轴斜齿轮等工件时，加工完一条螺旋槽后，应将工件退离加工位置，然后通过分度头使工件分度。

可见，为了在铣螺旋槽时，保证工件的直线移动与其绕自身轴线回转之间保持一定的运动关系，须由交换齿轮组将进给丝杠与分度头主轴之间的运动联系起来，构成一条内联系传动链。该传动链的两端件及运动关系为：工作台纵向移动一个工件螺旋槽导程 $P_{h工}$，工件转 1 r。由此根据图 2.2－14 所示传动系统，可列出运动平衡式为

$$\frac{P_{h工}}{P_{h丝}}\frac{z_1}{z_2}\frac{z_3}{z_4}\times\frac{1}{1}\times\frac{1}{1}\times\frac{1}{40}=1$$

式中：$P_{h丝}$为工作台纵向进给丝杠的导程（$P_{h丝}=6$ mm）；$P_{h工}$为工件螺旋槽的导程；z_1、z_2、z_3、z_4分别为配换交换齿轮组的齿数。

化简后得换置公式为

$$\frac{z_1}{z_2}\frac{z_3}{z_4}=\frac{40P_{h丝}}{P_{h工}}=\frac{240}{P_{h工}}$$

由图2.2－15可知，工件螺旋槽的导程$P_{h工}$为

$$P_{h工}=\frac{\pi D}{\tan\beta}$$

式中：$P_{h工}$为工件螺旋槽的导程(mm)；D为工件计算直径(mm)；β为螺旋角。

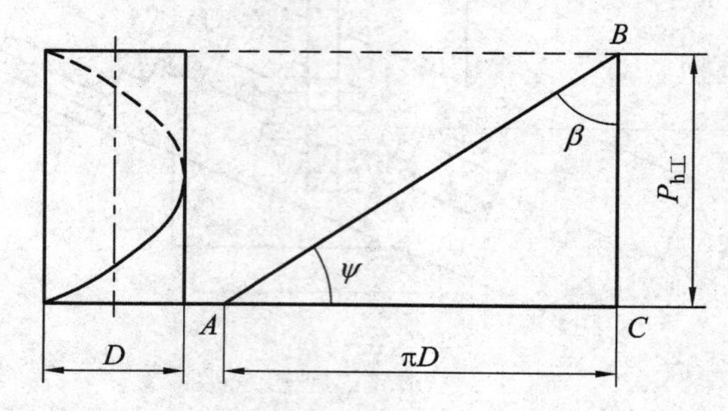

$P_{h工}$—工件螺旋槽的导程；ψ—螺旋升角；β—螺旋角；A、B、C—三角形的顶点；D—直径

图2.2－15　螺旋槽的导程

螺旋角为β、法向模数为m_n、端面模数为m_s、齿数为z的交错轴斜齿轮的螺旋槽导程$P_{h工}$为

$$P_{h工}=\frac{\pi m_s z}{\tan\beta}$$

因为

$$m_s=\frac{m_n}{\cos\beta}$$

所以

$$P_{h工}=\frac{\pi m_n z}{\sin\beta}$$

例2.2－3　利用FW250型万能分度头铣削一个右旋斜齿轮，齿数$z=30$，法向模数$m_n=4$，螺旋角$\beta=18°$，所用铣床工作台纵向丝杠的导程$P_{h丝}=6$ mm，试进行调整计算。

解　铣床工作台按图2.2－14(a)逆时针旋转18°。

(1) 计算工件导程$P_{h工}$：

$$P_{h工}=\frac{\pi m_n z}{\sin\beta}=\frac{\pi\times4\times30}{\sin180°}=1219.97$$

故

$$\frac{z_1}{z_2}\frac{z_3}{z_4}=\frac{40P_{h丝}}{P_{h工}}=\frac{40\times6}{1219.97}=\frac{11}{56}=\frac{55}{70}\times\frac{25}{100}$$

交换齿轮齿数也可查工件导程与交换齿轮齿数表直接获得(见表2.2－4)。

表 2.2-4　工件导程与交换齿轮齿数表(部分)

导程 $P_{h工}$/mm	交换齿轮传动比	交换齿轮				导程 $P_{h工}$/mm	交换齿轮传动比	交换齿轮			
		z_1	z_2	z_3	z_4			z_1	z_2	z_3	z_4
400.00	0.600 00	100	50	30	100	1163.64	0.206 25	55	80	30	100
403.20	0.595 24	100	60	25	70	1188.00	0.202 02	40	55	25	90
405.00	0.592 59	80	60	40	90	1200.00	0.200 00	70	90	30	100
407.27	0.589 29	60	70	55	80	1206.88	0.198 86	35	55	25	80
410.66	0.584 42	90	55	25	70	1209.62	0.198 41	50	70	25	90
411.43	0.583 33	100	60	35	100	1221.81	0.196 43	55	70	25	100
412.50	0.581 82	80	55	40	100	1228.80	0.195 31	25	40	25	80
418.91	0.572 92	55	60	50	80	1232.00	0.194 81	30	55	25	70
419.05	0.572 73	90	55	35	100	1234.31	0.194 44	70	90	25	100
420.00	0.571 43	100	70	40	100	1256.74	0.190 97	55	80	25	90
422.40	0.568 18	100	55	25	80	1257.14	0.190 91	35	55	30	100
424.28	0.565 66	80	55	35	90	1260.00	0.190 48	40	70	30	90
426.67	0.562 50	90	80	50	100	1267.23	0.189 39	25	55	25	60
—	—	—	—	—	—	1280.00	0.187 50	60	80	25	100

(2) 分度时手柄转的转数与转过的孔数：

$$n_{手}=\frac{40}{z}=\frac{40}{30}=1+\frac{1}{3}=1+\frac{10}{30}$$

即分度手柄转 1 r，再在孔数为 30 的孔圈上转过 10 个孔距。

3. 其他铣床

除了前面介绍的万能升降台铣床和万能工具铣床外，在机械加工中，还经常使用各种其他类型的铣床。例如：主轴垂直布置的立式升降台铣床，用于加工大、中型工件的龙门铣床和用于精度要求较高的数控铣床等。各类铣床根据其使用要求的不同，在机床布局和运动方式上均各有特点。

1) 立式升降台铣床

立式升降台铣床与上述万能升降台铣床的主要区别是主轴立式布置，与工作台面垂直，如图 2.2-16 所示。主轴 2 安装在立铣头 1 内，可沿其轴线方向进给或经手动调整位置。立铣头 1 可根据加工要求，在垂直平面内向左或向右在 45°范围内回转，使主轴与台面倾斜成所需角度，以扩大铣床的工艺范围。立式铣床的其他部分，如工作台 3、床鞍 4 及升降台 5 的结构与卧式升降台铣床相同。在立式铣床上可安装端铣刀或立铣刀加工平面、沟槽、斜面、台阶、凸轮等表面。

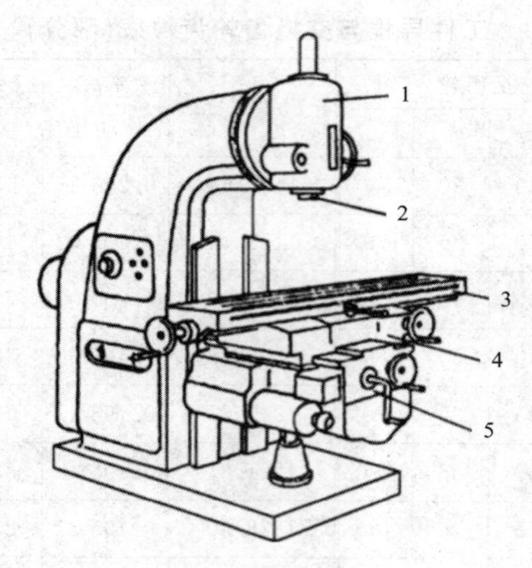

图 2.2-16 立式升降台铣床

2）龙门铣床

龙门铣床是一种大型高效通用机床，主要用于加工各类大型工件上的平面、沟槽等。可以对工件进行粗铣、半精铣，也可以进行精铣加工。图 2.2-17 所示为龙门铣床的外形图，它的布局呈框架式。5 为横梁，4 为立柱，在其上面各安装两个铣削主轴箱(铣削头)6 和 3、2 和 8。每个铣头都是一个独立的主运动部件。铣刀旋转为主运动。9 为工作台，其上安装被加工的工件。加工时，工作台 9 沿床身 1 上导轨做直线进给运动，4 个铣头都可沿各

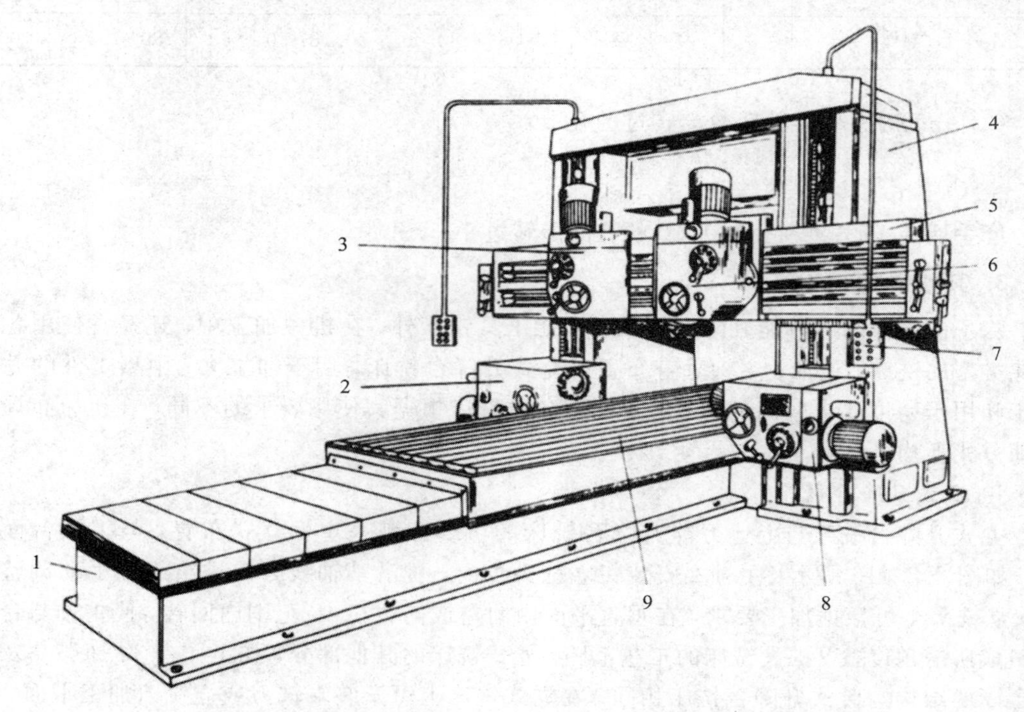

1—床身；2 和 8，3 和 6—铣削头；4—立柱；5—横梁；7—操作台；9—工作台

图 2.2-17 龙门铣床外形

自的轴线做轴向移动，实现铣刀的切深运动。为了调整工件与铣头间的相对位置，铣头 6 和 3 可沿横梁 5 水平方向移位，铣头 8 和 2 可沿立柱在垂直方向移位，加工时，工作台带动工件进行纵向进给运动。7 为操作台，操作位置可以自由选择。由于在龙门铣床上可以用多把铣刀同时加工工件的几个平面，因此，龙门铣床产率很高，在成批和大量生产中得到广泛应用。

3）数控铣床

数控铣床加工工件时，如同普通铣床一样，由刀具或者工件进行主运动，也可由刀具与工件进行相对的进给运动，以加工一定形状的工件表面。不同的工件表面，往往需要采用不同类型的刀具与工件一起进行不同的表面成型运动，因而就产生了不同类型的数控铣床。铣床的这些运动，必须由相应的执行部件(如主运动部件、直线或圆周进给部件)以及一些必要的辅助运动(如转位、夹紧、冷却及润滑)部件等来完成。

加工工件所需要的运动仅仅是相对运动，因此，对部件的运动分配可以有多种方案。如图 2.2－18 所示为数控铣床总体布局示意图，可见，同是用于铣削加工的铣床，根据工件的重量和尺寸的不同，可以有 4 种不同的布局方案。

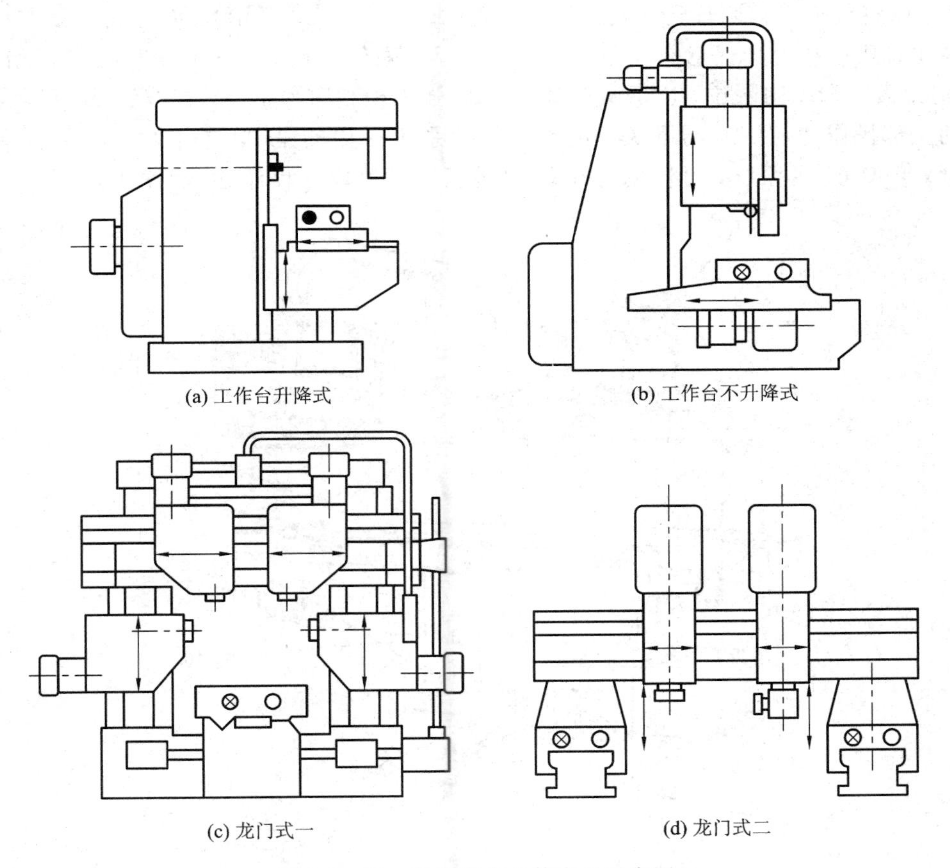

图 2.2－18　数控铣床总体布局示意图

如图 2.2－18(a)所示是加工工件较轻的升降台铣床，由工件完成 3 个方向的进给运动，分别由工作台、滑鞍和升降台来实现。

当加工工件较重或者尺寸较高时，则不宜由升降台带着工件进行垂直方向的进给运动，而是改由铣头带着刀具来完成垂直进给运动，如图 2.2 - 18(b)所示。这种布局方案，铣床的尺寸参数即加工尺寸范围可以取得大一些。

如图 2.2 - 18(c)所示为龙门式数控铣床，工作台载着工件进行一个方向上的进给运动，其他两个方向的进给运动由多个刀架即铣头部件在立柱与横梁上移动来完成。这样的布局不仅适用于重量大的工件加工，而且由于增多了铣头，使铣床的生产效率得到很大的提高。

当加工更大、更重的工件时，由工件进行进给运动，在结构上是难于实现的，因此，采用如图 2.2 - 18(d)所示的布局方案，全部进给运动均由铣头运动来完成，这种布局形式可以减小铣床的结构尺寸和重量。

下面对 XKA5750 型数控立式铣床进行简要介绍。

(1) XKA5750 型数控立式铣床的结构组成。

XKA5750 型数控立式铣床的结构组成如图 2.2 - 19 所示，图中 1 为底座，5 为床身，工作台 13 由伺服电动机 15 带动在升降滑座 16 上进行纵向(X 轴)左、右移动；伺服电动机 2 带动升降滑座 16 进行垂直向(Z 轴)上、下移动；滑枕 8 进行横向(Y 轴)进给运动。用滑枕实现横向运动，可获得较大的行程。机床主运动由交流无级变速电动机驱动，万能铣头 9 不仅可以将铣头主轴调整到立式或卧式位置(如图 2.2 - 20 所示)，而且还可以在前半球面内使主轴中心线处于任意空间角度。纵向行程式限位挡铁 3、14 起限位保护作用，6 和 12 分别为横向和纵向限位开关，4 和 10 分别为强电柜和数控柜，悬挂按钮站 11 上集中了机床的全部操作和控制键与开关。机床的数控系统采用的是 AUTOCON TECH 公司的 DELTA 40M CNC 系统，可以附加坐标轴增至 4 轴联动，程序输入/输出可通过软驱和

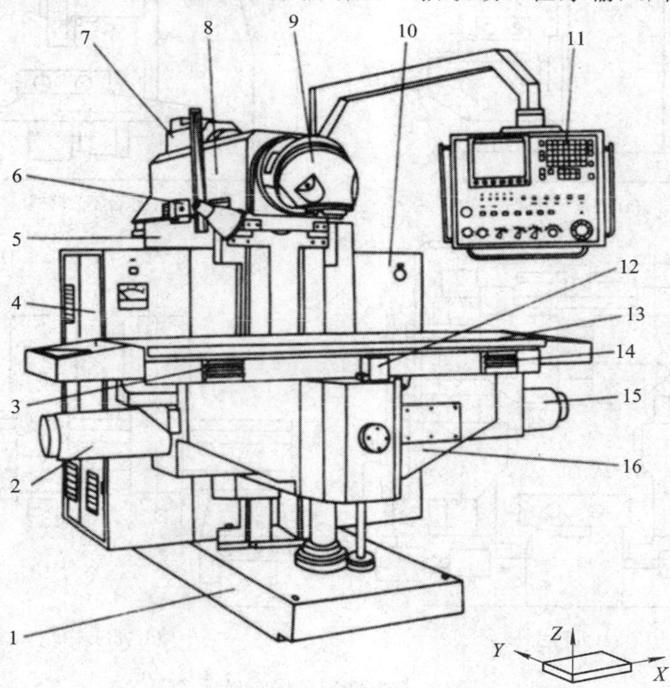

1—底座；2，15—伺服电动机；3，14—行程限位挡铁；4—强电柜；5—床身；6—横向限位开关；7—后壳体；8—滑枕；9—万能铣头；10—数控柜；11—按钮站；12—纵向限位开关；13—工作台；16—升降滑座

图 2.2 - 19　XKA5750 型数控立式铣床的结构组成

RS232C 接口连接。主轴驱动和进给采用 AUTOCON 公司主轴伺服驱动和进给伺服驱动装置以及交流伺服电动机，检测装置为脉冲编码器，与伺服电动机装成一体，半闭环控制。主轴有锁定功能(机床有学习模式和绘图模式)。电气控制采用可编程控制器和分立电气元件相结合的控制方式，使电机系统由可编程控制器软件控制，结构简单，提高了控制能力和运行可靠性。

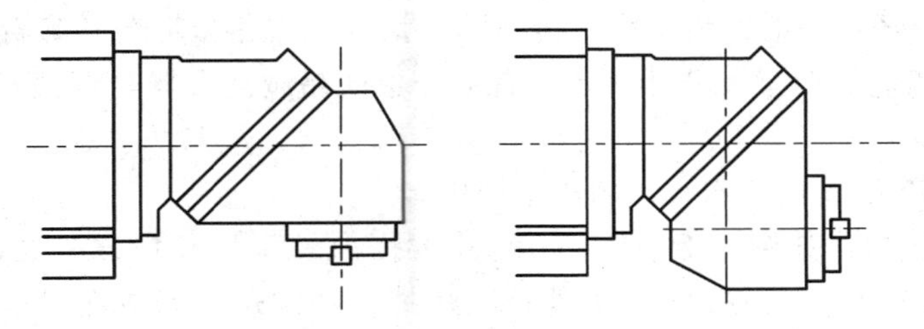

图 2.2-20　主轴立式和卧式位置

(2) XKA5750 型数控立式铣床的传动系统。

① 主传动系统。

图 2.2-21 所示为 XKA5750 型数控立式铣床的传动系统图。主运动是铣床主轴的旋转运动，由装在滑枕后部的交流伺服电动机(11 kW)驱动，电动机的运动通过速比为 1∶2.4 的一对弧齿同步齿形带轮传到滑枕的水平轴Ⅰ上，再经过万能铣头的两对弧齿锥齿轮副(33/34、26/25)运动传到主轴Ⅳ，转速范围为 50～2500 r/min(电动机转速范围为 (120～6000) r/min)。当主轴转速在 625 r/min(电动机转速在 1500 r/min)以下时，为恒转矩输出；主轴转速在 625～1875 r/min 时，为恒功率输出；主轴转速超过 1875 r/min 后，

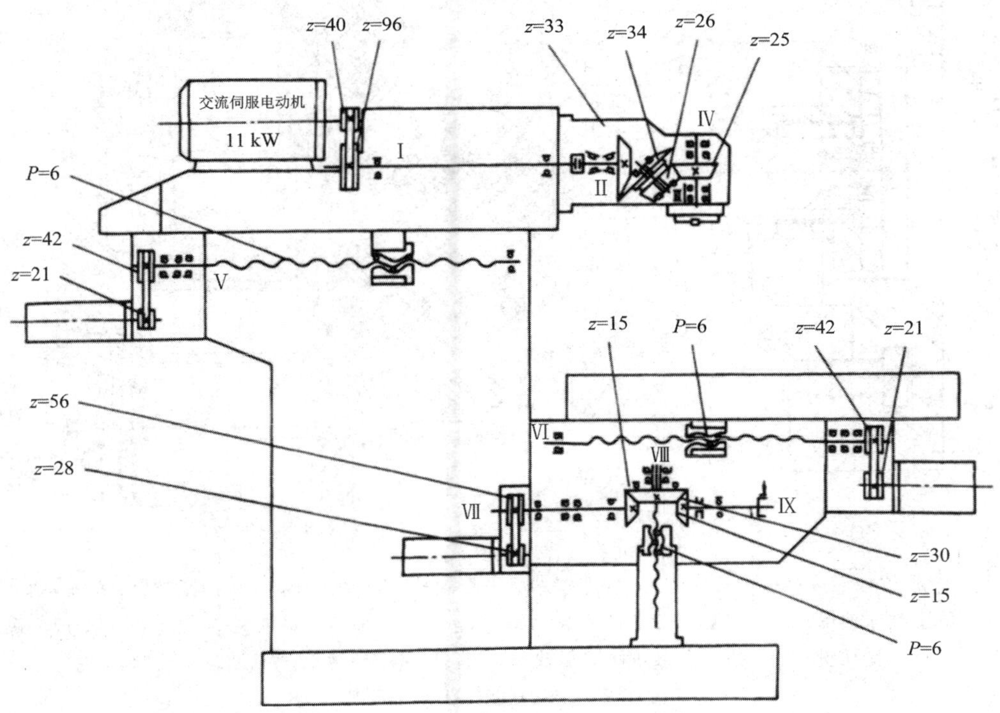

图 2.2-21　XKA5750 型数控立式铣床传动系统图

输出功率下降；主轴转速到 2500 r/min 时，输出功率下降到额定功率的 1/3。

② 进给传动系统。

工作台的纵向（X 向）进给和滑枕的横向（Y 向）进给传动系统，是由交流伺服电动机通过速比为 1∶2 的一对同步圆弧齿形带轮，将运动传动至导程为 6 mm 的滚珠丝杠轴Ⅵ。升降台的垂直向（Z 向）进给运动为交流伺服电动机通过速比为 1∶2 的一对同步齿形带轮将运动传到轴Ⅶ，再经过一对弧齿锥齿轮传到垂直滚珠丝杠上，带动升降台运动。垂直滚珠丝杠上的弧齿锥齿轮还带动轴Ⅸ上的锥齿轮，经单向超越离合器与自锁器相连，防止升降台因自重而下滑。

(3) XKA5750 型数控立式铣床的典型结构。

万能铣头部件结构如图 2.2-22 所示，主要由前、后壳体 12、5，法兰 3，传动轴Ⅱ、Ⅲ，主轴Ⅳ及两对弧齿锥齿轮组成。万能铣头用螺栓和定位销安装在滑枕前端。铣削主运动由滑枕上的传动轴Ⅰ的端面键传到轴Ⅱ，端面键与连接盘 2 的径向槽相配合，连接盘与轴Ⅱ之间由两个平键 1 传递运动。轴Ⅱ右端为弧齿锥齿轮，通过轴Ⅲ上的两个锥齿轮 22、21 和用花键连接方式装在主轴Ⅳ上的锥齿轮 27，将运动传到主轴上。主轴为空心轴，前端有 7∶24 的内锥孔，用于刀具或刀具心轴的定心；通孔用于安装拉紧刀具的拉杆通过。主轴端面有径向槽，并装有两个端面键 18，用于主轴向刀具传递扭矩。

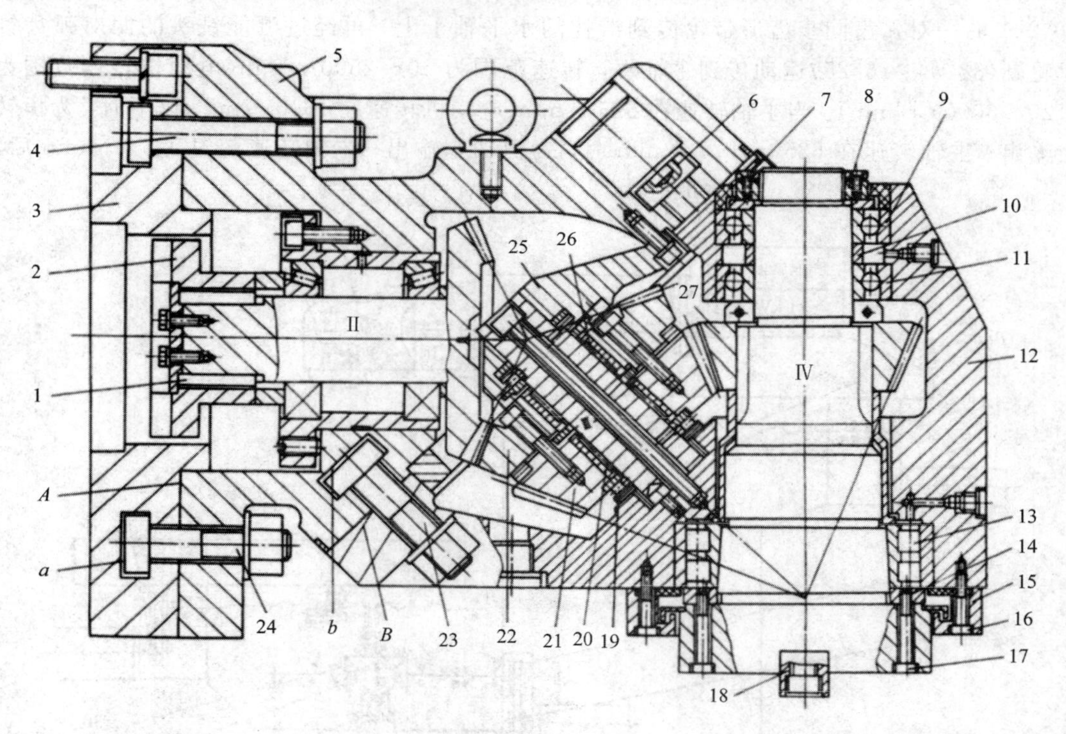

1—平键；2—连接盘；3—法兰；4，6，23，24—T 形螺栓；5—后壳体；7—锁紧螺钉；8—螺母；9，11—角接触球轴承；10—隔套；12—前壳体；13—轴承；14—半圆环垫片；15—法兰；16，17—螺钉；18—端面键；19，25—推力圆柱滚子轴承；20，26—滚针轴承；21，22，27—锥齿轮

图 2.2-22 万能铣头部件结构

万能铣头能通过两个互成 45°的回转面 A 和 B 调节主轴Ⅳ的方位，在法兰 3 的回转面

A 上开有 T 形圆环槽 a，松开 T 形螺栓 4 和 24，可使铣头绕水平轴Ⅱ转动，调整到要求位置将 T 形螺栓拧紧即可。在万能铣头后壳体 5 的回转面 B 内也开有 T 形圆环槽 b，松开 T 形螺栓 6 和 23，可使铣头主轴绕与水平轴线成 45°夹角的轴Ⅲ转动。绕两个轴线的转动组合起来，可使主轴轴线处于前半球面的任意角度。

万能铣头作为直接带动刀具的运动部件，不仅要能传递较大的功率，更要具有足够的旋转精度、刚度和抗振性。万能铣头除在零件结构、制造和装配精度等方面要求较高外，还要选用承载力和旋转精度都较高的轴承。两个传动轴都选用了 P5 级精度的轴承，轴上为一对 30209/P5 型圆锥滚子轴承，一对 RNA6906/P5 型向心滚针轴承 20 和 26 承受径向载荷，轴向载荷由两个型号分别为 81107/P5 和 81106/P5 的推力圆柱滚子轴承 19 和 25 承受。主轴上前、后支承均为 P4 级精度轴承，前支承是 NN3017K/P4 型双列圆柱滚子轴承，只承受径向载荷；后支承为两个 7210C/P4 型向心推力球轴承 9 和 11，既承受径向载荷，也承受轴向载荷。为了保证旋转精度，主轴轴承不仅要消除间隙，而且要有预紧力，轴承磨损后也要进行间隙调整。前轴承消除和预紧的调整是靠改变轴承内圈在锥形颈上的位置，使内圈外胀实现的。调整时，先拧下 4 个螺钉 16，卸下法兰 15，再松开螺母 8 上的锁紧螺钉 7，拧松螺母 8 将主轴Ⅳ向前(向下)推动 2 mm 左右，然后拧下两个螺钉 17，将半圆环垫片 14 取出，根据间隙大小磨薄垫片，最后将上述零件重新装好。后支承的两个向心推力球轴承开口相背(轴承 9 开口朝上，轴承 11 开口朝下)，进行消隙和预紧调整时，两轴承外圈不动，使用内圈的端面距离相对减小的办法实现，具体方法是通过控制两轴承内圈隔套 10 的尺寸。调整时，取下隔套 10，修磨到合适尺寸，重新装好后，用螺母 8 顶紧轴承内圈及隔套即可。最后要拧紧锁紧螺钉 7。

任务 2.3　垫铁零件磨削加工设备的使用

【任务描述】

按垫铁零件磨削加工工序卡片完成垫铁零件磨削加工过程。

【任务要求】

读懂工序卡片，选择合适的机床型号，完成刀具、工件和夹具与机床的安装，调整操作机床，完成垫铁零件磨削加工过程。

【知识目标】

(1) 能读懂工序卡片中有关刀、量、附、夹具的内容。

(2) 能理解 M7130A 型平面磨床的典型结构及其工作原理。

【能力目标】

(1) 能够根据零件加工表面形状、加工精度、表面质量等要求选择合适的磨床型号。

(2) 能根据加工要求调整 M7130A 型平面磨床，会安装刀具、工件，并操作 M7130A 型平面磨床磨削垫铁零件。

(3) 能正确使用量具检验工件。

(4) 具备简单机床故障诊断处理的能力。

【学习步骤】

以垫铁零件磨削加工工序卡片的形式提出任务，在磨削垫铁零件的准备工作中能够分析工序卡片及图样，根据分析，选择合适的机床类型——M7130A型平面磨床，对选定的M7130A型平面磨床的参数及其运动进行分析，掌握本类机床的调整及操作方法，掌握砂轮、附具及工件与机床的连接与安装，最后完成零件的加工操作及检验，学会本类机床的操作规程及其维护保养。

2.3.1 垫铁零件磨削加工工序卡片

垫铁零件磨削加工工序卡片如表2.3-1所示。

表2.3-1 垫铁零件磨削加工工序卡片

××××学院	机械加工工序卡片	产品型号		零件图号			
		产品名称		零件名称	垫铁	共 页	第 页

Ra0.8
// 0.005 A
30±0.01
A
Ra0.8
300
100

车间	工序号	工序名称	材料牌号
机加	007	磨垫铁	45钢
毛坯种类	毛坯外形尺寸	每毛坯可制件数	每台件数
		1	1
设备名称	设备型号	设备编号	同时加工件数
平面磨床	M7130A		多件

夹具编号	夹具名称	切削液	
	磁力	水溶液	
工位器具编号	工位器具名称	工序工时（分）	
		准终	单件

工步号	工步内容	工艺装备	主轴转速	切削速度	进给量	切削深度	进给次数	工步工时	
			r/min	m/min	mm/r	mm		机动	辅助
1	装夹								
2	磨上表面	电磁吸盘、游标卡尺	1500	1648.5	纵向0.3/往复				
3	磨下表面	ϕ350×40×127（外径×宽×内径）砂轮	1500	1648.5	纵向0.3/往复				
4	磨前表面	同上	1500	14 648.5	纵向0.07/往复				
5	磨后表面	同上	1500	1648.5	纵向0.07/往复				
		设计（日期）	校对（日期）	审核（日期）	标准化（日期）	会签（日期）			

2.3.2 磨削垫铁零件的准备工作

1. 分析图样

通过对表2.3-1加工工序卡片的图样和技术要求进行分析，要磨削垫铁工件的上、下表面和前、后表面，由此可知是磨削加工工件上相互平行的两个平面，那么此时磨削的主要技术要求是被磨削平面的粗糙度和平面度及两平面之间的平行度和尺寸精度。给出的工件材料为45钢，热处理淬火硬度为40～45 HRC，厚度尺寸为30 mm±0.01 mm，两平面平行度公差为0.005 mm，表面粗糙度均为$Ra0.8\ \mu m$，公差达到IT5。

磨削垫铁工件时，首先要决定先磨哪个面，一般是当磨削工件上的两个平行平面时，选择两个平面中面积较大或者较平、粗糙度值较小的一个面作为第一次磨削的定位基准面。如果两个平面与其他平面或者轴线有位置要求，则基准面应根据工件的技术要求和前道工序的加工方法来确定。由工序卡片可知，工件在一次装夹中车出端面A，故磨削时以

端面 A 作为定位基准面，将另一端面全部磨齐，然后翻身磨端面 A，磨削结果保证尺寸、平行度及粗糙度要求。

2. 机床型号的选取

1）平面磨床的特点

平面磨床主要用于磨削各种工件上的平面，尺寸公差可达 IT5～IT6 级，两平面平行度误差小于 0.01 mm，表面粗糙度一般可达 0.2～0.4 μm，精密磨削可达 0.01～0.1 μm。

2）平面磨床的分类

常用的平面磨床按其砂轮轴线的位置和工作台的结构特点，可分为卧轴矩台平面磨床、卧轴圆台平面磨床、立轴矩台平面磨床、立轴圆台平面磨床等几种类型，如图 2.3－1 所示。

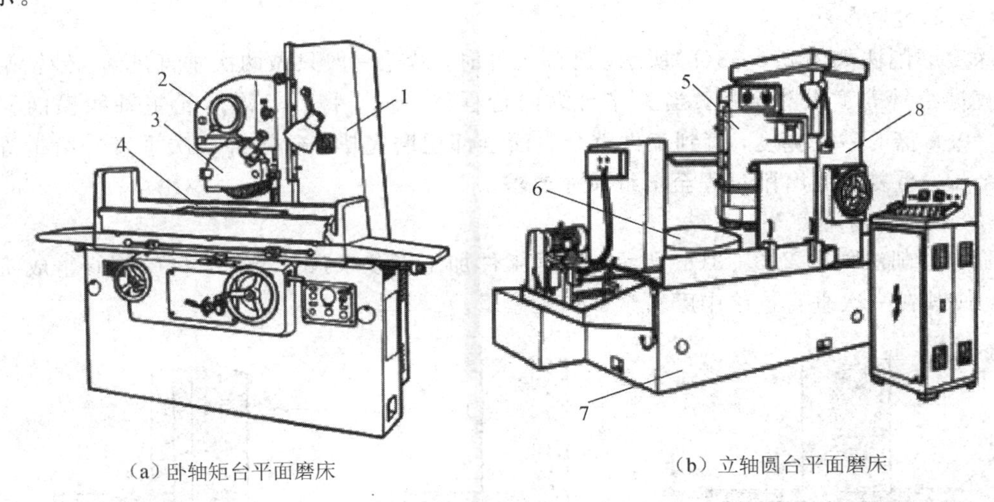

(a) 卧轴矩台平面磨床　(b) 立轴圆台平面磨床

1，8—立柱；2—滑座；3，5—砂轮架；4—矩形电磁工作台；6—圆工作台；7—床身

图 2.3－1　平面磨床

3）平面磨削方式

根据机床结构形式及运动方式不同，通常将磨削分为周边磨削和端面磨削两种方式。如图 2.3－2 (a)和图 2.3－2(c)所示为卧轴磨床用砂轮的周边磨削，如图 2.3－2(b)和图 2.3－2(d)所示为立轴磨床用砂轮的端面磨削。

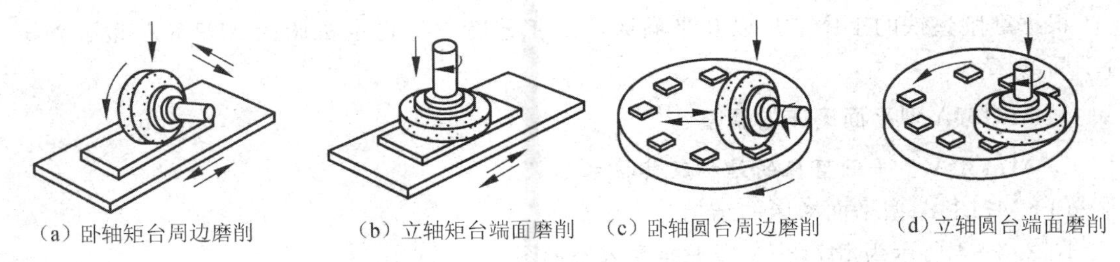

(a) 卧轴矩台周边磨削　(b) 立轴矩台端面磨削　(c) 卧轴圆台周边磨削　(d) 立轴圆台端面磨削

图 2.3－2　平面磨削方式

周边磨削时，砂轮与工件的接触面积小，磨削力小，排屑及冷却条件好，工件受热变形小，且砂轮磨损均匀，所以加工精度较高。但砂轮主轴承刚性较差，只能采用较小的磨削用量，生产率较低，故常用于精密的和磨削较薄的工件，在单件小批量生产中应用较广。

端面磨削时，砂轮与工件的接触面积大，同时参加磨削的磨粒多，另外磨床工作时主轴受压力，刚性较好，允许采用较大的磨削用量，故生产率高。但在磨削过程中，磨削力大，发热量大，冷却条件差，排屑不畅，造成工件的热变形较大，且砂轮端面沿径向各点的线速度不等，使砂轮磨损不均匀，所以这种磨削方法的加工精度不高，故多用于粗磨。

4）平面的磨削方法

（1）横向磨削法。

横向磨削法如图 2.3－3(a)所示。磨削工件时，工作台带动工件做纵向进给运动，行程终了时，砂轮主轴做一次横向进给，砂轮磨削厚度等于实际磨削深度，磨削宽度等于横向进给量。工件上第一层金属磨削完后，砂轮架垂直进给，再按上述过程磨削第二层金属，直至工件厚度达到图纸尺寸要求。

（2）深度磨削法。

深度磨削法如图 2.3－3(b)所示。磨削工件时，砂轮一般只做两次垂直进给，砂轮第一次垂直进给量等于粗磨余量，当工作台纵向行程终了时，将砂轮沿砂轮主轴线横向移动 0.75～0.8 倍的砂轮宽度，直到工件整个表面全部粗磨完毕，砂轮第二次垂直进给量等于精磨余量，重复横向磨削过程至图纸尺寸要求。

（3）阶梯磨削法。

阶梯磨削法如图 2.3－3(c)所示。根据工件加工形状及尺寸要求，将砂轮修整成阶梯形状，使其在一次垂直进给中磨去全部加工余量。

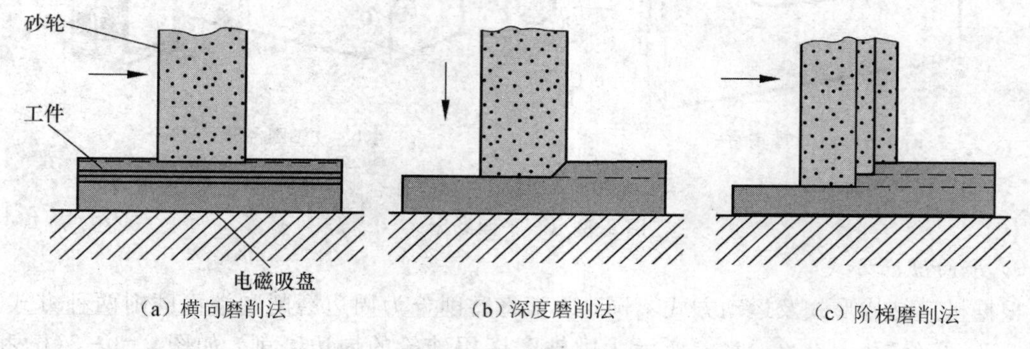

(a) 横向磨削法　　(b) 深度磨削法　　(c) 阶梯磨削法

图 2.3－3　平面磨削方法

5）确定机床型号

根据磨削垫铁的工序卡片以及平面磨床的工艺特点等选定机床为 M7130A 型卧轴矩台平面磨床。

3. M7130A 型平面磨床的调整

1）M7130A 型平面磨床的结构及其技术参数

（1）M7130A 型平面磨床的结构。

图 2.3－4 所示为 M7130A 型平面磨床外形图。

平面磨床由磨头 1、床鞍 2、立柱 5、工作台 7、床身 9 等部分组成。床身用于支承磨床其他部件，有供工作台纵向往复移动的导轨。立柱支承床鞍，其上有供床鞍垂直移动的导轨。床鞍可在立柱上垂直移动，其上有供磨头横向移动的导轨。工作台置于床身导轨上，可沿床身导轨纵向往复移动，工作台上安装磁力吸盘，用来吸紧工件。磨头用于安装磨削用的砂轮，可在床鞍上横向移动。

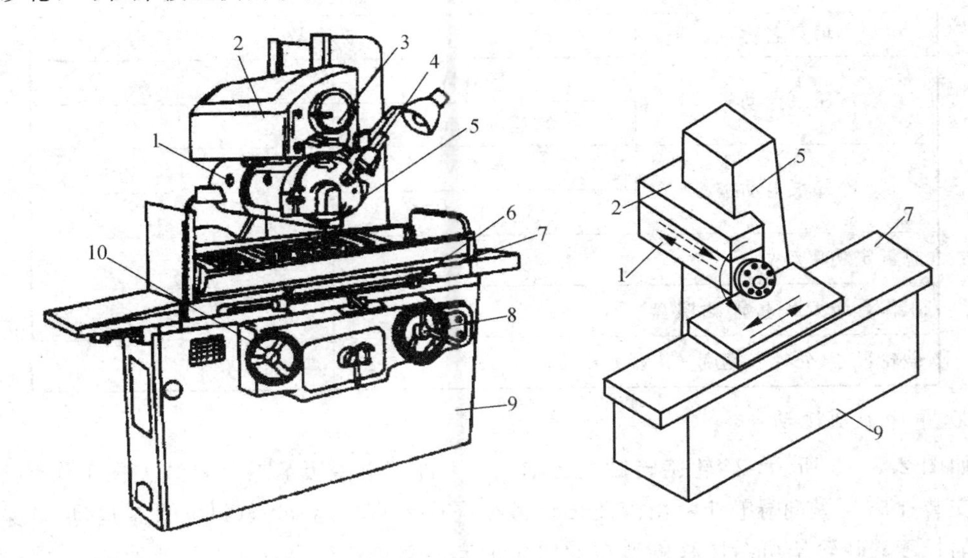

1—磨头；2—床鞍；3—横向进给手柄；4—砂轮修整器；5—立柱；
6—挡块；7—工作台；8—手轮；9—床身

图 2.3－4　M7130A 型平面磨床外形图

(2) M7130A 型平面磨床的主要技术参数。

M7130A 型平面磨床的主要技术参数如表 2.3－2 所示。

表 2.3－2　M7130A 型平面磨床的主要技术参数

项 目 名 称		机床参数
工作台面尺寸(宽×长)/mm		300×1000
最大磨削尺寸(宽×长×高)/mm		300×1000×400
工作台纵向移动量(液动)/mm		200～1100
工作台面至主轴中心最大距离/mm		600
工作台纵向移动速度/(m/min)		3～25
T 形槽数		3 个
T 形槽宽度/mm		18
磨头横向移动	连续进给速度/(m/min)	0.5～4.5
	断续进刀量/(mm/次)	3～30
磨头垂直移动	机动速度/(m/min)	400
	手轮进给量/(mm/格)	0.005
磨头电动机	功率/kW	7.5
	转速/(r/min)	1440
快速升降电动机	功率/kW	0.37
	转速/(r/min)	1400

续表

项目名称	机床参数	
液压泵电动机	功率/kW	3
	转速/(r/min)	960
冷却泵电动机	功率/kW	0.125
	流量/(L/min)	25
总额定功率/kW		9
工作台最大载重量(含吸盘)/kg		470
砂轮尺寸(外径×宽度×内径)/mm		400×40×127

2）平面磨削运动

如图 2.3-5 所示，砂轮旋转做主运动 v_s；工件用电磁吸盘或夹具装夹在工作台上，工作台安装在床身纵向导轨上，由液压传动做纵向往复直线运动 f_1(纵向进给运动)，保证工件磨削长度；砂轮架可沿床鞍的燕尾导轨做横向间歇进给运动 f_2(手动或液动)，保证工件磨削宽度；床鞍和砂轮架一起沿立柱的导轨做垂直间歇进给运动 f_3(手动)，保证工件的磨削深度。

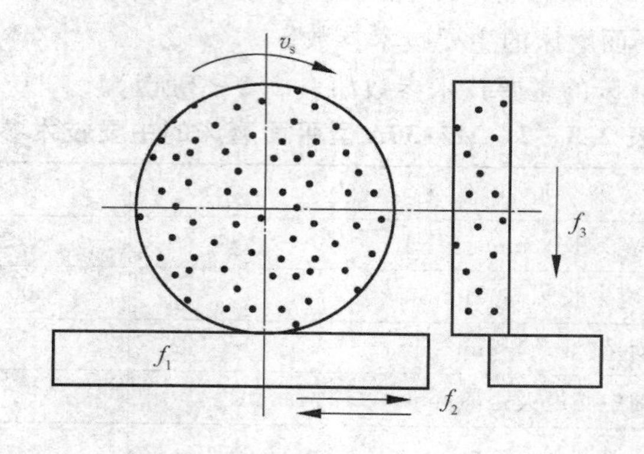

图 2.3-5　平面磨削运动

4. 砂轮、工件及电磁吸盘与平面磨床的连接与安装

1）砂轮的安装

砂轮的安装同外圆磨床砂轮的安装。

2）工件的安装

一般钢或铸铁等导磁性材料所制成的形状简单的中小型工件，可直接装夹在电磁吸盘上，这种方法能同时安装许多工件，装卸工件方便迅速，为了避免工件在磨削力的作用下弹出，一般在工件四周或左右两端用较大的挡板围住，如图 2.3-6(a)所示。小工件安装时，应使工件遮住较多的绝磁层，如图 2.3-6(b)所示，以便提高磁盘对工件的吸力，使吸力均匀，保证工件的平行度。若如图 2.3-6(c)所示安装工件，将不能保证有效吸紧工件，从而影响工件的磨削。对于铜、铝、不锈钢等非磁性材料制成的工件，不能直接安装在电磁吸盘上，应采用平口钳等夹具装夹，如图 2.3-6(d)所示。

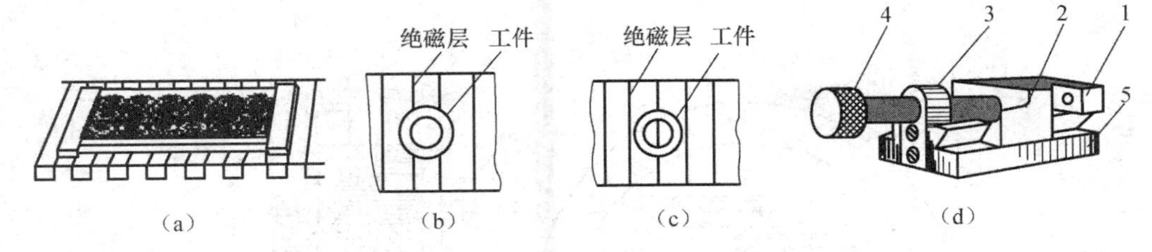

1—固定钳口；2—活动钳口；3—螺母；4—丝杠的手柄；5—底座

图 2.3-6 磨削平行平面夹具

3）电磁吸盘

电磁吸盘由底壳、铁芯、线圈、面板、接线盒组成。

电磁吸盘采用直流电供电，具有稳定、吸力强、剩磁小等特点。

电磁吸盘按照吸力不同，可分为普通吸力吸盘和强力吸盘两种，普通吸力吸盘的吸力为1～1.2 MPa，强力吸盘的吸力不低于1.5 MPa。电磁吸盘按照用途不同，可分为磨床用电磁吸盘、铣床用电磁吸盘、刨床用电磁吸盘、磨刀机电磁吸盘等。

磨床用电磁吸盘是根据电磁吸盘的用途分类而命名的。磨床用电磁吸盘的种类如表2.3-3所示。

表 2.3-3 磨床用电磁吸盘的种类

分类依据	名 称
极条排列	纵极电磁吸盘
	横极电磁吸盘
极条密度	宽极电磁吸盘
	密极电磁吸盘
电磁强度	普通电磁吸盘
	强力电磁吸盘
磁盘外形	矩形电磁吸盘
	圆形电磁吸盘

磨床用电磁吸盘的选择依据：根据工件的磨削方向来确定使用横极电磁吸盘还是纵极电磁吸盘；根据工件的大小来确定使用宽极电磁吸盘还是密极电磁吸盘；根据工件的材料来确定使用普通电磁吸盘还是强力电磁吸盘。

（1）圆形电磁吸盘。

圆形电磁吸盘用于外圆及万能磨床。在圆台平面磨床上，其工作台多为圆形电磁吸盘。圆形电磁吸盘的示意图如图2.3-7所示。

（2）矩形电磁吸盘。

矩形电磁吸盘是平面磨床的常用磁力工作台，用于吸附各类导磁工件，实现工件的定位和磨削加工。该系列吸盘吸力均匀，定位可靠，操作方便，可直接安装在平面磨床上使用，是一种理想的磁力夹具。它的内部构造与圆形电磁吸盘相同。

矩形电磁吸盘两侧有吊装螺孔，在安装时拧入T形螺钉即可吊装，用T形块和螺钉固

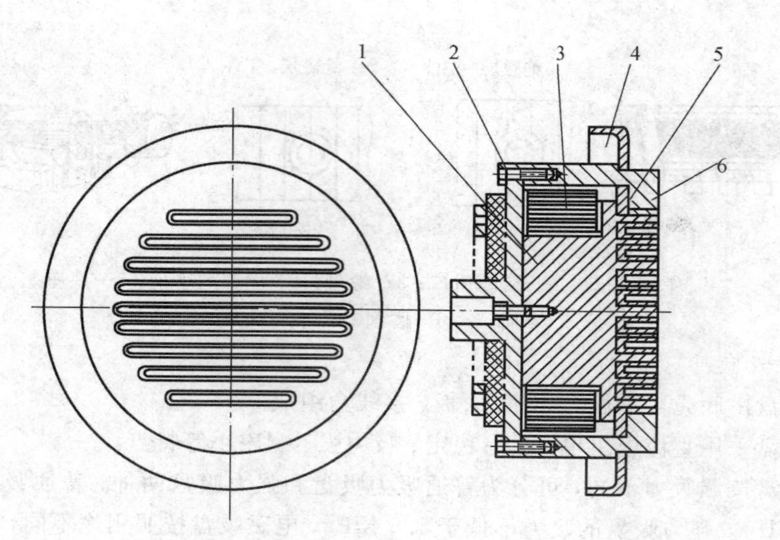

1—铁芯；2—螺钉；3—线圈；4—罩子；5—隔磁层；6—本体

图 2.3-7　圆形电磁吸盘

定在工作台上，接通机床上的直流电源和地线，然后将吸盘自身对地面平行。

在吸附工件时，只要搭接相邻的两个磁极，即可获得足够的定位吸力，进行磨削加工。通过机床按钮，可实现工件的通磁和消磁。

电磁吸盘不得严重磕碰，以免破坏精度；在闲置时，应擦净，涂防锈油；电磁吸盘外壳应接地，以免漏电伤人。

（3）电磁吸盘的安装。

磨削中小型工件的平面，常用电磁吸盘吸住工件进行磨削。电磁吸盘的工作原理如图 2.3-8 所示，1 为钢制吸盘体，在吸盘体中部的铁芯 A 上绕有线圈 4；钢盖板 3 分为三块，其间由绝磁层 2 隔开。当线圈 4 中有直流电通过时，铁芯 A 被磁化，磁力线由铁芯经过钢盖板→工件→钢盖板→吸盘体→铁芯而闭合（如图 2.3-8 中虚线所示），工件被吸住。绝缘层 2 是用铅、铜或巴氏合金等非磁性材料支撑的，它有阻止磁力线通过的作用。

磨削尺寸小或薄壁工件时，因工件与吸盘接触面积小，吸力弱，容易被磨削力弹出而造成事故。所以，装夹这类工件时，必须在四周用挡铁围住，如图 2.3-9 所示。

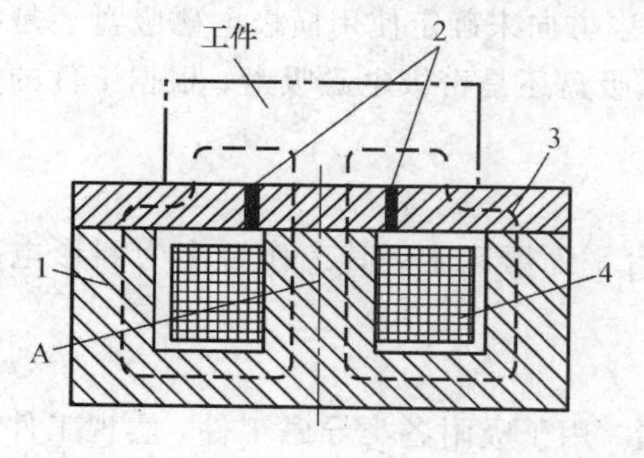

1—吸盘体；2—绝磁层；3—钢盖板；4—线圈

图 2.3-8　电磁吸盘工作台的工作原理

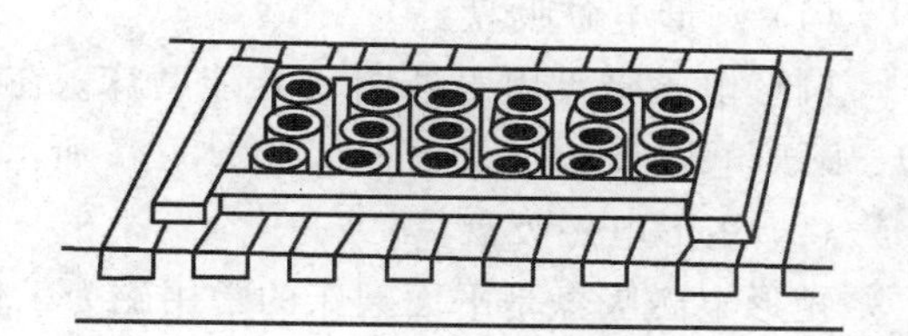

图 2.3-9　挡铁围住工件

(4) 压板和弯板安装。

磨削大型工件上的平面时，可直接利用磨床工作台的T形槽或压板和弯板装置来安装工件，如图2.3-10所示。

(5) 辅助夹具安装

由铜、铜合金、铝、铝合金等非磁性材料制成的工件安装时，应在电磁吸盘上或直接在磨床工作台上安放台虎钳或用简易夹具安装工件。如图2.3-11所示，用V形铁装夹工件。

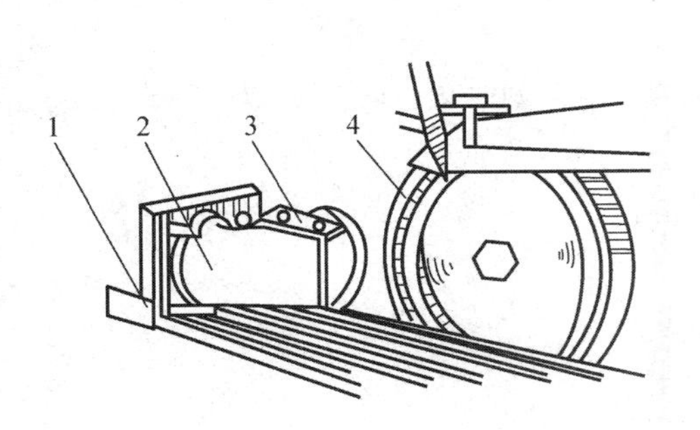

1—弯板；2—工件；3—压板；4—砂轮

图2.3-10 平面磨削时用压板和弯板装夹

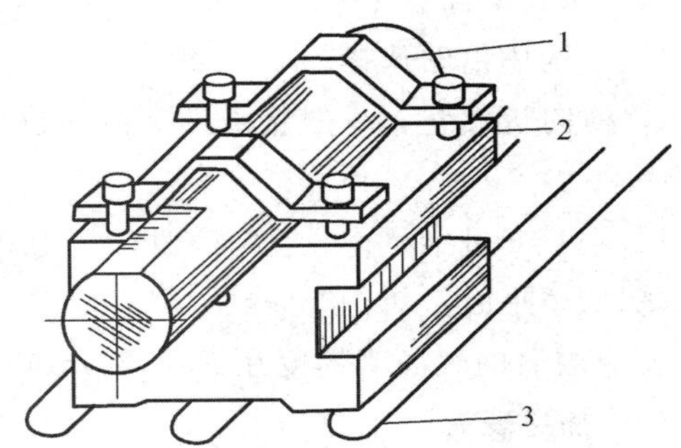

1—工件；2—V形铁；3—电磁吸盘

图2.3-11 用V形铁装夹工件

2.3.3 M7130A型平面磨床磨削垫铁零件的具体操作与检验

M7130A型平面磨床磨削垫铁零件的具体操作如下：

(1) 操作前的检查和准备。

① 擦净电磁吸盘台面，清除工件毛刺、氧化皮。

② 将工件装夹在电磁吸盘上。

③ 用金刚石笔修整砂轮。

④ 检查磨削余量。

⑤ 调整工作台行程挡铁位置。

(2) 粗磨上平面。

① 砂轮的选择。

一般用平形砂轮，采用陶瓷结合剂。由于平面磨削时砂轮与工件的接触弧比外圆磨削大，故砂轮的硬度应比外圆磨削时稍低些，粒度再大些，本任务所选的是特性为1－350×40×127－WA46K5V、GB 2485的平形砂轮。

② 磨削用量的选择。

a. 砂轮主轴转速为1440 r/min。

b. 横向进给量。一般粗磨时，横向进给量为$f_{横}$=(0.1～0.48)B/双行程(B为砂轮宽度)，取$f_{横}=0.2B=0.2\times40=8$(mm)。

c. 垂直向进给量。由于该工件经淬火热处理，变形大，留的磨削单面加工余量应为0.25 mm，取$a_p=0.15$ mm，留0.10 mm精磨余量。

③ 粗磨上平面。

采用横向磨削法，保证平行度误差不大于0.005 mm。

注意：整个磨削过程均需采用乳化液进行充分冷却。

(3) 翻身装夹。

装夹前需清除毛刺。

(4) 粗磨另一平面。

采用相同的切削用最，同样采用横向磨削法，保证平行度误差不大于 0.005 mm。

(5) 精修整砂轮。

(6) 精磨平面。

① 磨削用量的选择。

a. 横向进给量。一般精磨时，横向进给量为 $f_{横}=(0.05\sim0.1)B$/双行程，取 $f_{横}=0.1B=0.1\times40=4$(mm)。

b. 垂直向进给量。一般精磨时，a_p 为 0.1 mm。

② 精磨平面。

使精磨后的表面粗糙度在 $Ra0.8$ μm 以内。

(7) 翻身装夹。

装夹前清除毛刺。

(8) 精磨另一平面。

垂直向进给量 $a_p=s_{测}=30$ mm，$s_{测}$ 为精磨一面测得的实际尺寸，保证厚度尺寸为 30 mm±0.01 mm，平行度误差不大于 0.005 mm，表面粗糙度在 $Ra0.8$ μm 以内。

(9) 检验。

① 平行度误差的检验。

工件平面之间的平行度误差可以用下面两种方法检测。

a. 用外径千分尺(或杠杆千分尺)测量。在工件上用外径千分尺相隔一定距离测出几点厚度值，其差值即为平面的平行度误差值。

b. 用千分表(或百分表)测量。将工件和千分表支架都放在平板上，把千分表的测量头顶在平面上，然后移动工件，让整个工件平面均匀地通过千分表测量头，其读数的差值即为工件平行度的误差值。测量时，应将工件、平板擦拭干净，以免拉毛工作平面或影响平行度误差测量的准确性。

② 厚度尺寸的检验。

用千分尺来测量厚度尺寸。转动千分尺的微分筒，使测砧与测量螺杆张开，卡在垫板上，操作锁紧装置，固定测量数值，读取测量数据。

2.3.4 M7130A 型平面磨床的操作规程及维护保养

1. 平面磨床的操作规程

(1) 开车前必须穿好工作服，扣好衣、袖，留长发者必须将长发盘入工作帽内，不得系围巾、戴手套操作机床。

(2) 作业前，应将工具、卡具、工件摆放整齐，清除任何妨碍设备运行和作业活动的杂物。

(3) 作业前，应检查传动部分安全护罩是否完整、固定，发现异常应及时处理。

(4) 开车前检查机床传动部分及操作手柄是否正常和灵敏，按维护保养要求加足各部润滑油。

(5) 作业前，应按工件磨削长度，调整好换向撞块的位置，并固紧。

(6) 安装砂轮必须进行静平衡，修正后应再次平衡，砂轮修整器的金刚石必须尖锐，其尖点高度应与砂轮中心线的水平面一致，禁止用磨钝的金刚石修整砂轮，修整时，必须用冷却液。

(7) 开动砂轮前，应将液压传动调整手柄放在“低速”位置，砂轮快速移动手柄放在“后退”位置，以防碰撞。

(8) 启动磨床空转 3～5 min，观察运转情况，应注意砂轮离开工件 3～5 mm；确认润滑冷却系统畅通，各部运转正常无误后再进行磨削作业。

(9) 检查工件、装卸工件、处理机床故障要将砂轮退离工件后停车进行。

(10) 不准在工作面、工件、电磁吸盘上放置非加工物品，禁止在工作面、电磁吸盘上敲击、校准工件。

(11) 电磁吸盘和整流器应在通电 5 min 后使用，吸盘吸附上工件时，必须检查其牢固后再磨削，吸附较高或较小的工件时，应另加适当高度的靠板，防止工件歪倒，造成事故。

(12) 砂轮接近工件时，不准机动进给；砂轮未离开工件时，不准停止运转。

(13) 磨削进给量应由小渐大，不得突然增大，以防砂轮破裂。

(14) 磨削过程中，应注意观察各运动部位的温度、声响等是否正常；滤油器、排油管等应浸入油内，防止油压系统内有空气进入，油缸内进入空气，应立即排除；砂轮主轴箱内温度不应超过 60℃。发现异常情况应停车检查或检修，查明原因、恢复正常后才能继续作业。

(15) 操作时，必须集中精力，不得做与加工无关的事，不得离开磨床。

(16) 不得容许他人擅自操作磨床或容留闲杂人员在机床周围。

(17) 作业完毕，应先关闭冷却液，将砂轮空转 2 min 以上后，停止设备，将各手柄放于非工作位置并切断电源。

(18) 下班前，应清理工具、工件并摆放整齐，做好机台及周边清洁工作。连续工作一周后，应清除冷却液箱内的磨屑。

2. 平面磨床的维护保养

(1) 研磨前，请校正砂轮平衡。

(2) 必须依工件材质、硬度慎选砂轮。

(3) 主轴端与砂轮凸缘应涂薄油膜以防生锈。

(4) 请注意主轴旋转方向。

(5) 禁止使用空气枪清洁工作物及机器。

(6) 请注意钢索是否松动，若松动，需进行调整。

(7) 请注意油窗油路是否顺畅。

(8) 吸尘箱、过滤网，请每周清洁一次。

(9) 吸力弱时请检查吸尘管是否有粉屑堵塞。

(10) 必须保持吸尘管道清洁，否则会引起燃烧。

2.3.5 相关知识链接

下面主要介绍横向进刀机构。

横向进刀机构如图 2.3－12 所示，齿轮轴 8 与紧固在磨头上的齿条啮合，来自液压系统的压力油控制齿轮轴 8 与磨头齿条啮合或分开，蜗轮 7 与齿轮轴 8 用平键相连，当齿轮与齿条啮合时转动手轮 2 经蜗杆轴 1、蜗轮 7 及齿轮轴而使磨头移动。当液压磨头不需要横向进给时，压力油推动活塞，将弹簧压缩，使齿轮轴 8 与齿条脱开，保证了机构动作的安全。

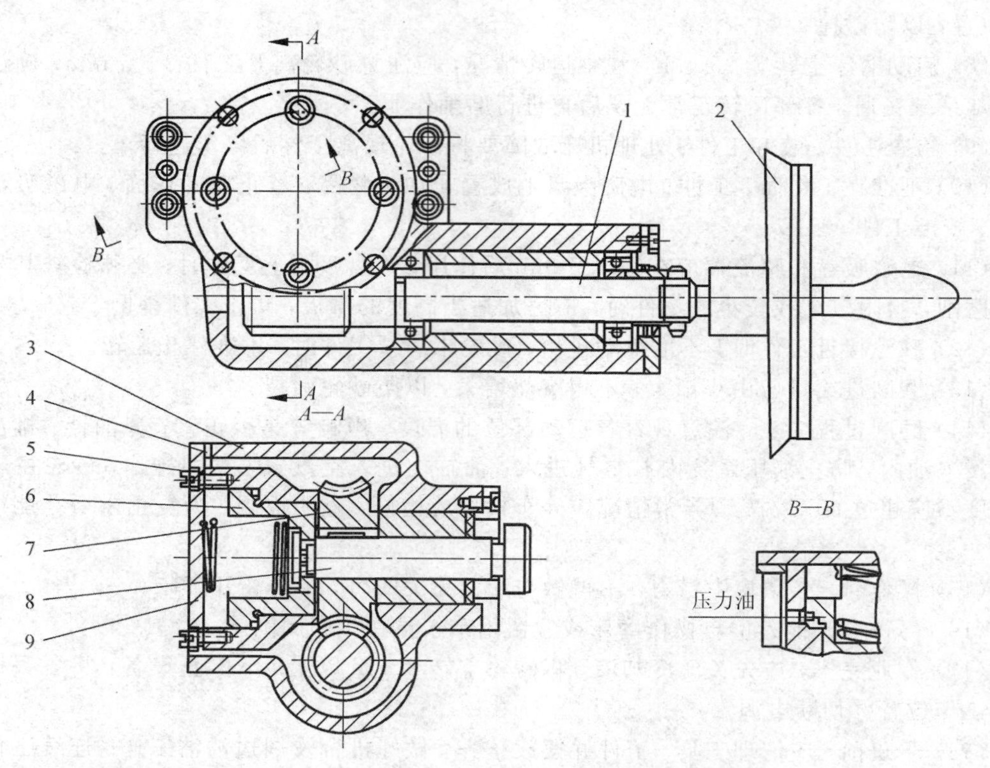

1—蜗杆轴；2—手轮；3—壳体；4—垫；5—螺钉；6—弹簧座；7—蜗轮；8—齿轮轴；9—端盖

图 2.3－12 横向进刀机构

操纵板机构位于床身前壁，供工作台转向之用。当工作台向左移动时撞块推动杠杆柄脚使其绕轴回转，杠杆另一轴就拨打操纵箱的换向阀，使工作台换向。当工作台向右移动时，另一撞块推动柄脚，杠杆向右回转，又使工作台换向。

借滚轮和销子的作用，杠杆在回转时能迅速达到极端位置停留，不敢停在中间位置，手柄作手动换向之用。

任务 2.4 长方体零件直沟槽刨削加工设备的使用

【任务描述】

按长方体零件刨削直沟槽的工序卡片完成直沟槽零件的刨削加工过程。

【任务要求】

读懂工序卡片，根据零件的形状、尺寸和精度要求，选择合适的机床型号，完成刀具、工件和夹具与机床的安装，调整操作刨床，完成直沟槽零件的刨削加工过程。

【知识目标】

（1）能读懂工序卡片中有关刀、量、附和夹具的内容。

（2）能理解 B6065 型牛头刨床的主运动、进给运动和辅助运动系统。

（3）能理解各典型传动件和机床附件的结构和工作原理。

【能力目标】

（1）能根据刨床的典型结构理解其工作原理，并了解刨削加工的特点及加工范围。

（2）能根据零件加工表面形状、加工精度、表面质量等选择合适的机床型号。

（3）能根据加工零件的特点，选择和安装刀具，并能独立调整 B6065 型牛头刨床。

（4）能操作 B6065 型牛头刨床加工直槽类零件，能对机床各传动链进行调整。

（5）能正确使用量具检验工件。

（6）能解决和处理机床的简单故障。

【学习步骤】

以长方体零件刨削直沟槽工序卡片的形式提出任务，在刨削长方体零件直沟槽的准备工作中学会分析工序卡片及图样，根据分析，选择合适的机床型号，对选定的机床的参数及运动进行分析，掌握本机床的调整及操作方法，掌握刀、夹、附具及工件与机床的连接与安装，最后完成零件的加工操作及检验，掌握对一般机床故障的分析与排除能力，学会本类机床的操作规程及其维护保养。

2.4.1　长方体零件刨削直沟槽工序卡片

长方体零件刨削直沟槽工序卡片如表 2.4－1 所示。

表 2.4－1　长方体零件刨削直沟槽工序卡片

××××学院	机械加工工序卡片	产品型号		零件图号			
		产品名称		零件名称	长方体	共　页	第　页

车间	工序号	工序名称	材料牌号
毛坯机加类	006	刨直槽	45钢
毛坯种类	毛坯外形尺寸	每毛坯可制件数	每台件数
	150×35×30	1	1
设备名称	设备名称	设备编号	同时加工数
牛头刨床	B6065		1

夹具编号	夹具名称	切削液	
	QB100平口虎钳	水溶液	
工位器具编号	工位器具名称	工序工时（分）	
		准终	单件
	两个垫铁、游标卡尺、百分表及表座、成型刨刀		

（工序简图标注：// 0.05 A；⊥ 0.03 A；150±0.15；Ra 3.2；35±0.15；8±0.15；A）

工步号	工步内容	工艺装备	主轴转速 r/min	切削速度 m/min	进给量 mm/r	切削深度 mm	进给次数	工步工时 机动	工步工时 辅助
1	装夹	平口虎钳							
2	粗刨键槽	卡尺、成型刨刀		8		2/往返			
3	精刨键槽	卡尺、成型刨刀		16		0.5/往返			

设计（日期）	校对（日期）	审核（日期）	标准化（日期）	会签（日期）

2.4.2 刨削长方体零件直沟槽的准备工作

1. 分析图样

1）加工精度分析

根据零件图可知，加工部位是截面为 8×8（mm^2）的正方形，槽长为 150 mm，加工要求为：槽两侧面对底面的垂直度公差为 0.08 mm，公差等级是 8 级；槽底对底面的平行度公差为 0.05 mm，公差等级是 7 级。

2）表面粗糙度分析

工件各表面的粗糙度 Ra 均为 3.2 μm，刨削加工可以达到加工要求。

3）材料分析

45 钢为优质碳素结构钢，硬度不高易切削加工，切削性能好，故可选用高速钢刨刀，也可以选用硬质合金刨刀。

4）形体分析

该零件为长方体形坯件，外形尺寸不大，宜采用机用平口钳装夹。

2. 机床型号及附件型号的选取

1）刨床的工艺范围及特点

刨床是用刨刀对工件的平面、沟槽或成型表面进行刨削的机床。刨削加工是在刨床上利用刨刀或工件的直线往复运动进行切削加工的方法，刨刀一般是单刃切削，结构简单，刃磨方便，主要可以刨削加工水平面、垂直面、斜面、曲面、台阶面、燕尾形工件、T 形槽、V 形槽，也可以刨削孔、齿轮和齿条等。如果对刨床进行适当的改装，那么刨床的适用范围还可以进一步扩大，刨床加工范围如图 2.4－1 所示。

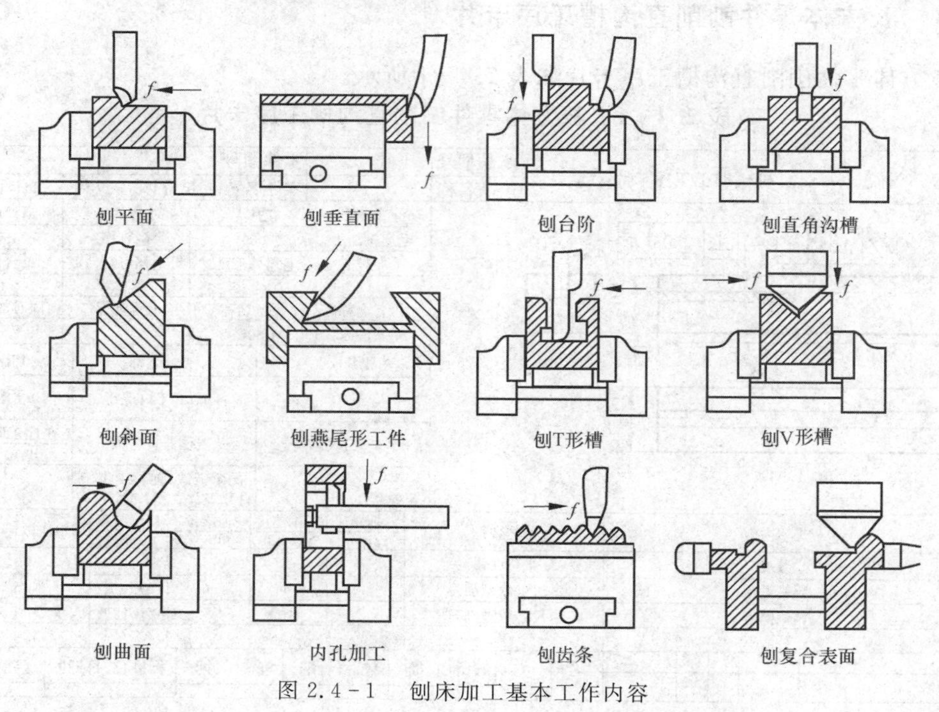

图 2.4－1　刨床加工基本工作内容

由于刨床刨削的主运动是变速往复直线运动，在变速时存在惯性，限制了切削速度的提高，刨刀在切入、切出时产生较大的振动，因而限制了切削用量的提高，且刨刀在回程时不切削，所以刨削加工生产效率低，工件和机床振动较大，一般加工精度可达 IT8～IT9，表面粗糙度 Ra 值为 1.6～6.3 μm，但在龙门刨床上用宽刀细刨，粗糙度 Ra 值为 0.4～0.8 μm，所以刨床主要用于单件小批量生产，特别是加工狭长平面时被广泛应用。

若工件表面质量要求很高，则普遍采用宽刀精刨代替刮研，可以得到较高的生产率，同时加工薄板零件也比较方便，使用精度和刚度比较好的龙门刨床可以对导轨或工作台表面进行以刨代刮加工，若再选择合适的切削用量，刨削后表面粗糙度 Ra 值可达 0.2～0.8 μm，直线度可达 0.02～0.1 μm。

2）刨床的分类

刨床种类很多，其中常用的有牛头刨床、龙门刨床和插床。

（1）牛头刨床。

牛头刨床主要用于加工中、小型零件，其工作长度一般不超过 1000 mm，工件装夹在可调整的工作台上或夹在工作台上的平口钳内，利用刨刀的直线往复运动（切削运动）和工作台的间歇移动（进刀运动）进行刨削加工。

根据所能加工工件的长度，牛头刨床可分为大、中、小型三种：小型牛头刨床可以加工长度为 400 mm 以内的工件，如 B635－1 型牛头刨床；中型牛头刨床可以加工长度为 400～600 mm 的工件，如 B650 型牛头刨床；大型牛头刨床可以加工长度为 400～1000 mm 的工件，如 B665 型和 B690 型牛头刨床。

（2）龙门刨床。

龙门刨床因有一个“龙门”式的框架而得名，与牛头刨床不同的是，在龙门刨床上加工时，零件随工作台的往复直线运动为主运动，进给运动是垂直刀架沿横梁上的水平移动和侧刀架在立柱上的垂直移动。

龙门刨床适用于刨削大型零件，零件长度可达几米、十几米甚至几十米。也可在工作台上同时装夹几个中、小型零件，用几把刀具同时加工，故生产率较高。龙门刨床特别适于加工各种水平面、垂直面及各种平面组合的导轨面、T 形槽等。

龙门刨床的主要特点有：自动化程度高，各主要运动的操纵都集中在机床的悬挂按钮站和电气柜的操纵台上，操纵十分方便；工作台的工作行程和空回行程可在不停车的情况下实现无级变速；横梁可沿立柱上下移动，以适应不同高度零件的加工；所有刀架都有自动抬刀装置，并可单独或同时进行自动或手动进给，垂直刀架还可转动一定的角度，用来加工斜面。

（3）插床。

插床又叫立式刨床，主要用来加工工件的内表面。它的结构与牛头刨床几乎完全一样，不同点主要是插床的插刀在垂直方向上做直线往复运动（切削运动），工作台除了能做纵、横方向的间歇进刀运动外，还可以在圆周方向上做间歇的回转进刀运动。

3）刨床的型号编制

刨床的型号编制如表 2.4－2 所示。

表 2.4-2 刨床的型号编制

类别	代号	机床名称	组别	系别	主参数名称	折算系数
刨插床	B	悬臂刨床	1	0	最大刨削宽度	1/100
		龙门刨床	2	0	最大刨削宽度	1/100
		龙门铣磨刨床	2	2	最大刨削宽度	1/100
		插床	5	0	最大插削宽度	1/10
		牛头刨床	6	0	最大刨削宽度	1/10
		模具刨床	8	8	最大刨削宽度	1/10

刨床主参数一般描述的是最大刨削宽度，由于本任务中零件最大轮廓为150 mm，因此选择B6065型牛头刨床。

3. 刨削加工机床的调整与操作

下面以B6065型牛头刨床为例介绍刨削加工机床的调整与操作。

B6065型牛头刨床的主要技术参数如表2.4-3所示。

表 2.4-3 B6065型牛头刨床的主要技术参数

项 目 名 称	技 术 参 数
最大刨削长度/mm	650
工作台最大横向行程/mm	600
工作台最大垂直行程/mm	300
工作台面距滑枕底面的距离/mm	6.5～370
工作台面尺寸(长×宽)/mm	650×450
刀架最大垂直行程/mm	175
刀架最大回转角度/(°)	60
滑枕每分钟往复次数范围/(次/min)	12.5～72.7
滑枕往复变速种数	6
工作台平滑枕每一往复行程内横向进给量/mm	0.33～3.33
工作台横向进给级数/mm	10
刨刀柄最大尺寸(宽×厚)/mm	20×30
工作台T形槽宽/mm	18+0.12
电机功率/kW	2.8
外形尺寸/mm	2280×1450×1750
机床重量/kg	1850

1) B6065 型牛头刨床的结构及运动分析

(1) 主要部件及功用。

如图 2.4-2(a)所示，牛头刨床主要由床身、横梁、工作台、滑枕、变速箱等组成，各部分具有不同的功用，图 2.4-2(b)所示为 B6065 型牛头刨床的运动示意图。

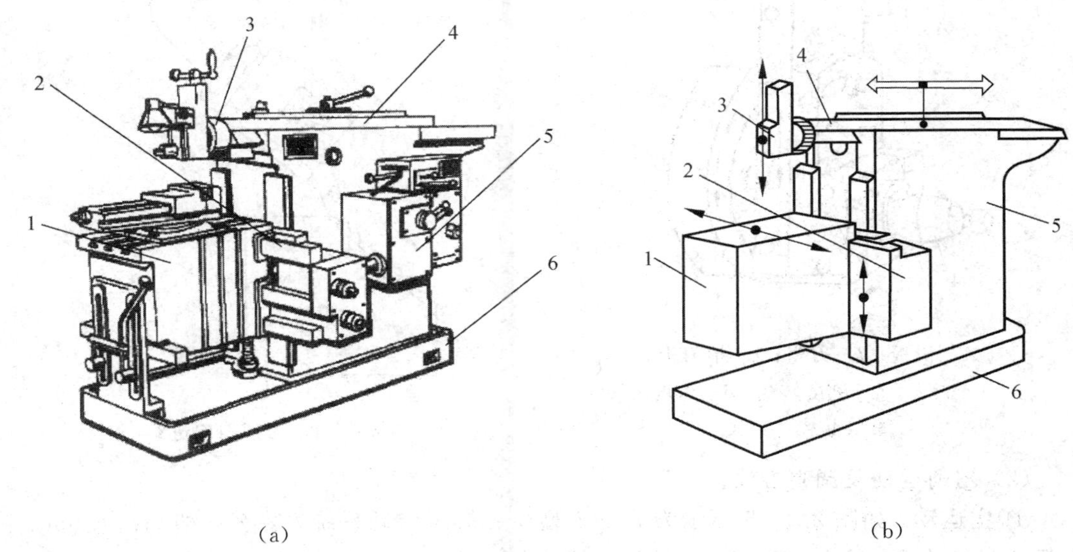

1—工作台；2—横梁；3—滑枕；4—床身；5—变速箱；6—底座

图 2.4-2 B6065 型牛头刨床的外形和运动示意图

工作台 1 用于安装工件，它可随横梁做上下调整，并可沿横梁做水平方向移动，实现间歇进给运动。

横梁 2 主要用于支承工作台，内部丝杠带动工作台沿横梁导轨做横向进给运动，下部垂直丝杠带动工作台沿床身垂直导轨上下运动，以调节工件与刀具的高度。

滑枕 3 主要用来带动刨刀做直线往复运动(即主运动)，其前端装有刀架。滑枕往复运动的快慢、行程的长短和位置均可根据加工位置进行调整。

床身 4 用于支承和连接刨床的各部件，其顶面导轨供滑枕往复运动用，侧面导轨供工作台升降用。床身的内部装有传动机构。

变速箱 5 用于改变滑枕(刨刀主运动)的运行速度，同时可以改变工作台横向、纵向走刀方向以及工作台走刀量的大小。

底座 6 用于支承和平衡床身，并通过地脚螺栓与地基相连。

如图 2.4-3 所示为刀架，用于夹持刨刀。摇动刀架手柄时，滑板便可沿转盘上的导轨带动刨刀上下移动。松开转盘上的螺母，将转盘扳转一定角度后，可使刀架斜向进给，如图 2.4-4 所示。滑板上还装有可偏转的刀座(又称刀盒、刀箱)，刀座上装有抬刀板，刨刀随刀夹安装在抬刀板上，在刨刀返回行程时，刨刀随抬刀板绕销轴向上抬起，以减少刨刀与工件的摩擦。

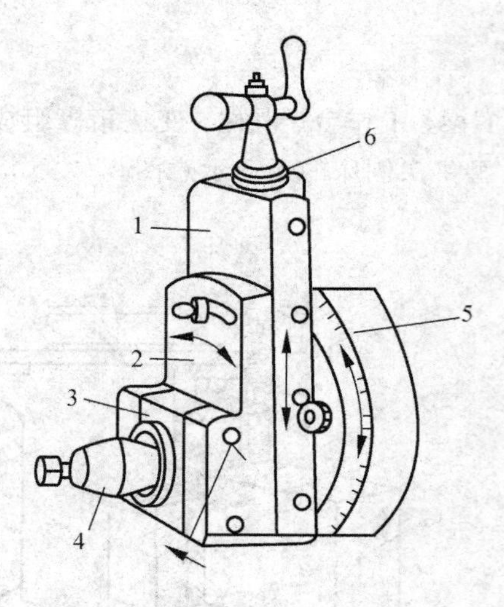

1—滑板；2—刀座；3—抬刀板；
4—刀夹；5—刻度转盘；6—刻度环

图 2.4-3　刀架

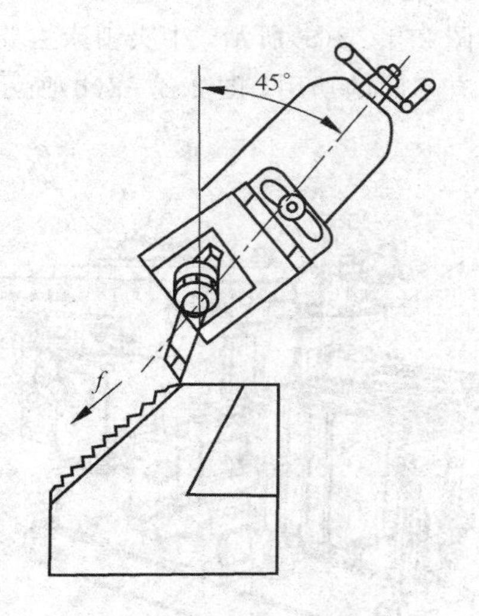

图 2.4-4　刀架斜向进给

(2) 刨削运动及调整方法。

① 主运动。如图 2.4-5 所示为 B6065 型牛头刨床传动系统，装有刀架的滑枕由床身内部的摆杆带动，沿床身顶部的导轨做直线往复运动，由刀具实现切削过程的主运动。

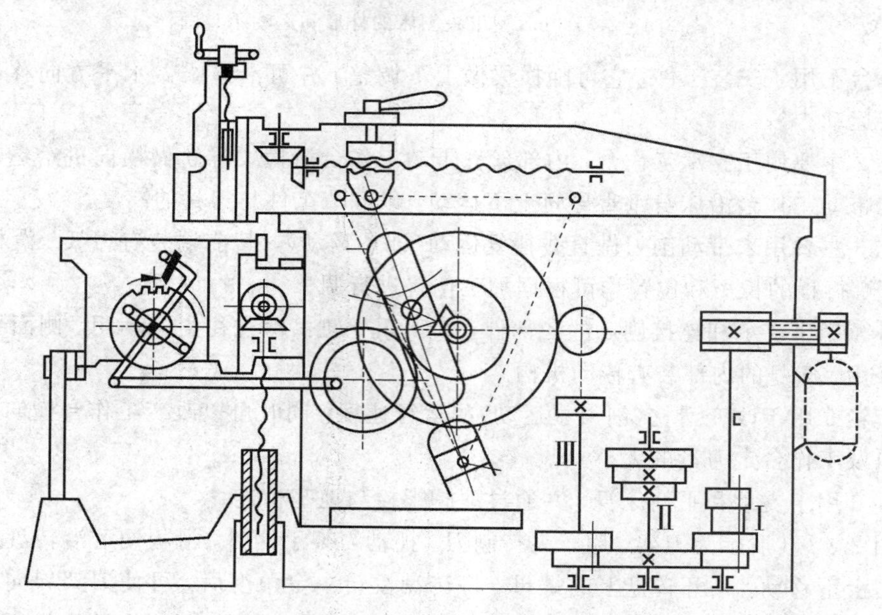

图 2.4-5　B6065 型牛头刨床传动系统

② 进给运动。夹具或工件安装在工作台上，加工时，变速箱带动工作台(或工件)沿横梁上的导轨做间歇横向进给运动。横梁可沿床身的垂直导轨上下移动，以调整工件和刨刀的相对位置。刀架还可以沿刀架座上的导轨上下移动(一般为手动)，以调整刨削深度。另外，加工垂直平面和斜面做进给运动时，调整刀架上的转盘，可以使刀架左右回旋，以便

加工斜面和斜槽。

③ 调整方法。对于加工表面的长度、宽度及深度各不相同的工件，刀具与工件之间的相对位置需要以下几个方面的调整：

a. 滑枕行程长度的调整。如图 2.4－6 所示，不同工件加工表面的长度不同，滑枕（或刀具）的行程应随之变化，其行程长度应大于工件所要加工的长度。滑枕行程长度可通过移动径向可调的偏心销实现。若将偏心销向外移动，则可增大偏心销的回转半径，使摇杆的摆动量增大，滑枕行程加大，反之，行程减小。

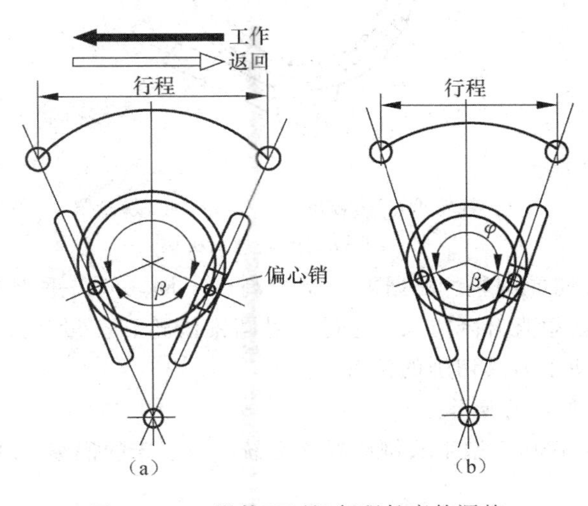

图 2.4－6　滑枕（刀具）行程长度的调整

b. 滑枕行程位置的调整。被刨削工件装夹好后，应调整滑枕（刀具）相对于工件的位置，使其与工件被加工的位置相适应，且在工件前后端需留适当的空行程 Δ 和 y。前端空行程 Δ 是为了使刀具顺利切出，不致崩刃；后端空行程 y 是为了保证刨刀在切削前有足够的时间落下，同时刀具进给也在这一空行程完成。一般后端空行程 y 应大于前端空行程 Δ。滑枕（刀具）行程位置的调整方法如图 2.4－7 所示，调整方头通过一对锥齿轮带动丝杠相对于固定丝母转动，从而调整滑枕向前或向后运动，调整好后用手柄锁紧。

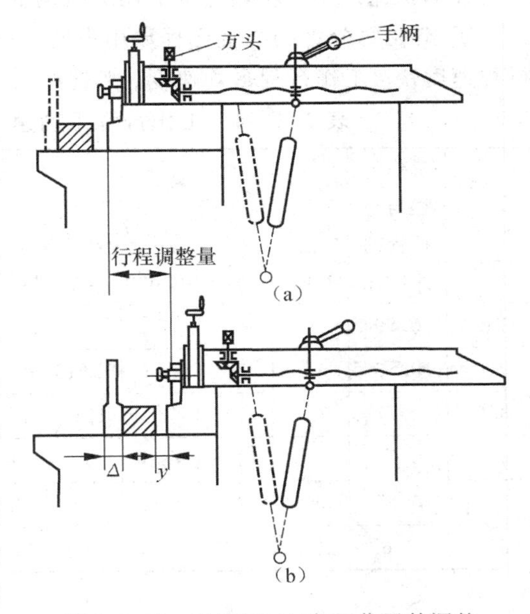

图 2.4－7　滑枕（刀具）行程位置的调整

c. 工作台横向进给量的调整。工件需刨削的宽度尺寸不同时，应调整工作台横向进给量与之相适应，这种调整可通过棘轮棘爪机构来实现。棘轮棘爪机构如图 2.4－8 所示，圆形棘轮罩在圆周上有缺口，调整缺口位置可以盖住在棘轮架摆动角 φ 内棘轮的一定齿数，盖住的齿数越少，进给量越大；反之，进给量越小；当全部盖住时，工作台横向进给自动停止。

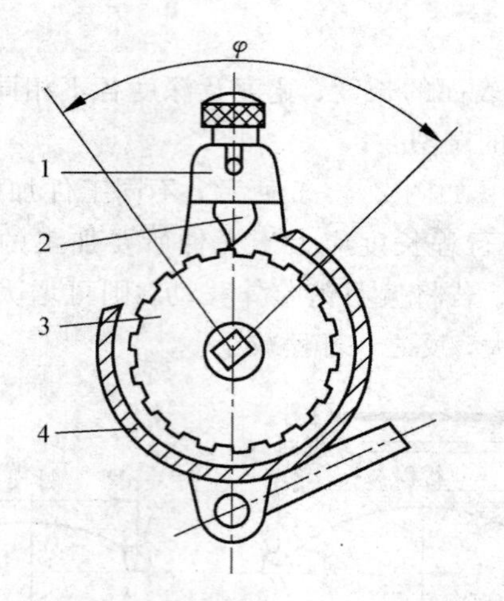

1—棘轮爪；2—棘爪；3—棘轮；4—棘轮罩

图 2.4-8 棘轮棘爪机构

d. 工作台垂直方向的调整。根据加工工件高度不同，可在垂直方向调整工作台的高度。用扳手转动工作台垂直升降方头，通过一对圆锥齿轮和衡量升降丝杠，可把工作台的高度调整到合适的、便于刀具切削的位置。

2) B6065 型牛头刨床的操作

图 2.4-9 所示为 B6065 型牛头刨床操纵系统，该刨床的操纵、调整和使用说明如下。

(1) 操纵和调整。

开动机床之前，应熟悉全部操纵机构的正确使用，机床按下述方法调整：

① 滑枕每分钟的往复行程数用手柄 2 和 3(见图 2.4-9)调整，滑枕空行程速度比工作行程速度快，工作行程平均速度、滑枕冲力与刨削长度的关系如表 2.4-4 所示。

表 2.4-4 工作行程平均速度、滑枕冲力与刨削长度的关系

刨削长度/mm	工作行程与空行程的速度比	每分钟滑枕往复行程数											
		12.5		17.9		25		36.5		52.5		73	
		m/min	kg	m/min	kg	m/min	kg	m/min	kg	m/min	kg	m/min	kg
150	0.89							10.5	1300	14.8	910	20.6	650
250	0.83			8.1	1.616	11.5	1155	16.6	824	24	576	33.2	412
350	0.77	7.7	1722	11	1213	15.4	866	22.5	618	32.4	438		
450	0.71	9.6	14.5	13.6	99	19	706	27.8	5.3	40	370		
550	0.65	11.2	1205	16.3	850	22	806	33.4	433				
650	0.6	12.8	1065	18.5	750	26	535	37.5	382				

② 滑枕行程长度用扳手回转方头轴 9(见图 2.4-9)调整，其行程长度可根据床身上的刻度标尺确定。

③ 滑枕行程位置可在松开手柄 10(见图 2.4-9)后，用扳手回转方头轴 11(见图 2.4-9)调整，调整合适后，再旋紧手柄 10。

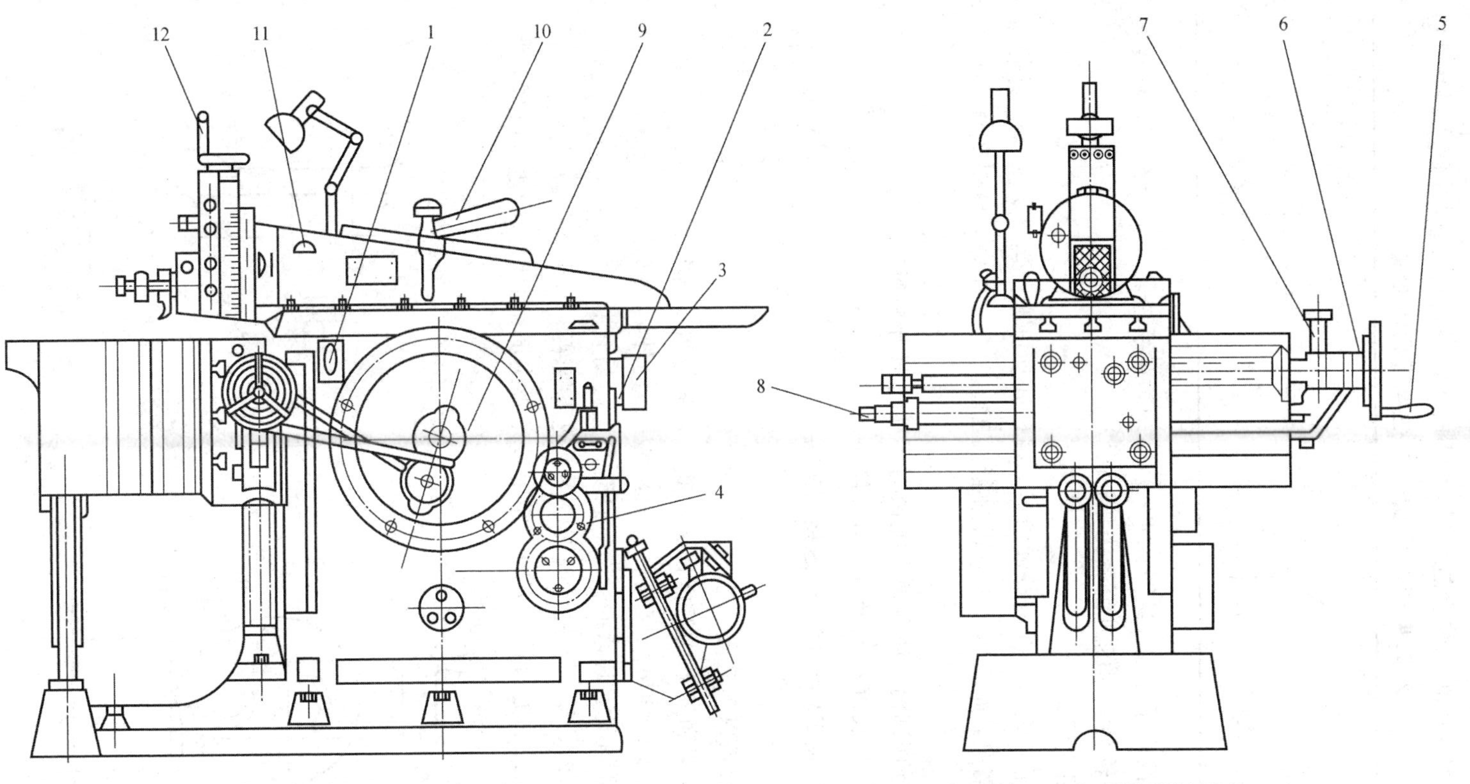

1—启动及停车按键；2，3—变速操纵手柄；4—用手移动滑枕的方头轴；5—工作台水平移动手轮；6—水平进给量的刻度盘；7—手柄；8—工作台垂直升降的方头轴；9—调整滑枕冲程的方头轴；10—将滑枕和摇臂机构卡紧的手柄；11—调整滑枕伸出量的方头轴；12—刀架垂直进给手轮

图2.4-9 B6065型牛头刨床操纵系统

④ 工作台的进给量以露在盖板外面的棘轮齿数来调整，滑枕一次往复行程进给量如表 2.4-5 所示。当需要停止工作台进给时，可用手柄 7 将棘爪抬起并使之回转 90°。

表 2.4-5　滑枕一次往复行程进给量

拨动棘轮的齿数	1	2	3	4	5	6	7	8	9	10
工作台水平进给量/mm	0.33	0.67	1.00	1.33	1.67	2.00	2.33	2.67	3.00	3.33

⑤ 刀架进给用回转手轮 12(见图 2.4-9)实现，在手轮轮壳上有刻度，刻度每一格进给量为 0.1 mm，手轮转一周的进给量为 5 mm。

(2) 试车和使用说明。

将机床各润滑面清洗干净并充分润滑后，即可开动机床空运转 3～4 h，并仔细检查各部传动机构的工作情况，如确属正常，再进行加工。机床工作时，应时刻注意检查各部的润滑情况。

当回转刀架进行切削时，注意刀架退回时不能与床身相撞击。

变速调整滑枕行程长度和位置时，均须停车。

4. 刀、夹、附具及工件与刨床的连接与安装

1) 刨刀的安装

安装刨刀时要做到以下几点：

(1) 通常要使刀架和刀箱或刀杆处于中间垂直的位置，如图 2.4-10(a)所示。

(2) 刨刀在刀架上的伸出长度应尽量短，直头刀的伸出长度大不于刀杆厚度的 1.5 倍，弯头刀的伸出长度可稍大于其弯曲部分，以防产生振动和断刀，如图 2.4-10(b)所示。

(3) 装刀和卸刀时，须一手扶住刨刀，一手使用扳手。

(4) 安装有修光刃的宽刃精刨刀时，要用透光法找正宽切削刃的水平位置，然后夹紧。

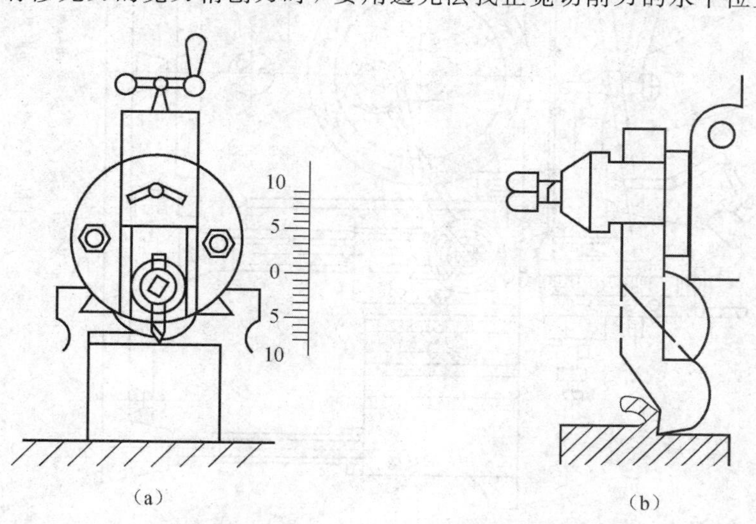

图 2.4-10　刨刀安装示意图

2）工件的安装

小型和中等尺寸的工件采用平口虎钳装夹，较大工件采用压板直接在工作台上安装。

（1）平口虎钳的型号选择。

平口虎钳的规格参数如表 2.4－6 所示。

表 2.4－6　平口虎钳的规格参数　　mm

型号	钳口宽度	钳口高度	钳口张开度
QB100	100	36	800
QB136	136	36	160
QB160	160	51	170
QB200	200	64	210
QB250	250	64	270
QB320	320	81	350

平口虎钳是一种通用夹具，是将工件固定夹持在机床工作台上以进行切削加工的一种机床附件，钳口宽度是其主要参数。由于本任务中零件轮廓最大宽度为 35 mm，因此只要钳口宽度大于 35 mm 即可，故选择 QB100 型平口虎钳。

（2）用平口虎钳安装工件。

① 校正钳口。为保证零件加工精度，装夹工件以前，首先打表校正固定钳口相对于行程方向的平行度或垂直度，如图 2.4－11 所示，将平口钳放在工作台上，移动工作台，若表针不摆动则说明固定钳口与行程方向垂直，旋转钳口 90°，用同样方法校正其平行度。

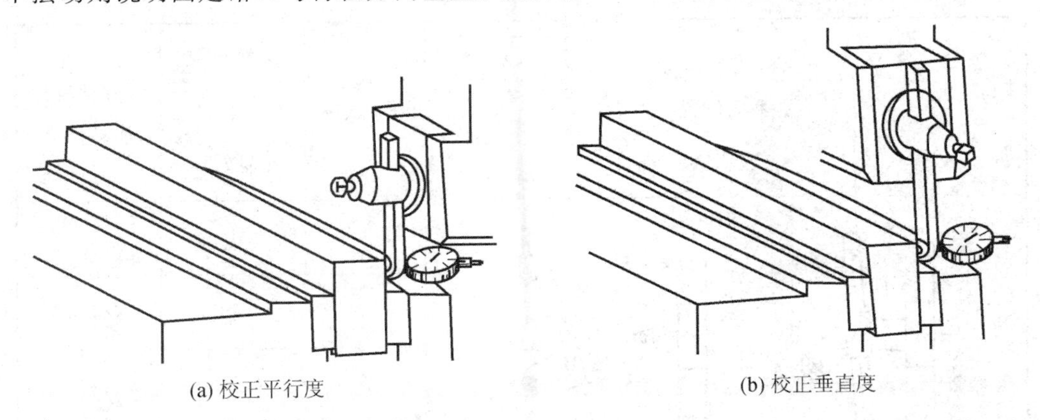

(a) 校正平行度　　(b) 校正垂直度

图 2.4－11　校正钳口

② 装夹工件。装夹工件时，要保证工件加工面要高于钳口平面；选择工件平整表面与固定钳口贴合，以保证定位装夹牢靠；若工件已按钳工工序划好找正线，应用划针盘找正工件，使找正线与工作台面平行，如图 2.4－12 所示。或用内卡钳校正工件下表面与工作台平面的平行度。

（3）刨削步骤。

刨削台阶是刨水平面与垂直面的组合，加工步骤如图 2.4－1 中刨台阶图所示。

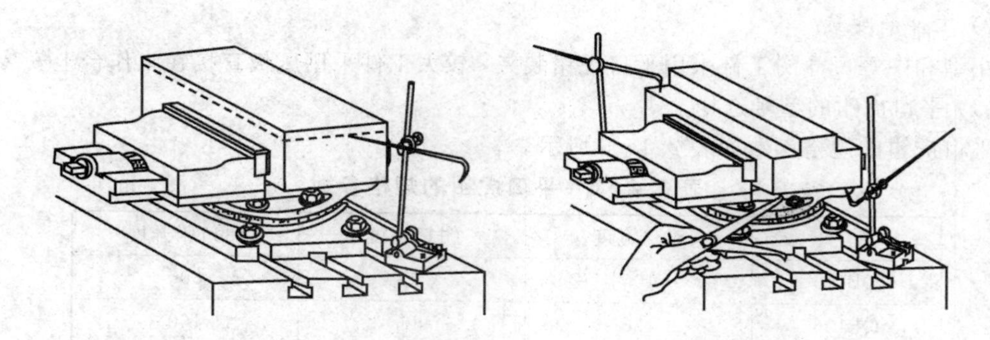

图 2.4－12　找正工件

2.4.3　刨床上刨削直沟槽零件的具体操作与检验

刨床上刨削直沟槽零件的具体操作与检验过程如下：

(1) 目测检验坯件的形状和表面质量，如各面之间是否基本平行、垂直。

(2) 根据上述平口虎钳安装工件的步骤，将工件装夹在平口虎钳上。

(3) 将机床全部润滑，开动机床低速空转 3 h 左右，同时检查机床各机构的工作是否正常，然后安装成型刨刀，用变速操纵手柄 2、3(见图 2.4－9)调整滑枕的速度。一般来说，刚开始粗加工，将变速操纵手柄 A、B(见图 2.4－13)分别调到Ⅰ和 3 位置，使滑枕每分钟的往复行程数为 25，并调整刀架垂直进给手轮 12，刨尺寸为 8 mm 的槽两侧面，留 0.2～0.3 mm 余量，深度 8 mm 留 0.1～0.15 mm 余量。

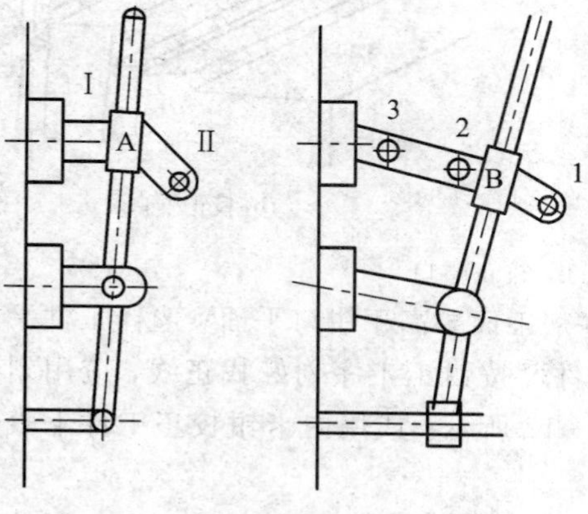

<table>
<tr><th rowspan="3">手柄位置</th><th rowspan="3">位置次序</th><th colspan="2">手柄符号</th><th rowspan="3">每分钟滑枕往复行程</th></tr>
<tr><th>A</th><th>B</th></tr>
<tr><th colspan="2">手柄位置</th></tr>
<tr><td rowspan="6">I A II　3 2 B 1</td><td>1</td><td colspan="2">Ⅰ</td><td>12.5</td></tr>
<tr><td>2</td><td colspan="2">Ⅰ</td><td>17.9</td></tr>
<tr><td>3</td><td colspan="2">Ⅰ</td><td>25</td></tr>
<tr><td>4</td><td colspan="2">Ⅱ</td><td>36.5</td></tr>
<tr><td>5</td><td colspan="2">Ⅱ</td><td>52.5</td></tr>
<tr><td>6</td><td colspan="2">Ⅱ</td><td>75</td></tr>
</table>

图 2.4－13　变速箱操纵图

④ 将变速操纵手柄A、B(见图2.4-13)分别调到Ⅰ和1位置，使滑枕每分钟的往复行程数为12.5，并调整刀架垂直进给手轮12，用三面刃成型刨刀精加工，保证槽两侧面的尺寸为8 mm±0.15 mm，表面粗糙度 Ra 达3.2，保证槽底面的深度尺寸为8 mm±0.15 mm，且粗糙度为3.2。

⑤ 根据工序卡片，用表面粗糙度样板检验加工的直沟槽两侧面粗糙度，用游标卡尺测量直沟槽的深度和长度，检验是否满足加工的精度要求。

2.4.4 刨床的日常维护保养、安全操作规程与文明生产

1. 刨床的日常维护保养

1）一级保养

(1) 刨床运行600 h进行一级保养，以操作工人为主，维修工人配合进行。

(2) 首先切断电源，然后进行保养工作，具体项目如表2.4-7所示。

表2.4-7 一级保养项目

序号	保养部位	保养内容及要求
1	外保养	(1) 擦洗机床表面，要求无黄袍，无油污； (2) 配齐螺钉、螺母、手柄、手球、标牌等； (3) 清洗附件
2	传动	(1) 清洗滑枕、丝杠、伞齿轮； (2) 检查齿轮、拨叉滑块、定位螺钉； (3) 清洗机床内腔； (4) 检查、调整传动皮带松紧
3	刀架 横梁 工作台	(1) 清洗刀架、丝杠，调整刹铁与导轨间隙； (2) 清洗工作台、横梁、导轨及丝杠螺母、伞齿轮； (3) 修光工作台毛刺
4	液压润滑	(1) 清洗、配齐油杯、油毡、油线、滤油器，加注润滑油，无泄漏； (2) 系统完整，油路畅通； (3) 检查压力表，调整油压(液压牛头刨)
5	电器	(1) 擦拭电动机、电器箱； (2) 检查、紧固接零装置

2）二级保养

(1) 机床运行5000 h进行二级保养，以维修工人为主，操作工人参加，除执行一级保养内容及要求外，应做好下列工作，并测绘易损件，提出备品配件。

(2) 首先切断电源，然后进行保养工作，具体项目如表2.4-8所示。

表 2.4-8　二级保养项目

序号	保养部位	保养内容及要求
1	传动	(1) 检查导轨、压板，修光毛刺； (2) 检查齿轮、丝杠、棘轮、轴、轴承、内腔大齿轮的磨损情况，调整摇杆滑块间隙； (3) 修复或更换严重磨损零件
2	刀架，横梁，工作台	(1) 检查、调整伞齿轮、丝杠与螺母、刹铁与导轨间隙； (2) 修复或更换严重损坏零件
3	液压润滑	(1) 清洗油泵、油池； (2) 更换油封； (3) 修复或更换损坏零件
4	电器	(1) 清洗电动机，更换润滑脂； (2) 修复或更换损坏的元件； (3) 电器符合设备完好标准要求
5	精度	(1) 校正机床水平，检查、调整、修复精度； (2) 精度符合设备完好标准要求

2. 刨床的安全操作规程与文明生产

(1) 工作前，穿戴好劳保用品，如：扣好衣服，扎好袖口。女同学必须戴上安全帽，不准戴手套工作，以免被机床的旋转部分绞住，造成事故。

(2) 未了解机床的性能和未得到实习指导人员的许可，不得擅自开动机床。

(3) 机床启动前必须检查机床各转动部分的润滑情况是否良好，各运动部件是否受到阻碍，防护装置是否完好，机床上及其周围是否堆放有碍安全的物件。

(4) 工件夹紧必须牢固可靠，夹紧后应先用手柄调整滑枕，试探滑枕的行程大小是否合适，如不合要求，则加以调整，但不准在开车时调整滑枕行程。

(5) 机床运转时，操作者不能随时离开运转中的机床。

(6) 刨刀须按规定牢固地装夹在刀架上，吃刀不可太大，以防损坏刨刀。

(7) 机床开动后，不可随意拨动机件，如需要调节机床或改变机床切削用量，必须征得指导人员同意。

(8) 刨刀来回走动时，不可用手抚摸刨刀和工件，不要在刨刀的正面迎头看工件，以防头部被撞伤。

(9) 测量工件尺寸必须停车，工件上的铁屑必须用刷子扫除，不可用手揩擦。

(10) 工作中必须经常检查机床各部分的润滑情况，发现异常现象应立即停车并向实习指导人员报告。

(11) 牛头刨床的刨刀要根据加工件的需要尽量缩短，冲头行程一定要试开调整合适后再开始工作。

(12) 工作中使用的照明灯必须是低压灯泡，严禁使用高压灯。

(13) 工作完毕应将各手柄放在非工作位置，切断电源，必须整理工具并做好机床的清洁工作。

2.4.5 相关知识链接

1. 龙门刨床

龙门刨床主要用于加工大型或重型零件上的各种平面、沟槽和各种导轨面，也可在工作台上一次装夹多个中小型零件进行多件同时加工，B2012A型龙门刨床的外形如图2.4-14所示。

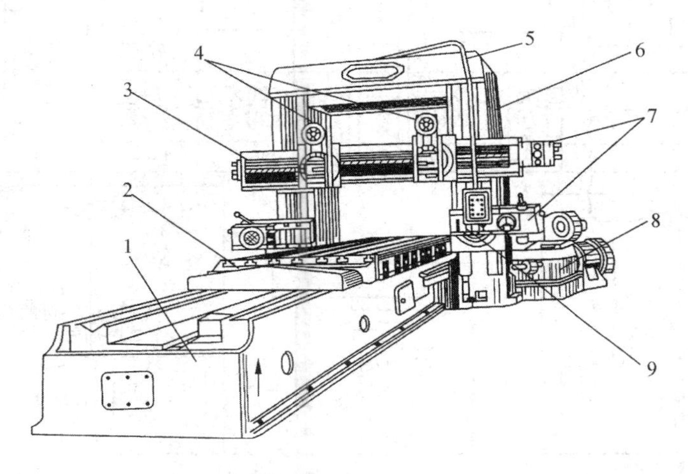

1—床身；2—工作台；3—横梁；4—垂直刀架；5—顶梁；6—立柱；7—进给驱动装置；8—主驱动装置；9—侧刀架

图2.4-14 B2012A型龙门刨床外形

1) B2012A型龙门刨床的组成及工作特点

B2012A型龙门刨床由床身1、工作台2、横梁3、垂直刀架4、顶梁5、立柱6、进给驱动装置7、主驱动装置8、侧刀架9组成。

龙门刨床的工作台沿床身水平导轨做往复运动，它由直流电动机带动，并可进行无级调速，运动平稳。工作台带动工件慢速接近刨刀，刨刀切入工件后，工作台增速到规定的切削速度；在工件离开刨刀前，工作台又降低速度；切出工件后，工作台快速返回。两个垂直刀架由一台电动机带动，它既可在横梁上做横向进给，也可沿垂直刀架本身向导轨做垂直进给，并能旋转一定角度做斜向进给。

龙门刨床的主运动是工作台的直线往复运动，进给运动是刀架带着刨刀做横向或垂直向的间歇运动。

龙门刨床主要用来加工大平面，尤其是长而窄的平面，一般龙门刨床可刨削的工件宽度达1 m，长度在3 m以上，还可用来加工沟槽，也可以成批加工小型零件。应用龙门刨床进行精刨，可得到较高的尺寸精度和良好的表面粗糙度。

2）B2012A 型龙门刨床的传动系统

图 2.4－15 所示为 B2012A 型龙门刨床传动系统示意图。

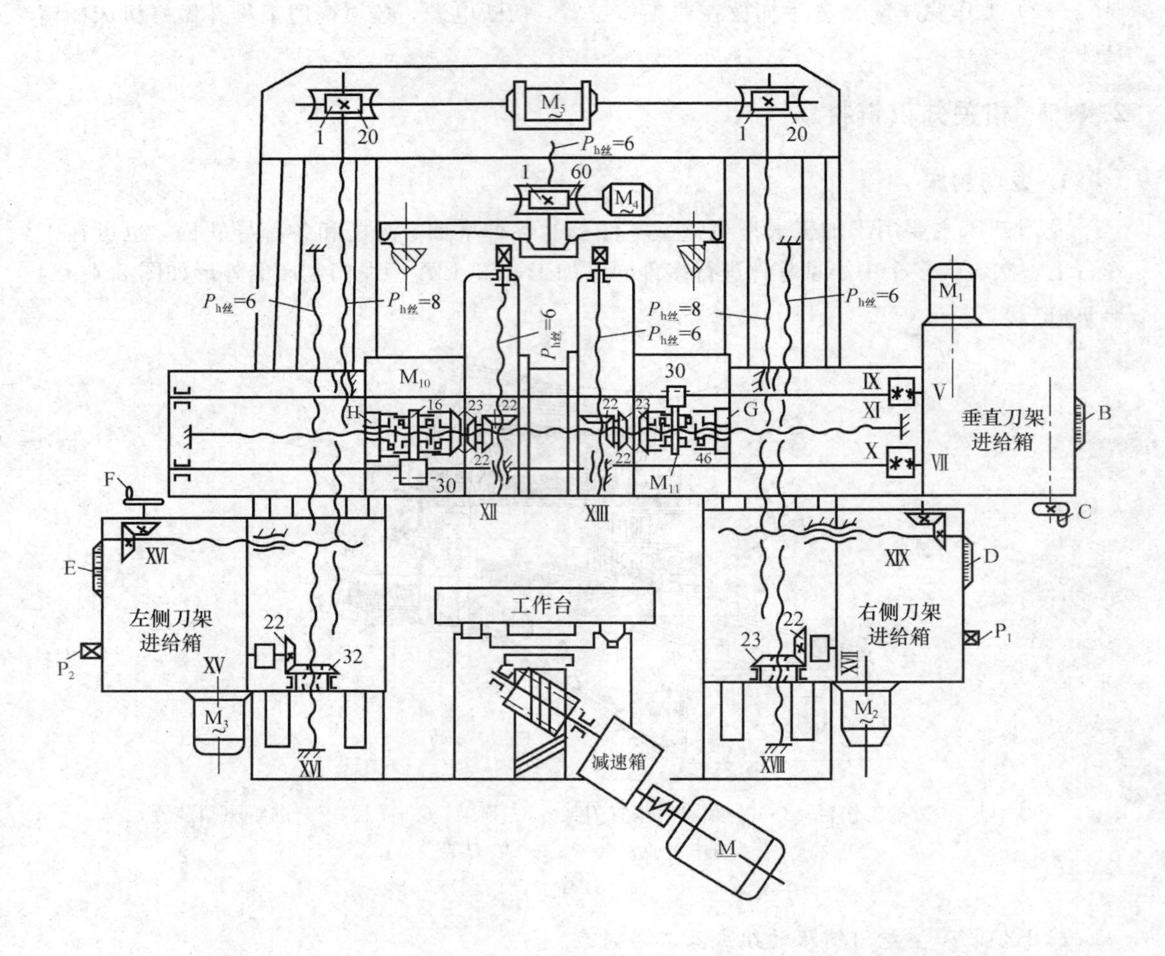

A—自动间歇机构；B，D，E—进给量刻度盘；C—进给量调整手轮；
F—左侧刀架水平移动手轮；G—右垂直刀架上的螺母；
H—左垂直刀架上的螺母；P_1、P_2—手动操纵机构(刀架垂直移动方头)；$P_{h丝}$—丝杠导程

图 2.4－15　B2012A 型龙门刨床传动系统图

(1) 主运动传动系统。

如图 2.4－16 所示，主运动传动路线表达式为

$$\text{主电动机 5—}\left\{\begin{array}{l}\text{离合器上接合—}\dfrac{23}{120}\\ \text{离合器下接合—}\dfrac{32}{118}\end{array}\right\}\text{—蜗杆 2—齿条 1—工作台 3}$$

工作台的速度是按一定规律变化并循环的，速度变化如图 2.4－17 所示，工作行程速度较慢，回程(空行程)运动速度加快，以减少辅助时间。

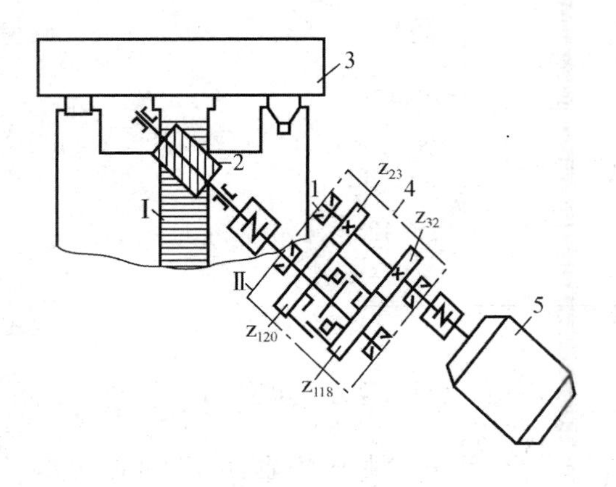

1—齿条；2—蜗杆；3—工作台；
4—齿轮传动系统；5—主电动机

图 2.4－16　龙门刨床主运动传动系统简图

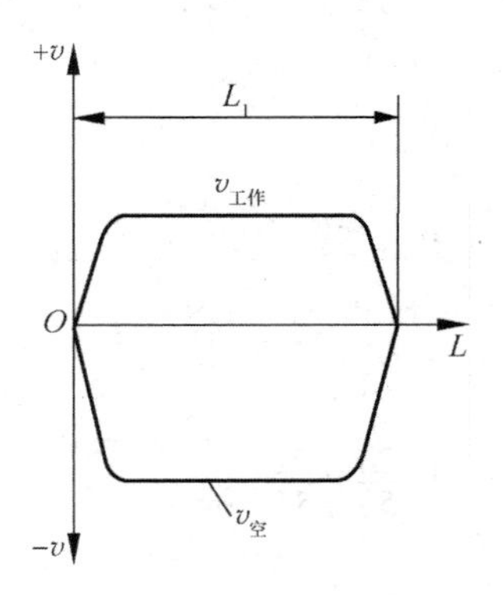

图 2.4－17　工作台的速度变化

(2) 进给运动传动系统。

由于两垂直刀架与侧刀架的结构、传动原理基本相同，现以垂直刀架为例加以说明，如图 2.4－18 所示为垂直刀架进给箱传动系统图。

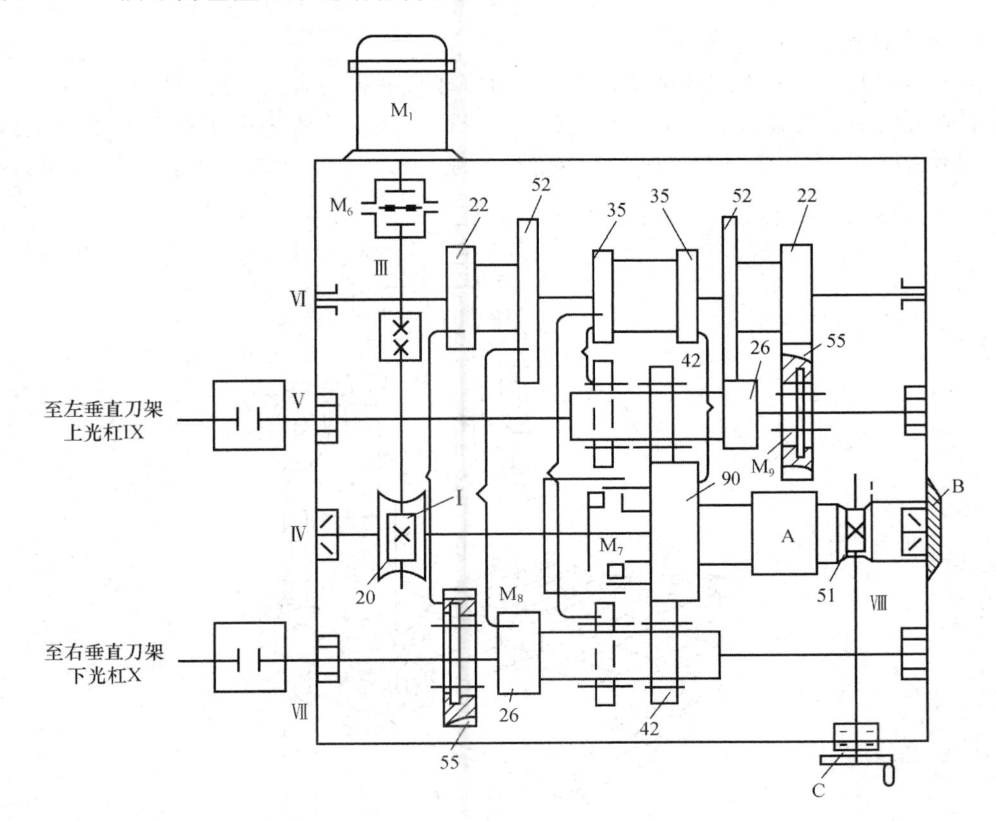

图 2.4－18　垂直刀架进给箱传动系统图

垂直刀架自动进给和快速调整移动的传动路线表达式为

$$
\text{电动机}—M_6—\text{Ⅲ}—\frac{1}{20}—\text{Ⅳ}—\left[\begin{array}{c}\text{间歇机构A}\\(\text{自动进给})\\ M_7(\text{快速})\end{array}\right]—\left[\begin{array}{c}\frac{90}{42}\\(z=42\rightarrow)\\ \frac{90}{35}\times\frac{35}{42}\\(z=42\leftarrow)\end{array}\right]—
$$

$$
\left[\begin{array}{l}
—\left[\begin{array}{c}\overleftarrow{M}_9\\ \frac{26}{52}\times\frac{22}{55}\end{array}\right]—\text{Ⅴ}—\text{Ⅸ}—\frac{30}{46}—\left[\begin{array}{l}\overrightarrow{M}_{11}—G—\text{右垂直刀架水平进给}\\ \overrightarrow{M}_{11}—\frac{23}{23}\times\frac{22}{22}—\text{XIII}—\text{右垂直刀架垂直进给}\end{array}\right]\\
—\left[\begin{array}{c}\overleftarrow{M}_8\\ \frac{26}{52}\times\frac{22}{55}\end{array}\right]—\text{Ⅷ}—\text{Ⅹ}—\frac{30}{46}—\left[\begin{array}{l}\overrightarrow{M}_{10}—H—\text{左垂直刀架水平进给}\\ \overrightarrow{M}_{11}—\frac{23}{23}\times\frac{22}{22}—\text{XIII}—\text{左垂直刀架垂直进给}\end{array}\right]
\end{array}\right.
$$

2. 插床

1）插床的组成及工艺范围

插床实际上是一种立式的刨床，它的结构原理与牛头刨床属于同一类型，只是在结构形式上略有区别。如图 2.4－19 所示，插床的滑枕 2 在垂直方向上下往复移动为主运动；工作台由床鞍 6、溜板 7 及圆工作台 1 等部分组成；床鞍 6 可做横向进给，溜板 7 可做纵向

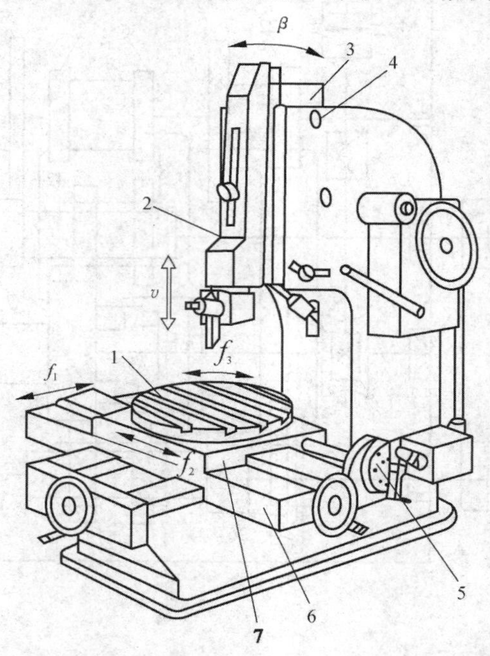

1—工作台；2—滑枕；3—滑枕驱动架；4—轴；5—工作台分度机构；6—床鞍；7—溜板

图 2.4－19　插床

进给，圆工作台1可带动工件回转。

插床的主运动是刀具的直线往复运动，进给运动是工作台的圆周运动或分度运动。插床的主要用途是加工工件的内部表面，如内孔中的键槽、平面、多边形孔等，有时也用于加工成型内外表面。插床与刨床一样，生产效率低，而且要有较熟练的技术工人，才能加工出要求较高的零件，所以，插床一般多用于工具车间、修理车间及单件和小批生产的车间。

2）插床附件

插床上使用的装夹工具，除牛头刨床上所用的一般常用的平口钳、压板、螺钉等装夹工具外，还有三爪卡盘、四爪卡盘和插床分度头等。

在插床上加工孔内表面时，刀具要穿入工件的孔内进行插削，如图2.4-20所示，因此工件的加工部分必须先有一个孔，如果工件原来没有孔，就需要先加工一个足够大的孔，才能进行插削加工。插床精度、加工面的平面度和直线度、侧面对基面的垂直度及加工面间的垂直度均为0.025/300 mm，表面粗糙度一般为Ra6.3～1.6 mm。

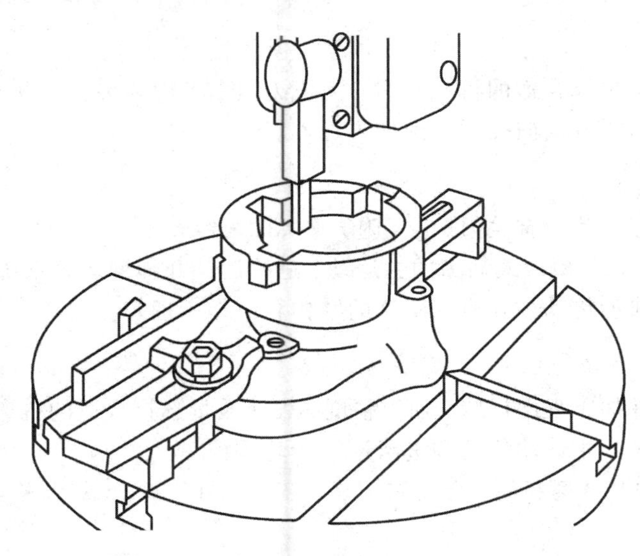

图2.4-20　插床插制键槽

项目三　各种孔加工设备的使用

任务3.1　六边形零件周向孔钻削加工设备的使用

【任务描述】

按六边形零件的钻削工序卡片完成六边形零件周向孔的钻削加工过程。

【任务要求】

读懂工序卡片，选择合适的机床型号，完成刀具、工件和夹具与机床的安装，调整操作机床，完成六边形零件周向孔的钻削加工过程。

【知识目标】

（1）能读懂工序卡片中有关刀、量、附、夹具的内容。

（2）能理解Z4112B型台式钻床的主运动、进给运动和辅助运动系统。

（3）能理解各典型传动件和机床附件的结构和工作原理。

【能力目标】

（1）能根据零件加工表面形状、加工精度、表面质量选择合适的机床型号。

（2）能理解钻床的主运动传动和进给运动传动系统。

（3）能调整Z4112B型台钻，会安装刀具、工件，并操作台式钻床加工六边形零件周向孔。

（4）能正确使用量具检验工件。

（5）具备简单机床故障诊断处理的能力。

【学习步骤】

以六边形零件周向孔钻削加工工序卡片的形式提出任务，在钻削六边形零件周向孔的准备工作中学会分析工序卡片及图样，根据分析，选择合适的机床型号，对选定的机床的参数及运动进行分析，掌握本机床的调整及操作方法，掌握刀、夹、附具及工件与机床的连接与安装，最后完成零件的加工操作及检验，掌握对一般机床故障的分析与排除能力，学会本类机床的操作规程及其维护保养。

3.1.1　六边形零件周向孔钻削加工工序卡片

六边形零件周向孔钻削加工工序卡片如表3.1-1所示。

表 3.1-1　六边形零件周向孔钻削加工工序卡片

××××学院	机械加工工序卡片	产品型号		零件图号		
		产品名称		零件名称	六边形零件	共　页 第　页

车间	工序号	工序名称	材料牌号
机加	008	钻六边形零件周向孔	Q235A
毛坯种类	毛坯外形尺寸	每毛坯可制件数	每台件数
型材		1	1
设备名称	设备型号	设备编号	同时加工件数
台式钻床	Z4112B		1
夹具编号	夹具名称	切削液	
	通用夹具	水溶液	
工位器具编号	工位器具名称	工序工时（分）	
		准终	单件

Ra12.5
70±0.1
6-$\phi10^{+0.15}_{0}$
70±0.1
$\phi50\pm0.195$
70±0.1
$\delta=6$

工步号	工步内容	工艺装备	主轴转速 r/min	切削速度 m/min	进给量 mm/r	切削深度 mm	进给次数	工步工时 机动	工步工时 辅助
1	划线找6-$\phi10^{+0.15}_{0}$孔心位置	划规							
2	装夹								
3	钻孔6-$\phi10^{+0.15}_{0}$	通用夹具、卡尺、麻花钻	480	15.1	受控				
			设计（日期）	校对（日期）	审核（日期）	标准化（日期）	会签（日期）		

3.1.2　钻削零件的准备工作

1. 分析图样

根据图样，加工表面为六边形零件同心圆上的六个均布孔，表面粗糙度为 $Ra12.5$ μm，保证尺寸满足 6 - $\phi10^{+0.1}_{0}$要求，尺寸精度为 IT11 级。

2. 机床型号的选取

1）钻床的工艺范围及特点

钻床和镗床都是常用的孔加工机床，主要用于加工外形复杂、没有对称回转轴线的工件，如杠杆、盖板、箱体和机架等零件上的各种孔。

钻床一般用于加工直径不大、精度要求较低的孔。其主要加工方法是用钻头在实心材料上钻孔，加工时，工件固定不动，刀具旋转做主运动，同时沿轴向移动做进给运动，因此，钻床可完成钻孔、扩孔、铰孔、攻螺纹、锪埋头孔和锪端面等工作。钻床的加工方法及运动如图 3.1-1 所示。

钻床的主参数是最大钻孔直径。

2）钻床的分类

钻床的主要类型有：台式钻床、立式钻床、摇臂钻床和专门化钻床（如深孔钻床和中心孔钻床）等。

（1）台式钻床。

台式钻床简称台钻，它实质上是一种加工小孔的立式钻。台钻的钻孔直径一般在 15 mm 以下，最小可达十分之几毫米。因此，台钻主轴的转速很高，最高可达每分钟几万

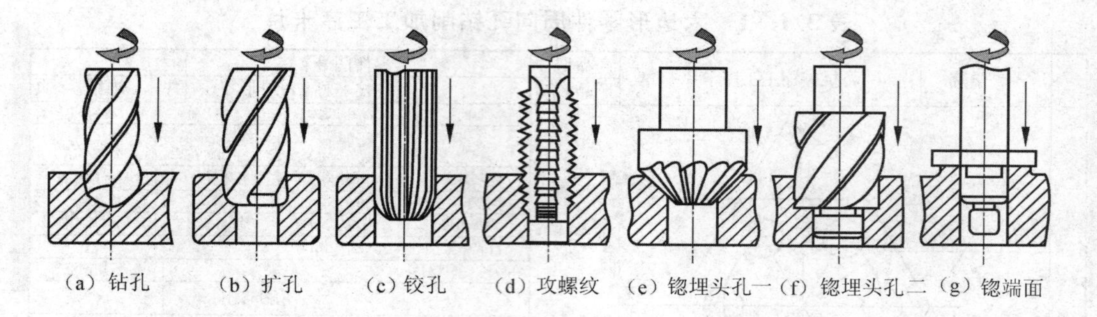

图 3.1-1　钻床的加工方法及运动

转。台钻结构简单，使用灵活方便，适于加工小型零件上的孔，但其自动化程度较低，通常用手动进给。

（2）立式钻床。

方柱立式钻床的外形如图 3.1-2 所示。主轴箱 3 中装有主运动和进给运动的变速传动机构和主轴部件等。加工时，主运动是由主轴 2 带着刀具做旋转运动来实现的，而主轴箱 3 固定不动，进给运动是由主轴 2 随同主轴套筒在主轴箱 3 中做直线移动来实现的。主轴箱 3 右侧的手柄用于使主轴 2 升降。工件放在工作台 1 上。工作台 1 和主轴箱 3 都可沿立柱 4 调整其上下位置，以适应加工不同高度的工件。立式钻床还有其他一些形式，例如有的立式钻床把主轴箱分为两箱（变速箱和进给箱），有的立式钻床立柱截面是圆的。

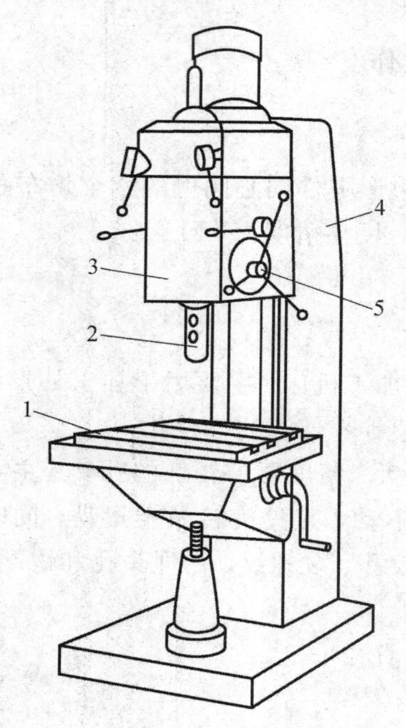

1—工作台；2—主轴；3—主轴箱；4—立柱；5—进给操纵机构

图 3.1-2　立式钻床外形

由于立式钻床主轴轴线垂直布置，且其位置是固定的，加工时必须通过移动工件才能使刀具轴线与被加工孔的中心线重合，因而操作不便，生产率不高。立式钻床常用于单件、小批生产中加工中、小型工件的孔，且被加工孔数不宜过多。

立式钻床还有一些变形品种，常见的有排式和可调多轴立式钻床。排式多轴立式钻床相当于几台单轴立式钻床的组合，它有多个主轴，用于顺次加工同一工件的不同孔径或分别进行各种孔多工序(钻、扩、铰和攻螺纹等)的加工。它和单轴立式钻床相比，可节省换刀时间，但加工时仍是逐个孔进行加工。因此，这种机床主要适用于中、小批生产中加工中、小型工件。可调多轴立式钻床如图 3.1－3 所示，其机床布置与立式钻床相似，其主要特点是主轴箱上装有若干个主轴，且可根据加工需要调整主轴位置。加工时，由主轴箱带动全部主轴转动，进给运动则由进给箱带动。这种机床是多孔同时加工，生产效率较高，适用于成批生产。

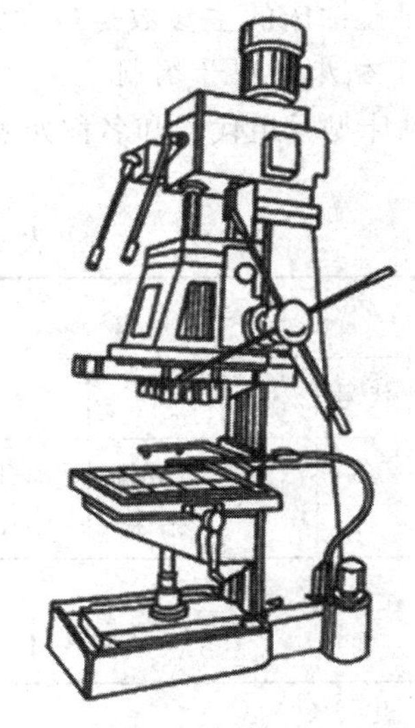

图 3.1－3　可调多轴立式钻床

(3) 摇臂钻床。

由于大而重的工件移动费力，找正困难，在立式钻床上加工很不方便，这时，希望工件不动，钻床主轴能任意调整其位置以适应工件上不同位置的孔的加工。摇臂钻床就能满足这些要求。

摇臂钻床广泛应用于单件和中、小批生产中加工大、中型零件。

(4) 深孔钻床。

深孔钻床是用于加工深孔的专门化钻床，例如加工枪管、炮管和机床主轴零件的深孔。这种机床加工的孔较深，为了减少孔中心线的偏斜，加工时通常是由工件转动来实现主运动，深孔钻头并不转动，而只做直线进给运动。此外，由于被加工孔较深，而且工件往往又较长，为了便于排屑及避免机床过于高大，深孔钻床通常为卧式布局，外形与卧式车床类似。深孔钻床的钻头中心有孔，从中打入高压切削液，用于强制冷却及周期退刀排屑。深孔钻削加工示意图如图 3.1－4 所示。

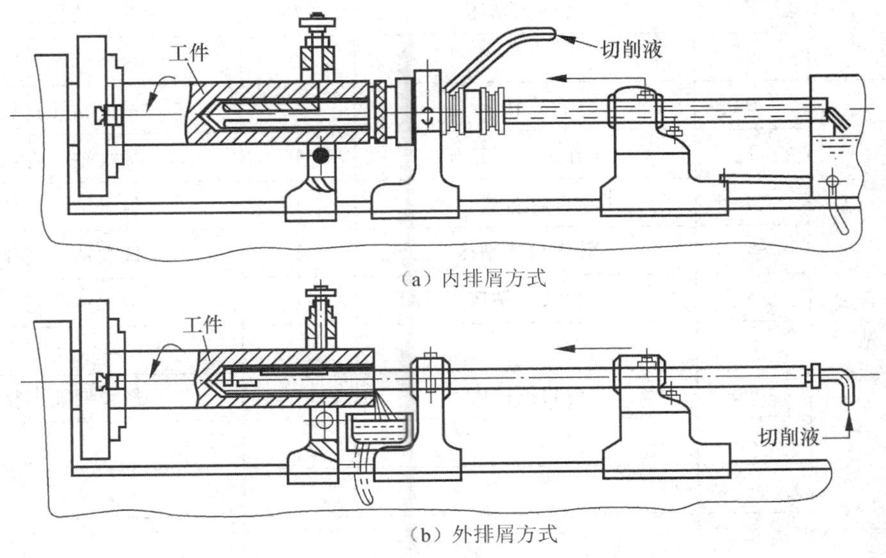

(a) 内排屑方式

(b) 外排屑方式

图 3.1－4　深孔钻削加工示意图

深孔钻床的主参数是最大钻孔深度。

3）钻床的型号编制

钻床型号组代号和名称如表 3.1－2 所示，常用钻床系代号、名称和主参数如表 3.1－3 所示。

表 3.1－2　钻床型号组代号和名称

钻床类	组代号和名称										
	代号	0	1	2	3	4	5	6	7	8	9
Z	名称		坐标镗钻床	深孔钻床	摇臂钻床	台式钻床	立式钻床	卧式钻床	铣钻床	中心孔钻床	其他钻床

表 3.1－3　常用钻床系代号、名称和主参数

组		系		主参数	
代号	名称	代号	名称	折算系数	名称
3	摇臂钻床	0	摇臂钻床	1	最大钻孔直径
		1	万向摇臂钻床	1	最大钻孔直径
		2	车式摇臂钻床	1	最大钻孔直径
		3	滑座摇臂钻床	1	最大钻孔直径
		4	坐标摇臂钻床	1	最大钻孔直径
		5	滑座万向摇臂钻床	1	最大钻孔直径
		6	无底座式万向摇臂钻床	1	最大钻孔直径
		7	移动万向摇臂钻床	1	最大钻孔直径
		8	龙门式钻床	1	最大钻孔直径
		9			
4	台式钻床	0	台式钻床	1	最大钻孔直径
		1	工作台台式钻床	1	最大钻孔直径
		2	可调多轴台式钻床	1	最大钻孔直径
		3	转塔台式钻床	1	最大钻孔直径
		4	台式攻钻床	1	最大钻孔直径
		5			
		6	台式拍钻床	1	最大钻孔直径
		7			
		8			
		9			

续表

组		系		主参数	
代号	名称	代号	名称	折算系数	名称
5	立式钻床	0	圆柱立式钻床	1	最大钻孔直径
		1	方柱立式钻床	1	最大钻孔直径
		2	可调多轴立式钻床	1	最大钻孔直径
		3	转塔立式钻床	1	最大钻孔直径
		4	圆方柱立式钻床	1	最大钻孔直径
		5	龙门型立式钻床	1	最大钻孔直径
		6	立式排钻床	1	最大钻孔直径
		7	十字工作台立式钻床	1	最大钻孔直径
		8	柱动式钻削加工中心	1	最大钻孔直径
		9	升降十字工作台立式钻床	1	最大钻孔直径
8	中心孔钻床	0			
		1	中心孔钻床	1/10	最大工件直径
		2	平端面中心孔钻床	1/10	最大工件直径
		3			
		4			
		5			
		6			
		7			
		8			
		9			

4）钻床上孔的加工方法

（1）钻孔。

用钻头在实体工件上加工出孔的操作叫钻孔。钻孔精度在IT10级以下，孔壁表面粗糙度 $Ra12.5$ μm左右。钻孔加工主要用于孔的粗加工，也可用于装配与维修或攻螺纹前的底孔加工。

（2）扩孔。

扩孔就是用扩孔钻或钻头将工件上原有的孔进行扩大的加工。扩孔加工的精度达IT9～IT10级，表面粗糙度 $Ra3.2$ μm～$Ra6.3$ μm。扩孔常作为孔的半精加工或铰孔前的预加工。

扩孔前钻孔直径为要求孔径的0.9倍，扩孔时的切削速度为钻孔的1/2，扩孔的进给量为钻孔的1.5～2倍。

（3）铰孔。

用铰刀从工件孔壁上切除微量金属层，以提高其尺寸精度和降低表面粗糙度值的方法称铰孔。铰孔是一种对孔半精加工和精加工的方法，铰孔精度可达IT7～IT9级，表面粗糙

度 $Ra0.8$ μm～$Ra3.2$ μm。手铰孔精度可达 IT6～IT7 级，表面粗糙度 $Ra0.4$ μm～$Ra1.6$ μm。另外钻、扩、铰只能保证孔本身的精度，而不能保证孔距的尺寸精度及孔的位置精度。为此，可利用钻模或镗孔加工。

铰孔的合理切削用量为：背吃刀量取铰削余量(粗铰余量为 0.05～0.35 mm，精铰余量为 0.015～0.15 mm)，采用低速切削(粗铰为 5～7 m/min，精铰为 2～5 m/min)，进给量一般为 0.2～1.2 mm/r(进给量太少会产生打滑和啃刮现象)。

同时，铰孔时要合理选择冷却液，由于铰削的加工余量小，切屑都很细碎，容易黏附在刀刃上，会夹在孔壁与铰刀棱边之间，将已加工表面刮毛，所以选用的切削液应具有较好的流动性和润滑性。具体选择时，在钢材上铰孔宜选用乳化液，在铸铁件上铰孔宜选用煤油。

(4) 锪孔。

用锪钻在已加工孔上锪各种沉头孔和孔端面的凸台平面，锪孔一般在钻床上进行。

5) 钻床型号的选择

根据图样，加工表面为同心圆上的六个均布孔，表面粗糙度为 $Ra12.5$ μm，保证尺寸满足 6 - ϕ100＋0.1 要求，故选择 Z4112B 型台钻。

3. 钻削加工机床的调整与操作

1) Z4112B 型台钻的用途及主要技术参数

(1) 用途。

Z4112B 型台钻适用于在黑色金属及有色金属上钻、扩、铰直径在 12.7 mm 以下的孔，广泛应用于仪器工业、机器制造厂和修理车间进行单件和成批生产。

(2) 主要技术参数。

Z4112B 型台钻的主要技术参数如表 3.1 - 4 所示。

表 3.1 - 4 Z4112B(原 Z512B)型台钻的主要技术参数

项目名称	机床参数
钻孔最大直径/mm	12.7
主轴最大行程/mm	100
主轴端锥度	短锥 D4
主轴转速级数	5 级
主轴转速(配用 1400 r/min 电动机时)/(r/min)	480、800、1400、2440、4100
主轴中心至立柱表面距离/mm	193
工作台面尺寸(长×宽)/mm	200×230
工作台升降行程/mm	220
底座台面尺寸(长×宽)/mm	280×260
主轴端到工作台面最小及最大距离/mm	95～315
主轴端到底座台面最小及最大距离/mm	336～556
工作台在垂直平面内回转角度/(°)	±45
工作台绕立柱回转角度/(°)	360

续表

项目名称	机床参数
三相电动机功率/kW	0.37
三相电动机转速/(r/min)	1400
三相电动机电压/V	380
单相电动机功率/kW	0.37
单相电动机转速/(r/min)	1400
单相电动机电压/V	220/110
外形尺寸(长×宽×高)/mm	710×370×1037
净重/kg	100

2) Z4112B 型台钻的传动系统和变速

(1) 主运动和变速。

台钻的传动十分简单，电动机经三角皮带带动皮带轮，皮带轮通过花键套带动主轴旋转。用 1400 r/min 电动机传动时，主轴可获得 5 种转速，分别为 480、800、1400、2440、4100 r/min。主轴变速是通过变换三角皮带在宝塔轮各级上的位置而获得的。如图 3.1-5 所示，在变换转速时，将罩壳顶部的滚花手把 4 旋转 90°，罩壳就能自动上升，松开螺钉 6 将电动机拉向立柱，使皮带松开，移动皮带至需要的级位，再将电动机推出，调整好皮带的松紧，然后固紧螺钉 6，调整完毕后按下罩壳，将滚花手把 4 转过 90°，即可将罩壳锁紧固定。

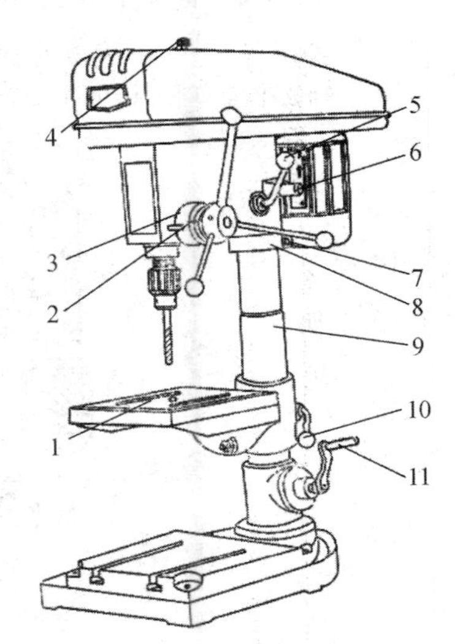

1—工作台；2—螺帽；3—刻度盘；4—滚花手把；5—夹紧手柄；6—螺钉；
7—方头螺钉；8—保险圈；9—套；10—手柄；11—支架夹紧手柄

图 3.1-5 台钻外形结构图

(2) 进给运动。

进给运动由手动方式完成。

3) Z4112B 型台钻的操作

(1) 在使用机床前必须详细参阅使用说明书，熟悉机床的机构、各手柄的功能、传动和润滑系统。

(2) 在开动机床前按照润滑说明在机床各处加油，并检查主轴箱是否夹紧在立柱上以及主轴套筒的升降和电气设备的情况是否正常。

(3) 为避免机床损坏，最好使用12.7 mm以内的钻头。

(4) 如图3.1-5所示，工作台1上升或下降时，必须先松开支架夹紧手柄11，然后将其升或降至所需要位置，再将支架夹紧。手摇升降机构也可用来使主轴箱升降，升降时，摇动手柄10，工作台上升，使套9端面刚顶住保险圈8端面时，松开保险圈方头螺钉7及主轴箱夹紧手柄5，摇动手柄10，使主轴箱升或降至所需位置(降时靠主轴箱自重下降)，再将保险圈8的方头螺钉7拧紧及主轴箱夹紧手柄5夹紧。

(5) 当钻孔完毕后，放松手柄使主轴套筒受弹簧的作用而恢复到原来位置。

(6) 为了使操作方便，工作台有手摇升降机构，借助于套9也可使主轴箱升降。为了便于机床进行大批生产，机床上备有定钻孔深度的刻度盘3，需定钻削深度时，将螺帽2松开，旋转刻度盘3调整至所需钻削深度，然后将螺帽2拧紧。当不需定钻削深度时，需将螺帽2旋转松开，退向右边。

4. 刀、夹、附具及工件与机床的连接与安装

1) 钻头的拆装

钻头的拆装方法，按其柄部的形状不同而异。

直柄钻头一般用钻夹头安装，如图3.1-6(a)和图3.1-6(b)所示。钻头装夹时，首先将钻夹头松开到适当的开度，然后把钻头柄部放在3只卡爪内，其夹持长度不能小于15 mm，最后用紧固扳手(钻夹头钥匙)旋转外套，使螺母带动3只卡爪移动，直至夹紧。钻头拆卸时，用紧固扳手(钻夹头钥匙)旋转外套，使卡爪退回至与卡头下端平齐，钻头自然落下。

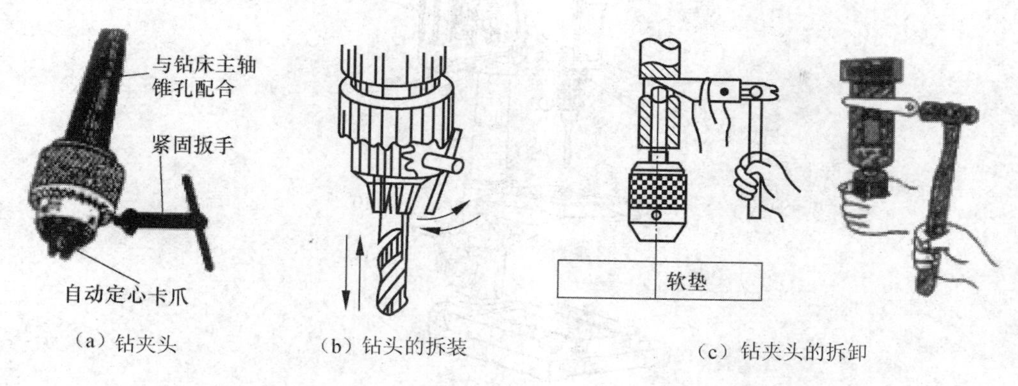

(a) 钻夹头　(b) 钻头的拆装　(c) 钻夹头的拆卸

图3.1-6　钻床及钻夹头的拆装

钻夹头的拆卸如图3.1-6(c)所示，在工作台面上铺一软垫，使其与钻夹头下端保持约20 mm的距离或用手握住钻夹头，将楔铁带插入主轴侧边的腰形孔内，用锤子轻轻敲击楔铁，即可取下钻夹头。

2) 机床附具

(1) 普通平口钳及可倾平口钳。

常用的机用平口钳底座底面的相互位置精度以及本身的精度较高，而可倾平口钳除可以绕底座中心轴回转360°以外，还能倾斜一定的角度，如图3.1-7所示。用平口钳装夹工件方便，可节省时间，提高效率，适合装夹板类零件、轴类零件和方体零件。

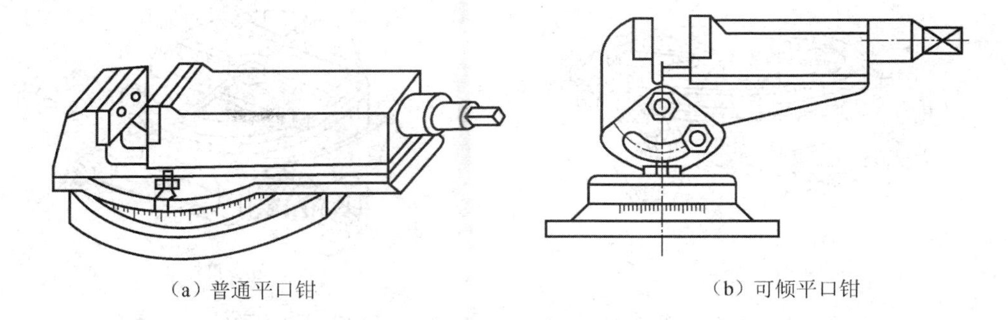

（a）普通平口钳　　（b）可倾平口钳

图3.1-7　常用的机用平口钳

机用平口钳的规格是以钳口宽度来确定的，常用的有100 mm、125 mm、160 mm、200 mm、250 mm等。

机用平口钳的外形和结构如图3.1-8所示。机用平口钳应根据工件的外形尺寸来选择，如装夹一个矩形工件，工件长度为180 mm、高度为50 mm、宽度为100 mm，此时，可选用规格为160 mm或200 mm的机用平口钳。使用机用平口钳装夹工件时，先将机用平口钳安装在机床工作台面上，定位键14可以嵌入工作台的T形槽内，用螺钉夹紧固定。工件装夹在固定钳口3和活动钳口4之间，在方头9上套入专用的手柄，用手搬动手柄夹紧工件，注意不能使用重物敲击手柄，以免损坏机用平口钳的丝杠6和螺母7。使用回转底盘12可以使机用平口钳在水平面内转动所需的角度。转动的角度可以通过钳座零线13和回转底盘12上的刻度确定。在用机用平口钳装夹不同形状的工件时，可设计几种特殊的钳口，只要更换不同形式的钳口，即可适应各种形状的工件，以扩大机用平口钳的使用范围。

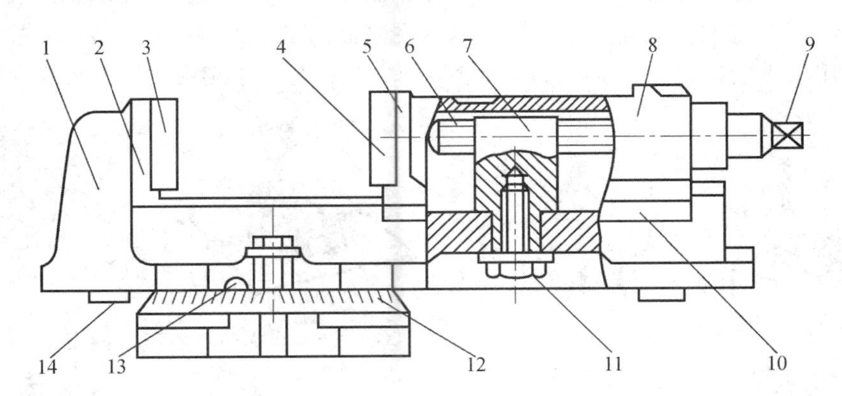

1—钳体；2，3—固定钳口；4，5—活动钳口；6—丝杠；7—螺母；8—活动座；9—方头；10—压板；11—紧固螺钉；12—回转底盘；13—钳座零线；14—定位键

图3.1-8　机用平口钳的外形和结构

（2）回转工作台。

回转工作台可辅助铣床完成中小型零件的曲面加工和分度加工。回转工作台有手动和机动两种，如图3.1-9所示。机动回转工作台与手动回转工作台的区别是在手动结构的基础上多一个机械传动装置，把工作台的转动与铣床的运动联系起来，这样，工件就可以在

铣削时实现自动进给运动。扳动手柄可以接通或切断机动进给运动，因此，机动回转工作台也可以手动。

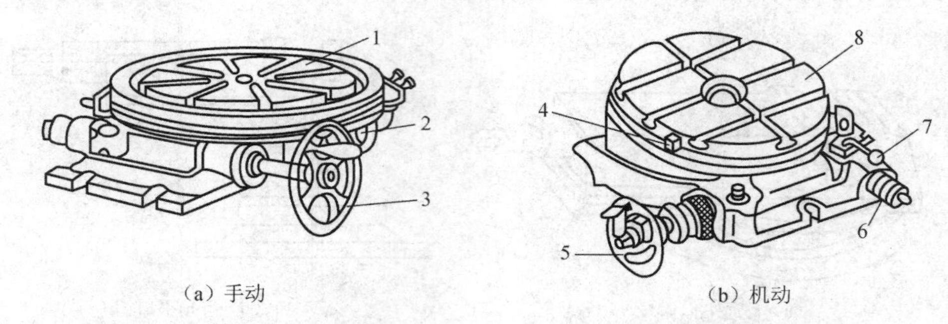

(a) 手动　　(b) 机动

1，8—工作台；2—锁紧螺钉；3，5—手轮；4—挡铁；6—传动轴；7—手柄

图 3.1-9　回转工作台

回转工作台的规格是以工作台直径来确定的，常用的有 250 mm、320 mm、400 mm、500 mm 等几种。

在回转工作台上，首先校正工件。圆弧中心与回转工作台中心重合。铣刀旋转，工件做弧线进给运动，可加工圆弧槽、圆弧面等零件。回转工作台主要用于较大零件的分度或非整圆弧面的加工，它的内部有一副蜗轮蜗杆，手轮与蜗杆同轴连接。转动手轮，通过蜗轮蜗杆传动使回转工作台转动。回转工作台周围有刻度，用来观察和确定回转工作台的位置，通过手轮上的刻度盘可以读出回转工作台的准确位置。

3）工件的装夹

钻孔中的安全事故，大都是由于工件的装夹方法不当造成的。因此，应注意工件的装夹方法。如图 3.1-10 所示，小件和薄壁零件钻孔时可用手虎钳夹持工件，中等零件可用平口钳装夹，大型和其他不适合用虎钳夹紧的工件可用压板装夹，在圆轴或套筒上钻孔时须用 V 形铁装夹工件，底面不平或加工基准在侧面的工件可用角铁装夹，圆柱形工件端面钻孔时可用三爪卡盘装夹，在成批和大量生产中钻孔时广泛应用钻模夹具或专用机床。

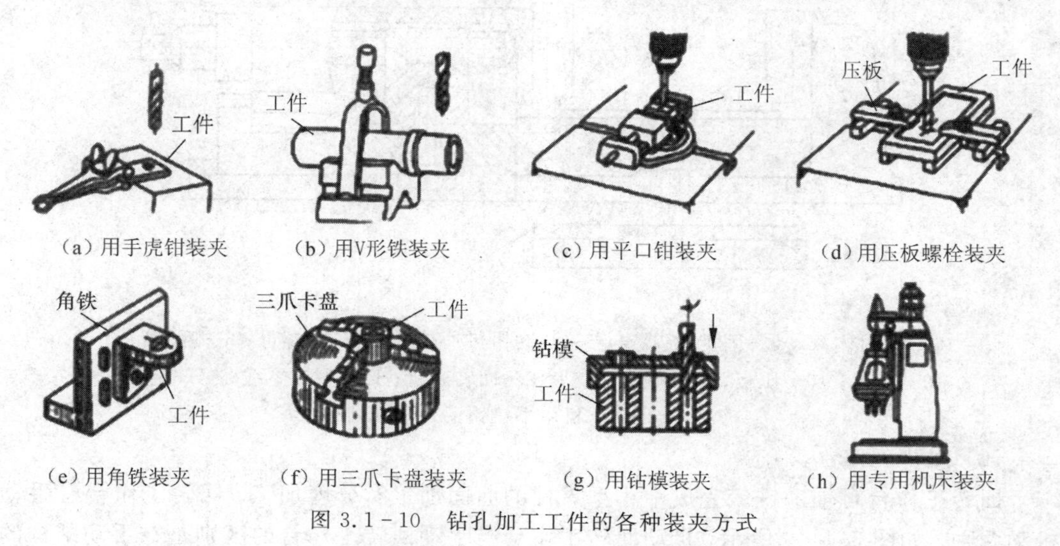

(a) 用手虎钳装夹　(b) 用V形铁装夹　(c) 用平口钳装夹　(d) 用压板螺栓装夹

(e) 用角铁装夹　(f) 用三爪卡盘装夹　(g) 用钻模装夹　(h) 用专用机床装夹

图 3.1-10　钻孔加工工件的各种装夹方式

3.1.3　钻削六边形零件周向孔的具体操作与检验

选择 Z4112B 型台钻用麻花钻刀具加工，操作步骤如下。

1. 刀具的选择与安装

根据图样要求，钻削深度为 6，选择 $\phi 10$ 麻花钻头，利用钻夹头夹紧刀具，并安装在钻床主轴锥孔中。(注：在保证钻削深度要求下，尽可能使钻头外伸短，以保证刀具钻削刚度。)

2. 调整钻削用量

调整主轴转速 $n=180$ r/min，垂直方向手动进给。

3. 装夹与找正工件及加工

方法一：

(1) 涂色。

(2) 划线。利用划规划线找 $6-\phi 10^{+0.15}_{0}$ 孔心位置，打样冲眼。

(3) 装夹工件并加工。工件放在带让刀孔的垫铁上，机用虎钳定位夹紧，钻心与孔心对正，在 Z4112B 型台钻上钻削加工。

方法二：

(1) 涂色。

(2) 划线。找一个 $\phi 10^{+0.15}_{0}$ 孔心位置，打样冲眼。

(3) 装夹。工件放在带让刀孔的垫铁上，以底面及两处周边定位，三爪卡盘定位夹紧。

(4) 加工。钻心与孔心对正，采用回转工作台在 Z4112B 型台钻上钻削加工。

4. 检验

用游标卡尺测量加工尺寸，保证其合格。

任务 3.2　六边形零件中心孔钻削加工设备的应用

【任务描述】

按六边形零件的钻削工序卡片完成六边形零件中心孔的钻削加工过程。

【任务要求】

读懂工序卡片，选择合适的机床型号，完成刀具、工件和夹具与机床的安装，调整操作机床，完成六边形零件中心孔的钻削加工过程。

【知识目标】

(1) 能读懂工序卡片中有关刀、量、附、夹具的内容。

(2) 能理解 Z3040 型摇臂钻床的主运动、进给运动和辅助运动系统。

(3) 能理解各典型传动件和机床附件的结构和工作原理。

【能力目标】

(1) 能根据零件加工表面形状、加工精度、表面质量选择合适的机床型号。

(2) 能理解钻床的主运动传动和进给运动传动系统。

(3) 能调整 Z3040 型摇臂钻床，会安装刀具、工件，并操作摇臂钻床加工六边形零件中心孔。

(4) 能正确使用量具检验工件。

(5) 具备简单机床故障诊断处理的能力。

【学习步骤】

以六边形零件中心孔钻削加工工序卡片的形式提出任务，在钻削六边形零件中心孔的准备工作中学会分析工序卡片及图样，根据分析，选择合适的机床型号，对选定的机床的参数及运动进行分析，掌握本机床的调整及操作方法，掌握刀、夹具及工件与机床的连接与安装，最后完成零件的加工操作及检验，掌握对一般机床故障的分析与排除能力，学会本类机床的操作规程及其维护保养。

3.2.1 六边形零件中心孔钻削加工工序卡片

六边形零件中心孔钻削加工工序卡片如表 3.2-1 所示。

表 3.2-1 六边形零件中心孔钻削加工工序卡片

××××学院	机械加工工序卡片	产品型号		零件图号			
		产品名称		零件名称	六边形零件	共 页	第 页

零件图	车间	工序号	工序名称	材料牌号
70±0.1；$\phi22^{+0.021}_{0}$；70±0.1；$Ra\,1.6$；70±0.1；δ=6	机加	009	钻六边形零件中心孔	Q235A
	毛坯种类	毛坯外形尺寸	每毛坯可制件数	每台件数
	板材	85×85	1	1
	设备名称	设备型号	设备编号	同时加工件数
	摇臂钻床	Z3040×16		1
	夹具编号	夹具名称	切削液	
		通用夹具	水溶液	
	工位器具编号	工位器具名称	工序工时(分)	
			准终	单件

工步号	工步内容	工艺装备	主轴转速 r/min	切削速度 m/min	进给量 mm/r	切削深度 mm	进给次数	工步工时 机动	工步工时 辅助
1	划线找 $\phi22^{+0.021}_{0}$ 孔心位置	规划							
2	装夹								
3	钻孔 $\phi20^{+0.021}_{0}$	通用夹具、卡尺、麻花钻	200	12.56	0.06				
4	扩孔 $\phi21.8^{+0.13}_{0}$	扩孔钻、游标卡尺	200	12.56	0.06				
5	粗铰 $\phi20^{+0.052}_{0}$	铰刀、内径百分表	40	27.6	0.04				
6	精铰 $\phi22^{+0.021}_{0}$		40	27.6	0.04				
		设计(日期)	校对(日期)	审核(日期)	标准化(日期)	会签(日期)			

3.2.2 钻削零件的准备工作

1. 分析图样

根据图样，加工表面为六边形零件上的中心孔，表面粗糙度为 $Ra1.6\ \mu m$，保证尺寸满足 $\phi22^{+0.021}_{0}$ 要求，尺寸精度为 IT7 级。

2. 机床型号的选取

由于大而重的工件移动费力，找正困难，在台式或立式钻床上加工很不方便，这时，希望工件不动，钻床主轴能任意调整其位置以适应工件上不同位置的孔的加工。按照钻床的种类、结构特征和主参数及零件图样分析，摇臂钻床就能满足这些要求，故选取 Z3040 型摇臂钻床。

3. 钻削加工机床的调整与操作

1）Z3040 型摇臂钻床的用途及主要技术参数

（1）用途。

Z3040 型摇臂钻床是用途广泛的万能型机床，适用于机械加工部门单件和中、小批生产中加工中、小型零件，可以进行钻孔、扩孔、铰孔、锪平面及攻螺纹等工作。在具有工艺装备的条件下，还可以进行镗孔。

（2）主要技术参数。

Z3040 型摇臂钻床的主要技术参数如表 3.2－2 所示。

表 3.2－2 Z3040 型摇臂钻床的主要技术参数

项 目 名 称	机 床 参 数
最大钻孔直径/mm	40
主轴中心线至立柱母线最大距离(跨距)/mm	1600
主轴箱水平移动距离/mm	1250
主轴端面至底座工作面最大距离/mm	1250
主轴端面至底座工作面最小距离/mm	350
升降距离/mm	600
摇臂升降速度/(m/min)	1.2
摇臂回转角度(注意：因机床没有汇流环装置，不能总是沿一个方向连续回转)/(°)	360
主轴圆锥孔	莫氏 4 号
主轴转速范围/(r/min)	25～2000
主轴转速级数	16 级
进给量范围/(mm/r)	0.04～3.2
进给量级数	16 级
主轴行程/mm	315
刻度盘每转钻孔深度/mm	122.5
主轴允许最大扭矩/(kg · m)	40
主轴允许最大进给抗力/kg	1600
主电机功率/kW	3

续表

项 目 名 称	机 床 参 数
摇臂升降电机功率/kW	1.1
主轴箱、立柱、摇臂液压夹紧电机功率/kW	0.6
机床冷却泵电机功率/kW	0.125
机床重量(约)/kg	3500
机床轮廓尺寸(长×宽×高)/mm	2490×1035×2625
机床最大轮廓尺寸(长×宽×高)/mm	2490×1035×2625

2）Z3040 型摇臂钻床的结构及运动分析

(1) 主要组成部件。

如图 3.2－1(a)所示为摇臂钻床的外形。工件和夹具可以安装在底座 1 或工作台 8 上。立柱为双层结构，内立柱 2 固定在底座 1 上，外立柱 3 由滚动轴承支承，可绕内立柱 2 转动，立柱结构如图 3.2－1(b)所示。摇臂 5 可沿外立柱 3 升降。主轴箱 6 可沿摇臂 5 的导轨水平移动。这样，就可在加工时使工件不动而方便地调整主轴 7 的位置。为了使主轴 7 在加工时保持准确的位置，摇臂钻床上具有立柱、摇臂 5 及主轴箱 6 组成的夹紧机构。当主轴 7 的位置调整妥当后，就可快速地将它们夹紧。由于摇臂钻床在加工时需要经常改变切削量，因此摇臂钻床通常具有既方便又节约时间的操纵机构，可快速地改变主轴转速和进给量。摇臂钻床广泛应用于单件和中、小批生产中加工大、中型零件。

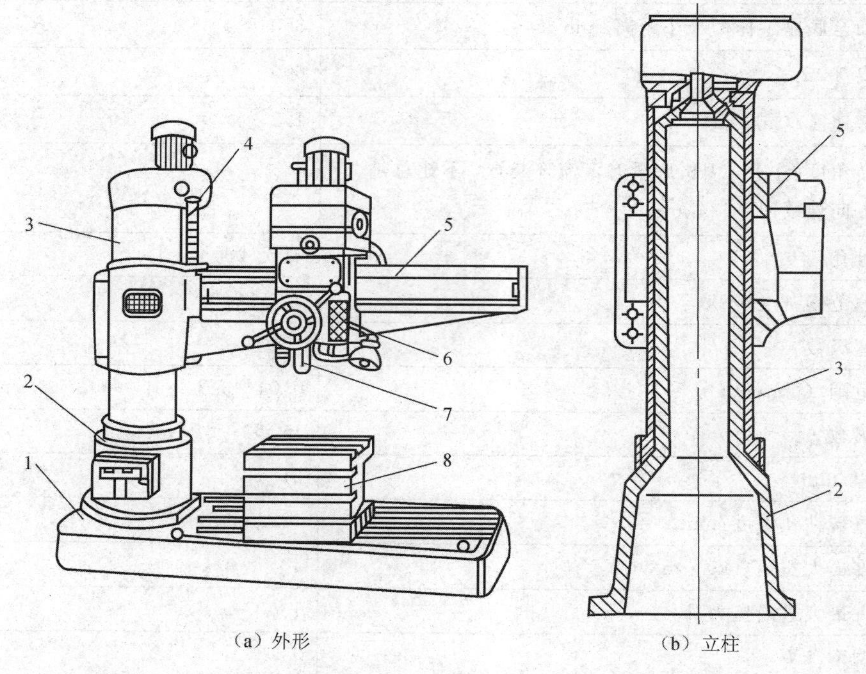

(a) 外形　　(b) 立柱

1—底座；2—内立柱；3—外立柱；4—摇臂升降丝杠；5—摇臂；6—主轴箱；7—主轴；8—工作台

图 3.2－1　摇臂钻床

(2) 传动系统。

钻床的传动原理如图 3.2-2 所示。主运动一般采用单速电动机经齿轮分级变速传动机构传动，也有采用机械无级变速传动的；主轴旋转方向的变换靠电动机的正反转来实现。钻床的进给量用主轴每转 1 r 时，主轴的轴向移动量来表示。另外，攻螺纹时进给运动和主运动之间也需要保持一定的运动关系，因此，进给运动由主轴传出，与主运动共用一个动力源。进给运动传动链中的换置机构 u_f 通常为滑移齿轮机构。

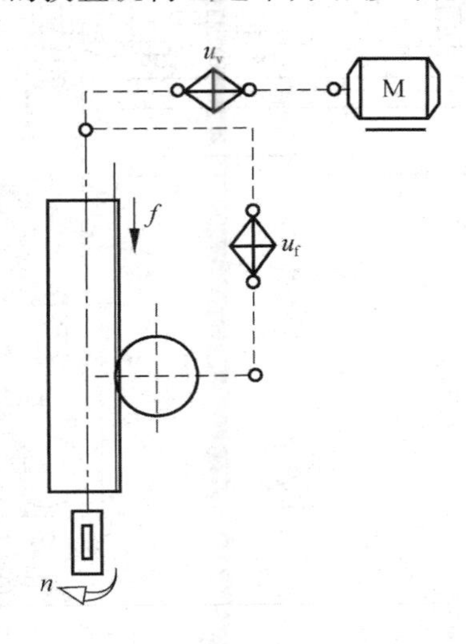

M—电动机；f—主轴轴向移动（进给运动）；n—主轴旋转运动（主运动）；

u_v—主运动传动链的换置机构；u_f—进给运动传动链的换置机构

图 3.2-2 钻床的传动原理

① 主运动传动系统。Z3040 型摇臂钻床的传动系统如图 3.2-3 所示。主运动由主电动机(3 kW，1440 r/min)经齿轮副 35/55 传至轴Ⅱ，并通过轴Ⅱ上的双向多片离合器 M_1 使运动由齿轮副 37/42 或 36/36×36/38 传至轴Ⅲ，从而控制主轴做正转或反转。轴Ⅲ、Ⅳ、Ⅴ上有 3 组由液压操纵机构控制的双联滑移齿轮机构，轴Ⅵ至主轴Ⅶ间有一组内齿式离合器，运动可由轴Ⅵ通过齿轮副 20/80 或 61/39 传至主轴Ⅶ，主轴上部与套筒为花键配合，从而使主轴获得 16 级转速，转速范围为 25～2000 r/min。当轴Ⅱ上多片离合器 M_1 处于中间位置，切断主传动联系时，可通过液压制动器 M_2 使主轴制动。主运动传动路线表达式为

$$\text{电动机}\begin{pmatrix}3\ \text{kW}\\ 1440\ \text{r/min}\end{pmatrix}—\text{Ⅰ}—\frac{35}{55}—\text{Ⅱ}—\begin{bmatrix}\overrightarrow{M_1}—\frac{37}{42}\\ (\text{换向})\\ \overleftarrow{M_1}—\frac{36}{36}\times\frac{36}{38}\end{bmatrix}—\text{Ⅲ}—\begin{bmatrix}\frac{29}{47}\\ \frac{38}{38}\end{bmatrix}\Rightarrow$$

$$—\text{Ⅳ}—\begin{bmatrix}\frac{20}{50}\\ \frac{39}{31}\end{bmatrix}—\text{Ⅴ}—\begin{bmatrix}\frac{22}{44}\\ \frac{44}{34}\end{bmatrix}—\text{Ⅵ}—\begin{bmatrix}\frac{20}{80}\\ M_3—\frac{61}{39}\end{bmatrix}—\text{Ⅶ}(\text{主轴})$$

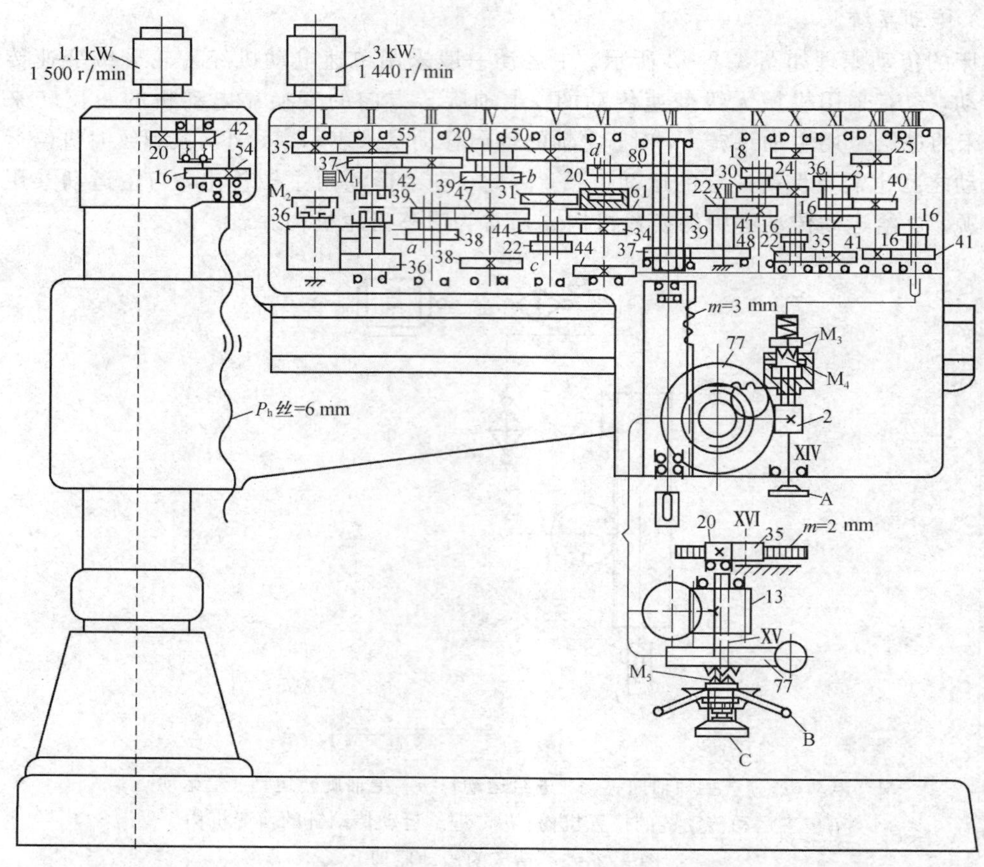

M_1—多片离合器；M_2—液压制动器；M_3—内齿式离合器；M_4—安全离合器；M_5—离合器；

$P_{h丝}$—丝杠导程；A—主轴低速升降操作手轮；B—主轴快速升降操作手柄；

C—主轴箱水平移动操作手轮；a，b，c，d—主轴换置机构中的滑移齿轮

图 3.2-3　Z3040 型摇臂钻床传动系统

② 进给运动传动链。进给运动传动链从主轴Ⅶ上的齿轮 37 开始，经齿轮副 22/41 传至轴Ⅸ，再经轴Ⅸ—ⅩⅢ 间的 4 组双联滑移齿轮变速组传至主轴ⅩⅢ。轴ⅩⅢ 经安全离合器 M_4(常合)和内齿式离合器 M_3，将运动传至轴ⅩⅣ，然后经蜗杆副 2/77、离合器 M_5 使空心轴ⅩⅤ上的小齿轮 13 传动主轴套筒上的齿条($m=3$)，使主轴套筒连同主轴做轴向进给运动。进给运动传动路线表达式为

$$\text{Ⅶ(主轴)}—\frac{37}{48}\times\frac{22}{41}—\text{Ⅸ}—\begin{bmatrix}\frac{18}{36}\\ \\ \frac{30}{24}\end{bmatrix}—\text{Ⅹ}—\begin{bmatrix}\frac{16}{41}\\ \\ \frac{22}{35}\end{bmatrix}—\text{Ⅺ}—\begin{bmatrix}\frac{16}{40}\\ \\ \frac{31}{25}\end{bmatrix}—\text{Ⅻ}—\begin{bmatrix}\frac{16}{41}\\ \\ \frac{40}{16}\end{bmatrix}—\text{ⅩⅢ}—$$

$$—M_4—M_3\text{(合)}—\text{ⅩⅣ}—\frac{2}{77}—M_5\text{(合)}—\text{ⅩⅤ}—\text{齿轮 13}—\text{齿条}(m=3)—\text{主轴轴向进给}$$

主轴轴向进给量共 16 级，范围为 0.04～3.2 mm/r。推动手柄 B 可操纵离合器 M_5 接合或脱开机动进给运动传动链，转动手柄 B 可使主轴快速升降。脱开离合器 M_3，即可用手轮 A 经蜗杆副(2/77)使主轴做低速升降，用于手动微量进给。

转动手轮 C 经齿轮 20 带动齿轮 35，齿轮 35 与摇臂上的齿条(m=2 mm)啮合，用于水平移动主轴箱。以上这些机构，连同操纵和润滑机构等，全都装在主轴箱的主轴内。

摇臂的升降由立柱外层顶上的电动机(1.1 kW，1500 r/min)经 2 对齿轮副(20/42×16/54)和安全离合器，通过升降丝杠(丝杠导程 $P_{h丝}$=6 mm)驱动。

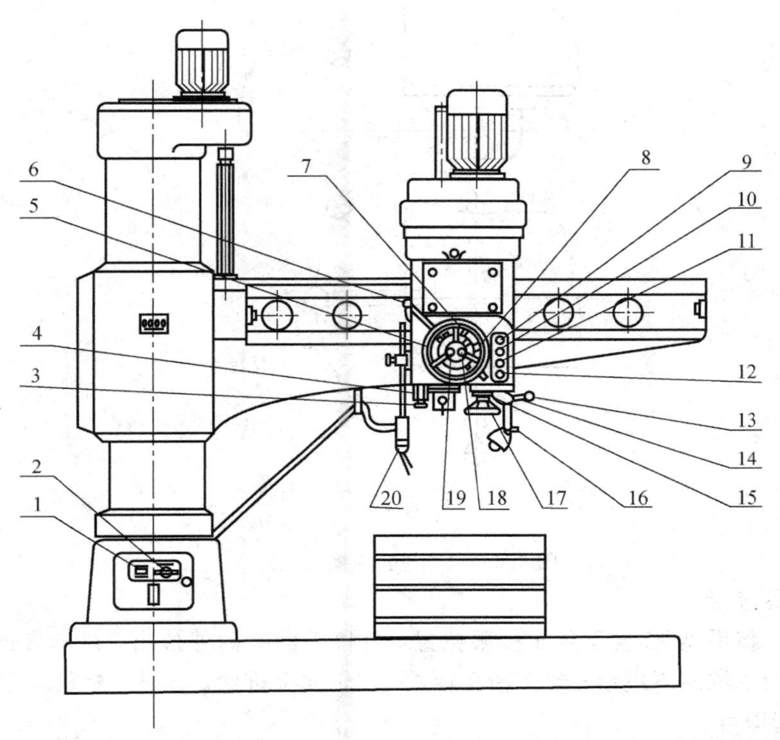

1—冷却泵开关；2—总电源开关；3—主轴转速预选旋钮；4—主轴进给量预选旋钮；
5—主轴箱移动手轮；6—主轴移动手柄；7—定程切削限位手柄；8—刻度盘微调手柄；
9—主电机启动按钮；10—主电机停止按钮；11—摇臂上升按钮；12—摇臂下降按钮；
13—主轴变速、正反转及空挡手柄；14—主轴平衡调整轴；
15—接通、断开机动进给手柄；16—照明灯开关；17—微动进给手轮；18—主轴箱、立柱松开按钮；
19—主轴箱、立柱夹紧按钮；20—冷却液开关

图 3.2－4　机床操纵

3) Z3040 型摇臂钻床的操作

机床的操纵如图 3.2－4 所示。

在开动机床之前，首先将总电源开关 2 接通，即可操纵机床各部。

(1) 主轴的启动。

按下按钮 9，在按钮中的指示灯亮，此时按图 3.2－5 所示将手柄 13 转至正转或反转位置，主轴即顺时针或逆时针方向转动。

(2) 主轴的空挡。

按图 3.2－5 所示将手柄 13 向上抬至空挡位置后，即可轻便地用手转动主轴。

(3) 主轴转速及进给量的变换。

转动预选旋钮 3 或 4，使其上所需的转速及进给量的数值对准上部的箭头。然后，按图 3.2－5 所示将手柄 13 向下压至变速位置，直到主轴开始转动后，即可松手，这时，手柄 13

复位，转速及进给量均已变换完毕。转动预选旋钮 3 或 4，在机床切削过程中也可进行。有三级高转速及三级大进给量，因有互锁，不能同时选用，即 2000 r/min、1250 r/min、800 r/min 与 3.20 mm/r、2.00 mm/r、1.25 mm/r，相互间不能同时选用。

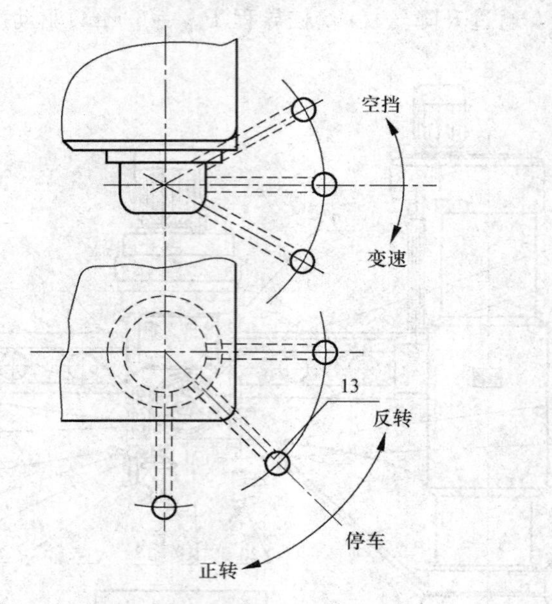

图 3.2-5　手柄 13 操纵位置

（4）主轴的进给。

机动进给：将手柄 15 向下压至极限位置，再将手柄 6 向外拉出，机动进给已被接通，若主轴正转，则主轴向下进给；若主轴反转，则主轴向上进给。若需切断机动进给，则只需将手柄 15 抬起即可。

手动进给：将手柄 6 向里推进，顺时针或逆时针方向转动手柄 6，即可带动主轴向上或向下进给。

微动进给：将手柄 15 向上抬至水平位置，再将手柄 6 向外拉出，转动手轮 17，即可微动进给。

定程切削：将手柄 7 拉出，转动手柄 8 至图 3.2-6(a)所示位置，此时，刻度盘上的蜗轮蜗杆脱开啮合，可转动刻度盘至所需切削深度值与箱体上的副尺“0”线大致对齐，再转动手柄 8 至图 3.2-6(b)所示位置，此时刻度盘上的蜗轮蜗杆已经啮合上，可进行微调，直至与“0”线准确对齐。推进手柄 7，接通机动进给，当切削深度达到所需值时，手柄 15 自动抬起，断开机动进给，完成定程切削。

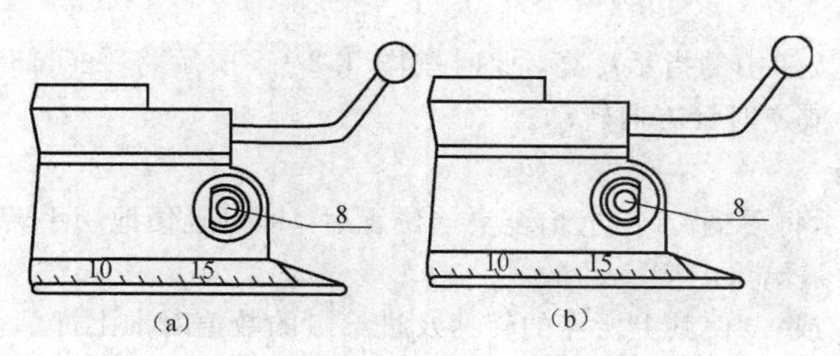

图 3.2-6　手柄 8 操纵位置

攻螺纹：操作与手动进给相同。

（5）主轴箱和立柱的夹紧或松开。

主轴箱和立柱的夹紧或松开是同时进行的。若要使主轴箱和立柱夹紧，可按下按钮19，该按钮中的指示灯亮，表示夹紧动作已经完成，即可松开按钮19。若指示灯不亮，可断续地按按钮，直至指示灯亮为止。

若要使主轴箱和立柱松开，可按下按钮18，此时按钮19中的指示灯熄灭，按钮18中的指示灯亮，表示主轴箱和立柱已松开。

（6）摇臂升降。

按下按钮11，摇臂上升；按下按钮12，摇臂下降。上升或下降至所需位置时，松开按钮，升降运动即停止，摇臂自动夹紧在外柱上。

（7）摇臂回转时应注意的问题。

因机床没有汇流环装置，故在用手推动摇臂回转时，务必注意：不能总是沿一个方向连续回转。

3.2.3 钻削六边形零件中心孔的具体操作与检验

选择Z3040×16摇臂钻床依次用麻花钻、扩孔钻及铰刀加工，操作步骤如下。

1. 刀具的选择与安装

根据图样要求，要保证尺寸$\phi22^{+0.021}_{0}$、尺寸精度IT7，粗加工选择$\phi20$麻花钻头，半精加工选择$\phi21.6$扩孔钻，精加工选择$\phi22$铰刀，利用过渡套筒夹紧刀具，并安装在钻床主轴锥孔中。

2. 调整钻削用量

（1）粗加工。选用$\phi20$麻花钻头，调整主轴转速$n=200$ r/min，切削速度为12.56 m/min，进给量为0.06 mm/r(每齿进给量0.03 mm)，钻削深度为6 mm。

（2）半精加工。选用$\phi21.6$扩孔钻，调整主轴转速$n=200$ r/min，切削速度为12.56 m/min，进给量为0.06 mm/r，钻削深度为6 mm。

（3）精加工。选用$\phi22$铰刀，调整主轴转速$n=40$ r/min，切削速度为27.6 m/min，进给量为0.04 mm/r，钻削深度为6 mm。

3. 装夹与找正工件及加工

（1）涂色。

（2）划线。利用划规划线找$\phi22^{+0.021}_{0}$孔心位置，打样冲眼。

（3）装夹。工件放在带让刀孔的垫铁上，机用虎钳定位夹紧。

（4）加工。钻心与孔心对正，在Z3040型摇臂钻床上依次用麻花钻、扩孔钻及铰刀加工。

4. 检验

钻、扩孔用游标卡尺测量，铰孔用内径百分表测量(方法参见项目三中任务3.3的相关内容)，保证加工尺寸合格。

3.2.4 钻床的日常维护保养、安全操作规程与文明生产

1. 钻床的维护

(1) 钻床在使用过程中，必须按说明书中的各项规定，认真保养。按规定的时间及润滑油牌号进行润滑，滤油网要定期清洗，保持油液的清洁。

(2) 摇臂导轨和立柱导轨必须经常用细纱布擦拭干净，以免研伤导轨。

(3) 必须按说明书规定的钻床最大工作能力指标来选用切削用量，即钻床的实际负荷不得超过主轴允许的最大扭矩(40 kg·m)和最大进给抗力(1600 kg)。

(4) 钻床在切削过程中，主轴箱、立柱在一般情况下应使之处于夹紧状态，否则，容易发生意外事故并影响钻床精度的持久性。

(5) 由于立柱顶部没有设置汇流环，不允许摇臂总是沿一个方向连续回转。

2. 钻床的润滑

Z3040 型摇臂钻床需润滑部位如图 3.2-7 所示。

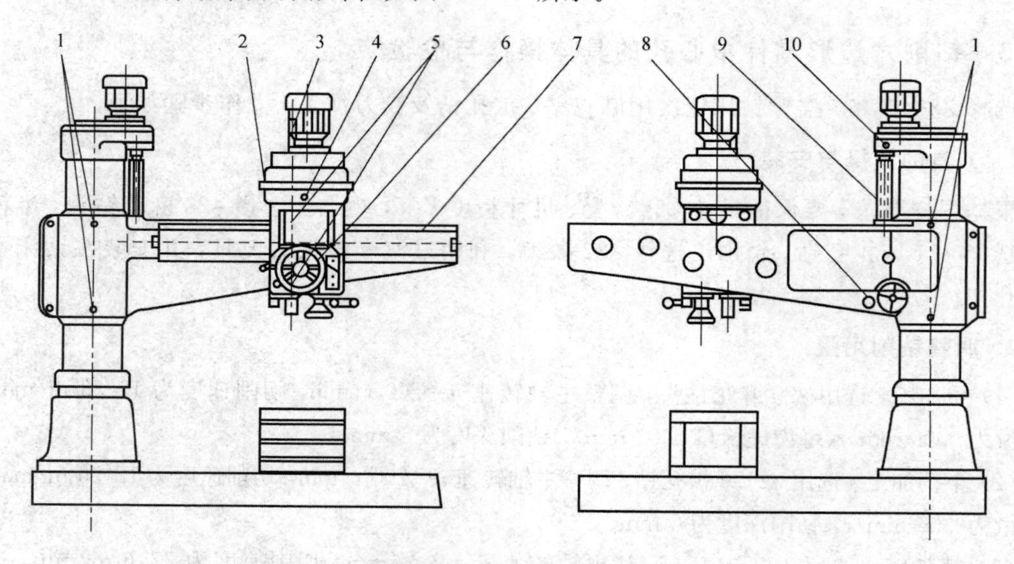

图 3.2-7 钻床润滑

1) 自动润滑

需自动润滑的部位及润滑方法如下：

(1) 摩擦片轴和刹车轴：由低压油路操纵阀及装在油泵上的定压阀溢出的油供给润滑。

(2) 主轴箱上部的齿轮及轴承：飞溅润滑。

(3) 进给机构的蜗杆及蜗轮：主轴箱下部油箱的油，通过浸在油中的蜗轮将油带到各部，使其得到润滑。

(4) 升降机构减速箱：飞溅润滑。

2) 人工润滑

需人工润滑的部位及润滑方法如下：

(1) 摇臂导轨、微调蜗轮、主轴花键及丝杠：用油壶或油枪按表 3.2-3 所示要求进行润滑。润滑主轴时，可将主轴罩上的小盖打开，注入少量的润滑油，不要注入太多。

(2) 主轴轴承：按表 3.2－3 所示要求进行润滑。

(3) 摇臂套筒与立柱：按表 3.2－3 所示要求进行润滑。

3) 油箱的注油及排油

钻床润滑时按图 3.2－7 和表 3.2－3 所示要求进行，操作者必须注意经常检查各部指示油标的油位，最高不得超过油标的中心。

主轴箱上油箱放油，主轴上轴承注油及下油箱注油，均需取下前盖。

表 3.2－3　Z3040 型摇臂钻床润滑图一览表

序号	润滑部位	润滑油牌号	润滑周期	备注
1	立柱导轨	40 号机械油	经常保持有油	
2	变速箱下油池	20 号机械油	三个月换油一次	打开变速箱前盖注油
3	主轴花键	20 号机械油	每班加油一次	不要注油太多
4	变速箱上油池	20 号机械油	三个月换油一次	打开变速箱顶盖注油
5	主轴上下轴承	2 号钙基润滑油	每月加油一次	打开变速箱前盖注油
6	微调蜗杆	20 号机械油	每班加油一次	
7	摇臂导轨	40 号机械油	经常保持有油	
8	夹紧油泵油池	10 号机械油	三个月换油一次	打开电器箱门注油
9	摇臂升降丝杠	40 号机械油	每班加油一次	不要注油太多
10	摇臂升降机构	20 号机械油	三个月换油一次	拧下螺堵注油

3. 钻床的安全操作规程与文明生产

(1) 严格遵守操作规程。

(2) 工作时，必须穿戴好工作服、工作帽和其他防护用品。

(3) 不准擅自使用不熟悉的机床和工具。

(4) 操作旋转机床时严禁戴手套。

(5) 在进行锯、锉、錾、钻等操作时，要用刷子清理铁屑，不准用嘴吹或用手直接处理，以免切屑飞入眼中或伤手。

(6) 进行錾削操作时，必须戴好防护眼镜，不准戴手套握锤。应选好安全的挥锤方向，以防锤头不慎脱落或铁屑飞出伤人。

(7) 在拆卸和调整设备时必须切断电源。维修或装配调试设备结束后，必须认真检查，严禁将工具或工件遗留在机床内，以防发生事故。

(8) 工作场地要保持整洁，使用的工、量、刃具要分类合理摆放。

3.2.5　相关知识链接

1. Z3040 型摇臂钻床的主轴组件

Z3040 型摇臂钻床的主轴组件如图 3.2－8 所示。摇臂钻床的主轴在加工时既做旋转主运动，又做轴向进给运动，所以主轴 1 用轴承支承在主轴套筒 2 内，主轴套筒 2 装在主轴箱体孔的镶套 11 中，由小齿轮 4 和主轴套筒 2 上的齿条驱动主轴套筒 2 连同主轴 1 做轴向进给运动。

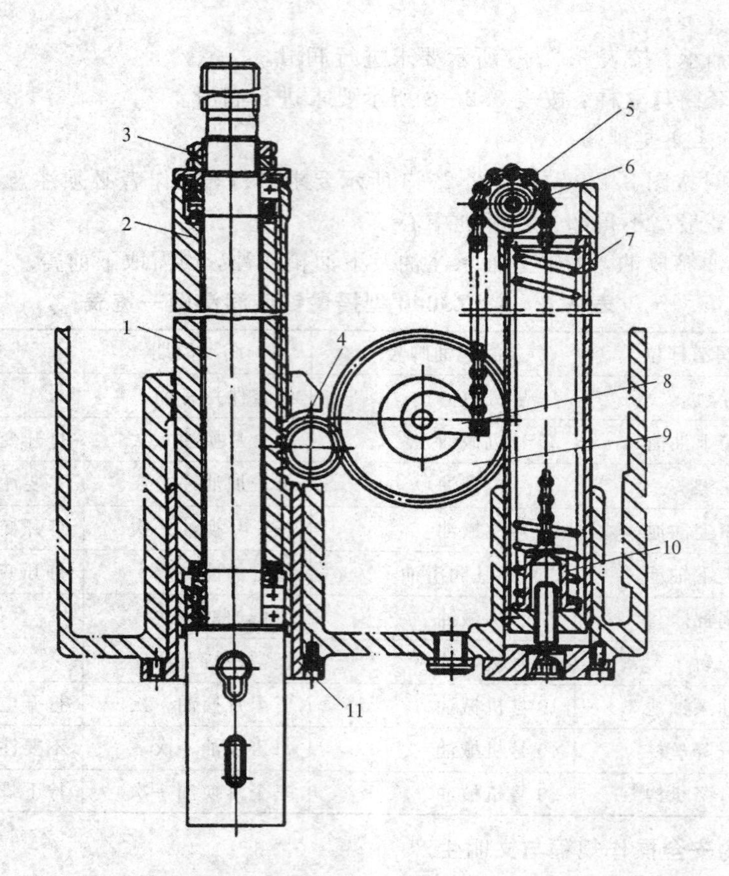

1—主轴；2—主轴套筒；3—螺母；4—小齿轮；5—链条；6—链轮；
7—弹簧；8—凸轮；9—齿轮；10—套；11—镶套

图 3.2-8　Z3040 型摇臂钻床的主轴组件

主轴 1 的旋转主运动由主轴尾部的花键传入，而该传动齿轮则通过轴承直接支承在主轴箱体上，使主轴 1 卸荷。这样既可减少主轴的弯曲变形，又可使主轴移动轻便。主轴 1 的前端有一个 4 号莫氏锥孔，用于安装和紧固刀具。主轴的前端还有 2 个并列的横向腰形孔，上面一个可与刀柄相配，以传递转矩，并可用专用的卸刀扳手插入孔中旋转卸刀；下面一个用于在特殊的加工方式下固定刀具，如倒刮端面时，需要将楔块穿过腰形孔将刀具锁紧，以防止刀具在向下切削力作用下从主轴锥孔中掉下来。

钻床加工时，主轴要承受较大的进给力，而背向力不大，因此主轴的轴向切削力由推力轴承承受，上面的一个推力轴承用以支承主轴的重量，螺母 3 用于消除推力轴承内滚珠与滚道的间隙；主轴的径向切削力由深沟球轴承支承，由于钻床主轴的旋转精度要求不是太高，故深沟球轴承的游隙不需要调整。

2. Z3040 型摇臂钻床的平衡与夹紧机构

为了防止主轴因自重而脱落，并且使操纵主轴时升降轻便，在摇臂钻床内设有圆柱弹簧—凸轮平衡机构(见图 3.2-8)。弹簧 7 的弹力通过套 10、链条 5、凸轮 8、齿轮 9 和小齿轮 4 作用在主轴套筒 2 上，与主轴 1 的重量相平衡。主轴 1 上下移动时，齿轮 4、9 和凸轮 8 转动，并拉动链条 5 改变弹簧 7 的压缩量，使其弹力发生变化，但同时由于凸轮 8 的转动改变了链条 5 至凸轮 8 及齿轮 9 回转中心的距离，即改变了力臂的大小，从而使力矩保持不变。

为了使主轴在加工时不会移位，摇臂钻床上设有主轴箱与摇臂、外立柱与内立柱以及摇臂与外立柱的夹紧机构。图 3.2－9 所示为 Z3040 型摇臂钻床的立柱及内、外立柱夹紧机构。

当内、外立柱未夹紧时，外立柱 1 通过上部的深沟球轴承和推力球轴承及下部的圆柱滚子 8 支承在内立柱 9 上，并在平板弹簧 7 的作用下向上抬起 0.2～0.3 mm，使内、外立柱间的圆锥面 A 脱离接触。此时，外立柱 1 和摇臂可以轻便地转动。当摇臂转到需要的位置以后，内、外立柱间采用液压菱形块夹紧机构夹紧，其原理如图 3.2－9(b)和图 3.2－9(c)所示。图 3.2－9(b)为松开状态，液压缸 3 的左腔通液压油。图 3.2－9(c)为夹紧状态，液压缸 3 的右腔通液压油，活塞杆左移，使两个菱形块 2 和 4 处于竖直状态，上菱形块 4 通过垫板、杠杆支架 6、球形垫圈 5 及螺母作用在内立柱 9 上，下菱形块 2 通过垫板作用在外立柱 1 上，内立柱 9 固定不动，菱形块压外立柱 1 使平板弹簧 7 变形下移，压紧在圆锥面 A 上，依靠摩擦力将外立柱 1 紧固在内立柱 9 上。

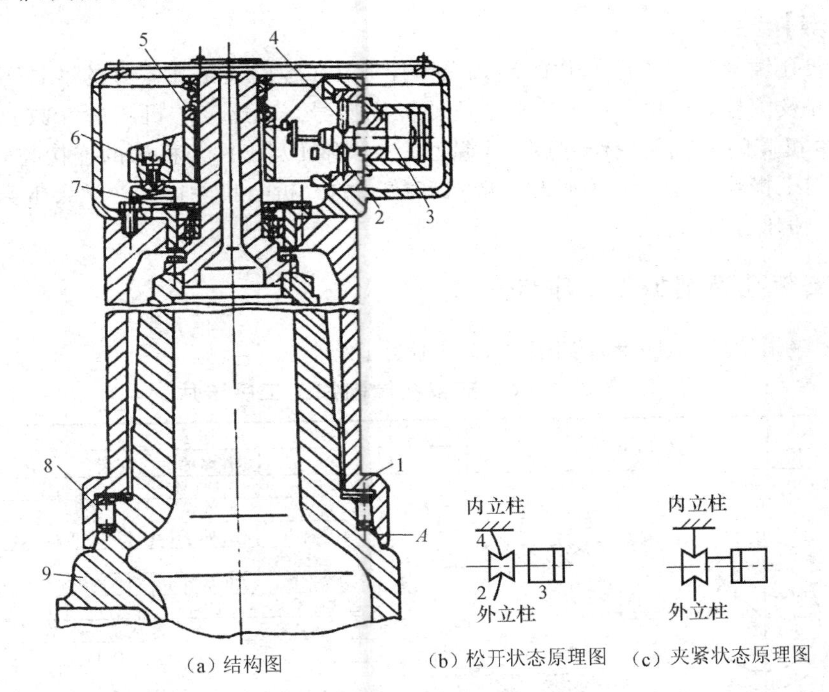

(a) 结构图　　(b) 松开状态原理图　(c) 夹紧状态原理图

1—外立柱；2—下菱形块；3—液压缸；4—上菱形块；5—球形垫圈；6—杠杆支架；7—平板弹簧；8—圆柱滚子；9—内立柱；A—内、外立柱间的圆锥面

图 3.2－9　Z3040 型摇臂钻床的立柱及内、外立柱夹紧机构

任务 3.3　支架孔镗削加工设备的使用

【任务描述】

按支架孔零件的镗削工序卡片完成支架孔零件的镗削加工过程。

【任务要求】

读懂工序卡片，选择合适的机床型号，完成刀具、工件和夹具与机床的安装，调整操作机床，完成支架孔零件的镗削加工过程。

【知识目标】

（1）能读懂工序卡片中有关刀、量、附、夹具的内容。

（2）能理解镗床主运动、进给运动和辅助运动系统。

（3）能理解各典型传动件和机床附件的结构和工作原理。

【能力目标】

（1）能根据零件加工表面形状、加工精度、表面质量选择合适的机床型号。

（2）能理解镗床的主运动传动和进给运动传动系统。

（3）能调整 TP619 型卧式铣镗床，会安装刀具、工件，并操作镗床加工支架孔零件。

（4）能正确使用量具检验工件。

（5）具备简单机床故障诊断处理的能力。

【学习步骤】

以支架孔镗削加工工序卡片的形式提出任务，在镗削支架孔零件的准备工作中学会分析工序卡片及图样，根据分析，选择合适的机床型号，对选定的机床的参数及运动进行分析，掌握本机床的调整及操作方法，掌握刀、夹、附具及工件与机床的连接与安装，最后完成零件的加工操作及检验，掌握对一般机床故障的分析与排除能力，学会本类机床的操作规程及其维护保养。

3.3.1 支架孔镗削加工工序卡片

支架孔镗削加工工序卡片如表 3.3－1 所示。

表 3.3－1 支架孔镗削加工工序卡片

××××学院	机械加工工序卡片	产品型号		零件图号			
		产品名称		零件名称	支架	共 页	第 页

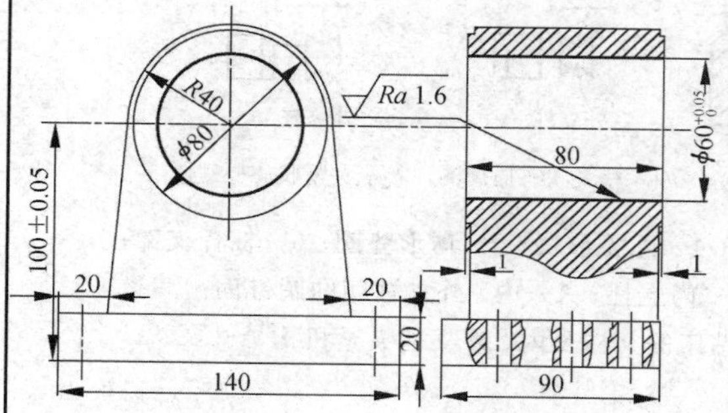

车间	工序号	工序名称	材料牌号
机加	010	镗孔	HT200
毛坯种类	毛坯外形尺寸	每毛坯可制件数	每台件数
		1	1
设备名称	设备型号	设备编号	同时加工件数
卧式铣镗床	TP619		

夹具编号	夹具名称	切削液	
	通用	水溶液	
工位器具编号	工位器具名称	工序工时（分）	
		准终	单件

工步号	工步内容	工艺装备	主轴转速 r/min	切削速度 m/min	进给量 mm/r	切削深度 mm	进给次数	工步工时 机动	工步工时 辅助
1	装夹								
2	粗镗内孔 $\phi58^{+0.19}_{0}$	单刃镗刀、内卡钳	240	45.2	0.42				
3	半精镗内孔 $\phi59.5^{+0.074}_{0}$	定尺寸双刃镗刀、内径百分表	420	79.1	0.24				
4	精镗内孔 $\phi60^{+0.03}_{0}$	浮动镗刀、内径百分表	750	141.3	0.13				

设计（日期）	校对（日期）	审核（日期）	标准化（日期）	会签（日期）

3.3.2 镗削加工支架孔的准备工作

1. 分析图样

根据图样，加工表面为支架内孔，表面粗糙度为 $Ra1.6\ \mu m$，保证孔径尺寸为 $\phi 60^{+0.03}_{0}$，尺寸精度为 IT7 级；孔中心到底面(即孔心)的位置尺寸为 100 mm±0.05 mm，尺寸精度为 IT9 级。

2. 机床型号的选取

1) 镗床的工艺范围及特点

镗床类机床常用于加工尺寸较大且精度要求较高的孔，特别是分布在不同表面上、孔距和位置精度(平行度、垂直度和同轴度等)要求较严格的孔系，利用坐标装置和镗模较容易保证加工精度。镗削加工的尺寸可大亦可小，一把镗刀可以加工不同直径的孔，对于不同的生产类型和精度要求的孔都可以采用这种加工方法。镗孔时，其尺寸精度为 IT8、IT7～IT6，孔距精度可达 0.015 mm，表面粗糙度 Ra 值为 1.6～0.8 μm。若用坐标镗床和金刚镗床则加工质量可更好，如各种箱体、支架和汽车发动机缸体等零件上的孔系加工。

镗床的主要工作是用镗刀镗削工件上铸出或已粗钻出的孔。镗床加工时的运动与钻床类似，但进给运动则根据机床类型和加工条件不同，或者由刀具完成，或者由工件完成。镗床除了镗孔，还可进行钻孔、铣平面和车削等工作。当配备各种附件、专用镗杆和装置后，在镗床上还可以切槽、车削螺纹、镗锥孔和加工球面等。

2) 镗床的分类

镗床可分为卧式铣镗床、坐标镗床以及金刚镗床。此外，还有立式镗床、深孔镗床和落地镗床等。

(1) 卧式铣镗床。

卧式铣镗床的工艺范围十分广泛，因而得到普遍应用。卧式铣镗床除镗孔外，还可车端面、铣平面、车外圆、车内螺纹、车外螺纹及钻孔、扩孔、铰孔等。零件可在一次安装中完成大量加工工序。卧式铣镗床尤其适合加工大型、复杂的具有相互位置精度要求孔系的箱体、机架和床身等零件。由于机床的万能性较大，故又称为万能镗床。卧式铣镗床的主要加工方法如图 3.3-1 所示。

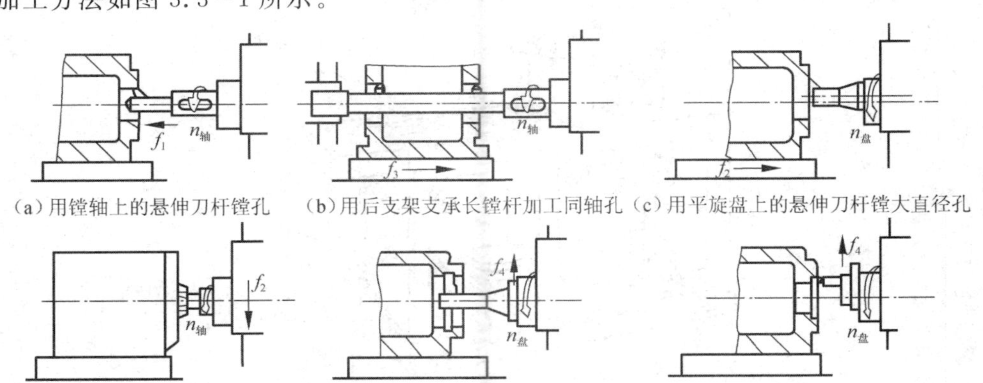

(a) 用镗轴上的悬伸刀杆镗孔 (b) 用后支架支承长镗杆加工同轴孔 (c) 用平旋盘上的悬伸刀杆镗大直径孔

(d) 用镗轴上的端铣刀铣平面 (e) 用平旋盘刀具溜板上的车刀车内沟槽 (f) 用平旋盘刀具溜板上的车刀车端面

f_1，f_2，f_3，f_4—进给运动；$n_轴$—主轴旋转运动；$n_盘$—平旋盘旋转运动

图 3.3-1 卧式铣镗床的主要加工方法

(2) 坐标镗床。

坐标镗床是一种高精度机床，其特征是具有测量坐标位置的精密测量装置。为了保证高精度，这种机床的主要零部件的制造和装配精度要求都很高，并具有较好的刚度和抗振性。该机床主要用来镗削孔本身精度(IT5级或更高精度等级)及位置精度要求很高的孔系(定位精度可达0.002～0.01 mm)，如镗削钻模、镗模上的精密孔。

坐标镗床的工艺范围广，依据坐标测量装置，能精确地确定工作台、主轴箱等移动部件的位移量，实现工件和刀具的精确定位。例如，工作台面宽200～300 mm的坐标镗床，坐标定位精度可达0.002 mm。

坐标镗床主要用于工具车间加工工具、模具和量具等，也可用于生产车间成批地加工精密孔系，如在飞机、汽车、拖拉机、内燃机和机床等行业中加工某些箱体零件的轴承孔。坐标镗床除镗孔、钻孔、扩孔、铰孔、锪端面以及精铣平面和沟槽外，因其具有很高的定位精度，故还可用于进行精密刻线和划线及孔距和直线尺寸的精密测量等工作。

(3) 金刚镗床。

金刚镗床是一种高速精密镗床，因它以前采用金刚石镗刀而得名。现已广泛使用硬质合金刀具。这种机床的特点是切削速度很高(加工钢件 v=1.7～3.3 m/s，加工有色合金件 v=5～25 m/s)，而切削深度(背吃刀量)和进给量极小(切削深度一般不超过0.1 mm，进给量一般为0.01～0.14 mm/r)，因此可以获得很高的加工精度(孔径精度一般为IT6～IT7级，圆度不大于3～5 μm)和表面质量(表面粗糙度一般为0.08 μm$<Ra\leqslant$1.25 μm)。金刚镗床在成批生产、大量生产中获得了广泛的应用，常用于加工发动机的气缸、连杆、活塞等零件上的精密孔。

金刚镗床的种类很多，按其布局形式可分为单面、双面和多面；按其主轴位置可分为立式、卧式和倾斜式；按其主轴数量可分为单轴、双轴和多轴。

如图3.3-2所示为单面卧式金刚镗床的外形图。机床的主轴箱1固定在床身4上，主轴2高速旋转带动镗刀做主运动。工件通过夹具安装在工作台3上，工作台3沿床身导轨做平稳的低速纵向移动以实现进给运动。工作台3一般为液压驱动，可是半自动循环。

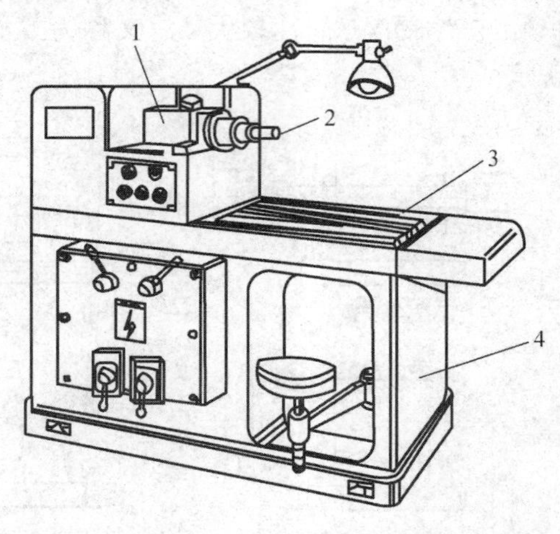

1—主轴箱；2—主轴；3—工作台；4—床身

图3.3-2　单面卧式金刚镗床外形

主轴组件是金刚镗床的关键部件，它的性能好坏在很大程度上决定着机床的加工质量。这类机床的主轴短而粗，在镗杆的端部设有消振器；主轴采用精密的角接触球轴承或静压轴承支承，并由电动机经皮带直接传动主轴旋转，从而可保证主轴组件准确平稳地运转。

(4) 落地镗床及落地铣镗床。

在重型机械中，对于大而重的工件移动困难，可采用落地镗床或落地铣镗床，其外形如图 3.3－3 所示。落地镗床及落地铣镗床均没有工作台，工件直接固定在地面平板上，运动由机床来实现。由于机床庞大，机床的移动部件重量也大，为提高移动灵敏度，避免产生爬行现象，可采用滚动导轨或静压导轨。为方便观察部件的位移，移动部件应备有数控显示装置，以节省时间和减轻劳动强度。

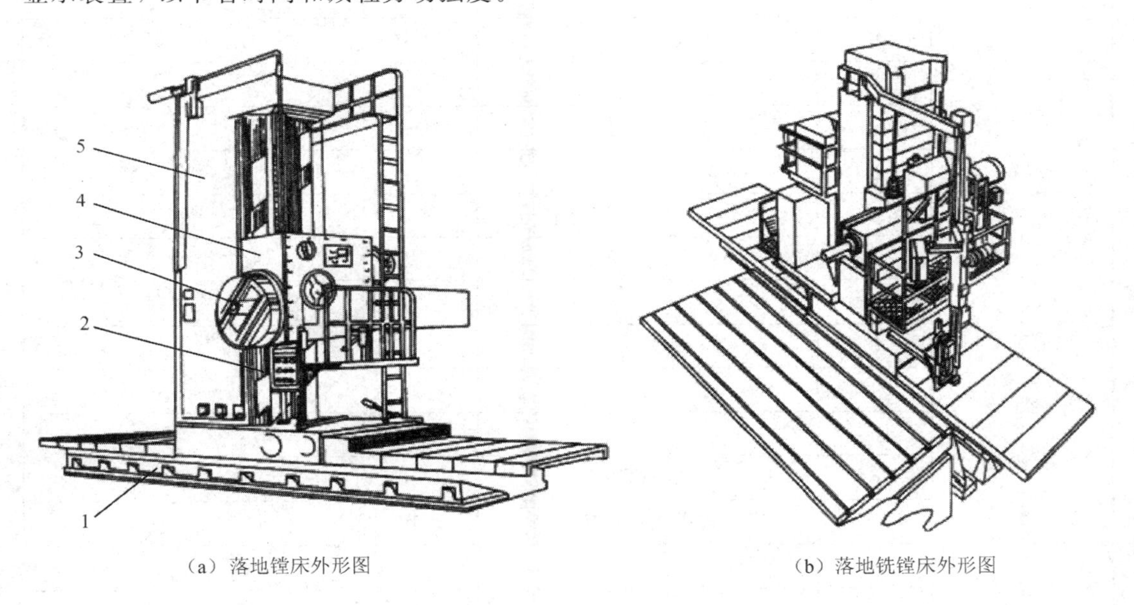

(a) 落地镗床外形图　　(b) 落地铣镗床外形图

1—床身；2—操纵板；3—镗轴；4—主轴箱；5—立柱

图 3.3－3　落地镗床和落地铣镗床外形

3) 镗床的型号编制

镗床型号的组代号和名称如表 3.3－2 所示，常用镗床系代号、名称和主参数如表 3.3－3 所示。

表 3.3－2　镗床型号的组代号和名称

镗床类	组代号和名称										
	代号	0	1	2	3	4	5	6	7	8	9
T	名称			深孔镗床		坐标镗床	立式镗床	卧式铣镗床	金刚镗床	汽车拖拉机修理用镗床	其他镗床

表 3.3-3　常用镗床系代号、名称和主参数

组		系		主参数	
代号	名称	代号	名称	折算系数	名称
4	坐标镗床	0			
		1	立式单柱坐标镗床	1/10	工作台面宽度
		2	立式双柱坐标镗床	1/10	工作台面宽度
		3	卧式单柱坐标镗床	1/10	工作台面宽度
		4	卧式双柱坐标镗床	1/10	工作台面宽度
		5			
		6	卧式坐标镗床	1/10	工作台面宽度
		7			
		8			
		9			
5	立式镗床	0			
		1	立式镗床	1/10	最大镗孔直径
		2			
		3			
		4			
		5			
		6	立式铣镗床	1/10	镗轴直径
		7	转塔式铣镗床	1/10	最大镗孔直径
		8			
		9			
6	卧式铣镗床	0			
		1	卧式镗床	1/10	镗轴直径
		2	落地镗床	1/10	镗轴直径
		3	卧式铣镗床	1/10	镗轴直径
		4	短床身卧式铣镗床	1/10	镗轴直径
		5	刨台卧式铣镗床	1/10	镗轴直径
		6	立卧复合铣镗床	1/10	镗轴直径
		7			
		8			
		9	落地铣镗床	1/10	镗轴直径

4）镗削加工方法

在箱体上通常分为三种孔系，分别为平行孔系、同轴孔系和交叉孔系，如图 3.3-4 所

示，加工时要保证孔系的位置要求。

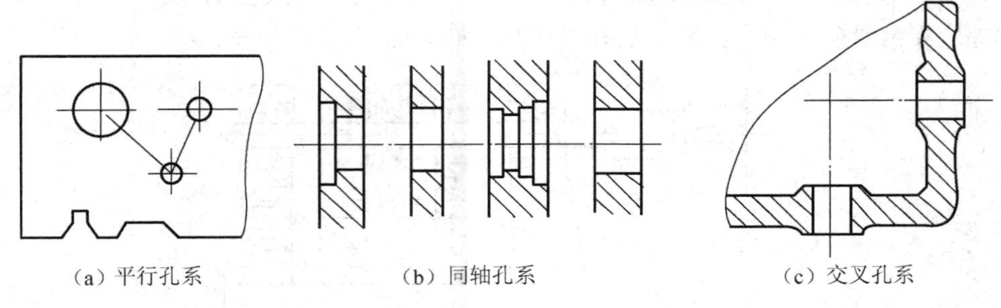

图 3.3-4　孔系的类型

(1) 平行孔系镗削方法。

① 找正法。找正法如图 3.3-5 所示，包括划线找正法、量块心轴找正法和样板找正法。

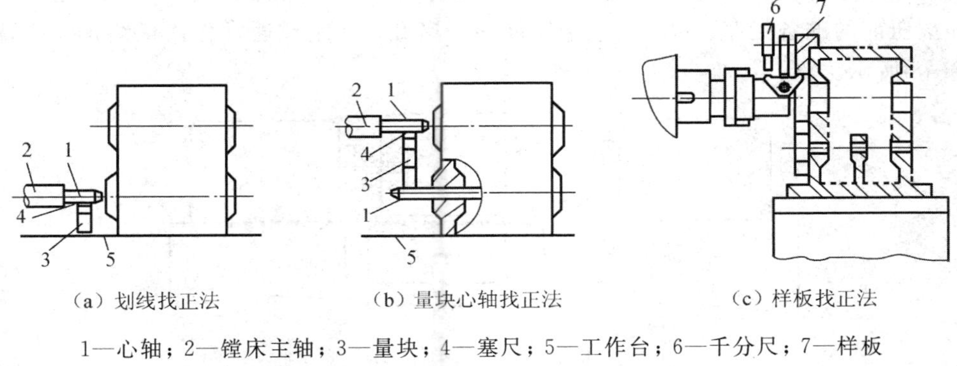

1—心轴；2—镗床主轴；3—量块；4—塞尺；5—工作台；6—千分尺；7—样板

图 3.3-5　找正法

② 坐标法。在普通卧式镗床、坐标镗床或数控镗铣床等设备上，借助于测量装置调整机床主轴在工件间水平和垂直方向的相对位置，来保证孔心距精度的镗孔方法称为坐标法。图 3.3-6 所示为在普通镗床上用百分表 1 和量块 2 来调整主轴垂直和水平位置示意图，百分表分别装在镗床头架和横向工作台上。这种装置调整费时，效率低。坐标法用得最多的是经济刻度尺与光学读数头测量装置，读数精度高的是光栅数字显示装置和感应同步器测量装置。

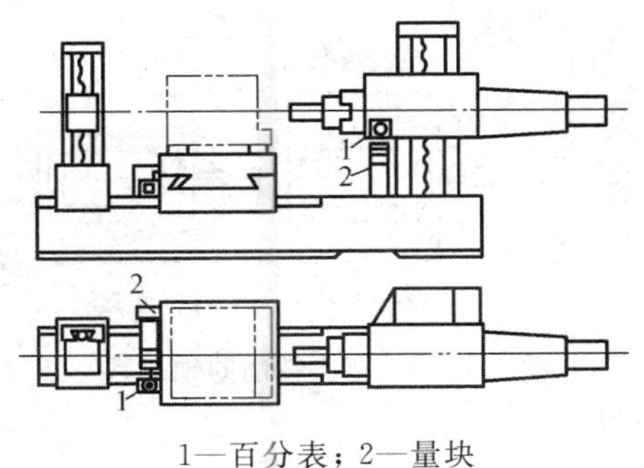

1—百分表；2—量块

图 3.3-6　坐标法镗削平行孔系

③ 镗模法。利用镗模夹具加工孔系的方法称为镗模法。如图 3.3-7 所示，镗孔时，工件装夹在镗模上，镗杆被支承在镗模的导套里，镗刀通过模板上的孔将工件上相应的孔加工出来。在批量生产中广泛采用这种方法加工孔系。

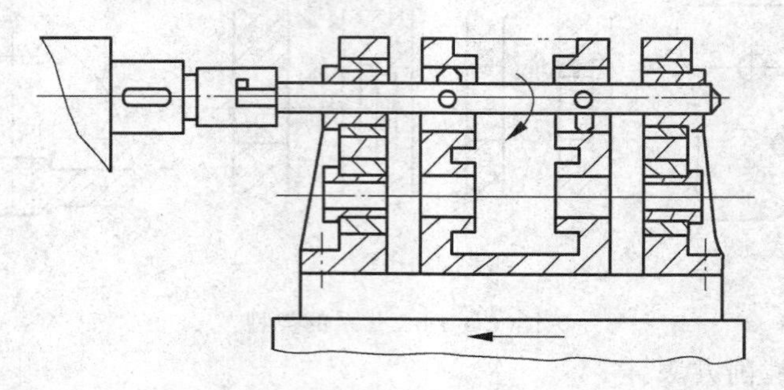

图 3.3-7　镗模法镗削平行孔系

④ 金刚镗。金刚镗也称为高速细镗，一般在专用镗床上，采用金刚石作镗刀，在高速、小背吃刀量下进行镗孔，能获得高的精度和表面质量。对于铸铁和钢铁，金刚镗通常作为研磨和滚压前的准备工序；对于有色金属件的精密孔，金刚镗通常作为最终加工工序，如图 3.3-8 所示。

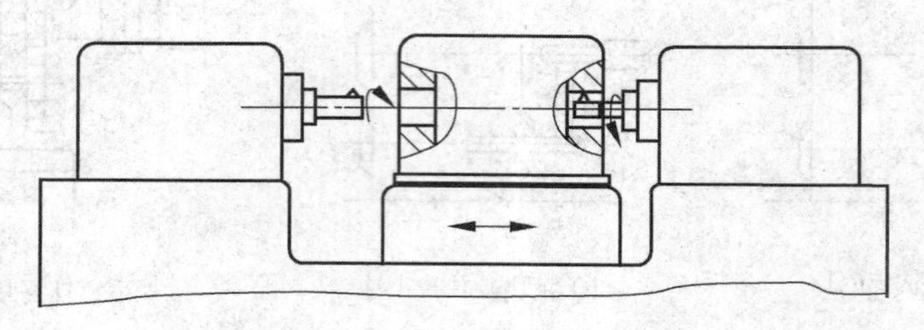

图 3.3-8　金刚镗削

(2) 同轴孔系镗削方法。

① 转动工作台方法，如图 3.3-9(a)所示。这种方法适用于在回转工作台装置精度高的卧式铣镗床上加工中小型工件。

② 工件调头重新装夹方法，如图 3.3-9(b)所示。这种方法利用工件基准面或工艺基准面找正，使平面与镗杆的轴线平行。镗削一孔后，工件回转 180°，重新校准平面与镗杆的轴线平行，这样可保证同轴孔系中心线的平行度。

③ 利用已加工孔作支承导向，如图 3.3-9(c)所示。

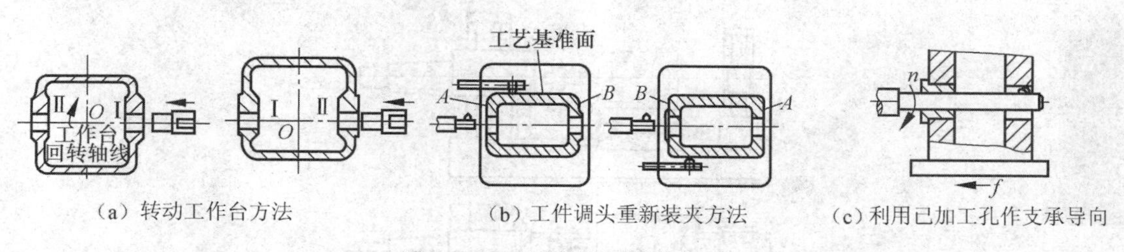

图 3.3-9　调头镗削同轴孔系

(3) 垂直交叉孔系镗削方法。

① 弯板与回转工作台结合法，如图 3.3-10(a)所示。这种方法适用于较小工件，在回

转工作台上装夹一块弯板，将工件的基准面夹压在弯板上，利用回转工作台保证垂直精度。工件不仅有垂直孔，而且还有平行孔，可先加工Ⅳ、Ⅲ、Ⅱ孔，转90°后再加工Ⅰ孔；也可以先加工Ⅰ孔，转90°后再加工Ⅳ、Ⅲ、Ⅱ孔。

② 回转法，如图3.3－10(b)所示。利用回转工作台定位精度镗削垂直孔系时，首先将工件安装在回转工作台上，按侧面或基面找正，待加工孔中心线与镗杆轴线同轴，镗好Ⅰ孔后，将回转工作台逆时针回转90°，再镗削Ⅱ孔。这种方法是依靠镗床工作台的回转精度来保证孔系的垂直度。

③ 心轴校正法，如图3.3－10(c)所示。利用已加工好的Ⅰ孔，按Ⅰ孔选配检验心轴插入Ⅰ孔，镗杆上装百分表校对心轴两端，待两端等值后，加工Ⅱ孔。另一种方法是，镗出Ⅰ孔后，在一次装刀下镗出基准面A，然后转动回转工作台按A面找正，使之与镗杆轴线平行，再镗出Ⅱ孔。这种方法比光依靠镗床工作台的回转精度保证孔系的垂直度更加可靠。

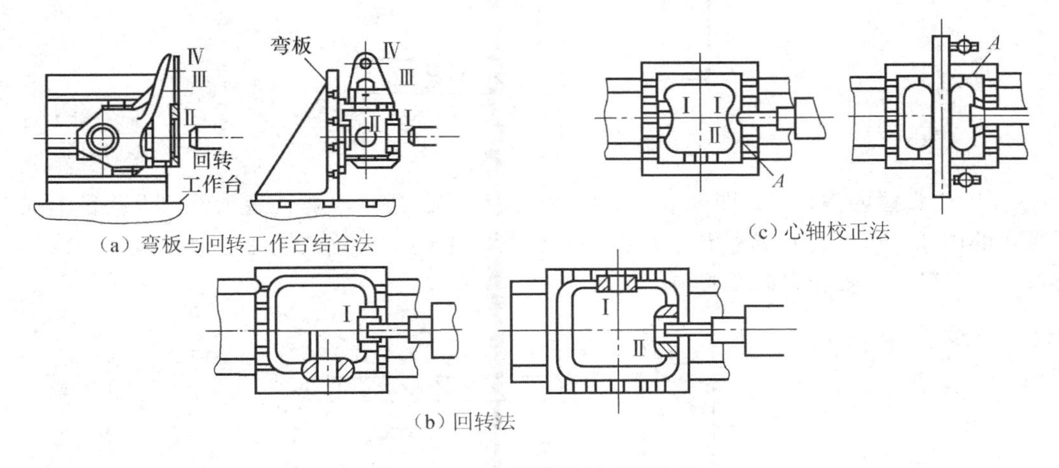

图3.3－10 镗削垂直交叉孔系

(4) 镗削内沟槽的方法。

① 利用斜榫式径向内沟槽镗刀杆及镗刀头镗内沟槽，如图3.3－11所示。利用专用工具，完成刀具径向切入及切出内槽，专用工具锥柄与镗床主轴锥孔连接，转动手轮和螺杆，

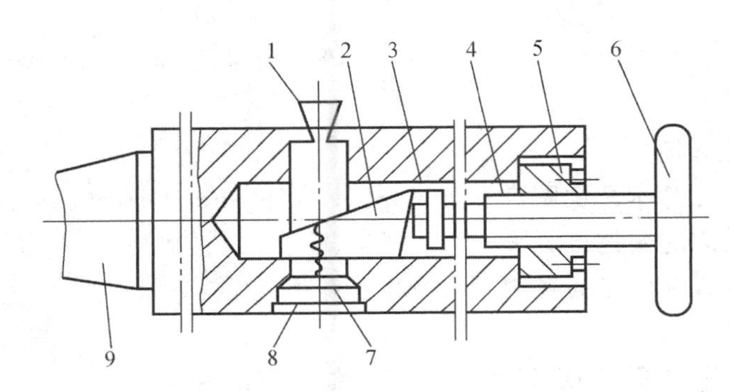

1—内槽镗刀；2—凹形斜榫；3—轴用挡圈；4—螺杆；5—倒顺牙螺母；
6—手轮；7—拉簧；8—拉簧连接座；9—锥柄

图3.3－11 专用工具

在螺母中旋转并移动。凹形斜榫向前或向后平移，内槽镗刀在斜榫作用下从刀体方孔中伸出或在拉簧作用下内缩，完成切槽和回刀动作。一般镗刀的切削刃宽≤5 mm，当要求槽宽>5 mm时，可通过镗床工作台移动完成切削槽宽。

② 平旋盘镗内沟槽，如图3.3-12所示。这种方法适用于内孔孔径较大的内槽加工。镗内槽时镗刀固定在平旋盘径向刀架的刀杆上，刀架带动刀杆径向进给镗削出内槽。这种方法刚性较好。

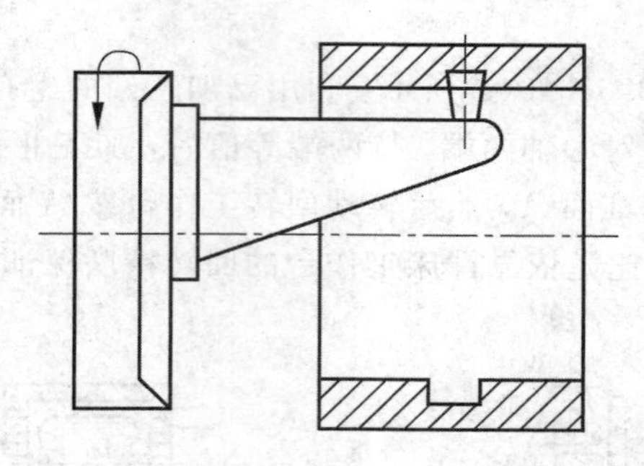

图3.3-12　平旋盘镗内沟槽

③ 用铣头镗内沟槽，如图3.3-13所示。这种方法适用于在大型工件较大孔径上加工不通孔的内槽，镗床主轴通过传动轴使一对锥齿轮上的键带动铣头上主轴转动，完成镗内槽加工，槽深由主轴箱升降来控制。

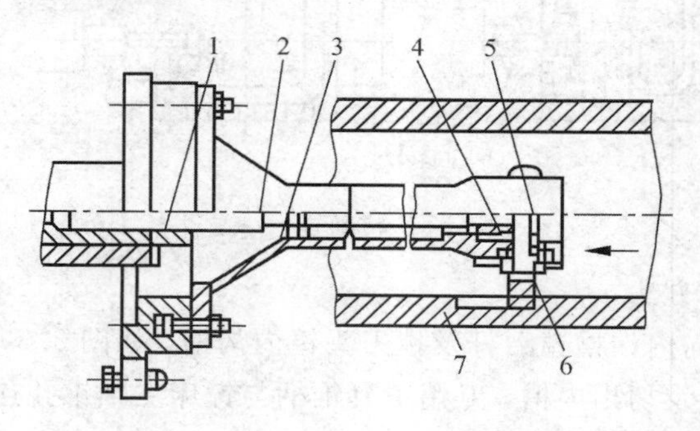

1—主轴；2—传动轴；3—本体；4—90°锥齿轮副；5—铣刀主轴；6—立铣刀；7—工件

图3.3-13　用铣头镗内沟槽

5）镗床型号的选择

根据表3.3-1工序卡片中图样及上述分析，选择TP619型卧式铣镗床。

3. 镗削加工机床的调整与操作

1）TP619型卧式铣镗床的用途及主要技术参数

(1) 用途。

TP619型卧式铣镗床的用途如前面卧式铣镗床所述。

(2) 主要技术参数。

TP619型卧式铣镗床的主要技术参数如表3.3-4所示。

表 3.3-4　TP619 型卧式铣镗床的主要技术参数

项目	项目名称	机床参数
主轴	主轴直径/mm	90
	主轴锥孔	莫氏 5 号
	主轴最大扭矩/(N·m)	1225
	主轴最大轴向抗力/N	12250
	主轴转速级数	23 级
	主轴转速范围/(r/min)	8～1250
	主电机功率/kW	7.5
	主轴最大行程/mm	630
平旋盘	平旋盘最大扭矩/(N·m)	1960
	平旋盘直径/mm	630
	平旋盘转速范围/(r/mm)	4～200
	平旋盘转速级数	18 级
	平旋盘径向刀架最大行程/mm	160
工作台	工作台尺寸(长×宽)/mm	1100×950
	工作台最大承重/kg	2200
	T 形槽尺寸/mm	22
	T 形槽数	10 个
速度及进给精度	快速速度/(mm/min)	2500
	主轴每转各轴进给量范围/(mm/r)	0.04～6
	各轴进给量范围/(mm/min)	0.01～1.53
	直线测量系统读数精度(*X*/*Y*/*Z*)/mm	0.005
	机床外形尺寸(长×宽×高)/mm	4900×2400×2700
	机床重量/kg	11 000

2）TP619 型卧式铣镗床的结构及运动分析

(1) 主要组成部件及其运动。

卧式铣镗床的外形如图 3.3-14 所示。主轴箱 8 可沿前立柱 7 的导轨上下移动。在主轴箱 8 中装有镗杆 4、平旋盘 5、主运动和进给运动变速传动机构和操纵机构。根据加工情况，刀具可以装在镗杆 4 或平旋盘 5 上。镗杆 4 旋转做主运动，并可沿轴向移动做进给运动；平旋盘 5 只能做旋转主运动。装在后立柱 2 上的后支架 1 用于支承悬伸长度较大的镗杆 4 的悬伸端，以增加刚度(见图 3.3-1(b))。后支架 1 可沿后立柱 2 上的导轨上下移动，以便于与主轴箱 8 同步升降，从而保持后支架 1 支承孔与镗杆 4 在同一轴线上。后立柱 2

可沿底座 10 的导轨移动，以适应镗杆 4 的不同程度悬伸。工件安装在工作台 3 上，可与工作台 3 一起随下滑座 11 或上滑座 12 做纵向或横向移动。工作台 3 还可绕上滑座 12 的圆导轨在水平面内转位，以便加工互相成一定角度的平面和孔。当刀具装在平旋盘 5 的径向刀架上时，径向刀架可带着刀具做径向进给，以车削端面(见图 3.3－1(f))。

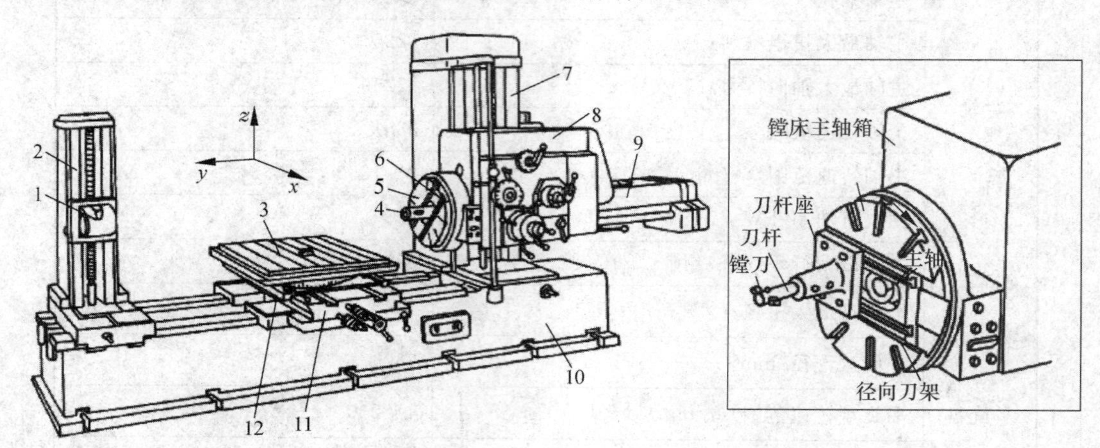

1—后支架；2—后立柱；3—工作台；4—镗杆；5—平旋盘；6—径向刀具溜板；7—前立柱；8—主轴箱；9—后尾座；10—底座；11—下滑座；12—上滑座

图 3.3－14　卧式铣镗床的外形

综上所述，卧式铣镗床具有下列运动：

① 镗杆的旋转主运动。

② 平旋盘的旋转主运动。

③ 镗杆的轴向进给运动。

④ 主轴箱的垂直进给运动。

⑤ 工作台的纵向进给运动。

⑥ 工作台的横向进给运动。

⑦ 平旋盘上的径向刀架进给运动。

⑧ 辅助运动。辅助运动包括主轴、主轴箱及工作台在进给方向上的快速调位运动，后立柱的纵向调位运动，后支架的垂直调位运动，工作台的转位运动。这些辅助运动可以手动，也可由快速电动机传动。

(2) 机床的传动系统。

如图 3.3－15 所示为 TP619 型卧式铣镗床的传动系统。

① 主运动传动链：主电动机的运动经由轴Ⅰ—Ⅴ间的几组变速组传至轴Ⅴ后，可分别由轴Ⅴ上的滑移齿轮 K(z=24)或滑移齿轮 H(z=17)将运动传向主轴或平旋盘。

TP619 型卧式铣镗床在传动系统中采用了一个多轴变速组(轴Ⅲ—轴Ⅴ间)，该变速组由安装在轴Ⅲ上的固定齿轮(z=52)和固定宽齿轮(z=21)、安装在轴Ⅳ上的三联滑移齿轮、安装在轴Ⅴ上的固定齿轮(z=62)和固定宽齿轮(z=35)等组成，其变速原理如图 3.3－16 所示。当三联滑移齿轮处于如图 3.3－16 所示中间位置时，变速组传动比为$\frac{21}{50}\times\frac{50}{35}$；

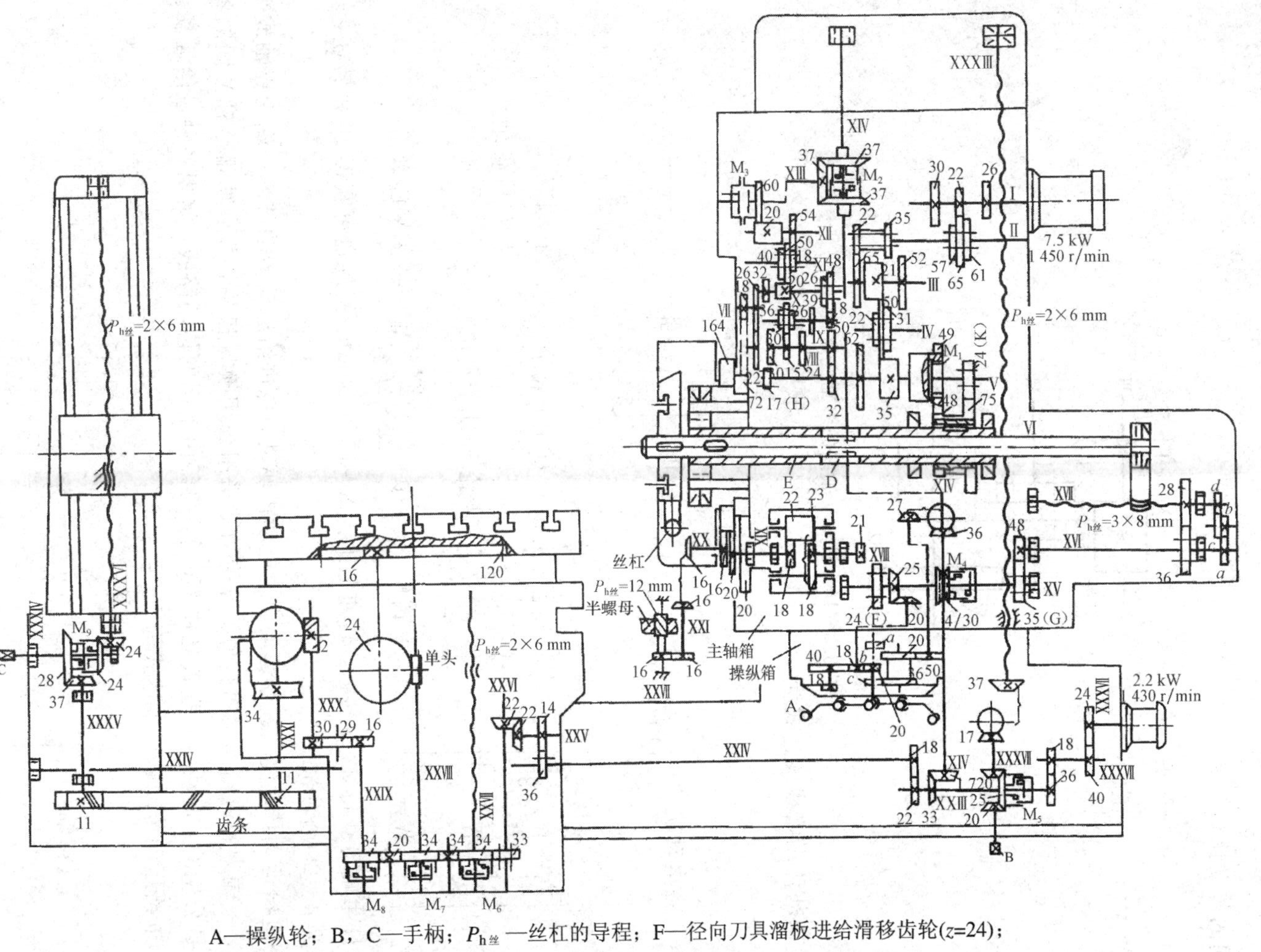

A—操纵轮；B，C—手柄；$P_{h丝}$—丝杠的导程；F—径向刀具溜板进给滑移齿轮(z=24)；

G—镗轴轴向进给滑移齿轮(z=350)；H—接通平旋盘旋转滑移齿轮(z=17)；M_2～M_8—离合器

图 3.3-15 TP619 型卧式铣镗床传动系统图

当三联滑移齿轮处于如图 3.3-16 所示左边位置时，变速组传动比为$\frac{21}{50}\times\frac{22}{62}$；当三联滑移齿轮处于如图 3.3-16 所示右边位置时，变速组传动比为$\frac{52}{31}\times\frac{50}{35}$。可见，该变速组共有 3 种不同的传动比。

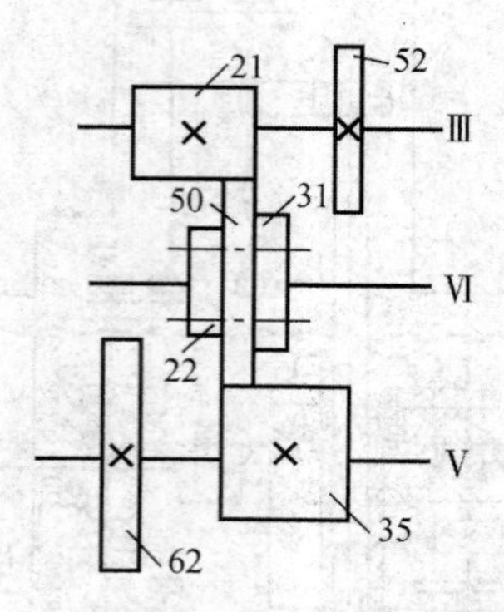

图 3.3-16　Ⅲ—Ⅴ轴间的多轴变速组

主运动传动路线表达式为

$$\text{主电动机}\begin{pmatrix}7.5\ \text{kW}\\1450\ \text{r/min}\end{pmatrix}—\text{Ⅰ}—\begin{bmatrix}\frac{26}{61}\\\frac{22}{65}\\\frac{30}{57}\end{bmatrix}—\text{Ⅱ}—\begin{bmatrix}\frac{22}{65}\\\frac{35}{52}\end{bmatrix}—\text{Ⅲ}\longrightarrow—$$

$$\begin{bmatrix}\frac{52}{31}—\text{Ⅳ}—\frac{50}{35}\\\frac{21}{50}—\text{Ⅳ}—\frac{50}{35}\\\frac{21}{50}—\text{Ⅳ}—\frac{22}{62}\end{bmatrix}—\text{Ⅴ}—\begin{bmatrix}—\begin{bmatrix}\frac{24}{75}(\text{齿轮 K 处于右位})\\M_1\ \text{合}(\text{齿轮 K 处于左位})—\frac{49}{48}\end{bmatrix}—\text{Ⅵ}(\text{镗轴})\\—\text{齿轮 H 左移}—\frac{17}{22}\times\frac{22}{26}—\text{Ⅶ}—\frac{18}{72}—\text{平旋盘}\end{bmatrix}$$

镗杆主轴可获得 22 级转速，转速范围为 8～1250 r/min。平旋盘可获得 18 级转速，转速范围为 4～200 r/min。

② 进给运动传动链：进给运动由主电动机驱动，各进给运动传动链的一端为镗轴或平旋盘，另一端为各进给运动执行件。各传动链采用公用换置机构，即自轴Ⅷ至轴Ⅻ间的各变速组是公用的，运动传至垂直光杠ⅩⅣ后，再经由不同的传动路线，实现各种进给运动。

a. 进给运动传动路线表达式为

$$\left.\begin{matrix}\text{Ⅵ}(\text{镗轴})—\begin{bmatrix}\frac{75}{24}\\\frac{48}{49}—M_1\end{bmatrix}—\\\text{平旋盘}—\frac{72}{18}—\text{Ⅶ}—\frac{26}{22}\times\frac{22}{17}\end{matrix}\right\}\text{Ⅴ}—\frac{32}{50}—\text{Ⅷ}—\begin{bmatrix}\frac{15}{36}\\\frac{24}{36}\\\frac{30}{30}\end{bmatrix}—\text{Ⅸ}—\begin{bmatrix}\frac{18}{48}\\\frac{39}{26}\end{bmatrix}—\text{Ⅹ}—$$

$$-\begin{bmatrix}\frac{20}{50}-\text{XI}-\frac{18}{54}\\ \frac{20}{50}-\text{XI}-\frac{50}{20}\\ \frac{32}{40}-\text{XI}-\frac{50}{20}\end{bmatrix}-\text{XII}-\frac{20}{60}-M_3-\text{XIII}-\begin{bmatrix}\frac{37}{37}-M_2\uparrow\\ \frac{37}{37}-M_2\downarrow\end{bmatrix}-\text{XIV}(\text{垂直光杠})$$

$$-\left\{\begin{array}{l}
\frac{4}{30}-M_4\text{ 合}-\text{XV}-\left[\begin{array}{l}\frac{35}{48}-\text{XVI}-\begin{bmatrix}\frac{ac}{bd}\\ \frac{36}{28}\end{bmatrix}-\text{XVII}(\text{丝杠})-\text{镗杆轴向进给}\\ \frac{24}{21}-u_{\text{合}}-\text{XIX}-\frac{20}{164}\times\frac{164}{16}-\text{XX}-\frac{16}{16}-\text{XXI}-\frac{16}{16}\rightarrow\\ \rightarrow\text{XXII}(\text{丝杠})-\text{半螺母}-\text{平旋盘的径向刀架进给运动}\end{array}\right.\\
\frac{17}{33}-\text{XXIII}-\left[\begin{array}{l} M_5-\frac{25}{20}-\text{XXXII}-\frac{17}{37}\text{XXXIII}(\text{丝杠})-\text{主轴箱垂直进给}\\ \frac{22}{18}-\text{XXIV}-\frac{36}{14}-\text{XXV}-\frac{22}{22}-\text{XXVI}-\frac{33}{34}-\left[\begin{array}{l}M_6-\text{XXVII 丝杠}\rightarrow\\ \rightarrow\text{工作台横向进给}\\ \frac{34}{34}-\frac{34}{34}-\Rightarrow\end{array}\right.\\ \Rightarrow\left[\begin{array}{l}M_7\text{ 合}-\text{XXVIII}-\frac{1}{24}\times\frac{16}{120}-\text{工作台转位运动}\\ \frac{34}{20}-\frac{20}{34}-M_8\text{ 合}-\text{XXIX}-\frac{16}{29}-\frac{29}{30}-\text{XXX}-\frac{2}{34}-\text{XXXI}\rightarrow\\ \rightarrow\frac{11}{\text{齿条}}-\text{工作台纵向进给}\end{array}\right.\end{array}\right.\end{array}\right.$$

b. 进给运动的操纵。机床设有一个带两手柄的操纵轮 A（见图 3.3－15），该手轮有前、中、后 3 个位置，依次实现机动进给、手动粗进给或快速调整移动以及手动微量进给。如将操纵轮 A 的手把向前拉（近操作者方向），则通过杠杆的作用，会使中间轴上的齿轮 $z=20$ 处于“a”位置，脱开与其他齿轮的啮合，同时通过电液控制，使端面齿离合器 M_4 啮合，从而接通机动进给传动路线；当将操纵轮 A 的手把扳至中间位置时（图示位置），齿轮 $z=20$ 处于“b” 位置，齿轮 $z=18$ 啮合，转动手轮就可经齿轮副 20/18 及锥齿轮副 20/25 使轴 XV 转动，从而使镗轴轴向或平旋盘刀架径向得到快速调整移动，此时，在电液控制下，离合器 M_4 脱开啮合，断开机动进给传动链；如将操纵轮 A 的手把向后推（远离操作者方向），则齿轮 $z=20$ 处于“c”位置，与齿轮 $z=36$ 啮合，此时，转动操纵轮 A，就可通过齿轮副 20/36 和 20/50、锥齿轮副 27/36 及蜗杆副 4/30 传动轴 XV，此时，在电液控制下，离合器 M_4 得以接合，而离合器 M_3 脱开啮合，断开机动进给传动链，由于这时在传动路线中增加了几对降速齿轮副，故可使镗轴轴向或平旋盘刀架径向得到微量进给。

3）TP619 型卧式铣镗床的操作

（1）使用前的准备、检查及使用中的安全、防护。

① 使用前要先检查一下铣镗床各部分机构是否正常，然后低速试空车，听一下是否有异常之声，如发现不正常，应立即进行调整修理。

② 安装工件、夹具或铣镗床附件时，要注意轻放，避免损伤台面；导轨上不准堆放工

具及工件等物。

③ 安装夹具或铣镗床附件前要将结合处揩擦干净。

④ 操作时要集中精力，不要擅自离开铣镗床，发现工件振动、切削负荷增大、台面跳动及机床产生异常声音等不正常情况时，应及时停车检查，并加以排除。

⑤ 使用快速进给时，刀具离工件 30～50 mm 处便应停止，然后用手动进给，使刀具缓慢地接近工件，避免发生刀具与工件相撞的事故。

⑥ 在工作台纵横两个方向往返行程的极限位置处，均装有限位装置。机床使用时，行程挡铁不许超过规定范围，更不允许任意拆卸挡铁，以防止工作台移动时超过行程极限而损坏机床零件。

(2) 启动运行过程中的操作程序及方法。

如图 3.3－17 所示为机床操纵图，机床的开动和停止由按钮 14 来控制。

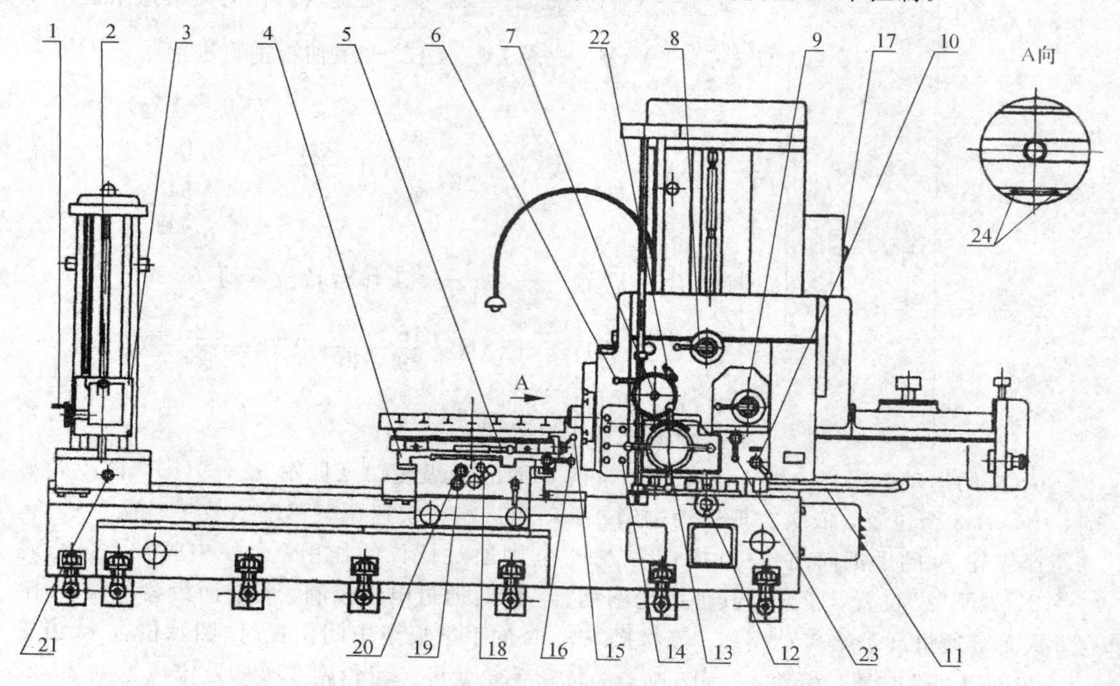

1—后立柱刀杆支架调整手轮；2—刀杆支架盖夹紧装置；3—后立柱刀杆支架夹紧装置；
4—工作台上滑座夹紧装置(前后两处重切削使用)；5—回转工作台夹紧装置；
6—进给和快速移动操纵杆；7—镗轴、平旋盘、主轴箱及工作台手动微调手轮；
8—镗轴、平旋盘、主轴箱及工作台进给变换操纵手柄；9—镗轴、平旋盘变速操纵手柄；10—镗轴夹紧装置；
11—主轴箱夹紧装置；12—主轴箱手动移动装置；13—镗轴、平旋盘手动及机动进给换向操纵手柄；
14—镗轴启动、停止及点动开关；15—回转工作台定位装置；16—工作台上滑座夹紧装置；
17—机床电路总开关(右)及照明开关(左)；18—主轴箱及工作台进给分配及换向手柄；
19—工作台纵向手动移动装置；20—工作台横向手动移动装置；21—后立柱手动移动装置；
22—平旋盘回转运动操纵手柄；23—镗轴、平旋盘径向刀架进给操纵手柄；24—平旋盘滑块夹紧装置

图 3.3－17　机床操纵图

镗轴和平旋盘转速及进给量的变换分别由手柄 9 及 8 进行。由于两手柄是与行程开关联动的，因此当拉开手柄时，电动机就立即停止旋转。但相啮合的变速齿轮尚未离开，待

将手柄搬开 180°，并绕水平轴旋转，当转到所需的位置时，再按相反方向推入手柄，此时速度继电器即起作用，从而使电动机做慢速冲击运动，使滑动齿轮顺利啮合，由此获得新的转速或进给量。

手柄 13 操纵镗轴轴向进给和平旋盘刀架径向进给(手柄放置在前后两端为机动位置，放置在中间为手动位置)。

工作台、主轴箱的进给分配和换向是由可逆手柄 18 来操纵的。各运动部件的机动进给和快速移动都用操纵杆 6 操纵，当搬动手柄 18 或 13 至所需位置，并将操纵杆 6 由中间位置向下压时，即可使各运动部件做机动进给；而当拉出或推入操纵杆 6 时，由于直接开动快速移动电动机的反、正向开关，因而不必考虑换向运动部件，即可做双向的快速移动。当进给机构遇到阻碍或运动部件行至终点碰到撞块时，进给装置不仅能使进给自动停止，并且能使操纵杆回到原来位置。考虑到防止机床开动中可能发生的意外事故，在各进给机构之间设有电气互锁装置，即当镗轴或平旋盘径向刀架进给时，不得同时使工作台或主轴箱进给，假如产生操纵上的错误，而同时使两者做进给运动时，则电动机立即停止。

为便于各运动机构的操纵，故设有下列各部件的手动装置：镗轴和平旋盘径向刀架的手动进给用手柄 13，工作台沿床身纵向移动用装置 19，横向移动用装置 20，主轴箱升降用装置 12，装置 21 则用于操纵后立柱在床身上的纵向移动，而手轮 1 是用来调整后立柱刀杆在垂直方向上的位置。

机床各运动部件的手动微调是由手轮 7 进行操作的，由于结构上的互锁，当任何一运动部件进行机动进给或快速移动时，手轮 7 即自动退出，使其不致产生事故。

如图 3.3－18 所示为工作台定位装置，工作台回转时，用机床操纵图中的手柄 15 松开工作台的定位销，当工作台需在 0°、90°、180°、270°四位定位时，可使工作台定位销插入定位套中定位。

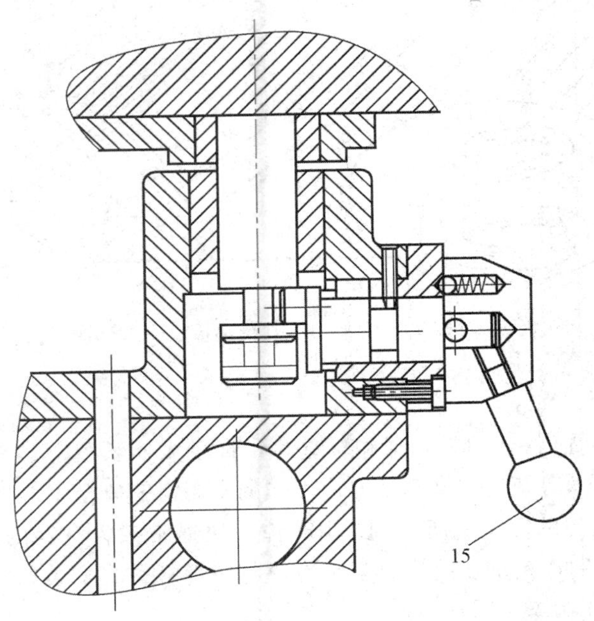

15—松开、夹紧工作台的定位销手柄

图 3.3－18　回转工作台定位装置图

镗轴、平旋盘滑枕、主轴箱、回转工作台、上滑座、后立柱刀杆支架以及支架盖的紧固，是通过夹紧装置10、24、11、5、16与4、3、2(见图3.3－17)来完成的。

主轴箱的夹紧装置11是通过一个联动机构分别在两点进行夹紧的。

当将每一机构放松时，应依次放松夹紧块或各压板，为保证将所有被紧固的部分都松开，就必须将夹紧装置放松到极限位置(除24外，此位置装有撞块)。

将手柄22放置在"接通"位置，即可获得平旋盘的回转运动；当其位于"断开"位置时，即脱开此回转运动，如图3.3－17所示。

将手柄23放置在"平旋盘径向刀架进给"位置，即可获得平旋盘径向刀架的进给；而放置在"镗轴轴向进给"位置时，即可获得镗轴轴向进给。当使用平旋盘时，应将夹紧装置10锁紧，如图3.3－17所示。

必须注意：手柄22、23只许在停车状态下进行转换。当手柄22置于"接通"位置时，手柄23亦需置于"平旋盘径向刀架进给"位置，否则，平旋盘回转时，其径向刀架将自动溜车，如图3.3－17所示。

4. 刀、夹、附具及工件与机床的连接与安装

1) 镗刀的安装

镗刀的安装角度δ是指镗刀轴线与镗杆径向截面之间的夹角，如图3.3－19所示，$\delta=90°\sim53°8'$。

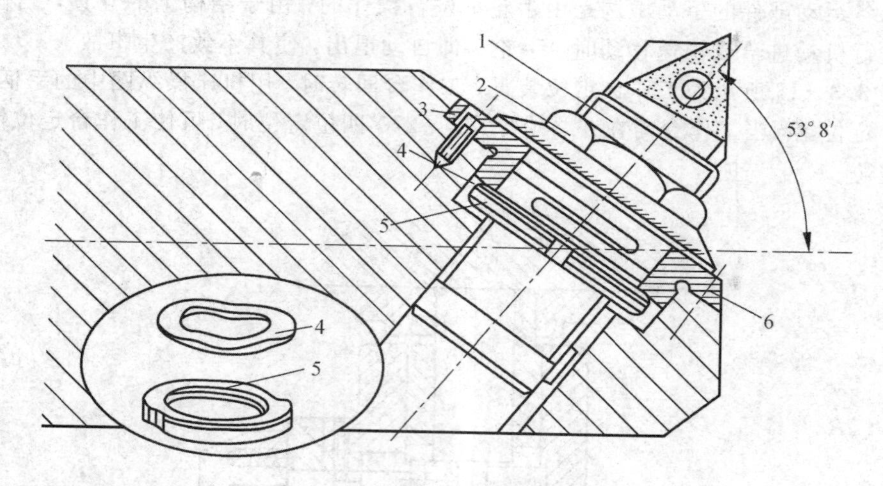

1—镗刀头；2—微调螺母；3—螺钉；4—波形垫圈；5—调节螺母；6—固定座套

图3.3－19 微调镗刀

当镗杆系统刚性强时(镗刀杆短而粗，镗的孔直径大而长度短)，镗刀可垂直安装，刚性差时应倾斜安装。镗刀倾斜安装后，刀片工作的主、副偏角会相应地变化。

镗刀块与单刃镗刀的安装有所不同。由于镗刀块通常镗大直径的通孔，镗刀杆直径比较粗，浮动镗刀块又用作精加工，故通常镗刀块与镗刀杆垂直安装。

2) 工件的安装与找正

(1) 工件的安装。

在镗削之前，刀具和工件之间必须调整到一个合理的位置，为此工件在机床上必需占据某一正确的位置。在镗削加工过程中，工件的安装方法较多。

底平面安装，是镗削加工最常用的安装方法之一。利用工件底平面安装，一般地，工件的底面面积比较大，而且大都经过不同程度的粗、精加工，可直接安装在镗床工作台上；若工件底面是毛坯面，则可用楔形垫块或辅助支承安装在镗床工作台上。

若一次安装加工几个面上的孔，当工作台转到任一加工位置时，主轴的悬伸量都不能过长，以免影响加工精度。若加工一个侧面上的孔或两个互相垂直的孔，则可将工件安装在工作台的一端或一角，如图 3.3－20(a)和图 3.3－20(b)所示；若工件四个侧面上的孔都需镗削，则可将工件安装在工作台中间的合适位置，如图 3.3－20(c)所示，这样可使加工各孔时主轴的悬伸长度相差不大，保证镗削质量。

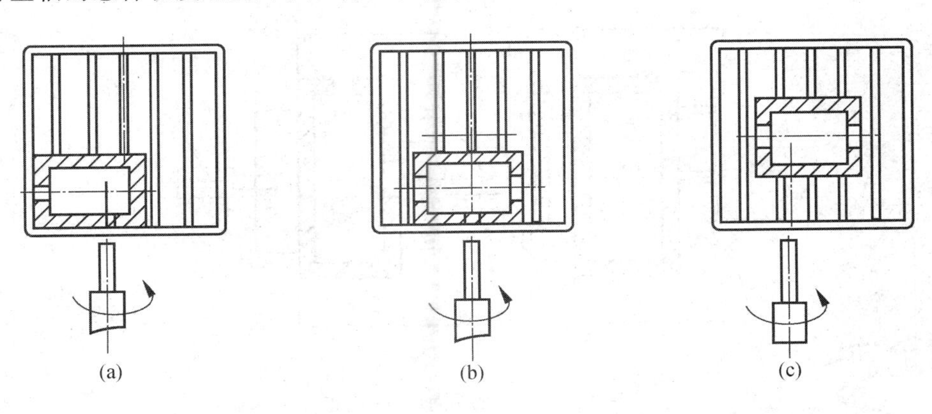

图 3.3－20　工件在工作台上的安装位置

(2) 工件的找正。

为保证工件安装在工作台上的位置正确，必需按照图样要求，用划线盘、百分表或其他工具，确定工件相对于刀具的正确位置和角度，此过程称为工件的找正。找正的方法很多，在大批量生产中，可用夹具直接定位找正；在小批量生产中，一般应用简单的定位元件，如方铁、V 形铁、定位板等找正。

若在卧式镗床上不用定位元件，则有以下几种找正方法。

① 按划线找正。粗加工时，工件可按划线工根据图样要求划出的纵、横基准线和镗削孔径等找正。如图 3.3－21 所示，在主轴锥孔刀杆上装上划针，然后移动工作台或主轴找正。

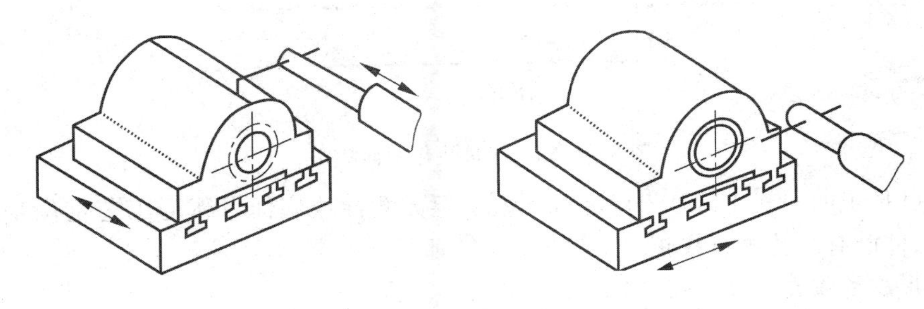

图 3.3－21　按划线找正

② 按粗加工面找正。对于有一定精度要求的镗削工件，往往镗孔前，在工件的侧面或

底面的前端，先铣(或刨)出一个较长平面，作为镗削加工找正用的粗基准面，如图 3.3－22 所示。

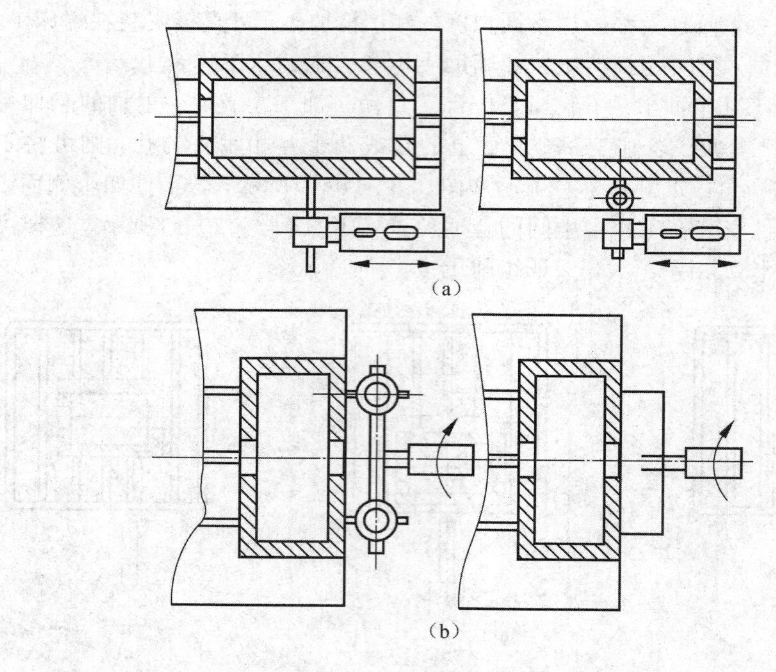

图 3.3－22　按粗加工面找正

③ 按精加工面找正。精度要求高的工件，其基准面必须经过精加工，按精基准用百分表找正，其找正方法与按粗加工面找正方法相同，还可以用量块作侧面找正，如图 3.3－23 所示。

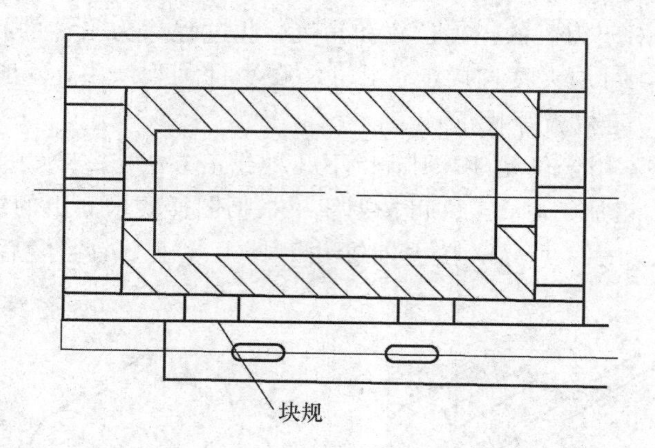

图 3.3－23　用量块作侧面找正

④ 按已加工的孔找正。对于已有加工孔，但无侧面或底面可作为工艺定位基准的工件，可用工件已有的孔进行找正，如图 3.3－24 所示。

3）使用压板装夹工件

方法如前面项目内容所述。

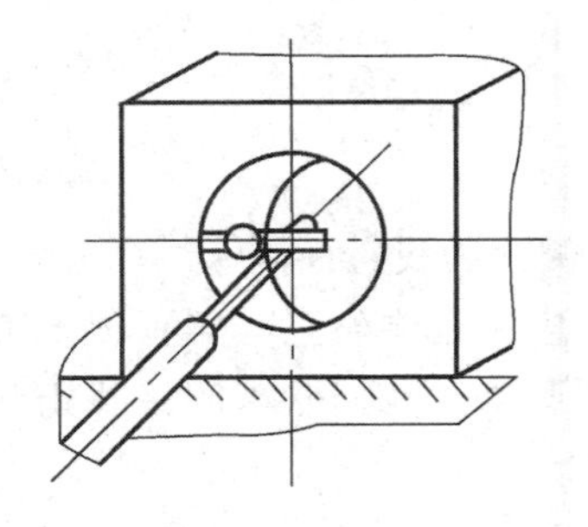
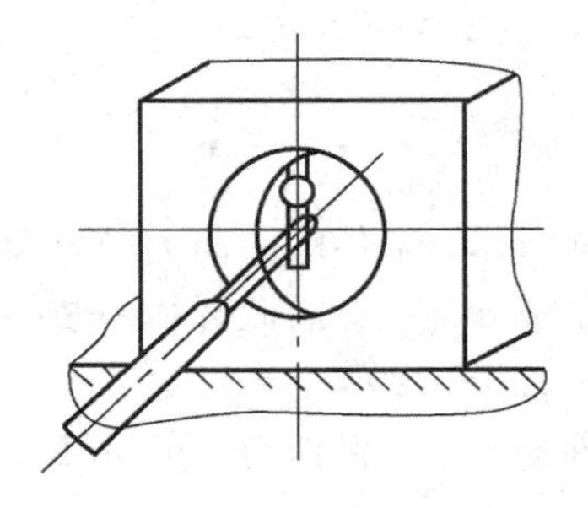

图 3.3－24　按已加工的孔找正

3.3.3　镗削支架孔的具体操作与检验

根据图样要求，支架内孔的表面粗糙度为 $Ra1.6\ \mu m$；保证孔径尺寸为 $\phi60^{+0.03}_{0}$，尺寸精度为 IT7 级；孔中心到底面（即孔心）的位置尺寸为 100 mm±0.05 mm，尺寸精度为 IT9 级，且与底面孔有位置精度要求。故选择 TP619 型卧式铣镗床加工。零件材料为 HT200，毛坯为铸件，并经时效处理。箱体毛坯已铸出 $\phi45$ mm 的孔。

1. 刀具的选择与安装

1）刀具的类型和材料

刀具的类型有单刃镗刀、固定尺寸双刃镗刀、浮动镗刀；刀头材料为 YG6、YG8 类硬质合金。

2）刀具的角度

（1）粗镗 $\phi58^{+0.19}_{0}$ 孔。

单刃镗刀切削角度：主偏角 $k_r=75°\sim90°$，副偏角 $k_r'=4°$，前角 $\gamma_0=10°$，后角 $\alpha_0=6°$，刃倾角 $\lambda_s=2°$，刀尖过渡刃倾斜角 $k_{st}=45°$，过渡刃宽度 $b_\varepsilon=2$ mm，负倒棱 5°，宽 0.5 mm。

（2）半精镗 $\phi59.5^{+0.074}_{0}$ 孔。

半精镗刀切削角度选择同上。

（3）精镗 $\phi60^{+0.03}_{0}$ 孔。

浮动镗刀切削角度：前角 $\gamma_0=12°$，主偏角 $k_r=1°30'\sim2°30'$，修光刃长 6 mm，刃宽为 0.20 mm。

3）刀具的安装

根据加工要求，选择相应的刀具安装在镗床镗杆位置上。

2. 调整镗削用量

粗镗：调整主轴转速为 $n=240$ r/min，切削速度为 45.2 m/min，进给量为 0.42 mm/r，镗削深度为 7.5 mm。

半精镗：调整主轴转速为 $n=420$ r/min，切削速度为 79.1 m/min，进给量为 0.24 mm/r，镗削深度为 0.75 mm。

精镗：调整主轴转速为 $n=750$ r/min，切削速度为 141.3 m/min，进给量为 0.13 mm/r，镗削深度为 0.25 mm。

3. 装夹与找正工件及加工

1）开机前的准备工作

(1) 工件的装夹找正。

按工件图样所示，工件的底面为安装面，左侧面为找正面。

由于工件是单孔加工，因此选择的装夹位置应靠近主轴，这样有利于工件的加工。找正侧面时，如图 3.3 - 25 所示，利用工作台的 T 形槽安装挡铁来间接找正，这样可以避免直接找正时工件的走动，保证定位的可靠性。

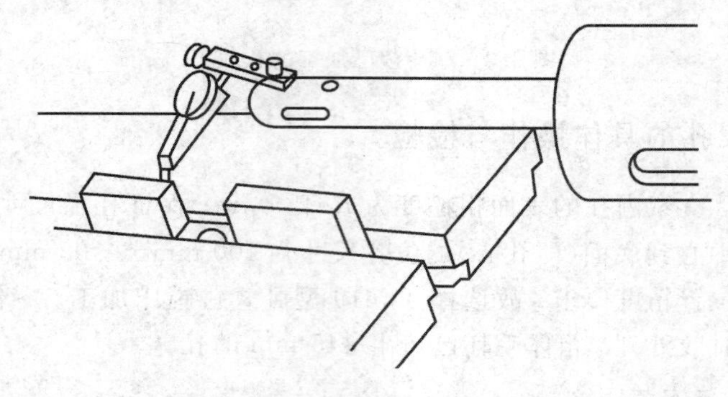

图 3.3 - 25　找正挡铁

工件装上工作台前，先要清理台面及工件定位面的毛刺；安装时侧面要靠紧找正挡铁，并在前后放入等厚纸条，靠紧后不要拉出纸条，待预紧压紧装置后，可拉出纸条；随后压紧工件。如图 3.3 - 26 所示。

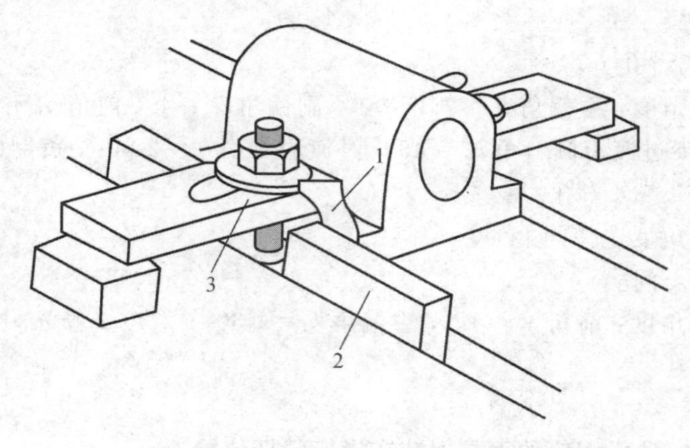

1—纸条；2—挡铁块；3—夹紧装置

图 3.3 - 26　工件的装夹

(2) 开机前应注意的事项。

开机前应注意检查机床各部件机构是否完好，各手柄的位置是否正确。启动后，应使主轴低速运转几分钟，使传动件得到良好润滑，每次移动机床部件时要注意刀具、工具等的相对位置，快速移动前应观察移动方向和部位是否正确。

2）粗镗

(1) 加工孔位找正。

被加工孔的横向尺寸无精度要求，通常以划线为基准，在主轴上安装中心定位轴，调节横向距离，使其尖端对准孔位横向中心线，根据划线找正横向中心，如图 3.3－27(a)所示。

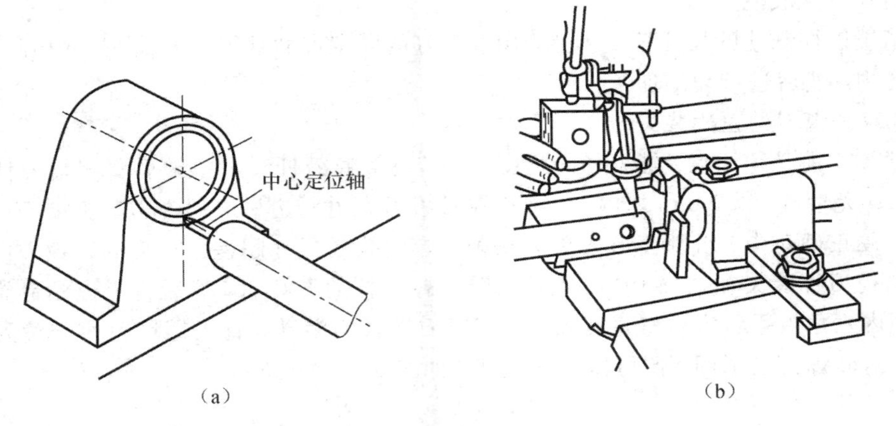

图 3.3－27　孔位找正

(2) 孔的高低尺寸找正。

孔的高低尺寸找正要用定位心轴、量规、百分表来进行，如图 3.3－27(b)所示。量块高度为心轴半径加上孔距尺寸。

高低尺寸找正时，将已黏合的量块放在定位心轴附近，用百分表测量出量块的读数(以百分表指针摆动 20 格为宜)，并转动百分表刻度表面对零位。机动主轴箱使定位心轴停留在量块低处附近，并移动百分表至定位心轴上方，微量进给主轴箱上升。当百分表开始读数时，主轴箱停止移动，百分表作测量定位心轴最高点的径向移动并在最高点处停留。做主轴箱的夹紧试验，测出变化数值，以便精找正时作修正用。松开及微量进给移动主轴箱上升，当百分表出现所需零位读数时，再次夹紧主轴箱，则孔位垂向尺寸已找正。

因卧式镗床主轴箱质量一般都比机床平衡锤的质量要大，所以主轴箱会产生向下的作用力。当主轴箱随着丝杠旋转上升后，丝杠产生的向上作用力正好与主轴箱产生的向下作用力抵消，所以主轴箱夹紧后就不容易移动，故找正时宜使主轴箱向上移动。

(3) 粗镗用刀具的选择。

粗镗时镗刀杆要根据加工孔的孔径尺寸尽量选择粗大些，以提高刚性，有利于提高孔的形状位置精度，镗刀可选择单刃镗刀并修磨其切削刃，如图 3.3－28 所示。

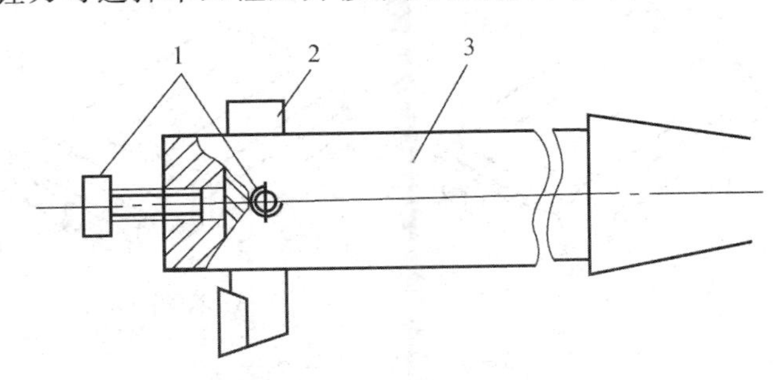

1—径、轴向紧固螺钉；2—单刃镗刀；3—镗刀杆

图 3.3－28　粗镗刀具与工具

3）半精镗

（1）半精镗用刀具的选择。

半精镗时一般使用固定尺寸单刃或双刃镗刀刀具。

半精镗以控制孔的尺寸精度为主，用准备好的固定尺寸双刃镗刀装在有中心定位的镗刀杆方孔内，然后进行切削加工。

（2）双刃镗刀的正确装夹。

精镗加工前必须注意：镗刀杆的精度必须完好，镗刀杆装上主轴后要测量刀杆的径向圆跳动，误差应在 0.03 mm 之内，否则会形成孔径尺寸误差；双刃镗刀装夹要正确，镗刀装夹好后须正确对中，否则会形成单刃切削，导致孔径尺寸超差。安装双刃镗刀时，先把擦净后的镗刀杆装夹在主轴上，并把镗刀装入镗刀杆的方孔内，然后将定位螺钉放入定位孔内，用内六角扳手将定位螺钉旋入，并使镗刀做径向游动，直至螺钉斜面与镗刀缺口斜面紧贴，这时螺钉已紧固，便可做切削加工，如图 3.3－29 所示。

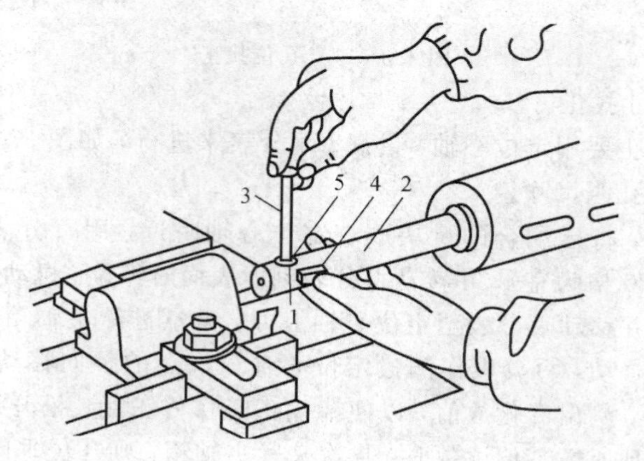

1—定位孔；2—镗刀杆；3—内六角扳手；4—镗刀；5—定位螺钉

图 3.3－29　双刃镗刀的正确装夹

4）精镗

（1）精镗用刀具的选择。

精镗时选择浮动镗刀，并用千分尺检测浮动镗刀的镗削直径，调整刀具镗削直径为被加工孔的最小极限尺寸，如图 3.3－30 所示。

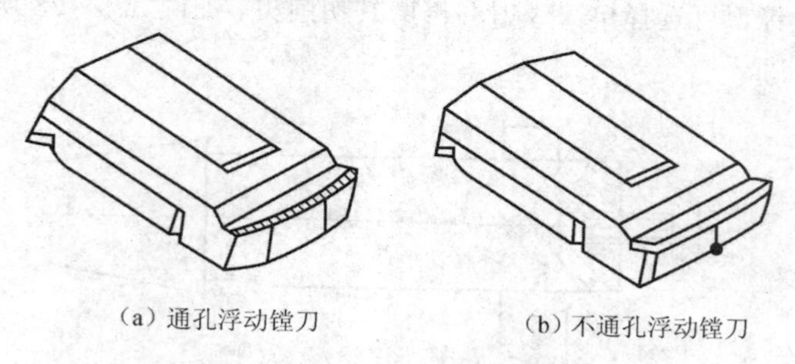

（a）通孔浮动镗刀　　（b）不通孔浮动镗刀

图 3.3－30　精镗用浮动镗刀

精镗是孔的最后加工工序。由于浮动镗刀在镗刀杆的刀孔内不作强迫定心，径向可自由移动，能补偿中心偏差，因此，利用浮动镗刀切削可以获得正确的孔形。

(2)浮动镗刀的正确安装。

浮动镗刀安装前，应先点动机床主轴，使方孔呈水平状态，取出定位螺钉并擦净方孔表面，然后将浮动镗刀装入方孔内做径向移动，其应移动灵活，轴向不能松动，如图 3.3－31 所示。

精镗加工时，除正确安装浮动镗刀外，还应注意正式切削前浮动镗刀的位置，切削前，浮动镗刀应随主轴伸长，渐渐接近并到达孔口，直至镗刀的切削刃到达孔口且刀体不能移动为止，如图 3.3－32 所示。然后，点动使刀具转动几圈后，才可进行镗削加工。

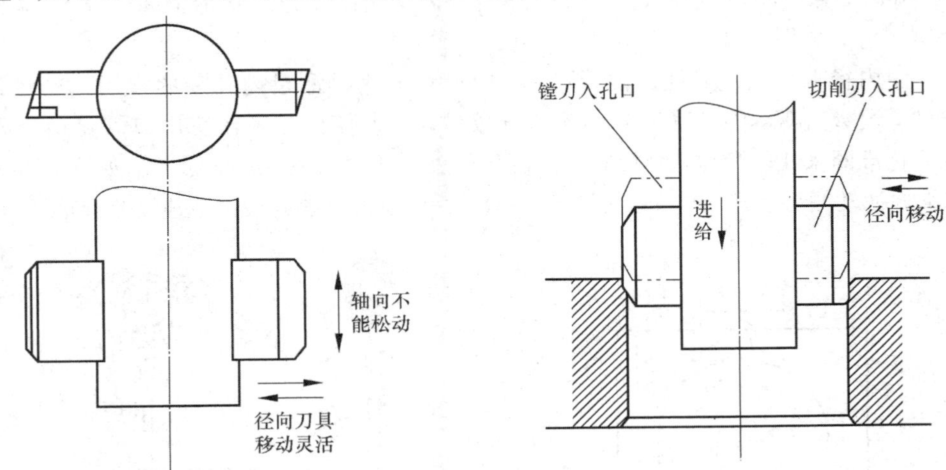

图 3.3－31　浮动镗刀的安装　　图 3.3－32　浮动镗刀切削前的位置

(3) 精镗加工。

用校正尺寸的浮动镗刀进行精镗加工，当镗至 8～10 mm 深时，应停机并将镗刀转至水平位置退出，待检查孔径尺寸符合要求后再继续进行镗削，如图 3.3－33(a)所示。用浮动镗刀进行镗削，浮动镗刀不能全部镗出孔外，如图 3.3－33(b)所示。

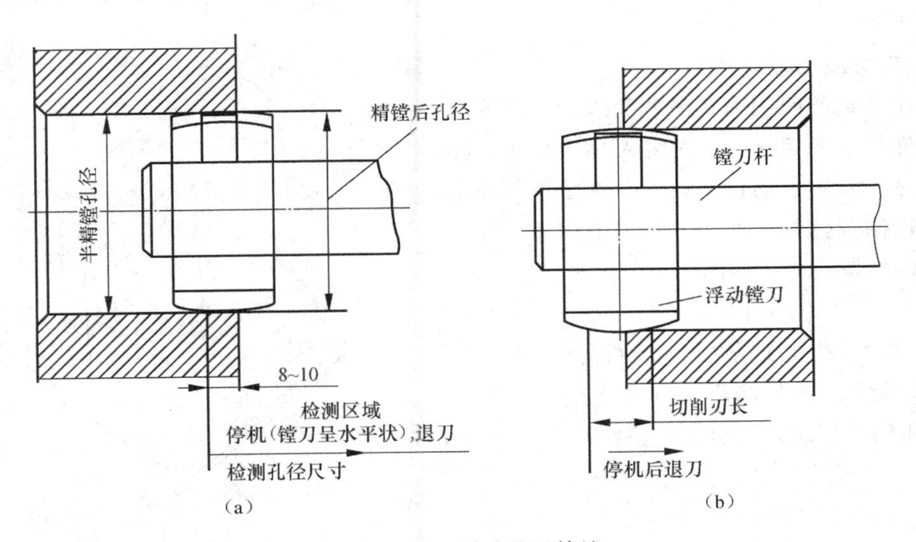

图 3.3－33　浮动镗刀精镗

4. 检验

圆柱孔的尺寸精度检测包括以下几个方面：

1）孔内径尺寸的检测

孔内径尺寸的检测方法较多，这里介绍镗削时使用较多的两种方法。

(1) 用内卡钳测量孔的内径尺寸。首先用千分尺将内卡钳的张开度调整到孔的最小极限尺寸，然后将其放入被测孔内，使其一个卡脚固定不动，另一个卡脚左右摆动。可利用公式 $S^2=8de$，算出间隙值 $e=S^2/(8d)$，然后将内卡钳的张开度 d 加上间隙量 e，即为被测孔的实际尺寸，如图 3.3-34 所示。

(2) 用内径百分表测量孔的内径尺寸。内径百分表是测量内孔径的常用精密量具，其使用方便，读数直观，能准确地测出孔的直径尺寸。内径百分表在使用前需要用千分尺来校对或用标准圈来比较校对，测量时，内径百分表应该与被测孔垂直放置，如图 3.3-35 所示。应掌握活动测头由孔口向里侧摆动的手势，百分表上反映的最小数值就是孔的实际尺寸。

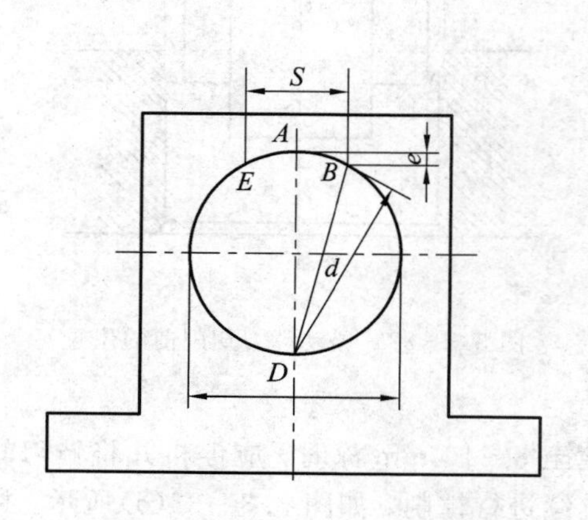

图 3.3-34　内卡钳测量孔径时的摆动量

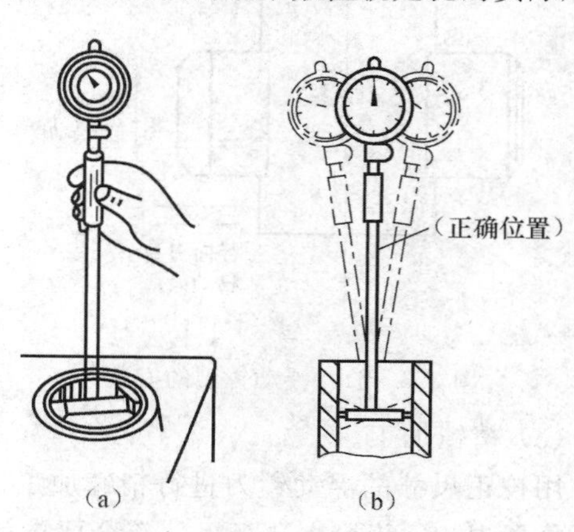

图 3.3-35　用内径百分表测量孔径

2）孔距尺寸的检测

当孔与基准面之间有尺寸要求时，将镗削好的工件放在平板上，孔内装入检验心轴，移动装在磁性表架上的百分表，比较百分表测得心轴两端的读数与标准块处测得的读数，就可知孔距的实际尺寸，如图 3.3-36 所示。

3）平行度的检测

利用测量孔距的方法，移动百分表检测孔外两端检验棒，两处测得的读数之差若在图样规定的平行度要求之内就为合格，如图 3.3-37 所示。

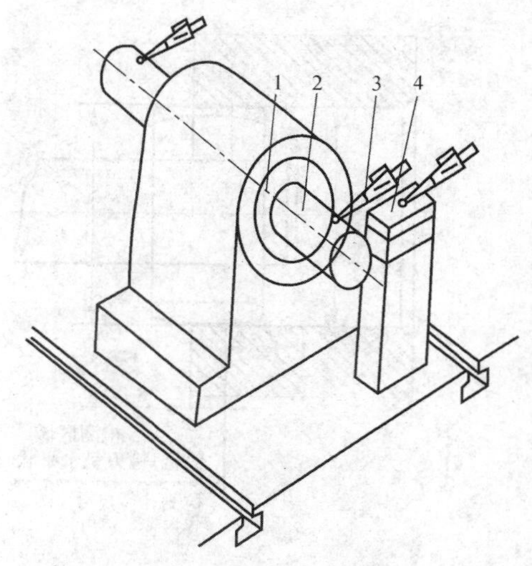

1—工件；2—检验心轴；3—百分表；4—标准块

图 3.3-36　孔距尺寸的检测

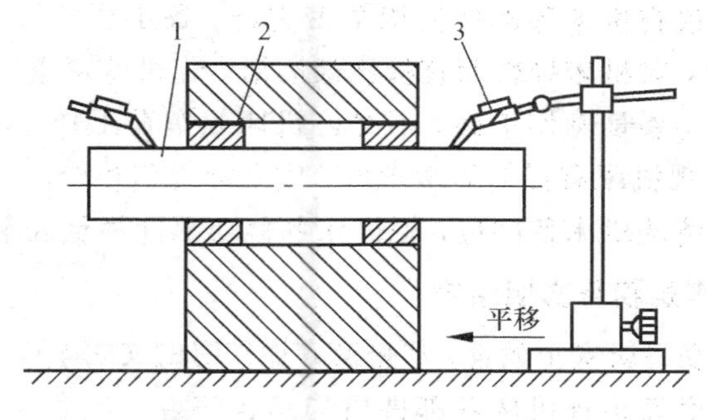

1—检验心轴；2—工件 ；3—百分表

图 3.3 - 37　平行度的检测

3.3.4　镗床的一般故障

1. 镗削中工件表面产生波纹

(1) 由于电动机内轴承损坏而产生电动机振动。

(2) 机床振动。主要有以下几方面的原因：

① 电机支架松动；

② 传动 V 带长短不一或调节不当；

③ 主轴套上轴承松动、间隙过大。

2. 镗削孔径的圆度和圆柱度超差

(1) 机床主轴径向跳动过大。

(2) 镗杆与导向套的精度或配合间隙不适当。

3. 孔系镗削中同轴度和平行度超差

(1) 床身导轨直线度超差。

(2) 镗杆弯曲。

(3) 主轴箱和工作台径向刀架的镶条间隙调整不当。

(4) 主轴箱夹紧装置不稳定。

(5) 台面和床身导轨不平行。

4. 在机床运转中出现的故障

(1) 主轴箱内有周期性声响。

(2) 工作台快速移动时，一个方向正常，而另一个方向有撞击声。

(3) 下滑座最低速运动时，有爬行现象，光杆明显抖动。

(4) 纵向移动下滑座时，主轴箱与上滑座同时或分别移动。

(5) 主轴承受负荷时，转速明显降低或停转，而电机仍在转动。

3.3.5　镗床的日常维护保养、安全操作规程与文明生产

1. 镗床的日常维护保养

镗床的维护保养工作主要是注意清洁、润滑和合理的操作。日常维护保养工作分为三个阶段进行。

(1) 工作开始前，检查机床各部件机构是否完好，各手柄位置是否正常；清洁机床各部位，观察各润滑装置，对机床导轨面直接浇油润滑；开机低速空转一定时间。

(2) 工作过程中，主要是操作正确，不允许机床超负荷工作，不可用精密机床进行粗加工等。工作过程中发现机床有任何异常现象，应立即停机检查。

(3) 工作结束后，清洗机床各部位，把机床各移动部件移至规定位置，关闭电源。

2. 镗床的安全操作规程与文明生产

(1) 操作者必须接受三级安全教育，严格遵守操作时的文明生产、安全操作等各项规定。

(2) 工作开始前，必须检查机床各部件机构是否完好，各手柄位置是否正常；清洁机床各部位，观察各润滑装置，对机床导轨面直接浇油润滑；开机低速空转一定时间，排除故障和事故隐患。

(3) 机床运转时，不允许测量尺寸，不允许用样板或手触摸加工面。镗孔、扩孔时严禁将头贴近加工位置观察切削情况，更不允许隔着转动的镗杆取东西。

(4) 使用平旋盘进行切削时，刀架上的螺钉要拧紧；不准站在对面或伸头观察；要防止衣服被旋转的刀盘勾住；不准用手去触摸旋转着的镗杆和平旋盘。

(5) 工作台机动转动角度时，必须将镗杆缩回，以避免镗杆与工件相撞。

(6) 不准任意拆装电器设备，不允许机床超负荷工作，不可用精密机床进行粗加工等。工作过程中发现机床有任何异常现象，应立即停机检查。

(7) 下班前应清除机床上及周围场地的切屑和切削液，把机床各移动部件移至规定位置，并在规定部位加润滑油；严格执行交接班制度；工件尚未加工完毕而需下一班继续加工时应挂上"工件未加工完毕，请勿拨动手柄"的牌子；应关闭电源。

(8) 批量加工工件时，首件加工完毕后应执行首件检验制度，待检验合格后方可继续加工。

3.3.6 相关知识链接

1. TP619 型卧式铣镗床主轴部件的结构

卧式铣镗床主轴部件的结构形式较多，这里介绍 TP619 型卧式铣镗床的主轴部件。如图 3.3-38 所示，它主要由镗轴 2、镗轴套筒 3 和平旋盘 7 组成。镗轴 2 和平旋盘 7 用来安装刀具并带动其旋转，两者可同时同速转动，也可以不同转速同时转动。镗轴套筒 3 用作镗轴 2 的支承和导向，并传动其旋转。镗轴套筒 3 采用三支承结构，前支承采用 NN3026K/P5(D3182126)型双列圆柱滚子轴承，中间和后支承采用 32026/P5(D2007126)型圆锥滚子轴承，三支承均安装在箱体轴承座孔中，后轴承间隙可用调整螺母 13 调整。在镗轴套筒 3 的内孔中，装有 3 个淬硬的精密衬套 8、9 和 12，用于支承镗轴 2。镗轴 2 用优质合金结构钢(如 38CrMoAlA)经热处理(如氮化处理)制成，具有很高的表面硬度，它和衬套的配合间隙很小，而前后衬套间的距离较大，使主轴部件有较高的刚度，以保证主轴具有较高的旋转精度和平稳的轴向进给运动。

镗轴 2 的前端有一精密的 1∶20 锥孔，供安装刀具和刀杆用。它由后端齿轮($z=48$ 或 $z=75$)通过平键 11 使镗轴套筒 3 旋转，再经套筒上两个对称分布的导键 10 传动旋转。导键 10 固定在镗轴套筒 3 上，其突出部分嵌在镗轴 2 的两条长键槽内，使镗轴 2 既能由镗轴

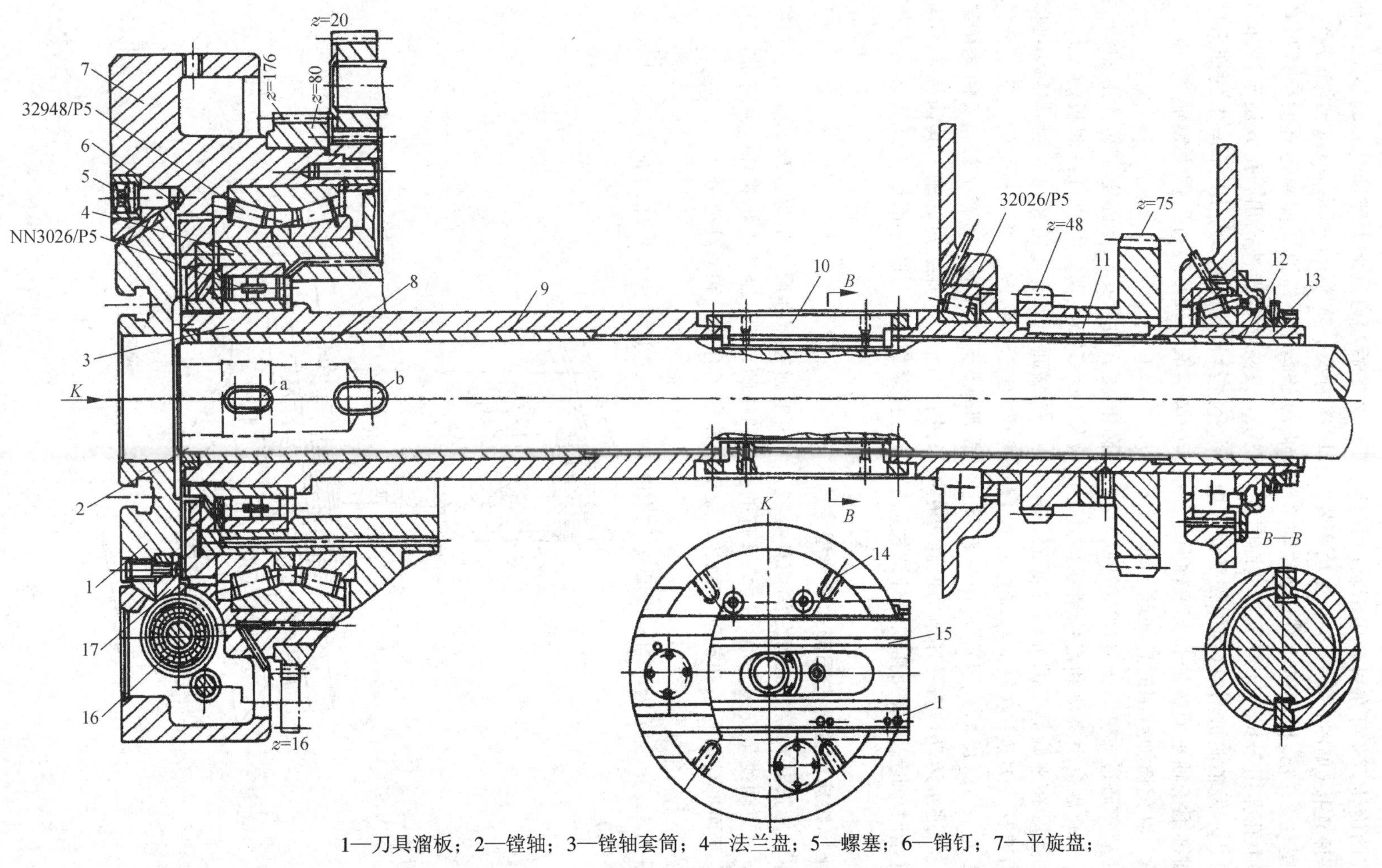

1—刀具溜板；2—镗轴；3—镗轴套筒；4—法兰盘；5—螺塞；6—销钉；7—平旋盘；

8，9—前支承衬套；10—导键；11—平键；12—后支承衬套；13—调整螺母；

14—径向 T 形槽；15—T 形槽；16—丝杠；17—半螺母；a，b—腰形孔

图 3.3-38 TP619 型卧式铣镗床主轴部件结构

套筒 3 带动旋转，又可在衬套中沿轴向移动。镗轴 2 的后端通过推力球轴承和圆锥滚子轴承与支承座连接(见图 3.3－15)。支承座装在后尾筒的水平导轨上，可由丝杠(轴 XⅦ)经半螺母(见图 3.3－15)传动移动，带动镗轴 2 做轴向进给运动。镗轴 2 前端还有两个腰形孔 a、b，其中孔 a 用于拉镗孔或倒刮端面时插入楔块，以防止镗管被拉出，孔 b 用于拆卸刀具。镗轴 2 不做轴向进给时(例如铣平面或由工作台进给镗孔时)，利用支承座中的推力球轴承和圆锥滚子轴承使镗轴 2 实现轴向定位。其中圆锥滚子轴承还可以作为镗轴 2 的附加径向支承，以免镗轴后部的悬伸端下垂。

平旋盘 7 通过 32948/P5(D2007948)型双列圆锥滚子轴承支承在固定于箱体上的法兰盘 4 上。平旋盘 7 由螺钉和定位销连接其上的齿轮($z=72$)传动。传动刀具溜板的大齿轮($z=164$)空套在平旋盘 7 的外圆柱面上。平旋盘 7 的端面上铣有 4 条径向 T 型槽 14，可以用来紧固刀具或刀盘；在它的燕尾导轨上，装有径向刀具溜板 1，刀具溜板 1 的左侧面上铣有两条 T 形槽 15(*K* 向视图)，可用来紧固刀夹或刀盘。刀具溜板 1 可在平旋盘 7 的燕尾导轨上做径向进给运动，燕尾导轨的间隙可用镶条进行调整。当加工过程中刀具溜板 1 不需做径向进给时(如镗大直径孔或车外圆柱面时)，可拧紧螺塞 5，通过销钉 6 将其锁紧在平旋盘 7 上。

2. 坐标镗床的主要布局形式及典型结构

坐标镗床按其布局形式可分为两种类型：立式坐标镗床和卧式坐标镗床。立式坐标镗床适用于加工轴线与安装基面(底面)垂直的孔系和铣削顶面；卧式坐标镗床适用于加工轴线与安装基面平行的孔系和铣削侧面。立式坐标镗床还有单柱和双柱之分。

1) 立式单柱坐标镗床

如图 3.3－39 所示为 T4163B 型立式单柱坐标镗床。这类坐标镗床的布局形式与立式

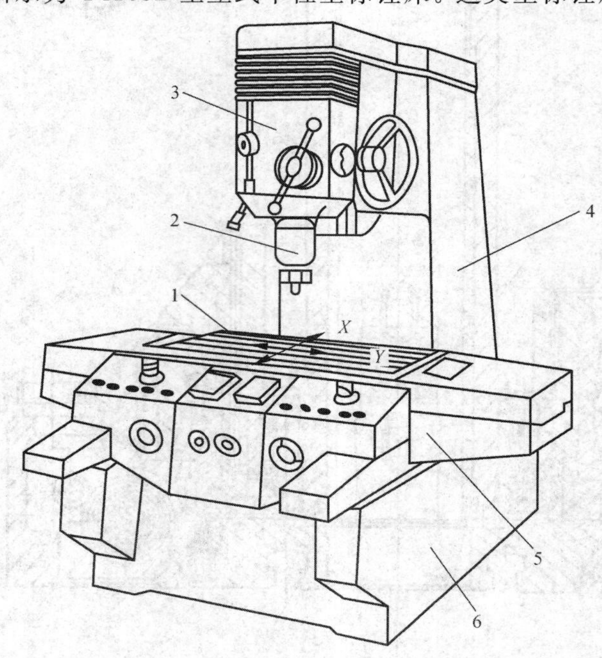

1—工作台；2—主轴；3—主轴箱；4—立柱；5—床鞍；6—床身

图 3.3－39 立式单柱坐标镗床

钻床类似，带有主轴组件的主轴箱 3 装在立柱 4 的竖直导轨上，可上下调整位置，以适应加工不同高度的工件。主轴 2 由精密轴承支承在主轴套筒中(其结构形式与钻床主轴相同，但旋转精度和刚度要高得多)，由主传动机构传动其运转，完成主运动。主轴箱 3 内装有主电动机和变速、进给及其操纵机构。当进行镗孔、钻孔、扩孔、铰孔等工序时，主轴 2 由主轴套筒带动，在竖直方向做机动或手动进给运动。工件固定在工作台 1 上，镗孔的坐标位置由工作台 1 沿床鞍 5 导轨的纵向移动(X 向)和床鞍 5 沿床身 6 导轨的横向移动(Y 向)来实现。当进行铣削时，则由工作台 1 在纵、横方向完成进给运动。

单柱坐标镗床工作台的三个侧面都是敞开的，操作比较方便，结构较简单。但是，工作台必须实现两个坐标方向的移动，使工作台和床身之间多了一层(床鞍)，从而削弱了刚度。当机床尺寸较大时，给保证加工精度增加了困难。因此，单柱式多为中、小型坐标镗床。

2）立式双柱坐标镗床

如图 3.3－40 所示为立式双柱坐标镗床。这类坐标镗床具有由两个立柱、顶梁和床身构成的龙门框架，主轴箱装在可沿立柱导轨上下调整位置的横梁 2 上，工作台则直接支承在床身导轨上。镗孔坐标位置分别由主轴箱 5 沿横梁 2 的导轨做横向移动(Y 向)和工作台 1 沿床身 8 的导轨做纵向移动(X 向)来实现。横梁 2 可沿立柱 3 和 6 的导轨上下调整位置，以适应不同高度的工件。

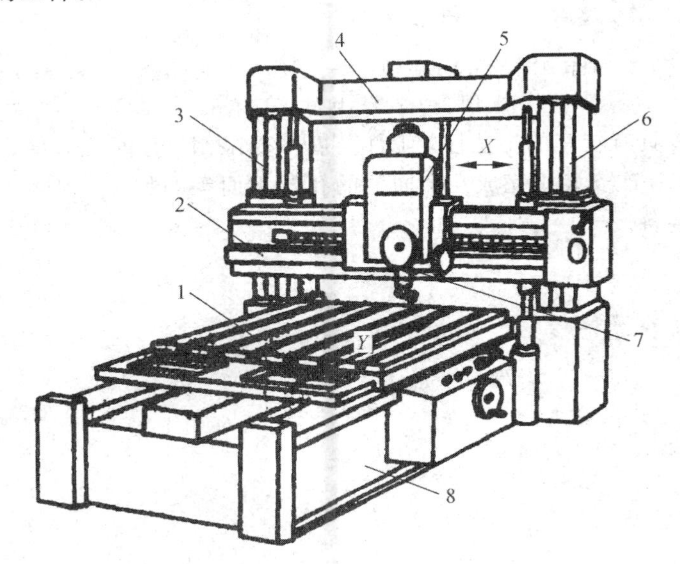

1—工作台；2—横梁；3，6—立柱；4—顶梁；5—主轴箱；7—主轴；8—床身

图 3.3－40　立式双柱坐标镗床

立式双柱坐标镗床主轴箱中的主轴中心线离横梁 2 导轨面的悬伸距离较小，较易保证机床刚度，这对保证加工有利。立柱 3 是双柱框架式结构，刚性好。另外。工作台 1、床身 8 和顶梁 4 之间的层次比单柱式的少，承载能力较强。因此，双柱式一般为大、中型坐标镗床。

3）卧式坐标镗床

卧式坐标镗床的特点是其主轴 3 水平布置，与工作台台面平行，如图 3.3－41 所示。

安装工件的工作台由下滑座 7、上滑座 1 以及可作精密分度的回转工作台 2 等三层组成。镗孔坐标位置由下滑座 7 沿床身 6 的导轨做纵向移动(X 向)和主轴箱 5 沿立柱 4 的导轨做竖直方向移动(Y 向)来实现。回转工作台 2 可以在水平面回转至一定角度位置，以进行精密分度。机床进行孔加工时的进给运动，可由上滑座 1 的横向移动或主轴 3 的轴向移动(Z 向)来实现。

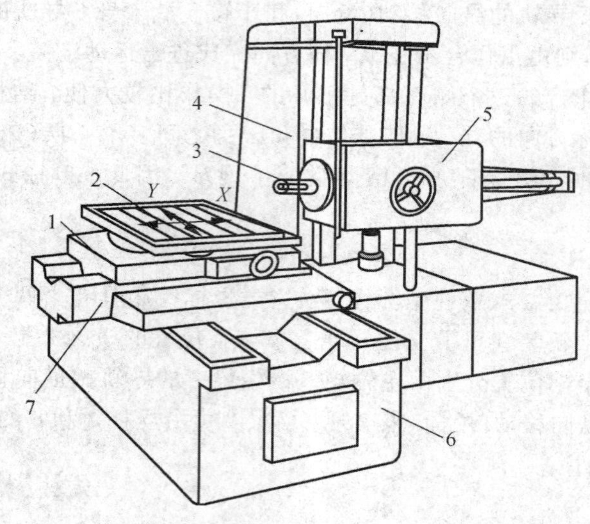

1—上滑座；2—回转工作台；3—主轴；4—立柱；5—主轴箱；6—床身；7—下滑座

图 3.3-41 卧式坐标镗床

卧式坐标镗床具有较好的工艺性，工件高度不受限制，且安装方便，利于回转工作台的分度运动，可在一次安装中完成几个面上的孔及平面等的加工，且生产效率高，可省去镗模等复杂工艺装备。

项目四　齿形加工设备的使用

任务4.1　齿轮零件滚齿加工设备的使用

【任务描述】

掌握齿轮加工机床的类型及加工工艺范围，能用Y3150E型滚齿机进行加工，能根据传动链做相应的调整计算和工作调整。

【任务要求】

（1）根据要求合理选用齿轮加工机床，完成滚刀的安装与调试及工件的装夹。

（2）完成用Y3150E型滚齿机滚切外圆柱齿轮的加工过程。

【知识目标】

（1）了解Y3150E型滚齿机的加工工艺范围和主要技术参数。

（2）掌握滚切直齿圆柱齿轮时传动链的调整计算和工作调整的方法。

（3）掌握Y3150E型滚齿机的主要结构并能对常见简单故障进行诊断和排除。

【能力目标】

（1）能合理选用齿轮加工机床并读懂说明书，能正确使用刀具、夹具及其他附件。

（2）能使用Y3150E型滚齿机加工直齿圆柱齿轮和斜齿圆柱齿轮，了解机床结构并能对机床传动链进行调整计算和工作调整。

（3）具备较强的识图能力，能根据典型结构理解其工作原理，能对常见简单故障进行分析诊断和排除。

（4）安全文明生产，能使用合适的方法、仪器对工件进行检验。

【学习步骤】

以滚齿机加工斜齿圆柱齿轮的工序卡片的形式提出任务，在斜齿圆柱齿轮滚齿加工的准备工作中学会分析工序卡片及图样，根据分析，选择合适的机床型号，对选定的机床的参数及运动进行分析，掌握本机床的调整及操作方法，掌握刀、夹、附具及工件与机床的连接与安装，最后完成零件的加工操作及检验，学会本类机床的操作规程及其维护保养，并能对常见简单故障进行分析诊断。

4.1.1　滚齿机加工斜齿圆柱齿轮的工序卡片

滚齿机加工斜齿圆柱齿轮的工序卡片如表4.1-1所示。

表 4.1-1　滚齿机加工斜齿圆柱齿轮的工序卡片

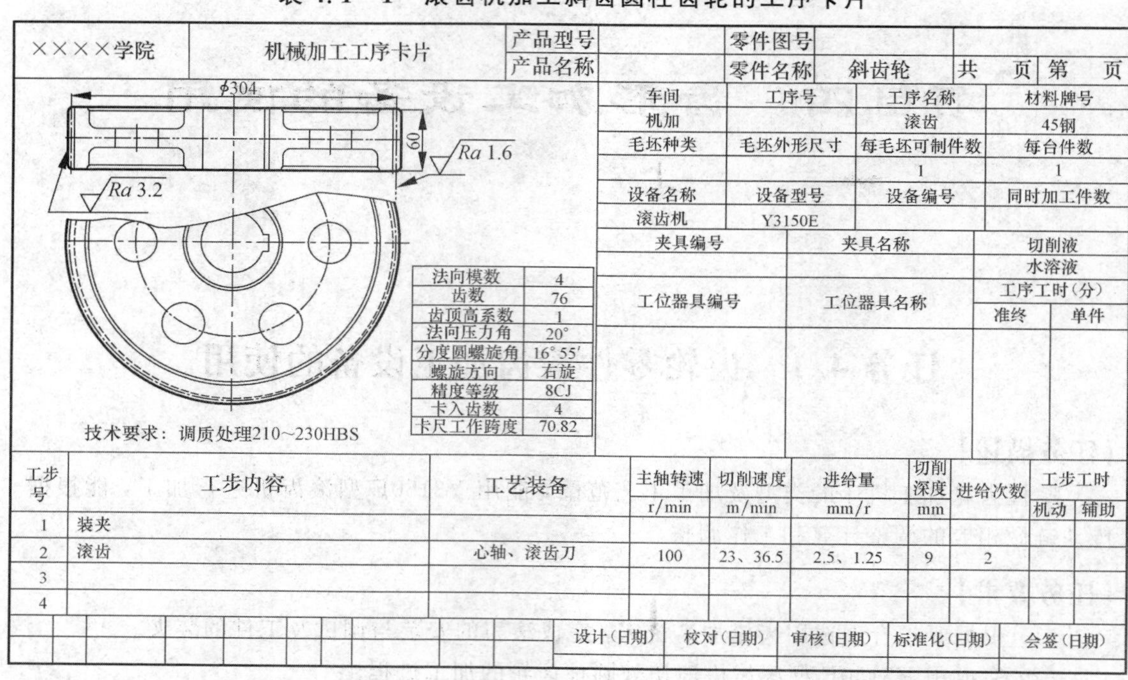

××××学院	机械加工工序卡片	产品型号		零件图号			
		产品名称		零件名称	斜齿轮	共　页	第　页

车间	工序号	工序名称	材料牌号
机加		滚齿	45钢
毛坯种类	毛坯外形尺寸	每毛坯可制件数	每台件数
		1	1
设备名称	设备型号	设备编号	同时加工件数
滚齿机	Y3150E		

夹具编号	夹具名称	切削液	
		水溶液	
工位器具编号	工位器具名称	工序工时（分）	
		准终	单件

法向模数	4
齿数	76
齿顶高系数	1
法向压力角	20°
分度圆螺旋角	16°55′
螺旋方向	右旋
精度等级	8CJ
卡入齿数	4
卡尺工作跨度	70.82

技术要求：调质处理210～230HBS

工步号	工步内容	工艺装备	主轴转速 r/min	切削速度 m/min	进给量 mm/r	切削深度 mm	进给次数	工步工时 机动	工步工时 辅助
1	装夹								
2	滚齿	心轴、滚齿刀	100	23、36.5	2.5、1.25	9	2		
3									
4									

设计（日期）	校对（日期）	审核（日期）	标准化（日期）	会签（日期）

4.1.2　滚齿机加工斜齿圆柱齿轮的准备工作

1. 分析图样

根据图样可知，需加工右旋斜齿圆柱齿轮，其法向模数 $m_n=4$，法向压力角 $\alpha_n=20°$，分度圆螺旋角 $\beta=16°55'$，齿数 $z=76$，8 级精度，齿轮材料为 45 钢，调质硬度为 210～230 HBS，表面粗糙度为 $Ra3.2$。以齿轮中心处内孔为定位基准，使用 Y3150E 型滚齿机、右旋单头滚刀便能达到零件的加工要求。

2. 机床的选取

1）齿轮加工机床的工艺范围

齿轮加工机床是用来加工齿轮轮齿的机床。齿轮是最常用的传动件，常用的有：直齿、斜齿和人字齿的圆柱齿轮，直齿和弧齿圆锥齿轮，蜗轮以及应用很少的非圆形齿轮等。由于齿轮具有传动比准确、传力大、效率高、结构紧凑、可靠耐用等优点，因此，齿轮被广泛应用于各种机械及仪表当中。随着现代工业对齿轮的制造质量要求和需要量越来越高，齿轮加工机床已成为机械制造业中一种重要的加工设备。

2）齿轮加工机床的类型及选用

按照被加工齿轮种类的不同，齿轮加工机床可以分为圆柱齿轮加工机床和锥齿轮加工机床两大类。

（1）圆柱齿轮加工机床。

圆柱齿轮加工机床主要包括滚齿机、插齿机、磨齿机、剃齿机和珩齿机等。

① 滚齿机：主要用于加工直齿、斜齿圆柱齿轮和蜗轮。

② 插齿机：主要用于加工单联和多联的内、外直齿圆柱齿轮。

③ 磨齿机：主要用于淬火后的直齿、斜齿圆柱齿轮齿廓的精加工。

④ 剃齿机：主要用于淬火之前的直齿、斜齿圆柱齿轮齿廓的精加工。

⑤ 珩齿机：主要用于热处理后的直齿、斜齿圆柱齿轮齿廓的精加工。珩齿对于齿形精度改善不大，主要是降低齿面的表面粗糙度。

(2) 锥齿轮加工机床。

锥齿轮加工机床主要分为直齿锥齿轮加工机床和曲线齿锥齿轮加工机床两类。

① 直齿锥齿轮加工机床：主要包括刨齿机、铣齿机、拉齿机等。

② 曲线齿锥齿轮加工机床：主要包括加工各种不同曲线齿锥齿轮的铣齿机和拉齿机等。

用来精加工齿轮齿面的机床主要有珩齿机、剃齿机、磨齿机等。此外，齿轮加工机床还包括加工齿轮所需的倒角机、淬火机和滚动检查机等。

根据加工要求选择滚齿机对本任务零件进行加工。

3) 齿轮加工机床的型号选择

机床的型号是赋予每种机床的一个代号，用以简明地表示机床的类型、通用和结构特性、主要技术参数等。根据GB/T15375—2008《金属切削机床型号编制方法》和加工零件的特点、要求，选择Y3150E型滚齿机对本任务零件进行加工。

Y3150E型滚齿机的技术参数如表4.1-2所示，其型号解读如下：

Y为机床类型代号，读作"牙"，意为齿轮加工机床；

3为组代号，1为系代号，3组1系的齿轮加工机床为滚齿机；

50为主参数，由于折算系数为1/10，可知加工最大工件直径为500 mm；

E为重大改进顺序号，Y3150E型滚齿机经过了第五次重大改进。

表4.1-2 Y3150E型滚齿机的技术参数

项 目 名 称	机 床 参 数
工件最大加工直径/mm	500
工件最大加工宽度/mm	250
工件最大模数/mm	8
工件最少齿数	$z_{min}=5K$（K 为滚刀头数）
滚刀主轴转速/(r/min)	40～250
刀架轴向进给量/(mm/r)	0.4～4
机床轮廓尺寸(长度×宽度×高度)/mm	2439×1272×1770
主电动机	4 kW，1430 r/min
快速电动机	1.1 kW，1410 r/min
机床质量/kg	约3500

4) 齿轮加工的方法

制造齿轮的方法很多，虽然可以铸造、热轧或冲压，但目前这些方法的加工精度还不够高。精密齿轮加工仍然主要依靠切削法。按照形成齿形的原理不同，可以分为成型法和展成法两大类。

(1) 成型法。

成型法是用与被切齿轮齿槽形状完全相符的成型铣刀切出齿轮的方法，如图 4.1－1所示。

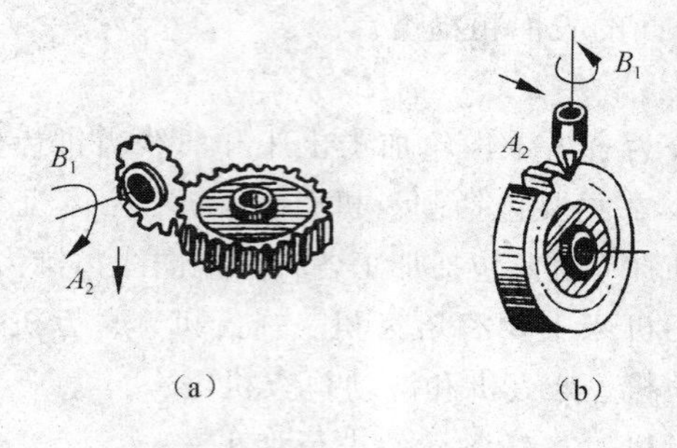

图 4.1－1　成型法加工齿轮

成型法一般用于在普通铣床上加工齿轮，图 4.1－1(a)所示是用标准盘形齿轮铣刀加工直齿齿轮的情况。轮齿的表面是渐开面，形成母线(渐开线)的方法是成型法，不需要表面成型运动；形成导线(直线)的方法是相切法，需要两个成型运动，一个是盘形齿轮铣刀绕自己轴线的旋转运动 B_1，一个是铣刀旋转中心沿齿坯的轴向移动 A_2。当铣完一个齿槽后，齿坯退回原处，用分度头使齿坯转过$360^{\circ}/z$ 的角度(z 是被加工齿轮的齿数)，这个过程称为分度。然后，再铣第二个齿槽，这样一个齿槽一个齿槽地铣削，直到铣完所有齿槽为止。分度运动是辅助运动，不参与渐开线表面的成型。

在加工模数较大的齿轮时，为了节省刀具材料，常用指状齿轮铣刀(模数立铣刀)，如图 4.1－1(b)所示。用指状铣刀加工直齿齿轮所需的运动与用盘形铣刀时相同。

用成型法加工齿轮也可以用成型刀具在刨床上刨齿或在插床上插齿。

由于齿轮的齿廓形状取决于基圆的大小，如图 4.1－2 中的线 1、2 和 3。基圆越小，渐开线弯曲越厉害；基圆越大，渐开线越伸直；基圆半径为无穷大时，渐开线就成了直线 1。而基圆直径 $d_{基}=mz\cos\alpha$(m 为齿轮的模数，z 为齿轮齿数，α 为压力角)，所以要想精确制

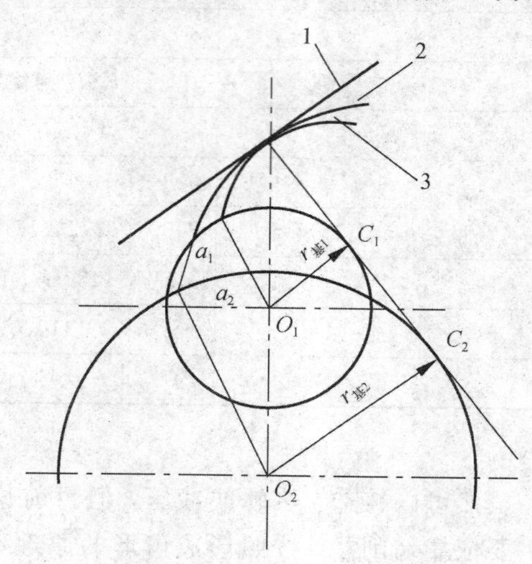

图 4.1－2　渐开线形状与基圆形状

造一套具有一定模数和压力角的齿轮，就必须每一种齿数配有一把铣刀，这样并不经济。为了减少刀具数量，一般采用八把一套或十五把一套的齿轮铣刀，其每一把铣刀可切削几个齿数的齿轮。八把一套的齿轮铣刀可以参见表4.1-3。

表 4.1-3　齿轮铣刀的刀号

铣刀刀号	1	2	3	4	5	6	7	8
能加工的齿数范围	12～13	14～16	17～20	21～25	26～34	35～54	55～134	135 以上

为了保证加工出来的齿轮在啮合时不会卡住，每一号铣刀的齿形都是按所加工的一组齿轮中齿数最少的齿轮的齿形制成的，因此，用这把铣刀切削同组其他齿数的齿轮时其齿形是有一些误差的。可见，成型法加工齿轮的缺点是精度低。另外，由于成型法加工齿轮采用单分齿法，即加工完一个齿退回，工件分度，再加工下一齿，因此，生产率也不高。但是这种加工方法简单，不需要专用的机床，所以适用于单件小批生产和加工精度要求不高的修配行业中。

(2) 展成法。

展成法加工齿轮是利用齿轮啮合的原理，其切齿过程模拟某种齿轮副(齿条、圆柱齿轮、蜗轮、锥齿轮等)的啮合过程。这时，把啮合中的一个齿轮做成刀具来加工另外一个齿轮毛坯。被加工齿的齿形表面是在刀具和工件包络(展成)过程中由刀具切削刃的位置连续变化而形成的，在后面将通过滚齿加工作较详细的介绍。用展成法加工齿轮的优点是，用同一把刀具可以加工相同模数而任意齿数的齿轮。展成法加工齿轮的生产率和加工精度都比较高。在齿轮加工中，展成法应用最为广泛。

本任务零件选择展成法进行加工。

滚齿加工是根据展成法原理来加工齿轮轮齿的。用齿轮滚刀加工齿轮的过程，相当于一对交错轴斜齿轮副啮合滚动的过程(图4.1-3(a))。将其中的一个齿数减少到一个或几个，轮齿的螺旋倾角很大，就成了蜗杆(图4.1-3(b))。再将蜗杆开槽并铲背，就成了齿轮滚刀(图4.1-3(c))。因此，滚刀实质就是一个斜齿圆柱齿轮，当机床使滚刀和工件严格地按一对斜齿圆柱齿轮的速比关系做旋转运动时，滚刀就可在工件上连续不断地切出齿来。

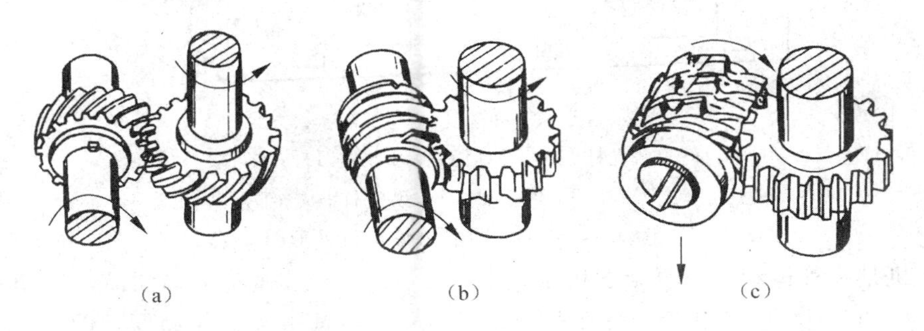

图 4.1-3　滚齿原理

滚齿加工具有以下特点：

① 适应性好；

② 生产效率高；

③ 齿轮齿距误差小；

④ 齿轮齿廓表面粗糙度较差；

⑤ 主要用于滚切直齿和斜齿圆柱齿轮。此外，还可以加工蜗轮、花键轴和链轮。

3. Y3150E 型滚齿机的调整与操作

1）Y3150E 型滚齿机的结构及运动分析

Y3150E 型滚齿机主要用于滚切直齿和斜齿圆柱齿轮。此外，还可采用手动径向进给法滚切蜗轮，也可加工花键轴和链轮。

图 4.1－4 所示为 Y3150E 型滚齿机的外形图。机床由床身 1、立柱 2、刀具溜板 3、滚刀架 5、后立柱 8 和工作台 9 等组成。刀具溜板 3 带动滚刀刀架可沿立柱导轨做垂直进给运动和快速移动；安装滚刀的滚刀杆 4 装在滚刀架 5 的主轴上；刀架连同滚刀一起可沿刀具溜板的圆形导轨在240°范围内调整安装角度。工件安装在工作台 9 的工件心轴 7 上或直接安装在工作台上，随同工作台一起做旋转运动。工作台和后立柱装在同一溜板上，并沿床身的水平导轨做水平调整移动，以调整工件的径向位置或做手动径向进给运动。后立柱上的支架 6 可通过轴套或顶尖支承工件心轴的上端，以提高工件心轴的刚度，使滚切工作平稳。

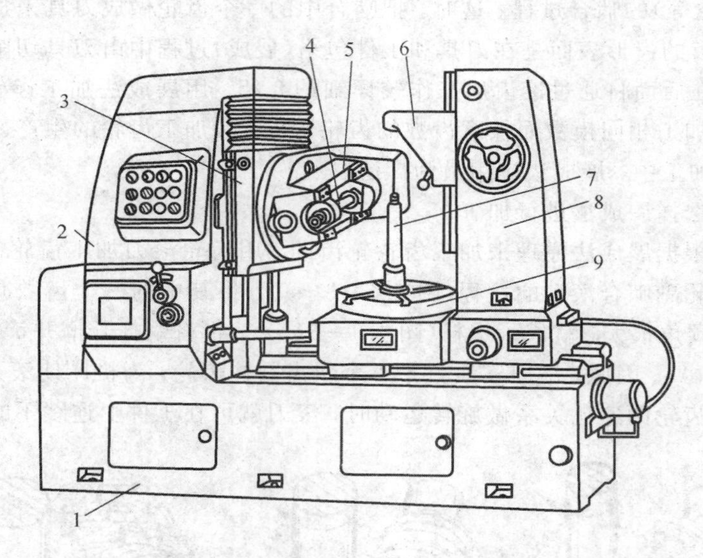

1—床身；2—立柱；3—刀具溜板；4—滚刀杆；5—滚刀架；
6—支架；7—工件心轴；8—后立柱；9—工作台

图 4.1－4　Y3150E 型滚齿机外形图

滚齿机是一种运动比较复杂的机床，其传动系统分支多而杂，要读懂其传动系统就必须掌握正确的方法，方法如下：根据机床运动分析，结合机床的传动原理图，在传动系统图上对应地找到每一个独立运动的传动路线以及有关参数的换置机构。

Y3150E 型滚齿机的传动系统图如图 4.1－5 所示。

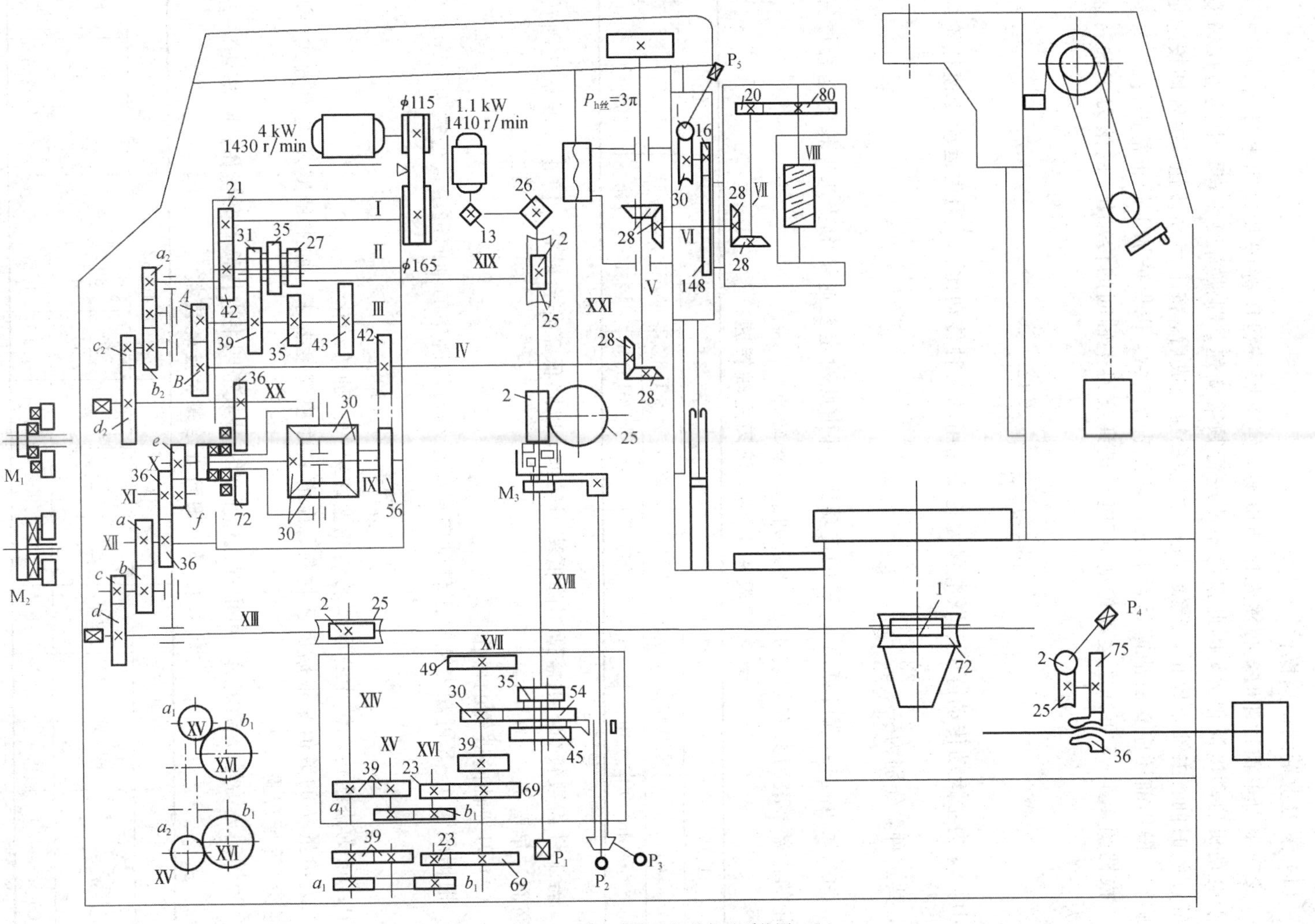

图4.1-5　Y3150E型滚齿机的传动系统图

2) Y3150E型滚齿机的调整和操作

(1) 滚刀主轴的调速操作。

变换滚刀主轴转速时，必须先接通电源，停车后按机床标牌及说明书进行调整操作。由于电动机启动电流很大，因此最好不要进行频繁变速，即使需要变速，中间也应留有一定的间隔时间。主轴未停止，严禁变速。主轴变速完成后，按下启动按钮，主轴即按选定转速旋转。操作前还应查看油窗是否上油，润滑是否正常，以保证加工的正常进行。

根据图4.1-5可知主运动传动链(电动机到滚刀主轴间的传动链)的滚刀主轴转速公式为

$$u_v=u_{变}\frac{A}{B}=\frac{n_{刀}}{124.583}$$

式中：$u_{变}$为主运动传动链中三联滑移齿轮变速组的三种传动比；$\frac{A}{B}$为主运动变速挂轮齿数比，共三种，分别为$\frac{22}{44}$、$\frac{33}{33}$、$\frac{44}{22}$。

当给定$n_{刀}$时，就可算出$u_{变}\frac{A}{B}$的传动比，并由此决定变速箱中变速齿轮的啮合位置和挂轮的齿数。滚刀共有如表4.1-4所列的9级转速。

表4.1-4 滚刀主轴转速

A/B	22/44			33/33			44/22		
$u_{变}$	27/43	31/39	35/35	27/43	31/39	35/35	27/43	31/39	35/35
$n_{刀}/(r\cdot min^{-1})$	40	50	63	80	100	125	160	200	250

若工件齿数较少，则需适当降低滚刀转速，以降低工作台转速，防止分度蜗轮因转速太高而过早磨损。

(2) 刀架轴向进给的操作。

根据图4.1-5可知刀架沿工件轴向进给运动传动链中的轴向进给量公式为

$$u_f=\frac{a_1}{b_1}u_{进}=\frac{f}{0.4608\pi}$$

式中：$u_{进}$为进给传动链中三联滑移齿轮变速组的三种传动化。

进给量f的数值是根据齿坯材料、齿面表面粗糙度要求、加工精度及滚削方式(顺滚或逆滚)等情况选择的。

当轴向进给量f确定后，可根据机床上的标牌或说明书进行换置和操作，见表4.1-5。

表4.1-5 轴向进给量及挂轮齿数

a_1/b_1	26/52			32/46			46/32			52/26		
$u_{进}$	$\frac{30}{54}$	$\frac{39}{45}$	$\frac{49}{35}$	$\frac{30}{54}$	$\frac{39}{45}$	$\frac{49}{35}$	$\frac{30}{54}$	$\frac{39}{45}$	$\frac{49}{35}$	$\frac{30}{54}$	$\frac{39}{45}$	$\frac{49}{35}$
$f(mm\cdot r^{-1})$	0.4	0.63	1	0.56	0.87	1.41	1.16	1.8	2.9	1.6	2.5	4

(3) 展成运动传动链的调整操作。

在滚切直齿圆柱齿轮和斜齿圆柱齿轮时，展成运动传动链的调整操作略有不同。

① 滚切直齿圆柱齿轮的展成运动传动链的调整计算。

根据滚齿的传动原理和传动系统图(图 4.1－5)可知，滚刀和工件之间必须保持一定的传动关系，得平衡方程式为

$$\frac{1}{K}(\mathrm{r})(\text{滚刀})\times\frac{80}{20}\times\frac{28}{28}\times\frac{28}{28}\times\frac{28}{28}\times\frac{42}{56}\times u_{\text{合成1}}\times\frac{e}{f}\times\frac{a}{b}\times\frac{c}{d}\times\frac{1}{72}=\frac{1}{z_{\text{工}}}(r)(\text{工件})$$

式中：K 为滚刀头数；$z_{\text{工}}$ 为被加工工件齿数；$u_{\text{合成1}}$ 为通过合成机构的传动比。

Y3150E 型滚齿机在滚切直齿圆柱齿轮时，要在Ⅸ轴端使用短齿牙嵌式离合器 M_1。M_1 通过键与轴Ⅸ连接，又通过端面齿与合成机构壳体上的端面齿相接合，这时合成机构就如同一个联轴器一样。因此，式中的 $u_{\text{合成1}}=1$。

整理上述展成运动平衡方程式可以得出换置机构传动比 u_x 的计算公式为

$$u_x=\frac{ac}{bd}=\frac{f}{e}\frac{24K}{z_{\text{工}}}$$

其中，e、f 挂轮是根据被加工齿轮齿数选取的，有三种情况：

当 $5\leqslant\frac{z_{\text{工}}}{K}\leqslant20$ 时，取 $e=48$，$f=24$；

当 $21\leqslant\frac{z_{\text{工}}}{K}\leqslant142$ 时，取 $e=36$，$f=36$；

当 $143\leqslant\frac{z_{\text{工}}}{K}$ 时，取 $e=24$，$f=48$。

从换置公式可以看出，当传动比 u_x 计算式的分子和分母相差倍数过大时，对选取挂轮齿数及安装挂轮都不太方便，这时会出现一个小齿轮带动一个很大的齿轮(当 $z_{\text{工}}$ 很大时，u_x 就很小)，或是一个很大的齿轮带动一个小齿轮(当 $z_{\text{工}}$ 很小，u_x 就很大)的情况，以致使挂轮架的结构很庞大。因此，e/f 挂轮是用来调整挂轮传动比数值的，保证挂轮传动比 u_x 的分子分母相差倍数不致过大，使挂轮架的结构紧凑，故 e/f 被称为“结构性挂轮”。

② 滚切斜齿圆柱齿轮的展成运动传动链和差动传动链的调整计算。

由前面的分析可知，直齿轮与斜齿轮的差别仅在于导线的形状不同，在滚切斜齿轮时，需使用差动传动链，以形成螺旋线齿线。除此之外，其他传动链与滚切直齿轮时相同。

a. 展成运动传动链。

滚切斜齿轮时，展成运动传动链与滚切直齿轮时完全相同，只是最后得出的换置公式的符号相反。这个差异并不是由于运动本质的差异带来的，而是由于滚切斜齿轮时需要运动合成，轴Ⅸ左端使用的是长齿牙嵌式离合器 M_2。M_2 的端面齿长度能够同时与合成机构壳体的端面齿及空套在壳体上的齿轮(z_{72})的端面齿相啮合，使它们连接在一起，并且，M_2 本身是空套在轴Ⅸ上的，因此，“通过合成机构的传动比” $u'_{\text{合成1}}=-1$，代入运动平衡式后得出的换置公式为

$$u_x=\frac{a}{b}\frac{c}{d}=-\frac{f}{e}\frac{24K}{z_{\text{工}}}$$

由于使用合成机构后，合成机构“输出”轴的旋转方向改变，因此展成运动传动链的分齿挂轮使用惰轮的情况也不相同。

b. 差动传动链。

根据分析可知差动传动链是联系刀架直线移动和工件附加转动之间的传动链，其平衡

方程式为

$$\frac{L}{3\pi}\times\frac{25}{2}\times\frac{2}{25}\times\frac{a_2}{b_2}\times\frac{c_2}{d_2}\times\frac{36}{72}\times u_{合成2}\times\frac{e}{f}\times u_x\times\frac{1}{72}=\pm 1\ (\mathrm{r})(工件)$$

式中：L 为被加工斜齿齿轮螺旋线导程(mm)，$L=\frac{\pi m_s z_{工}}{\tan\beta}=\frac{\pi m_n z_{工}}{\sin\beta}$；$u_{合成2}$ 为运动合成机构在差动传动链中的传动比，$u_{合成2}=2$。

换置公式为

$$u_y=\frac{a_2}{b_2}\times\frac{c_2}{d_2}=9\times\frac{\sin\beta}{m_n K}$$

对 Y3150E 型滚齿机差动传动链的结构特点作以下分析：

Y3150E 型滚齿机是把从“合成机构—u_x—工件”这一段传动链设计成展成运动传动链和差动传动链的公用段，这种结构方案可使差动挂轮传动比 u_y 换置公式与被加工齿轮齿数 $z_{工}$ 无关。当用同一把滚刀加工一对相啮合的斜齿轮时，由于其模数相同，螺旋角绝对值也相等，因而可用同一套差动挂轮。尤为重要的是，由于差动挂轮近似配算所产生的螺旋角误差对两个斜齿轮是相同的，因此仍可获得良好的啮合。

刀架丝杠采用模数螺纹，导程为 3π。由于丝杠的导程值中包含 π，故可消去运动平衡式中被加工齿轮轮齿螺旋线导程中的 π，使换置计算简便。

加工不同螺旋方向的斜齿轮，是通过在差动挂轮机构中用不用惰轮，从而改变工件附加运动 B_{22} 的方向来实现的。

(4) 刀架的快速移动。

刀架快速移动主要用于调整机床，以及加工时刀具快速接近或快速退回。当加工工件需采用几次走刀时，在每次加工后，要将滚刀快速退回至起始位置。在滚切斜齿齿轮时，滚刀应按原螺旋线退出，以避免出现“乱扣”。实现上述工作要求不能简单地采取“高速返车”的方法，即仍以主电动机作为运动源，通过快速传动路线和换向机构把已改变转向的快速运动传至刀架，使刀架快速退回。这样，虽然保证了不会出现“乱扣”，但是会使影响机床加工精度最关键的传动副——蜗杆蜗轮高速转动，从而加剧磨损。Y3150E 型滚齿机是采用快速电机驱动，把改变转向的快速运动直接传入差动传动链而使刀架快速退出，如图 4.1-6 所示。由于斜齿轮的导程都很大(一般在 1 m 以上)，因此在刀架快退时，工件的

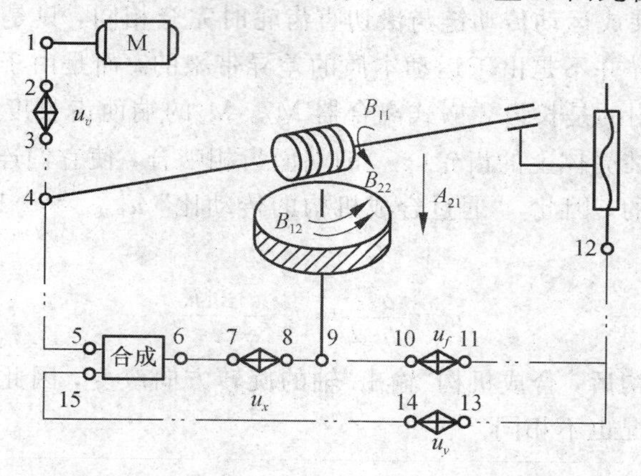

图 4.1-6　接通快速电机时的转动情况

附加转速却很低，不会增加蜗杆蜗轮副的磨损。

机床使用说明书中规定，刀架快速移动时，操纵手柄应扳在“快速移动”位置上，这个位置就是将轴ⅩⅧ的三联滑移齿轮置于空挡位置。从图4.1-6上看，就是切断了由点11至点10之间的传动，然后按快速电机按钮。为了确保操作安全，只有当手柄1扳在“快速移动”位置上时，快速电机才能启动，这是由机床上的电气互锁装置实现的。

刀架快速移动与主电动机是否转动毫无关系，因为两者分别属于两个不同的独立运动。以滚切斜齿圆柱齿轮第一刀后的退回为例，如果主电动机仍在转动，这时刀架带着以B_{11}旋转运动的滚刀退回，而工件以$B_{12}+B_{22}$的合成运动转动；如果主电动机停止，那么刀架快退时，刀架上的滚刀不转，但是工作台还会转动，不过这个转动是由差动传动链传来的B_{22}，主电动机停止的运动是展成运动。

(5) 工作台的调整操作。

Y3150E型滚齿机的工作台采用双圆环导轨支承和长锥形滑动轴承定心的结构形式，机床长期使用后，滑动轴承磨损，间隙增大，影响加工精度，对此必须调整。调整的方法为：先拆下垫片(该垫片为两个半圆)，然后根据轴承间隙的大小，将垫片磨到一定的厚度再装上；使轴承略向上移，利用其内孔与工作台下部的圆锥面配合，使间隙得到调整。

Y3150E型滚齿机的工作台还装有快速移动液压缸。当成批加工同一规格的齿轮时，为了缩短机床调整时间，可使用液压缸快速移动工作台。其具体方法为：在加工第一个齿轮时，精确调整滚刀和工件的中心距离，加工好第一个齿轮后，转动“工作台快速移动”旋钮至“退后”位置，则工作台在快速液压缸的活塞带动下快速退出；当装好第二个齿坯后，将“工作台快速移动”旋钮转到“向前”位置，工作台又快速返回原来位置，这时就可进行第二个齿轮的加工。在调整工作台时，应先使工作台快速移动后，再用手动调整滚刀和工作台之间的中心距，否则可能发生操作事故。

4. 滚刀的安装调整和工件的装夹

1) 滚刀的选用

滚刀按照结构可分为整体式和镶齿式两大类。对于中小模数滚刀(m=1～10 mm)，通常为高速钢整体制造；对于模数较大的滚刀，为了节省刀具材料和保证热处理性能，一般多采用镶齿结构。镶齿滚刀可更换刀片，但刀齿要求非常精密，刀体精度也较高，制造困难。目前，硬质合金齿轮滚刀得到了广泛的应用，它不仅有较高的切削速度，还可以直接滚切淬火齿轮。

选用齿轮滚刀时，滚刀的齿形角和模数应与被加工齿轮的齿形角和法向模数相同，其精度等级也要与被加工齿轮的精度等级相适应，滚刀精度等级和齿轮精度等级的关系见表4.1-6。

表4.1-6 滚刀精度等级和齿轮精度等级的关系

滚刀精度等级	AAA	AA	A	B	C
齿轮精度等级	6	7～8	8～9	9	10

2) 滚刀安装角的确定

滚切齿轮时，为了切出准确的齿形，应使滚刀和工件处于正确的位置，滚刀在切削点处的螺旋线方向应与被加工齿轮的轮齿方向一致。为此将滚刀轴线与工件顶面安装成一定的角度，这个角称为滚刀的安装角，一般用 δ 表示。根据加工要求即可确定滚刀安装角的大小与滚刀架的扳转方向。

加工直齿圆柱齿轮时，滚刀刀齿是沿螺旋线分布的，螺旋升角为 ω。为了使滚刀刀齿排列方向与被切齿轮的齿槽方向一致，滚刀轴线与被切齿轮端面之间的滚刀安装角 δ 等于滚刀的螺旋升角 ω。用右旋滚刀加工直齿齿轮的安装角如图 4.1－7(a)所示，用左旋滚刀时如图 4.1－7(b)所示。图 4.1－7 中虚线表示滚刀与齿坯接触一侧的滚刀螺旋线方向。

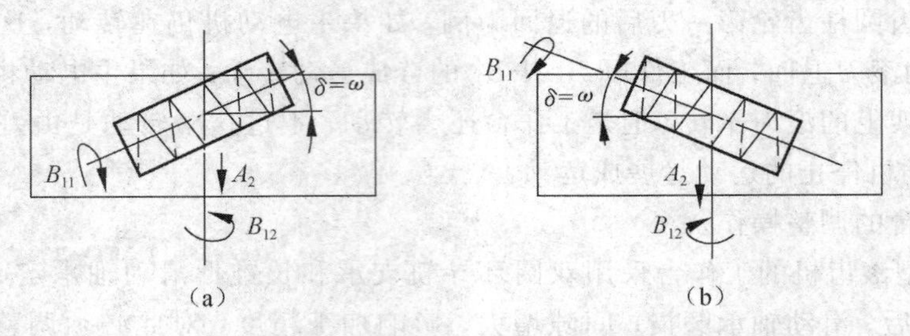

图 4.1－7　滚切直齿圆柱齿轮时的滚刀安装角

加工斜齿圆柱齿轮时，像滚切直齿圆柱齿轮那样，为了使滚刀的螺旋线方向与被加工齿轮的轮齿方向一致，加工前，要调整滚刀的安装角。滚刀的安装角不仅与滚刀的螺旋线方向及螺旋升角 ω 有关，而且还与被加工齿轮的螺旋线方向及螺旋角 β 有关。当滚刀与齿轮的螺旋线方向相同时，滚刀的安装角 $\delta=\beta-\omega$，图 4.1－8(a)表示用右旋滚刀加工右旋齿轮的情况；当滚刀与齿轮的螺旋线方向相反时，滚刀的安装角 $\delta=\beta+\omega$，图 4.1－8(b)表示用右旋滚刀加工左旋齿轮的情况。

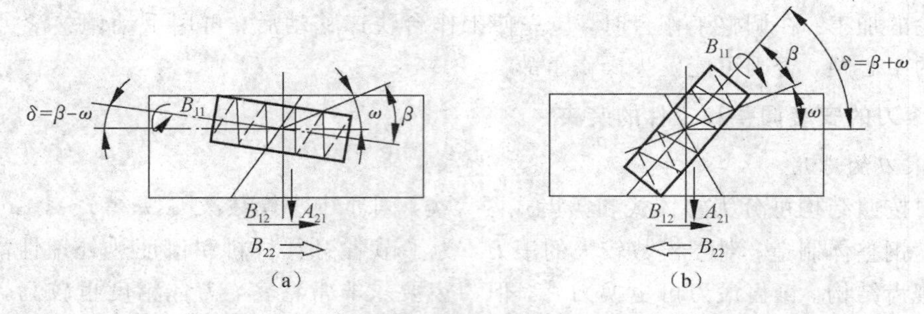

图 4.1－8　滚切斜齿圆柱齿轮时的滚刀安装角

滚切斜齿圆柱齿轮时，应尽量采用与工件螺旋方向相同的滚刀，使滚刀的安装角较小，有利于提高机床运动的平稳性和加工精度。

滚切斜齿圆柱齿轮时，还应注意工件附加转动的方向。为了形成螺旋线，工件附加转动 B_{22} 的方向也同时与滚刀的螺旋线方向和被加工齿轮的螺旋线方向有关。当用右旋滚刀加工右旋齿轮时(图 4.1－8(a))，形成齿轮螺旋线的过程如图 4.1－9(a)所示，图中 ac' 是斜齿圆柱齿轮轮齿齿线，滚刀在位置Ⅰ时，切削点正好是 a 点。

当滚刀下降 Δf 距离到达位置Ⅱ时，要切削的直齿圆柱齿轮轮齿的 b 点正对着滚刀的切削点。但对滚切右旋斜齿轮来说，需要切削的是 b' 点，而不是 b 点。因此在滚刀直线下降 Δf 的过程中，工件的转速应比滚切直齿轮时要快一些，也就是把要切削的 b' 点转到现在图中滚刀对着的 b 点位置上。当滚刀移动一个螺旋线导程时，工件应在展成运动 B_{12} 的基础上多转一周，即附加＋1 周(B_{22})。同理，用右旋滚刀加工左旋斜齿圆柱齿轮时(图 4.1－8(b))，

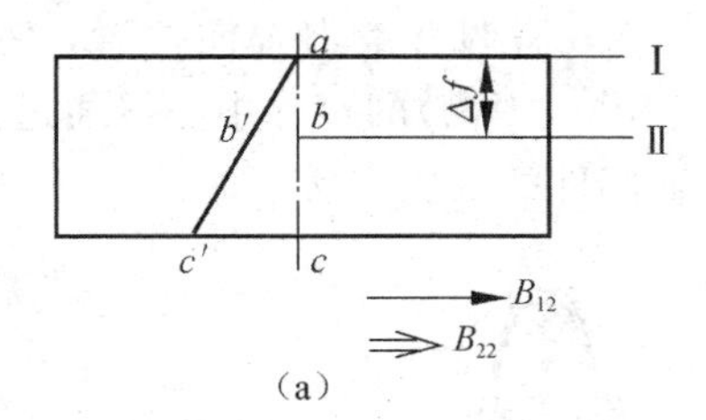

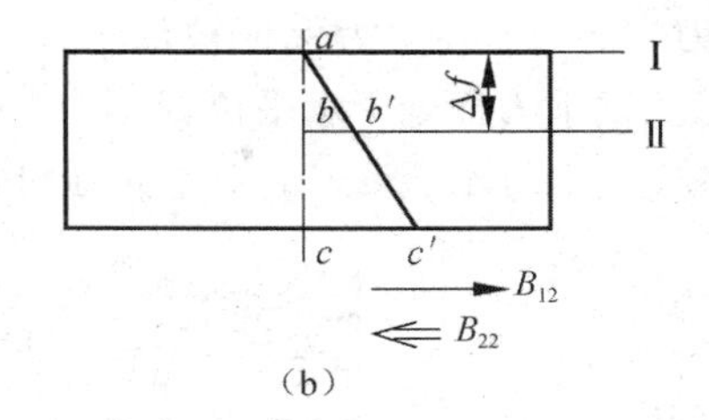

图 4.1－9　滚切斜齿圆柱齿轮时工件附加转动的方向

形成轮齿齿线的过程如图 4.1－9(b)所示，由于旋向相反，滚刀竖直移动一个螺旋线导程时，工件应少转一周，即附加－1 周。

通过类似的分析可知，滚刀竖直移动工件螺旋线导程的过程中，当滚刀与齿轮螺旋线方向相同时，工件应多转一周；当滚刀与齿轮螺旋线方向相反时，工件应少转一周。工件做展成运动 B_{12} 和附加转动 B_{22} 的方向如图 4.1－9 中箭头所示。

3）*滚刀刀杆的安装*

要保证滚刀的安装精度，必须先保证滚刀刀杆的安装精度，刀杆安装到滚刀主轴上之后，应按图 4.1－10 所示，检验刀杆在 a、b 位置的径向圆跳动及在 c 位置的端面轴向窜动，使其符合相应的要求。

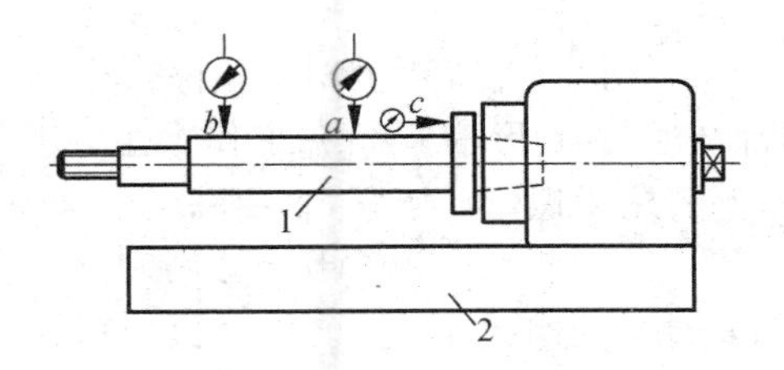

1—刀杆；2—刀架

图 4.1－10　滚刀刀杆安装精度检验

4）*滚刀的安装*

刀杆安装合格后装上滚刀、刀垫和活动支架。如图 4.1－11 所示，应检查滚刀凸台 a、b 位置的径向圆跳动及 c 位置的端面轴向窜动。

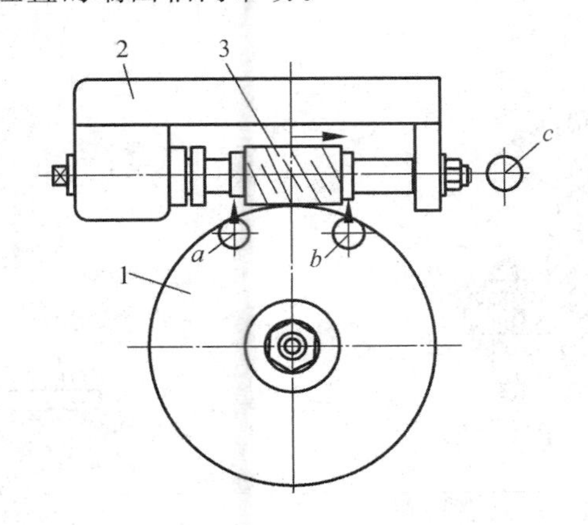

1—齿坯；2—刀架；3—滚刀

图 4.1－11　滚刀安装精度检验

在滚刀安装过程中，为保证被加工齿轮齿形对称，需调整滚刀轴向位置，使之对中。对中时，滚刀的前刀面处于水平位置，同时使一个刀齿(或刀槽)的对称中心线通过齿坯的中心，如图4.1-12所示。滚刀的对中是通过调整主轴部件的位置来实现的。

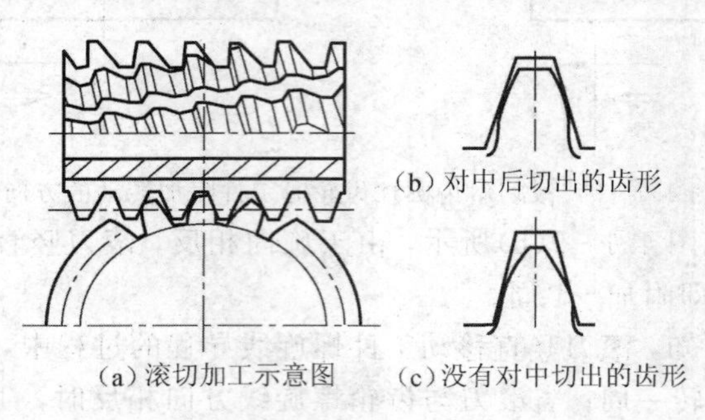

图4.1-12　滚刀的对中

为使滚刀的磨损不过于集中在局部长度上，而是沿全长均匀地磨损以提高其使用寿命，需要进行串刀调整，即调整滚刀轴向位置。在进行对中或串刀时，先松开压板螺钉，然后用手柄转动方头轴，经方头轴上的小齿轮和主轴套筒上的齿条带动主轴套筒连同滚刀主轴一起轴向移动。调整完成后，拧紧压板螺钉。

5）工件的装夹

工件的安装如图4.1-13所示，先将底座1上的圆柱表面与工作台上的中心孔表面进行配合安装，并用T形螺钉2通过T形槽紧固在工作台上。工件心轴3通过莫式锥孔配合，安装在底座1上，用其上的压紧螺母5压紧，用锁紧套4两旁的螺钉锁紧，以防加工过程中松动。

心轴安装后，必须进行检测，如图4.1-14所示，以保证 a、b、c 三点的跳动量符合加工要求。

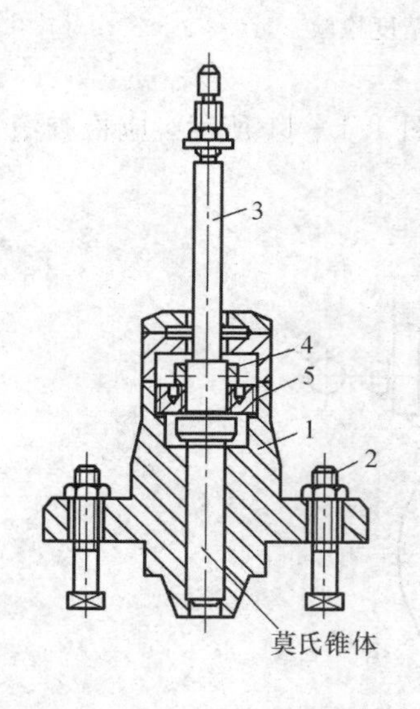

1—底座；2—T形螺钉；3—工件心轴；
4—锁紧套；5—压紧螺母

图4.1-13　工件与机床的连接与安装

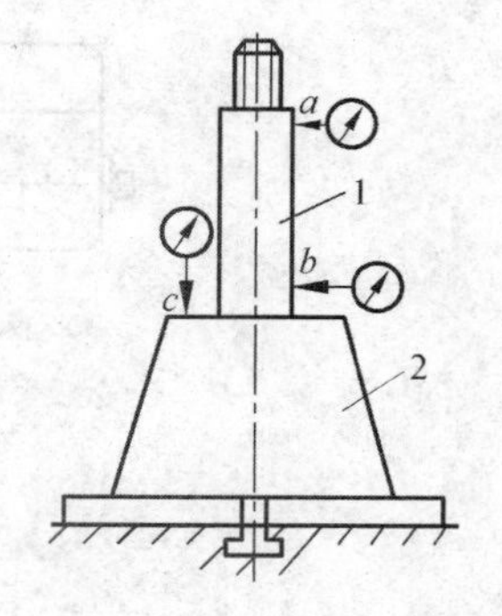

1—心轴；2—底座

图4.1-14　心轴的精度检验

当加工较小直径的齿轮时，如图 4.1－15(a)所示，可将工件直接装夹在心轴上，用压紧螺母锁紧；当加工较大直径的齿轮时，如图 4.1－15(b)所示，一般采用直径较大的底座，并在靠近加工部位的轮缘处夹紧。在被加工齿轮的两端面中，至少应有一个端面为定位端面，如图 4.1－15 中的 E 面。装夹齿轮坯时所使用的垫圈和垫套等，其两端面平行度误差应小于 0.005 mm，压紧螺母接触端面与轴线的垂直度误差应小于 0.02 mm，以保证工件装夹的精度。

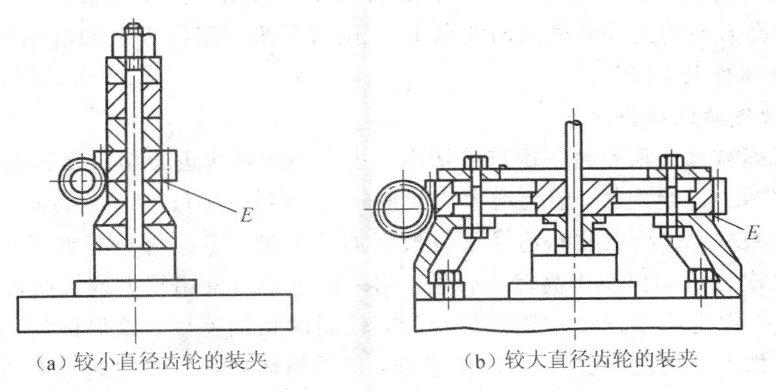

(a) 较小直径齿轮的装夹　　(b) 较大直径齿轮的装夹

E—定位端面

图 4.1－15　工件装夹示意图

4.1.3　Y3150E 型滚齿机上滚切斜齿圆柱齿轮的具体调整、操作与检验

右旋斜齿圆柱齿轮参数为：材料 45 钢，8 级精度，齿数 $z=76$，分度圆螺旋角 $\beta=16°55'$，法面模数 $m_n=4$，法向压力角 $\alpha_n=20°$，调质硬度 210～230 HBS。

具体的调整操作步骤如下所述。

1. 滚刀选择与安装

根据要求，滚刀材料为高速钢，刀齿部分为硬质合金，前角为 0°。选择 A 级精度滚刀，螺旋升角为 3°20′，法向模数为 4，滚刀长度为 75 mm，内、外径分别为 27 mm、80 mm。

应先保证刀杆的安装精度，刀杆安装到滚刀主轴上之后，应按图 4.1－11 所示检验刀杆在 a、b 位置的径向圆跳动及在 c 位置的端面轴向窜动，根据 8 级精度齿轮的要求，在 a、b、c 三位置的数值分别控制在 0.025 mm、0.03 mm、0.02 mm 之内。刀杆安装合格后装上滚刀、刀垫和活动支架。检查滚刀凸台 a、b 位置的径向圆跳动和 c 位置的轴向窜动。a、b 两位置的径向圆跳动应在同一轴向平面内，尽量避免对角跳动，其数值分别控制在 0.03 mm、0.035 mm 之内，c 位置的数值控制在 0.005～0.01 mm 之内。在滚刀安装过程中应进行对中，以保证被加工齿轮齿形对称。

2. 心轴及套筒的安装

如图 4.1－14 所示，检测心轴上 a、b、c 三点的跳动量，当 a、b 之间的距离为150 mm，被切齿轮为 8 级精度时，a 点的径向圆跳动量应小于 0.025 mm，b 点应小于0.015 mm，c 点应小于 0.01 mm。

套筒与心轴采用小间隙配合，套筒外径与工件内孔尺寸基本相同，同样是小间隙配合，套筒的内孔与外圆经磨床磨削，以保证表面粗糙度与尺寸精度，以后更换零件类型后，只需更换套筒，保证了心轴的配合精度。

3. 调整计算

1）调整安装角

安装角为

$$\gamma_{安}=\beta-\lambda=16°55'-3°20'=13°35'$$

滚刀安装角的误差会使滚刀产生一个附加的轴向窜动，引起被加工齿轮的齿形误差。调整时，先根据刀架的主尺刻度值调整至13°，然后再按刀架滑板上的游标尺做精确调整，最终使安装角调整至13°35′。

2）主运动传动链调整计算

首先要确定被加工齿轮是一次进给切出全齿高还是多次进给切出全齿高。提高径向进给量虽然可以减少进给次数，但会增大切削主分力，容易打刀；进给次数增多虽不易打刀，但会降低生产效率。进给次数的选择还应根据加工余量、零件材料等加工工艺要求进行。本零件采用二次进给切出全齿高较为合适。第一次进给可采用较大的轴向进给量，较低的切削速度；第二次进给用较小的轴向进给量，较高的切削速度，以保证齿轮的加工精度。滚切齿轮时，总的径向进给量为2.25倍模数，但是齿坯外圆的精度通常不高，以外圆为基准进行径向进给只能作为参考。加工模数较大或精度要求很高的齿轮时，采用分次切削。当采用二次进给切出时，第一次切削后，测量公法线长度，确定第二次切削的径向进给量公式为

$$t=1.46(W_1-W)$$

式中：t为第二次进给的径向进给量；W_1为测量所得的公法线长度；W为图样要求的公法线长度。

对于斜齿圆柱齿轮，公法线长度应在法向测量。

第二次进给的径向进给量可通过测量固定弦齿厚确定，公式如下：

$$t=\frac{S_{c1}-S_c}{0.73}$$

式中：S_{c1}为第一次进给测量所得的固定弦齿厚；S_c为图样要求的固定弦齿厚。

对于斜齿圆柱齿轮，固定弦齿厚同样在法向测量。

根据以上分析，滚切第一个齿轮时采用二次径向进给。查相关手册可知，第一次径向进给量为2 mm，第二次滚切到全齿高。根据工件材料为45钢，滚刀材料为高速钢，滚刀寿命为600 min，查手册，第一次进给的切削速度$v_1=23$ m/min，轴向进给量$f_1=2.5$ mm/r；第二次进给的切削速度$v_2=36.5$ m/min，轴向进给量$f_2=1.25$ mm/r。轴向进给量的大小，通常根据工件材料、齿面的粗糙度要求及粗、精加工情况确定，一般为0.5～3 mm/r。

计算第一次进给的主轴转速为

$$n_{刀}=\frac{1000v_1}{\pi D_{刀}}=\frac{1000\times 23}{\pi\times 80}=91.51\ \text{r/min}$$

查机床使用说明书，最接近的转速为100 r/min，其变速齿轮和交换齿轮为

$$u_{\text{II-III}}=\frac{31}{39}$$

$$\frac{A}{B}=\frac{33}{33}$$

计算第二次进给的主轴转速为

$$n_{刀2}=\frac{1000v_2}{\pi D_{刀}}=\frac{1000\times36.5}{\pi\times80}=145.23\ \text{r/min}$$

查机床使用说明书，最接近的转速为 160 r/min，其变速齿轮和交换齿轮为

$$u_{\text{II-III}}=\frac{27}{43}$$

$$\frac{A}{B}=\frac{44}{22}$$

3）展成运动传动链调整计算

根据换置机构传动比 u_x 的计算公式，选取挂轮 a、b、c、d。由于使用合成机构后 $u'_{合成1}=-1$，因此分齿挂轮使用介轮使合成机构“输出”轴的旋转方向改变。此时有

$$\frac{ac}{bd}=-\frac{f}{e}\times\frac{24K}{z_{工}}=-\frac{36}{36}\times\frac{24}{76}=-\frac{6}{19}=-\frac{6\times4\times3\times15}{15\times4\times19\times3}=-\frac{24\times45}{60\times57}$$

4）差动运动传动链调整计算

根据换置机构传动比 u_y 的计算公式，选取挂轮 a_2、b_2、c_2、d_2，此时有

$$\frac{a_2c_2}{b_2d_2}=9\times\frac{\sin\beta}{m_nK}=9\times\frac{\sin16°55'}{4\times1}=0.654706\approx\frac{55\times50}{60\times70}$$

根据附加运动交换齿轮传动比调整要求，对于 8 级精度齿轮，其交换齿轮传动比与计算值的小数点后四位应相同，附加运动的方向与展成运动的方向相同，可查阅机床说明书确定是否加装介轮，然后启动快速电动机，检查附加运动的旋转方向。

5）轴向进给传动链调整计算

查手册获得的轴向进给量是加工直齿圆柱齿轮时的轴向进给量，而滚切斜齿圆柱齿轮是沿斜齿的螺旋线方向进给，齿槽方向的进给量要比轴向进给量大些，因此应乘修正系数。当 $\beta_f=15°\sim25°$时，取直齿圆柱齿轮轴向进给量的 90%。

因为

$$f_1=0.9\times2.5=2.25\ \text{mm/r}$$

$$f_2=0.9\times1.25=1.125\ \text{mm/r}$$

所以，第一次进给时轴向进给交换齿轮和变速齿轮为

$$\frac{a_1}{b_1}u_{\text{XVII-XVIII}}=\frac{f_1}{0.4608\pi}=\frac{2.25}{0.4608\pi}=1.8651\approx\frac{40\times49}{30\times35}$$

第二次进给时轴向进给交换齿轮和变速齿轮为

$$\frac{a_1}{b_1}u_{\text{XVII-XVIII}}=\frac{f_1}{0.4608\pi}=\frac{1.125}{0.4608\pi}=0.7771\approx\frac{52\times39}{58\times45}$$

4. 注意事项

根据渐开线的形成原理，基圆是决定渐开线形状的唯一参数，而被加工齿轮的基圆是在机床、刀具和工件所组成的工艺系统的相对位置和运动关系中形成的，展成运动关系的误差、滚刀齿形角的误差及工件装夹的几何误差等都会使被加工齿轮的基圆半径产生误差。

抓住这一基本问题，就会对调整中各种要求的认识更加清楚；在整个加工过程中，展

成运动传动链和差动运动传动链不可脱开；应根据调整计算的结果结合实际情况综合考虑。

5. 零件的检验

常用的齿轮检测项目及检测方法、使用仪器如表4.1－7所示。

表4.1－7　齿轮检测项目表

序号	检测项目	检测方法及使用仪器
1	齿圈径向跳动	专用的齿轮跳动检查仪
2	齿距误差	相对测量法和绝对测量法；齿距仪
3	基节误差	点接触式和线接触式检测法；基节仪、万能测齿仪、万能工具显微镜
4	齿形误差	相对测量法、坐标测量法、截面整体误差测量法；渐开线检查仪、齿形齿向测量仪等
5	齿向误差	径向跳动仪、光学分度头、万能工具显微镜等
6	齿厚误差	齿厚游标卡尺、光学测齿仪、各种齿厚卡规等
7	公法线长度	公法线千分尺、公法线杠杆千分尺
8	整体测量	三坐标测量机

4.1.4　滚齿机齿轮加工机床的日常维护保养、安全操作规程与文明生产

1. 齿轮加工机床的日常维护保养

齿轮加工机床的日常维护保养内容如下：

(1) 严格遵守操作规程。

(2) 熟悉机床性能和使用范围，不超负荷工作。

(3) 若发现机床有异常现象，应立即停机检查。

(4)工作台、导轨面上不准乱放工具、工件或杂物，毛坯工件直接装夹在工作台上时应用垫片。

(5) 工作前应先检查各手柄是否处在规定位置，然后开空车数分钟，观察机床是否正常运转。

(6) 工作完毕，应将机床擦拭干净，并注润滑油。做到每天一小擦，每周一大擦，定期一级保养。

(7) 检查油路，各部加注润滑油。

2. 机床的润滑

在开动机床之前，必须认真清除机床的防锈油和脏物，然后用润滑油注满所有的润滑孔和油箱。在工作中为了避免床身导轨或刀架立柱因润滑不良而卡住，应进行良好的润滑，可用油枪通过刀架滑板上的镶条油孔及工作台上的球形油眼把油压入润滑面，润滑油

应当去酸水及杂质，最好选用10号车用机油。

机床内部是自动润滑，依靠油泵打上来的油通过机床的三通分别润滑传动箱、立柱和床身的差动机构。

滚刀牙箱需事先注油至满油标线位置，工作台注油超出油标线即可。用于润滑分度蜗轮时，应加油润滑滚刀主轴承和刀架上的中心齿轴，并在工作台旁的油盒内每班至少加油(注满)一次，以保证工作环形面的润滑。

机床使用后，第一次换油应在机床工作300 h后进行。以后可以每隔半年换油一次。

其他日常维护加油可参照机床润滑标牌和机床说明书进行。

3. 齿轮加工机床的操作规程

齿轮加工机床操作规程如下：

(1) 操作者要熟悉本机床的一般性能和结构，禁止超性能使用。

(2) 开机前应按润滑规定加油，并检查油标油窗，观察油路是否畅通。

(3) 开机前必须检查各部手柄是否在规定位置。

(4) 机床上的保险防护装置，不准任意拆下。

(5) 机床未经保管人员同意，不得私自开机。

(6) 机床发生故障或者产生不正常现象时，应立即停机排除。

(7) 在粗加工时用小的切削速度、大的进给量，在精加工时恰好相反。

(8) 在使用相同的进给量和切削速度的情况下，采用多线滚刀可较单线滚刀节省时间，但会减低滚切齿轮的精度。

(9) 在加工模数不超过2 mm的齿轮时，可一次进给。而在工件要求精度高或材质硬时，可采用2～3次进给。

(10) 机床在运转时，不要用手摸工件的切削面。严禁将手伸入插头行程内。

(11) 在加工齿数过少的齿轮时，应按机床规定不得超过工作台蜗杆的允许工作速度。

(12) 开始加工时，刀具应离开工件，然后进刀，当加工件至中间位置而停机时，刀具应退出工件。

(13) 滚齿刀、插齿刀、剃齿刀必须压紧，同时检查液压系统是否正常。

(14) 滚齿刀、插齿刀应保持锋利，严禁用钝刀进行切削。

(15) 滚齿刀、插齿刀、剃齿刀装在轴上时，轴与孔要清洁干净。

(16) 安装滚刀时，须检查心轴有无跳动，端面与心轴是否垂直。

(17) 工件应装夹牢靠，根据工件要求选用各种心轴，并与工作台同心，牢固地装卡在工作台上。

(18) 停车8 h以上的设备开车时，应低速转动3～5 min。

(19) 下班时应移开刀架或工件台，并切断总电源。

(20) 操作者离开机床、变速，更换工件、工具，调整、清扫等都应停车。

4. 安全文明生产要求

安全文明生产要求如下：

(1) 按要求穿戴合适的劳保用具，严禁带手套、饰品等进行危险作业。

(2) 机床应经常保持清洁，遵守清扫规定，下班前清扫机床，每周末大扫。

(3) 操作者对周围场地应保持整洁，地上无油污、积水、积油。

(4) 操作时，工具与量具应分类整齐地安放在工具架上，不要随便乱放在工作台上或与切屑等混在一起。

(5) 高速切削或冲注切削液时，应加放挡板，以防切屑飞出及切削液外溢。

(6) 严禁在机床上堆放工、卡、量、刃具等物。工件加工完毕，应安放整齐，不乱丢乱放，以免碰伤工件表面。

(7) 机床附件要妥善保管，保持完整与良好。

(8) 保持图样或工艺工件的清洁完整。

4.1.5 相关知识链接

1. Y3150E 型滚齿机的主要典型结构

1) 运动合成机构

Y3150E 型滚齿机的运动合成机构有两种结构形式：早期的结构形式，是由圆柱齿轮组成的轮系；近期的结构形式，是由弧齿圆锥齿轮组成的轮系。本书所示为后者，由模数 $m=3$ mm、齿数 $z=30$、螺旋角 $\beta=0°$的四个弧齿锥齿轮组成。现说明其工作原理及传动比的计算。

当使用差动传动链时，在轴Ⅸ上先装上套筒 G(用键与轴连接)，再将离合器 M_2 空套在套筒 G 上。离合器 M_2 的端面齿与空套齿轮 72(见图 4.1－5)的端面齿以及转臂 H 左部套筒上的端面齿同时啮合，将它们连接在一起，因而来自刀架的运动可通过齿轮 72(见图 4.1－5)传递给转臂 H，如图 4.1－16(a)所示。

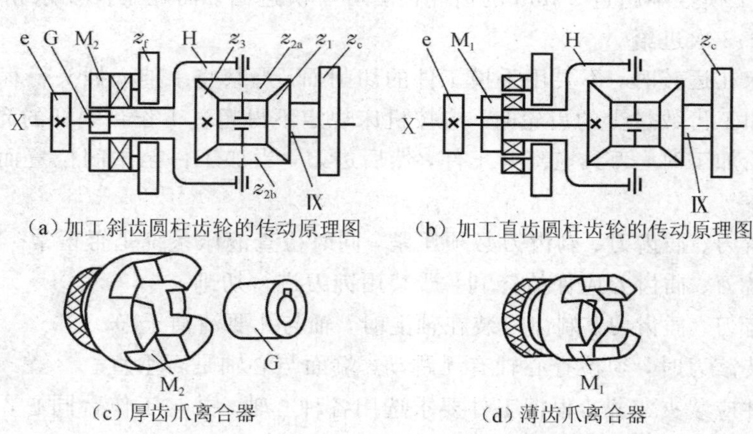

(a) 加工斜齿圆柱齿轮的传动原理图　(b) 加工直齿圆柱齿轮的传动原理图

(c) 厚齿爪离合器　(d) 薄齿爪离合器

H—转臂；G—套筒；M_1、M_2—离合器；e—交换齿轮

图 4.1－16　Y3150E 滚齿机运动合成机构工作原理图

假设中心轮 z_1 的转速为 n_1，中心轮 z_3 的转速为 n_3，转臂 H 的转速为 n_H，根据行星轮系的传动原理，列出运动合成机构传动比的计算式为

$$\frac{n_3-n_H}{n_1-n_H}=(-1)\frac{z_1}{z_2}\frac{z_2}{z_3}$$

式中的(－1)，由锥齿轮传动的旋转方向确定。将锥齿轮齿数 $z_1=z_2=z_3=30$ 代入上式，则得

$$\frac{n_3-n_H}{n_1-n_H}=-1$$

由上式可得合成机构中从动件的转速 n_3 与两个主动件的转速 n_1 和 n_H 的关系式为

$$n_3=2n_H-n_1$$

在展成运动传动链中，来自滚刀的运动由齿轮 56(见图 4.1－5)输入，经合成机构从齿轮 e 输出。设 $n_H=0$，得

$$u'_{合成1}=\frac{n_3}{n_1}=-1$$

在差动运动传动链中，来自刀架的运动由齿轮 72(见图 4.1－5)传给转臂 H，经合成机构从齿轮 e 输出。设 $n_1=0$，得

$$u_{合成2}=\frac{n_3}{n_H}=2$$

综上所述，若展成运动和差动运动同时由合成机构的两个输入端输入，则通过合成机构分别按传动比 $u'_{合成1}=-1$ 和 $u_{合成2}=2$ 经输出端齿轮 e 输出。

加工直齿圆柱齿轮，工件不需要附加运动。这时应卸下离合器 M_2 及套筒 G，而将离合器 M_1 装在轴Ⅸ上，如图 4.1－16(b)所示，M_1 的端面齿和转臂 H 的端面齿连接，且 M_1 内孔上有键槽，通过键和轴Ⅸ连成一体。齿轮 z_1、z_2、z_3 之间不能做相对转动(即 $n_H=n_3$)，这时的合成机构就如同一个刚性的联轴器一样，使轴Ⅸ和转臂 H 及双联齿轮 1、56(见图 4.1－5)形成一个整体。这样的结构满足了滚切直齿圆柱齿轮的要求，此时合成机构的传动比 $u_{合成1}=1$。

2）*滚刀刀架结构*

如图 4.1－17 所示为 Y3150E 型滚齿机滚刀刀架的结构。刀架体 1 用装在环状 T 形槽内的 6 个螺钉 4 固定在刀架溜板上。调整滚刀安装角时，应先将螺钉 4 松开，然后用扳手转动刀架溜板上的方头 P_5(见图 4.1－5)，经蜗杆蜗轮副$\frac{1}{30}$及齿轮 16(见图 4.1－5)带动固定在刀架体上的齿轮 148(见图 4.1－5)，使刀架体回转至所需的位置。

滚刀主轴 14 前(左)端用内锥外圆的滑动轴承 13 支承，以承受径向力，并用两个推力球轴承 11 承受轴向力。主轴后(右)端通过铜套 8 及花键套筒 9 支承在两个圆锥滚子轴承 6 上。轴承 13 及 11 安装在轴承座 15 内，15 用 6 个螺钉 2 通过两块压板压紧在刀架上。

滚刀主轴以其后端的花键与套筒 9 内的花键孔连接，由齿轮 5 带动旋转。这种主轴在传动过程中只受扭矩作用而不受弯矩作用的结构称之为主轴卸荷。

滚刀刀杆 17 用锥柄安装在主轴前端的锥孔内，并用方头拉杆 7 将其拉紧。刀杆左端装在支架 16 上的内锥套支承孔内，支架 16 可在刀架体上沿主轴轴线方向调整位置，并用压板固定在所需的位置上。

安装滚刀时，需使滚刀的刀齿(或齿槽)对称于工件的轴线，以保证加工出的齿廓两侧齿面对称；另外，为了使滚刀沿全长均匀地磨损，以提高滚刀使用寿命，需调整滚刀轴向位置，即串刀。调整时，先放松压板螺钉 2，然后用手柄转动方头轴 3，通过方头轴 3 上的齿轮，经轴承座 15 上的齿条，带动轴承座连同滚刀主轴一起轴向移动。调整妥当后，应拧紧压板螺钉。Y3150E 型滚齿机滚刀最大串刀量为 55 mm。

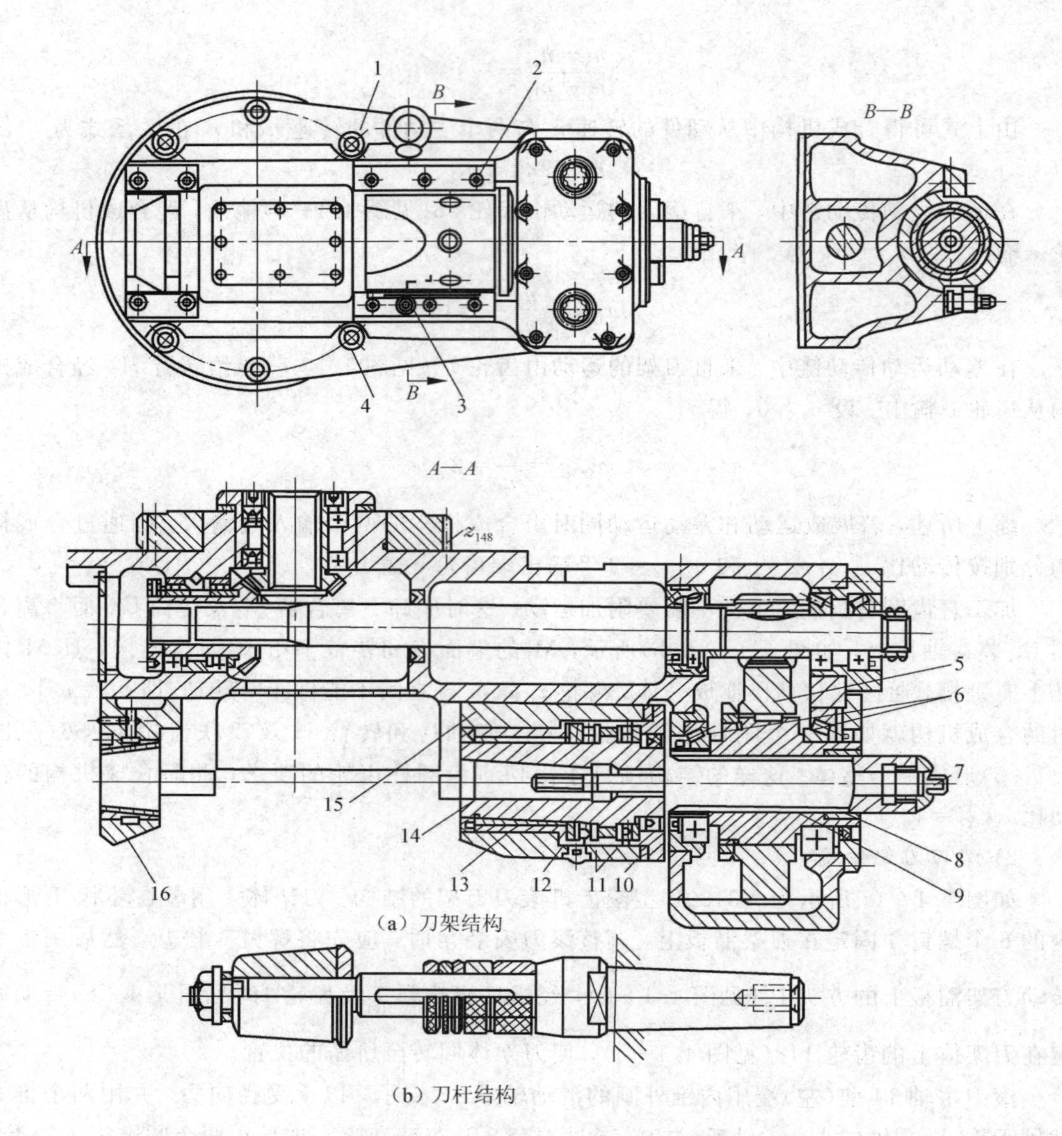

(a) 刀架结构

(b) 刀杆结构

1—刀架体；2，4—螺钉；3—方头轴；5—齿轮；6—圆锥滚子轴承；7—拉杆；
8—铜套；9—花键套筒；10，12—垫片；11—推力球轴承；13—滑动轴承；14—主轴；
15—轴承座；16—支架；17—刀杆

图 4.1－17　Y3150E 型滚齿机滚刀刀架的结构

当滚刀主轴前端的滑动轴承 13 磨损，引起主轴径向跳动超过允许值时，可拆下垫片 10 及 12，磨去相同的厚度，调配至符合要求时为止。若仅调整主轴的轴向窜动，则可将垫片 10 适当磨薄。

3）工作台结构

如图 4.1－18 所示为 Y3150E 型滚齿机的工作台结构，工作台采用双圆环导轨支承和长锥形滑动轴承定心的结构形式，它的轴向载荷由工作台 2 上的圆环导轨 M 和 N 承受，径向载荷由长锥形滑动轴承 17 承受。机床长期使用后，滑动轴承 17 磨损，间隙增大，影响加工精度，对此必须调整。

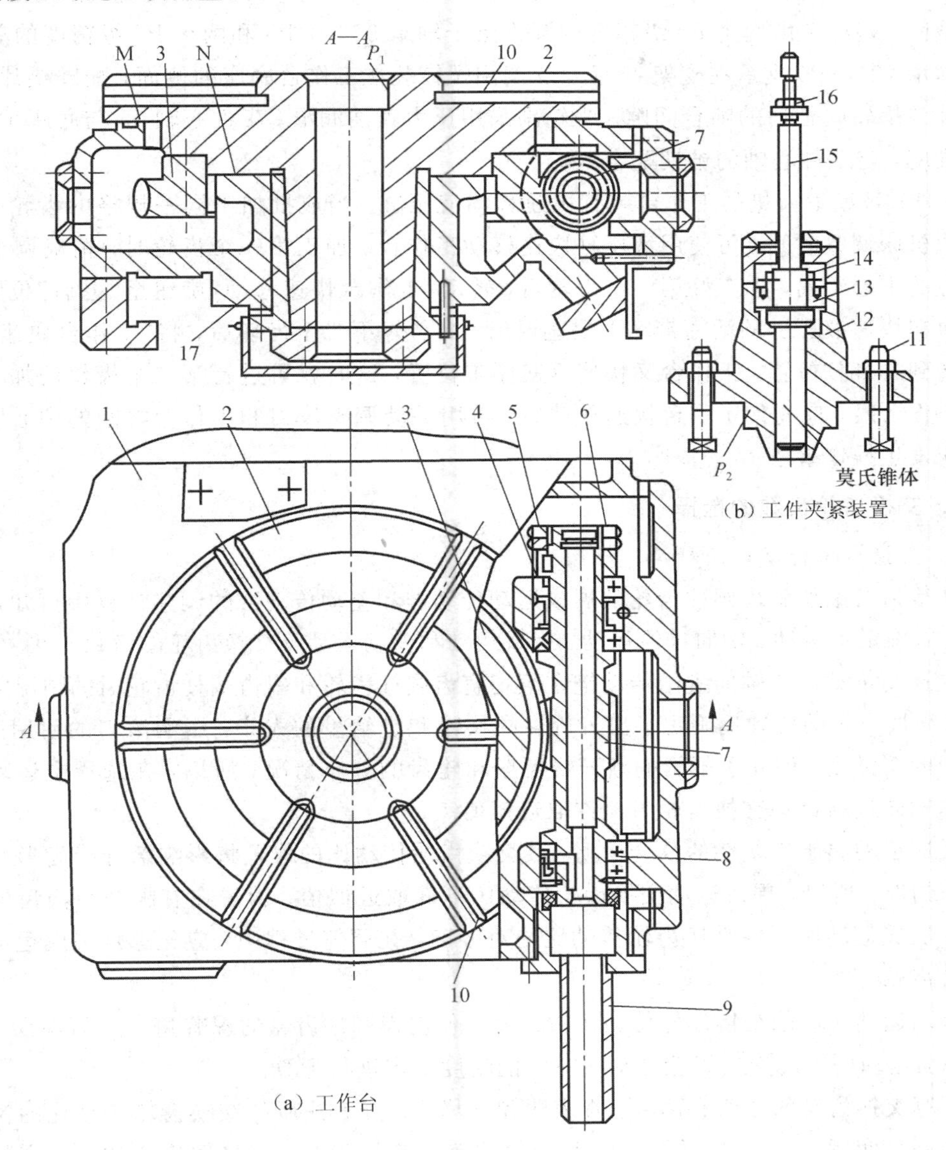

1—溜板；2—工作台；3—分度蜗轮；4—圆锥滚子轴承；5—双螺母；6—隔套；7—蜗杆；
8—角接触球轴承；9—套筒；10—T 形槽；11—T 形螺钉；12—底座；13，16—压紧螺母；
14—锁紧套；15—工件心轴；17—长锥形滑动轴承；18—支架；19，20—垫片；
M，N—环形平面导轨；P_1—工作台中心孔上的面；P_2—底座上的圆柱表面

图 4.1－18　Y3150E 型滚齿机的工作台结构

调整的方法为：先拆下垫片 20(该垫片为两个半圆)，然后根据轴承间隙的大小，将垫片 20 磨到一定的厚度再装上。这样可使轴承 17 略向上移，利用其内孔与工作台下部的圆锥面配合，使间隙得到调整。

由蜗杆7带动分度蜗轮3，从而带动工作台旋转。蜗轮和工作台之间由圆锥销定位，用螺钉紧固。蜗杆7由两个P5级精度的圆锥滚子轴承32210/P5和两个P5级精度的单列深沟球轴承6210/P5支承在支架18上，支架用螺钉装在工作台底座的侧面，配磨垫片19保证蜗杆与蜗轮间合适的啮合间隙。蜗轮副采用压力喷油润滑。工件心轴15与底座12均为莫氏锥度，与工件心轴的锥柄配合。

Y3150E型滚齿机的工作台装有快速移动液压缸。当成批加工同一规格的齿轮时，为了缩短机床调整时间，可使用液压缸快速移动工作台。加工第一个齿轮时，精确调整滚刀和工件的中心距离，加工好第一个齿轮后，转动"工作台快速移动"旋钮至"退后"位置，则工作台在快速液压缸的活塞带动下快速退出。当装好第二个齿坯后，将"工作台快速移动"旋钮转到"向前"位置，工作台又快速返回原来位置，这时就可进行第二个齿轮的加工。在调整工作台时，应先使工作台快速移动后，再用手动调整滚刀和工作台之间的中心距，否则可能发生操作事故。

2. 交换齿轮齿数的选择

1）交换齿轮传动比的精度

从滚齿机滚切斜齿圆柱齿轮的展成运动传动链和差动传动链的调整计算中可知，在滚切时，需确定主运动、轴向进给运动、展成运动和差动运动等交换齿轮的齿数。

主运动传动链与轴向进给传动链在滚切直齿圆柱齿轮和斜齿圆柱齿轮时的情况完全相同。其交换齿轮的传动比确定了滚刀旋转的快慢和进给量的大小，影响滚刀的耐用度、轮齿表面的粗糙度，但几乎不影响渐开线齿形和轮齿的分布情况，所以，在选择主运动交换齿轮和轴向进给运动交换齿轮时允许取近似值。

展成运动属于较复杂的复合运动，其交换齿轮传动比的误差将影响渐开线齿形和轮齿的分布情况，所以，展成运动交换齿轮传动比不许取近似值。为了在有限个交换齿轮范围内保证展成运动所用的交换齿轮传动比绝对准确，在调整过程中，应先选定展成运动所用的交换齿轮。

差动运动所用的交换齿轮传动比的误差会使斜齿圆柱齿轮的螺旋角产生齿向误差，因此，差动运动所用的交换齿轮必须按一定的精度要求进行配算。

配算交换齿轮的方法有两种：查表法和计算法。查表法所得交换齿轮传动比的精度不一定能满足使用要求，但方便可行；用计算法确定交换齿轮，应将理论传动比的小数化成能分解因数的近似分数，再将分子和分母分解为现有交换齿轮的齿数。

2）Y3150E型滚齿机所配交换齿轮的情况

在Y3150E型滚齿机上，展成运动、轴向进给运动和差动运动三条传动链是共享一套交换齿轮，模数为2 mm，孔径为ϕ30H7，齿数为：20(两个)、23、24、25、26、30、32、33、34、35、37、40、41、43、45、46、47、48、50、52、53、55、57、58、59、60(两个)、61、62、65、67、70、71、73、75、79、80、83、85、89、90、92、95、97、98、100，共47个。

在配算交换齿轮时除满足传动比要求外，还必须满足交换齿轮架结构上的要求。如图4.1-19所示，为使c轮不碰到轴Ⅰ，b轮不碰到轴Ⅲ，所选交换齿轮齿数之间应满足下列要求：

$$z_a + z_b > z_c + (15 \sim 20)$$

$$z_c + z_d > z_b + (15 \sim 20)$$

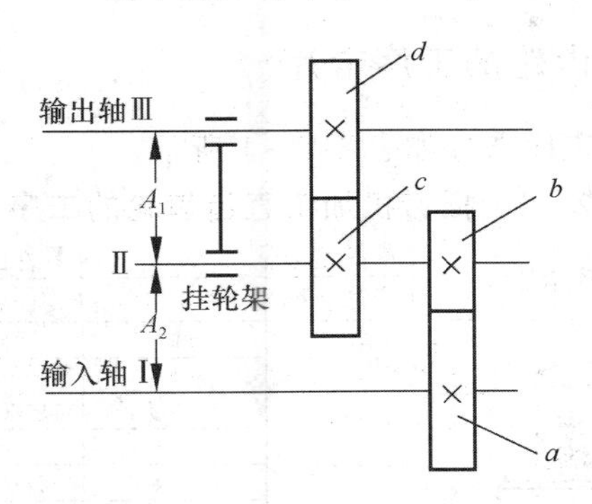

图 4.1-19　配换交换齿轮齿数与传动轴关系示意图

任务 4.2　双联齿轮插齿加工设备的使用

【任务描述】

了解 Y5132 型插齿机的工艺范围，能加工圆柱内齿轮并能根据传动链做相应的调整计算和工作调整。

【任务要求】

(1) 根据要求合理选用齿轮加工机床，完成滚刀的安装与调试及工件的装夹。

(2) 能使用 Y5132 型插齿机加工圆柱内齿轮。

【知识目标】

(1) 了解 Y5132 型插齿机的工艺范围和主要技术参数。

(2) 掌握 Y5132 型插齿机的主要结构及工作原理，并能进行简单的故障诊断和排除。

(3) 掌握插齿机加工圆柱内齿轮时传动链的调整计算和工作调整。

【能力目标】

(1) 能合理选用齿轮加工机床并读懂说明书，能正确使用刀具、夹具及其他附件。

(2) 能使用 Y5132 型插齿机加工圆柱内齿轮，了解机床结构并能对机床传动链进行调整计算和工作调整。

(3) 具备较强的识图能力，能根据典型结构理解其工作原理，能对常见简单故障进行分析诊断排除。

(4) 安全文明生产，能使用合适的方法、仪器对工件进行检验。

【学习步骤】

以插齿机加工直齿齿轮的工序卡片的形式提出任务，在双联齿轮插齿加工的准备工作中学会分析工序卡片及图样，根据分析，选择合适的机床型号，对选定的机床的参数及运动进行分析，掌握本机床的调整及操作方法，掌握刀、夹、附具及工件与机床的连接与安装，最后完成零件的加工操作及检验，学会本类机床的操作规程及其维护保养，并能对常见简单故障进行分析诊断。

4.2.1　插齿机加工直齿齿轮的工序卡片

插齿机加工直齿齿轮的工序卡片如表 4.2－1 所示。

表 4.2－1　插齿机加工直齿齿轮的工序卡片

××××学院	机械加工工序卡片	产品型号		零件图号			
		产品名称		零件名称	双联齿轮	共　页	第　页

φ60　Ra 3.2　Ra 1.6　12

车间	工序号	工序名称	材料牌号
机加	012	插齿	45钢
毛坯种类	毛坯外形尺寸	每毛坯可制件数	每台件数
		1	1
设备名称	设备型号	设备编号	同时加工件数
插齿机	Y5132		

夹具编号	夹具名称	切削液	
		水溶液	
工位器具编号	工位器具名称	工序工时（分）	
		准终	单件

法向模数	2
齿数	30
齿顶高系数	1
法向压力角	20°
精度等级	8-7-7-DC
卡尺工作跨度	21.504
卡入齿数	4

工步号	工步内容	工艺装备	主轴转速	切削速度	圆周进给	径向进给	切削深度	进给次数	工步工时	
			r/min	m/min	mm	mm/r	mm		机动	辅助
1	装夹									
2	粗加工插齿	心轴、插齿刀、公法线、千分尺等	96	26	3.8	3.2	4.8			
3	精加工插齿		96	26	1.0	3.2				
4										
5										

设计（日期）	校对（日期）	审核（日期）	标准化（日期）	会签（日期）

4.2.2　插齿机加工直齿齿轮的准备工作

1. 分析图样

根据图样加工双联直齿圆柱齿轮，加工齿轮的法向模数 $m_n=2$，法向压力角 $\alpha_n=20°$，齿数 $z=30$，精度等级为 8－7－7－DC，表面粗糙度为 $Ra3.2$，材料为 45 钢。滚齿机加工双联齿轮时会发生干涉现象，所以零件使用插齿机进行加工。以齿轮中心处内孔为定位基准，使用 Y5132 型插齿机、碗形直齿插齿刀便能达到零件的加工要求。

2. 机床的选取

1）机床型号的选取

滚齿机加工双联齿轮时会发生干涉现象，所以本任务零件适合使用插齿机进行加工。加工齿轮的直径也小于 320 mm，所以选用 Y5132 型插齿机进行加工。

Y5132 型插齿机的技术参数如表 4.2－2 所示，其机床型号解读如下：

Y 为机床类型代号，读作“牙”，意为齿轮加工机床；

5 为组代号，1 为系代号，5 组 1 系的齿轮加工机床为插齿机；

32 为主参数，由于折算系数为 1/10，可知加工最大工件直径为 320 mm。

表 4.2－2　Y5132 型插齿机的技术参数

项 目 名 称	机 床 参 数
加工外齿轮时最大加工直径/mm	320
加工外齿轮时工件最大加工宽度/mm	80
加工内齿轮时最大加工直径/mm	500
加工内齿轮时工件最大加工宽度/mm	50
工件最大模数/mm	8
加工齿数	10～200
工作台面直径/mm	380
工作台最大快速移动量/mm	160
插齿刀主轴每分钟往复冲程数/mm	160～1000
每分钟径向进给量(无级变速)/mm	2～16
插齿刀主轴最高位置的让刀量/mm	160
主电动机	7.5 kW，1500 r/min
机床外形尺寸(长×宽×高)/mm	2370×1670×2483
机床质量/kg	约 6000

2）插齿机的工作原理

本任务零件依旧选择展成法进行加工。

在齿轮加工中，展成法较成型法应用更为广泛。插齿加工属于展成法加工，其优点是：用同一把刀具可以加工相同模数而任意齿数的齿轮；生产率和加工精度都比较高。

插齿刀实质上是一个端面磨有前角、齿顶及齿侧均磨有后角的齿轮，如图 4.2－1(a)所示。插齿时，插齿刀沿工件轴向做直线往复运动以完成切削主运动，在刀具与工件轮坯做无间隙啮合运动的过程中，在轮坯上渐渐切出轮廓。加工过程中，刀具每往复一次，仅切出工件齿槽的一小部分，齿廓曲线是在插齿刀刀刃多次相继切削中，由刀刃各瞬时位置的包络线所形成的，如图 4.2－1(b)所示。

3）插齿与滚齿的区别

插齿与滚齿相比，在加工质量、生产率和应用范围等方面均有所不同。

(1) 加工质量方面。

① 插齿的齿形精度比滚齿高。滚齿时，形成齿形包络线的切线数量只与滚刀容屑槽的数目和基本蜗杆的头数有关，它不能通过改变加工条件而增减；但插齿时，形成齿形包络线的切线数量由圆周进给量的大小决定，并可以选择。此外，制造齿轮滚刀时是用近似造型的蜗杆来替代渐开线基本蜗杆，这就有造型误差。而插齿刀的齿形比较简单，可通过高精度磨齿获得精确的渐开线齿形。所以插齿可以得到较高的齿形精度。

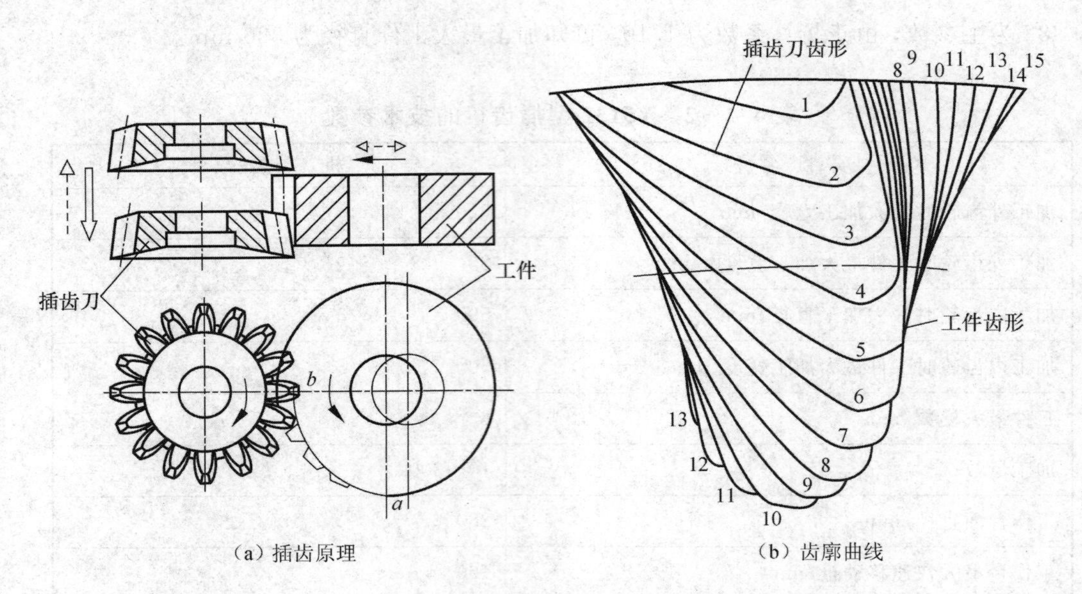

（a）插齿原理　　（b）齿廓曲线

1—插齿刀；2—工件；3—工件齿形；4—插齿刀齿形

a—径向切入运动开始位置；b—径向切入运动终了位置

图 4.2-1　插齿加工原理

② 插齿后齿面的粗糙度比滚齿细。滚齿时滚刀在齿向方向上做间断切削，形成如图4.2-2(a)所示的鱼鳞状波纹；而插齿时插齿刀沿齿向方向的切削是连续的，如图4.2-2(b)所示，所以插齿时齿面粗糙度较细。

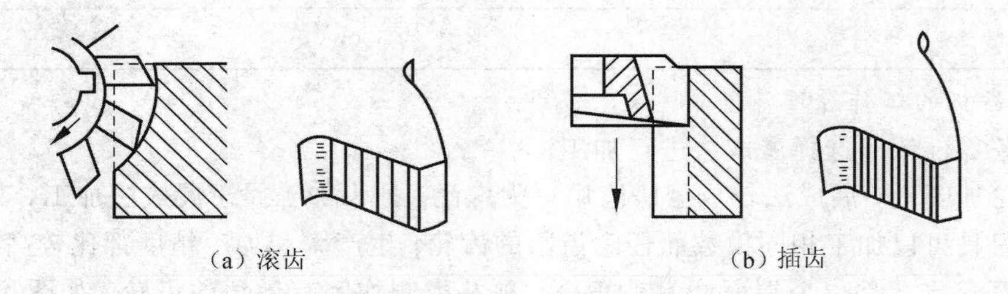

（a）滚齿　　（b）插齿

图 4.2-2　滚齿和插齿齿面的比较

③ 插齿的运动精度比滚齿差。这是因为插齿机的传动链比滚齿机多了一个刀具蜗轮副，即多了一部分传动误差。另外，插齿刀的一个刀齿相应切削工件的一个齿槽，因此，插齿刀本身的周节累积误差必然会反映到工件上。而滚齿时，因为工件的每一个齿槽都是由滚刀相同的2～3圈刀齿加工出来的，故滚刀的齿距累积误差不影响被加工齿轮的齿距精度，所以滚齿的运动精度比插齿高。

④ 插齿的齿向误差比滚齿大。插齿时的齿向误差主要取决于插齿机主轴回转轴线与工作台回转轴线的平行度误差。由于插齿刀工作时往复运动的频率高，使得主轴与套筒之间的磨损大，因此插齿的齿向误差比滚齿大。

所以就加工精度来说，对运动精度要求不高的齿轮，可直接用插齿来进行齿形精加工；而对于运动精度要求较高的齿轮和剃前齿轮(剃齿不能提高运动精度)，则用滚齿较为有利。

（2）生产率方面。

切制模数较大的齿轮时，插齿速度要受到插齿刀主轴往复运动惯性和机床刚性的制约，切削过程又有空程的时间损失，故生产率不如滚齿高。只有在加工小模数、多齿数并且齿宽较窄的齿轮时，插齿的生产率才比滚齿高。

（3）应用范围方面。

① 加工带有台肩的齿轮以及空刀槽很窄的双联或多联齿轮只能用插齿。这是因为：插齿刀"切出"时只需要很小的空间，而滚齿时滚刀会与大直径部位发生干涉。

② 加工无空刀槽的人字齿轮只能用插齿。

③ 加工内齿轮只能用插齿。

④ 加工蜗轮只能用滚齿。

⑤ 加工斜齿圆柱齿轮两者都可用，但滚齿比较方便。插制斜齿轮时，插齿机的刀具主轴上须设有螺旋导轨，以提供插齿刀的螺旋运动，并且要使用专门的斜齿插齿刀，所以很不方便。

3. Y5132 型插齿机的调整与操作

1）Y5132 型插齿机的结构及运动分析

常见的圆柱齿轮加工机床除滚齿机外，还有插齿机。插齿机主要用于加工直齿圆柱齿轮，尤其适合于加工在滚齿机上不能滚切的内齿轮和多联齿轮。

Y5132 型插齿机的外形如图 4.2－3 所示，它由床身 1、立柱 2、刀架 3、插齿刀主轴 4、工作台 5 和工作台溜板 7 等部件组成。

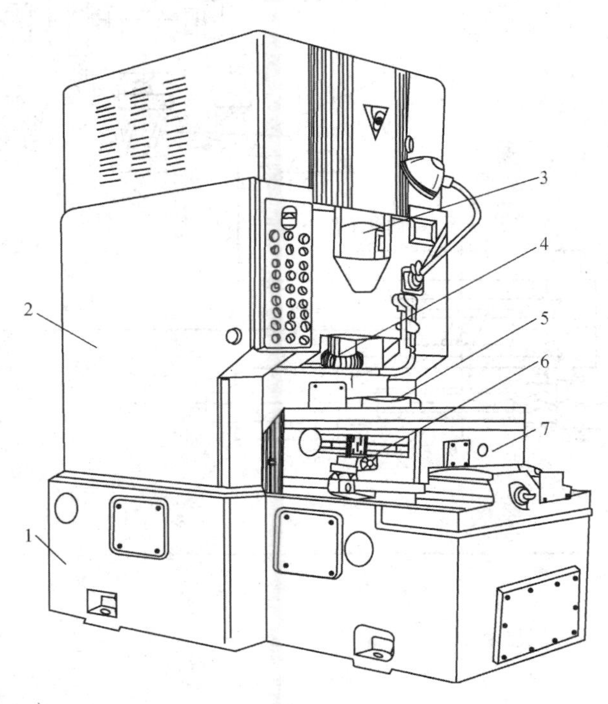

1—床身；2—立柱；3—刀架；4—插齿刀主轴；5—工作台；6—挡块支架；7—工作台溜板

图 4.2－3　Y5132 型插齿机外形结构

Y5132型插齿机加工外齿轮时最大分度圆直径为320 mm，最大加工齿轮宽度为80 mm；加工内齿轮时最大分度圆直径为500 mm，最大加工齿轮宽度为50 mm。

Y5132型插齿机传动系统图如图4.2-4所示。

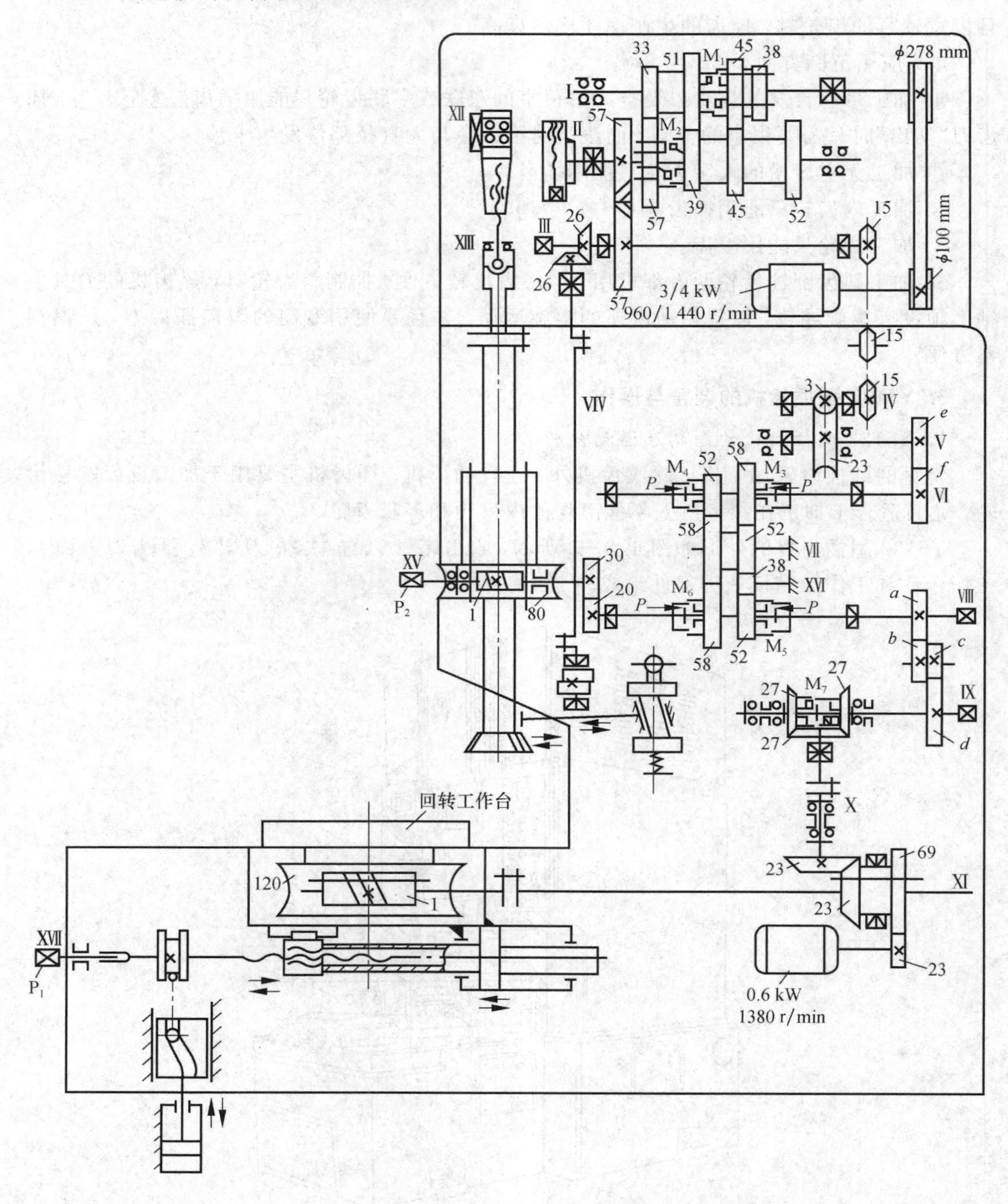

P1，P2—手柄

图4.2-4　Y5132型插齿机传动系统图

根据传动系统图进行分析即可得到插齿机的主运动传动链、展成运动传动链和圆周进给运动传动链的调整计算公式，在此不再一一进行计算。分析方法和滚齿机传动链分析方法相似。

2）Y5132 型插齿机的调整和操作

（1）加工直齿圆柱齿轮时插齿机相应机构的调整操作。

加工直齿圆柱齿轮时，插齿机的传动原理如图 4.2－5 所示。

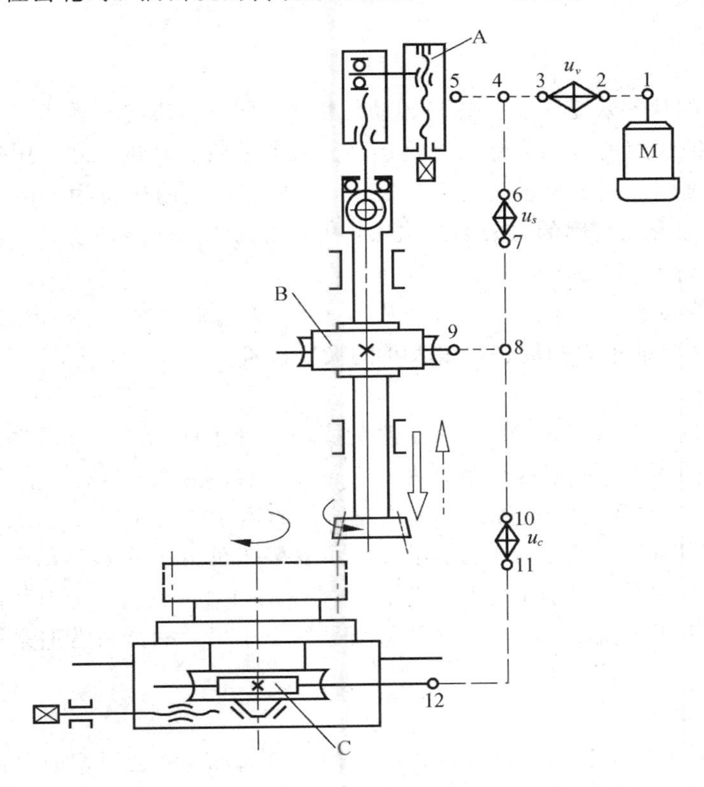

M—电动机；A—曲柄偏心盘；B，C—蜗轮蜗杆副；u_v，u_s，u_c—换置机构

图 4.2－5　插齿机的传动原理图

① 主运动。

插齿机的主运动是插齿刀沿其轴线(也是工件的轴线)所做的直线往复运动。在一般立式插齿机上，刀具垂直向下运动时称之为工作行程，向上运动时称之为空行程。

若切削速度 v(单位：m/min)及行程长度 L(单位：mm)已确定，则可按照下列公式计算出插齿刀每分钟往复行程数 $n_{刀}$，即

$$n_{刀}=\frac{1000v}{2L}$$

主运动传动链为

电动机 M—1—2—u_v—3—4—5—曲柄偏心盘 A—插齿刀主轴

其中，u_v为调整插齿刀每分钟往复行程数的换置机构。

② 展成运动。

加工过程中，插齿刀与工件轮坯应保持一对圆柱齿轮的啮合运动关系，即在插齿刀转

过一个齿时，工件也转过一个齿；或者说，插齿刀转过 $1/z_{刀}$ 转（$z_{刀}$ 为插齿刀齿数）时，工件转过 $1/z_{工}$ 转（$z_{工}$ 为工件齿数），这两个运动组成一个复合运动——展成运动。

展成运动传动链为

插齿刀主轴—蜗轮蜗杆副 B—9—8—10—u_c—11—12—蜗轮蜗杆副 C
—工作台（工件转动）

其中，u_c 为调整插齿刀与工件轮坯之间传动比的换置机构，以适应插齿刀和工件齿数的变化。

③ 圆周进给运动。

插齿刀转动的快慢决定了工件轮坯转动的快慢，同时也决定了插齿刀每一次切削的切削复合，所以称插齿刀的转动为圆周进给运动。圆周进给运动的大小，用插齿每次往复行程中，刀具在分度圆圆周上所转过的弧长表示，圆周进给量的单位为 mm/往复行程。降低圆周进给量会增加形成齿廓的刀刃切削次数，从而提高齿廓曲线精度。

圆周进给运动传动链为

曲柄偏心盘 A—5—4—6—u_s—7—8—9—蜗轮蜗杆副 B—插齿刀主轴

其中，u_s 为调整插齿刀圆周进给量大小的换置机构。

④ 让刀运动。

插齿刀向上进行空行程运动时，为了避免擦伤工件齿面和减少刀具磨损，刀具和工件之间应让开一定的距离，一般这个距离为 0.5 mm 左右。在向下进行工作行程之前应迅速复位，以便进行下一次切削。这种让开和恢复原位的运动称之为让刀运动。

插齿机的让刀运动一般有两种方式：一种由安装工件的工作台移动来实现，另外一种由刀具主轴摆动来实现。由于工件和工作台的惯性比刀具主轴大，让刀移动产生的振动也大，不利于提高切削速度，因此大尺寸及新型号的中小尺寸插齿机普遍采用刀具主轴摆动来实现让刀运动。

⑤ 径向切入运动。

开始插齿时，如果插齿刀立即径向切入工件至全齿深，将会因切削负荷过大而损坏刀具和工件。为了避免这种情况的发生，工件应逐渐向插齿刀（或者插齿刀向工件）做径向切入运动。开始工作时，工件外圆上的 a 点（见图 4.2-1）与插齿刀外圆相切，在插齿刀和工件做展成运动的同时，工件相对于插齿刀做径向切入运动。当刀具切入工件至全齿深后（即到达 b 点），径向切入运动停止，然后工件再旋转一整转，便能加工出全部完整的齿廓。根据工件材料、模数、精度等条件的不同，也可以采用两次或三次径向切入法，即刀具切入到工件全齿深分两到三次完成。每次径向运动结束后都需要将工件转过一整圈。径向进给量的大小用插齿刀每次往复行程中工件或刀具径向切入的距离表示，其单位为 mm/往复行程。

(2) 加工斜齿圆柱齿轮时插齿机相应机构的调整操作。

在插齿机上加工斜齿圆柱齿轮时，必须采用斜齿插齿刀，如图 4.2-6 所示，其螺旋角与工件螺旋角相等而螺旋方向相反。为使插齿刀刀刃在运动时形成斜齿的螺旋运动，将刀具主轴安装在螺旋导轨中，主轴的螺旋导轨相对固定的螺旋导轨面滑动，使刀具主轴产生相应的附加回转运动。螺旋导轨的导程应等于插齿刀及工件的导程。加工螺旋角不同的工件时，需更换插齿刀及螺旋导轨。由于螺旋导轨的制造难度较大，一般需要向制造厂订货，因此，这种方法仅适用于大批大量生产中。

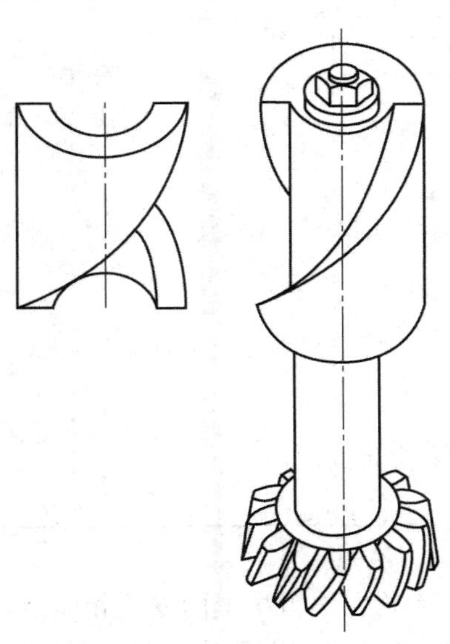

图 4.2－6　加工斜齿圆柱齿轮所用插齿刀及螺旋导轨

4. 插齿刀的选用及工件的安装

1）插齿刀的选用

插齿刀的形状很像齿轮，它的模数和名义齿形角等于被加工齿轮的模数和齿形角，不同的是插齿刀有切削刃和前后角。插齿刀分为 AA、A、B 三级精度，分别加工 6、7、8 级精度的齿轮。选用插齿刀时，除了根据被切齿轮的种类选定插齿刀的类型，使插齿刀的模数、齿形角和被切齿轮的模数、齿形角相等外，还需根据被切齿轮参数进行必要的校验，以防切齿时发生根切、顶切和过渡曲线干涉等。插齿刀的类型及应用范围如表 4.2－3 所示。

表 4.2－3　插齿刀的类型及应用范围

类型	示意图	应用	规格		d_1(/mm)或莫氏锥度	精度等级
			d_0/mm	m/mm		
盘形直齿插齿刀	d_1 d_0	加工普通直齿外齿轮和大直径内齿轮	63	0.3～1	31.743	AA、A、B
			75	1～4		
			100	1～6		
			125	4～8		
			160	6～10	88.90	
			200	8～12	101.60	
碗形直齿插齿刀	d_1 d_0	加工塔形、双联、三联直齿轮	50	1～3.5	20	AA、A、B
			75	1～4	31.743	
			100	1～6		
			125	4～8		

续表

类型	示意图	应用	规格		d_1(/mm)或莫氏锥度	精度等级
			d_0/mm	m/mm		
锥柄直齿插齿刀	d_0	加工直齿内齿轮	25	0.3～1	莫氏 2 号	A、B
			25	1～2.75		
			38	1～3.75	莫氏 3 号	

2）工件的安装

齿轮在插齿机上的安装和齿轮在滚齿机上的安装相类似，都以齿轮中心处内孔为定位基准，使用心轴作为定位组件。简单地说，要求工件安装在心轴上，心轴末端插入工作台主轴孔内并紧固。

工件的安装可参考图 4.1－13，先将底座用它的圆柱表面与工作台上中心孔表面进行配合安装，并用 T 形螺钉通过 T 形槽紧固在工作台上。工件心轴通过莫式锥孔配合，安装在底座上，用其上的压紧螺母压紧，用锁紧套两旁的螺钉锁紧，以防加工过程中松动。心轴的径向尺寸若和齿轮内孔尺寸不相符，可在两者间选用安装合适的套筒，以满足加工装配的需要。心轴的安装要牢固可靠，施加的夹紧力要均布对称，以免心轴因受力不均引起变形，影响正常加工和齿轮精度。心轴安装好后，必须进行检测(见图 4.1－14)，保证 a、b、c 三点的跳动量符合加工要求。

4.2.3　Y5132 型插齿机上加工直齿齿轮的具体调整、操作与检验

选择 Y5132 型插齿机，用碗形直齿插齿刀对本任务零件进行加工。具体调整与操作步骤参考如下。

1. 插齿刀的选择和安装

插齿刀的选择除了根据被切齿轮的种类外，还要使插齿刀的模数、齿形角和被切齿轮的模数、齿形角相等，并根据被切齿轮参数进行必要的校验，以防切齿时发生根切、顶切和过渡曲线干涉等。根据表 4.2－3，插齿刀可选择 A 级精度的碗形直齿插齿刀，模数为 2(介于 1～3.5 之间)，齿数为 25，d_0 为 50，d_1 为 20。

安装插齿刀前，应先将道具清理干净，插齿刀应安装牢靠不得松动，刀刃朝下。为使插齿刀安装得牢靠，其垫圈必须有足够的直径和厚度。

2. 心轴的选用和工件的安装

装夹工件的心轴应选择小端向上的圆锥体，它由下床身插入工作台主轴孔内。工件用心轴来定位，并支持于垫板上，垫板两端面需经精加工，且平行度在 100 mm 时允许误差为 0.005 mm。在垫板孔和心轴之间必须有一定的空隙，在工件上方垫圈，以心轴上的锁紧

螺母将工件压紧。垫板和垫圈直径应小于工件的根圆直径，以免妨碍插齿刀工作。

检查心轴用的千分表支架必须紧靠在上床身导轨上，检查心轴在离工作台端面200 mm处的跳动不得超过0.01 mm。心轴与工作台法兰盘锥孔的接触面应靠近小端。在开动辅助电机使心轴旋转前，要关闭主驱动电机并使分齿挂轮架脱开。检查完毕，要关闭辅助电机。

工件要装夹牢靠不得松动。插削一个或几个齿轮时，应用千分表检查齿轮的外圆跳动。根据齿轮的模数、直径和精度等级的不同，一般控制在0.02～0.06 mm之间。检查后，把工件卡紧在心轴上使其在插削时不致移动。然后开动辅助电机，做第二次外圆跳动检查，并注意工件端面与孔轴线的垂直度。若此次检查的数值大于第一次的读数或超差时，则应取下工件，进行补充加工，否则齿轮就会不精准。检查完毕后，关闭回转工作台的辅助电机。

3. 选择插齿刀的双行程数

插齿刀的双行程数取决于插齿刀的行程长度和插削速度。插削速度由工件模数和材料决定，插齿刀的行程长度由齿轮宽度决定。本插齿机具有以下四种双行程数：125、179、253、359。插齿刀每分钟的双行程数n的计算公式如下：

$$n=\frac{v\times 1000}{2L}$$

式中：v为插削的平均速度，单位m/min；L为插齿刀的行程长度，单位mm。

插齿刀的行程长度可以通过曲柄连杆机构圆盘上的标尺来确定。

插齿刀行程长度L的计算公式如下：

$$L=\text{工件的宽度}+\text{刀具的超越行程}$$

超越行程可依工件宽度按表4.2－4进行查找。

表4.2－4 插齿刀超越行程速查表

工件宽度/mm	25	50	75	100	125
超越行程/mm	4.8	8.3	12	15.5	19

调整插齿刀行程长度时，可先松开曲柄圆盘上的螺母，并用扳手转动调整螺钉，直到圆盘标尺指到所需长度为止。所要求的插齿刀行程长度确定以后，即将螺母拧紧。

根据表4.2－4可推算出当工件宽度为12 mm时，超越行程为3 mm。将其代入插齿刀双行程数n的计算公式，可得

$$n=\frac{v\times 1000}{2L}=\frac{3.7\times 1000}{2(12+3)}\approx 125$$

故选择插齿刀每分钟的双行程数为125。

除计算外，插齿刀每分钟的双行程数还可以通过相应的机床说明书进行选取和查询。

4. 插齿刀行程位置的调整和插削深度的调整

1）按工件调整插齿刀的行程位置

把工件安装到工作台上并确定插齿刀行程后，应按工件调整插齿刀的行程位置，即检查插齿刀对工件上下面位置的对称性。插齿刀对工件的超越行程应符合表4.2－4要求。齿轮宽度为12 mm时，超越行程为3 mm，上下超越行程各为1.5 mm，以保证插齿刀对工件上下面位置的对称性。当插齿刀上下位置调整对称后，插齿刀至工件端面距离不得少于5 mm。

2）调整插齿刀的插削深度

当加工模数小于 2 mm 的齿轮时，可使用一次进给凸轮的办法进行加工，但要注意机床刀具与工件心轴间的最小距离。当加工模数大于 2 mm 的齿轮、高精度齿轮或较硬材料齿轮时，可根据工件的模数、材质和精度要求采用两次或三次进给凸轮的办法进行加工。但是考虑到刀具磨损及刃磨后尺寸的变化，应采用安全系数进行控制，安全系数为0.1m（m 为工件或刀具的模数），所以刀具的径向位移为齿高减去安全系数。

零件加工时，刀具的径向位移＝2.25m－安全系数＝2.15m＝4.3(mm)。

5. 调整分齿挂轮架

调整分齿挂轮架的目的是使插齿刀和工件的回转数与工件齿数保持正确的关系（插齿刀每转动一齿，工件也转动一齿），从而满足加工要求。根据插齿机的传动系统图分析可得分齿挂轮的配置公式：

$$\frac{a}{b}\times\frac{c}{d}=\frac{2.4\times z_{刀}}{z}$$

式中：$z_{刀}$为插齿刀齿数；z 为工件齿数。

为了使用和调整的方便，也可以直接查找机床说明书的相关表格。

在本任务零件中，已知工件 $m=2$，$z=30$，插齿刀齿数 $z_{刀}=25$，要求对分齿挂轮进行调整配置计算。

解：根据上述公式得

$$\frac{96}{49}\times\frac{80}{80}=2.4\times\frac{25}{30}$$

即四个分齿挂轮的齿数依次为

$$a=96，b=49，c=80，d=80$$

注：(1) 分齿挂轮必须从机床所配置的挂轮箱中选取，不得随意选用其他的齿轮进行替换；

(2) 可以根据需要安装介轮以满足不同的加工要求；

(3) 分齿挂轮架上交换齿轮的安装可参考图 4.2-7。

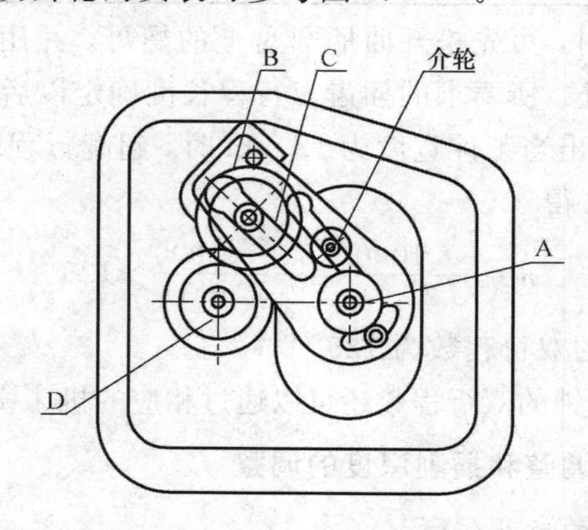

图 4.2-7　分齿挂轮架上交换齿轮的安装示意图

6. 选配圆周进给交换齿轮和径向进给交换齿轮

1）选配圆周进给交换齿轮

圆周进给量的选择取决于工件的硬度、模数和加工精度。插齿机共有六种圆周进给量可以通过两个交换齿轮 a、b 进行调整。插齿刀直径不是 100 mm 时，根据插齿机的传动系统图分析可得交换齿轮的配置公式为

$$\frac{a}{b}=\frac{366\times S}{d_{刀}}$$

式中：S 为插齿刀每一双行程时的圆周进给量，单位 mm；$d_{刀}$ 为插齿刀的节圆直径。当 $d_{刀}=100$ 时，$\frac{a}{b}=3.66S$。

注：(1) 圆周进给交换齿轮 a、b 两轴的轴间距是固定的，其齿数和为 89(模数为 2.25 mm)；

(2) 本机床所配备的圆周进给交换齿轮的齿数分别为 34、39、42、47、50、55，共六个。

经上述分析，圆周进给交换齿轮的配置如下：

$$\frac{a}{b}=\frac{366\times S}{d_{刀}}=\frac{366\times 0.1}{50}\approx\frac{39}{50}$$

2) 选配径向进给交换齿轮

插齿刀往复行程的径向进给量的选择取决于工件的硬度、模数和加工精度等要求。进给次数可分为一次、两次或三次。用一次进给凸轮时，凸轮回转 90°，工件就回转一周；用两次进给凸轮时，凸轮回转 180°，工件同时转两转；用三次进给凸轮时，凸轮回转 270°，工件同时转三周。

为了使用和调整的方便，可以直接查找机床说明书的相关表格。

7. 零件的检验

齿轮外观可依靠目测或触感进行检验：齿轮表面光洁，不得有生锈、变形，不得有毛刺、磕碰伤和热处理的熔化痕迹。噪声检查可通过啮合机或者标准封样齿轮进行。齿部硬度使用硬度计进行检验。齿距误差使用齿距仪进行检查。公法线长度使用公法线千分尺进行检查。节圆跳动使用齿轮径向跳动检测仪进行检查。其他常用的齿轮检测项目及检测方法、使用仪器可参考表 4.1-7 进行。

4.2.4 插齿机齿轮加工机床的日常维护保养、安全操作规程与文明生产

维护保养、安全操作规程与文明生产请参考滚齿机的相关部分。机床润滑时应注意如下要点：机床大部分都是利用储油器和毛细作用润滑，但对刀架与上床身、刀架与丝杠应根据需要用油壶或油枪润滑；圆周进给交换齿轮和分度交换齿轮应每班用油壶或油枪润滑两次；刀架移动导轨应选用专用的导轨油；变速箱、圆周进给机构、径向进给机构等均采用 30 号机油进行润滑；液压让刀用油在常温下选用 30 号机油，温度偏低时可选用 15 号机油。其他部位的日常维护润滑、加油量等应按照机床标牌和机床说明书进行。

4.2.5 相关知识链接

下面主要介绍 Y5132 型插齿机的主要典型结构。

1. 刀具主轴和让刀机构

Y5132 型插齿机的刀具主轴和让刀机构如图 4.2-8 所示。根据机床运动分析，插齿刀的主运动为直线往复运动，而圆周进给运动为旋转运动。因此，机床的刀具主轴结构必须满足既能旋转又能上下往复运动的要求。

Y5132 型插齿机的让刀运动是由刀具摆动来实现的。让刀机构主要由让刀凸轮 A、滚子 B、让刀楔子 10 等组成。当插齿刀向上移动时，与轴 XIV 同时转动的让刀凸轮 A 以它的工作曲线推动让刀滚子 B，使让刀楔子 10 移动，从而使刀架体 7 连同插齿刀杆 9 绕刀架体的回转曲线 X — X 摆动，实现让刀运动。让刀凸轮 A 有两个，$A_{外}$ 用于插削外齿轮，$A_{内}$ 用于插削内齿轮。由于插削内外齿轮时的让刀方向相反，所以两个凸轮的工作曲线相差 180°。

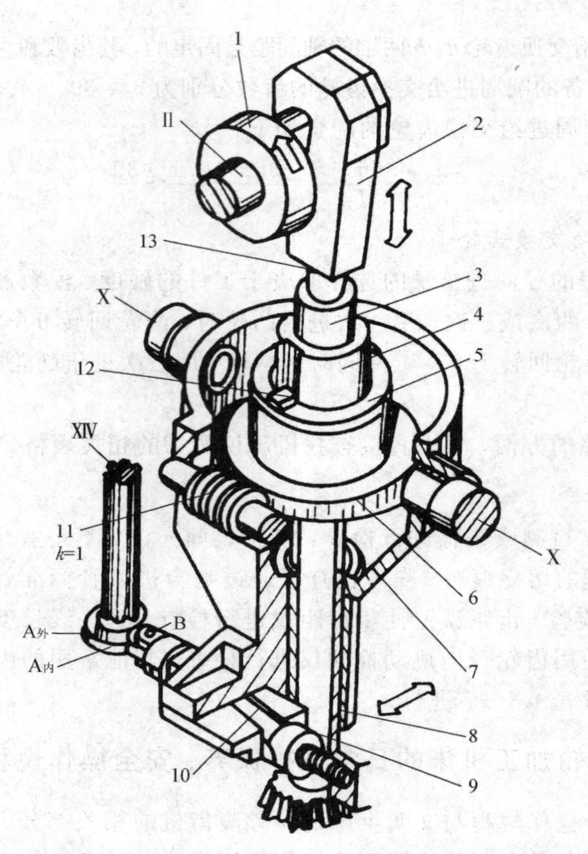

1—曲柄机构；2—连杆；3—接杆；4—套筒；5—蜗轮体；6—蜗轮；7—刀架体；8—导向套；9—插齿刀杆；10—让刀楔子；11—蜗杆；12—滑键；13—拉杆；A—让刀凸轮；B—滚子；k—蜗杆线数

图 4.2-8　Y5132 型插齿机的刀具主轴和让刀机构

2. 径向切入机构

插齿时插齿刀要相对于工件做径向切入运动，直至全齿深时刀具与工件再继续对滚至工件转一圈，全部轮齿即切削完毕，这种方法称为一次切入。此外还有两次和三次切入。用两次切入时，第一次切入量为全齿深的 90%，为粗切；在第一次切入结束时，工件和插齿刀对滚至工件转一圈；其余部分第二次切完，为精切。三次切入和两次切入相似，第一次切入全齿深的 70%，第二次为 27%，其余部分第三次切完。

Y5132 型插齿机的径向切入运动是由工作台带动工件向插齿刀移动实现的。加工时，工作台首先快速移动一大段距离使工件接近插齿刀，然后再进行径向切入运动。当工件加工完毕后，工作台又快速退回原位。工作台的运动是由液压操作系统实现的。

Y5132 型插齿机的径向切入运动如图 4.2－9 所示。开始径向切入时，液压缸 1 推动活塞和凸轮板 2 移动，使滚子 3 沿着凸轮板的直槽 a 进入斜槽 b，使丝杠 4、螺母 5 和活塞杆 8 一起向右移动，从而推动缸体和工作台向前移动，实现径向切入运动。当滚子 3 进入直槽 c 时，切至全齿深位置，径向切入停止。当插齿刀和工件对滚至工件转一圈后，工作台退出。径向切入液压缸 1 的液压操作系统可提供快、慢两种速度，两种速度的转换由调整挡块控制，快速用于移进和退出，慢速用于切入时的工作行程。

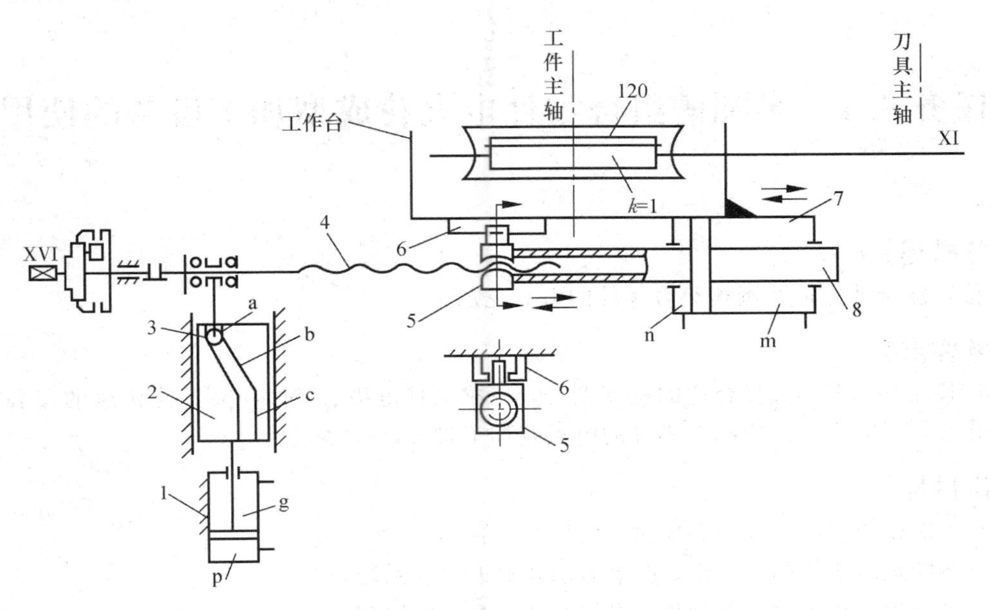

1，7—液压缸；2—凸轮板；3—滚子；4—丝杠；5—螺母；6—止转板；8—活塞杆；9—工作台；

m—液压缸右腔；n—液压缸左腔；g—液压缸前腔；p—液压缸后腔；

a，c—凸轮板的直槽；b—凸轮板的斜槽；k—蜗杆线数

图 4.2－9　Y5132 型插齿机径向切入机构原理图

项目五　特种加工设备的使用

任务 5.1　半圆槽组合零件电火花成型加工设备的使用

【任务描述】

按工序卡片完成半圆槽组合零件的电火花加工。

【任务要求】

读懂工序卡片，选择合适的机床型号，完成工具电极、工件和夹具与机床的安装，调整操作机床，完成半圆槽组合零件的电火花加工过程。

【知识目标】

(1) 能读懂工序卡片中有关量、夹具的内容。

(2) 能理解机床的主运动、进给运动和辅助运动系统。

(3) 能理解机床主要传动件、附件的结构和工作原理。

【能力目标】

(1) 能根据零件加工表面形状、加工精度、表面质量等选择合适的机床型号。

(2) 能理解机床的基本结构及工作原理。

(3) 能调整电火花机床，会安装工具电极、工件，并操作机床加工零件。

(4) 能正确使用量具检验工件。

(5) 具备简单机床故障诊断处理的能力。

【学习步骤】

以半圆槽组合零件电火花成型加工工序卡片的形式提出任务，在半圆槽组合零件电火花成型加工的准备工作中学会分析工序卡片及图样，根据分析，选择合适的机床型号，对选定的机床的参数及运动进行分析，掌握本机床的调整及操作方法，掌握工具电极、夹具、工件与机床的连接与安装，最后完成零件的加工操作及检验，学会本类机床的操作规程及其维护保养。

5.1.1　半圆槽组合零件电火花成型加工工序卡片

半圆槽组合零件电火花成型加工工序卡片如表 5.1－1 所示。

表 5.1-1　半圆槽组合零件电火花成型加工工序卡片

××××学院	机械加工工序卡片	产品型号		零件图号		
		产品名称		零件名称		共　页 第　页

6±0.03
20±0.03
20±0.03
30±0.01
R7±0.03
40±0.01
26±0.01

车间	工序号	工序名称	材料牌号
特种加工	015	加工半圆弧槽	40Cr
毛坯种类	毛坯外形尺寸	每毛坯可制件数	每台件数
		1	1
设备名称	设备型号	设备编号	同时加工件数
电火花成型机床	DK7130		
夹具编号	夹具名称		切削液
	通用夹具		电火花切削油

电规准转换与平动量分配

序号	脉冲宽度/μs	脉冲电流值/A	加工电流/A	表面粗糙度 Ra/μm	单边平动量/mm	端面进给量/mm
1	350	30	14	10	0	19.9
2	210	18	8	7	0.1	0.12
3	130	12	6	5	0.17	0.07
4	70	9	4	3	0.21	0.05
5	20	6	2	2	0.23	0.03
6	6	3	1.5	1.3	0.245	0.02
7	2	1	0.5	0.6	0.25	0.01

工步号	工步内容	工艺装备
1	装夹、找正等准备工作	压板、百分表
2	电火花成型加工半圆弧槽	卡尺、成型电极

设计(日期)	校对(日期)	审核(日期)	标准化(日期)	会签(日期)

5.1.2　电火花成型加工半圆槽组合零件的准备工作

1. 分析图样

根据图样，加工表面为方形槽和两个半圆内表面组合的工件，材料为 40 Cr，硬度为 38～40 HRC，尺寸精度为 7 级，加工表面粗糙度要求 Ra0.8，要求型腔侧面棱角清晰，圆角半径 R<0.25 mm。

2. 电火花成型机床结构型号的选取

1）电火花成型加工的工艺范围

电火花成型加工是通过工具电极相对于工件做进给运动，将工件电极的形状和尺寸复制在工件上，从而加工出所需要的零件。它包括电火花型腔加工和穿孔加工两种。电火花型腔加工主要用于加工各类热锻模、压铸模、挤压模、塑料模和胶木模的型腔。电火花穿孔加工主要用于型孔(圆孔、方孔、多边形孔、异形孔)、曲线孔(弯孔、螺旋孔)、小孔和微孔的加工。近年来，为了解决小孔加工中电极截面小、易变形、孔的长径比大、排屑困难等问题，发展出了高速小孔加工，取得了良好的社会经济效益。

2）电火花加工机床的分类和型号编制

按照工具电极的形式及其与工件之间相对运动的特征，可将电火花加工方式分为五类：利用成型工具电极，相对工件做简单进给运动的电火花成型加工；利用轴向移动的金属丝作工具电极，工件按所需形状和尺寸做轨迹运动以切割导电材料的电火花线切割加工；利用金属丝或成型导电磨轮作工具电极，进行小孔磨削或成形磨削的电火花磨削加工；用于加工螺纹环规、螺纹塞规、齿轮等的电火花共轭回转加工；小孔加工、刻印、表面合金化、表面强化等其他种类的加工。

如表 5.1－2 所示，我国机械行业标准规定电火花成型机床均用 D71 加上机床工作台面宽度的 1/10 表示。如本任务选用的 DK7130 型电火花成型机床中，D 表示电加工类机床，K 表示机床特性为数控，71 表示电火花成型机床，30 表示机床工作台的宽度为 300 mm。中国大陆以外没有统一的型号制定标准，由生产企业自行确定。

表 5.1－2　电火花加工机床的名称、类、组、系划分表(JB/T 7445.2—1998 部分)

组		系		主参数	
名称	代号	代号	名称	折算系数	名称
电火花磨床	6	0			
		1			
		2			
		3	电火花小孔磨床	1/10	最大磨削孔径
		4	电火花内圆磨床	1/10	最大磨削孔径
		5	电火花外圆磨床	1/10	最大外圆直径
		6	电火花成型磨床	1/10	最大工件直径
		7			
		8	电火花工具磨床	1/10	工作台台面宽度
		9			
电火花成型机床	7	0	电火花穿孔机床	1	最大穿孔直径
		1	电火花成型机床	1/10	工作台台面宽度
		2			
		3			
		4			
电火花线切割机床		5			
		6	单向(低速)走丝电火花线切割机床	1/10	工作台横向行程
		7	往复(高速)走丝电火花线切割机床	1/10	工作台横向行程
		8			
		9			

3）电火花成型加工机床型号的选取

根据本任务工件的材料和形状精度要求，传统加工方法已无法完成加工，必须选用电火花成型机床。本工件外形尺寸为 60 mm×40 mm×30 mm(长×宽×高)，常见的 DK7130 型电火花成型机床便能满足要求，其主要技术参数见表 5.1－3。

表 5.1-3 DK7130 型电火花成型机床主要技术参数

技术参数名称	内　　容
工作槽尺寸/mm	820×500×300
工作台尺寸/mm	350×600
X、Y、Z、辅助 Z 轴行程/mm	350、250、180、180
最大工件重量/kg	500
最大电极吊重/kg	60
电极板到工作台距离/mm	200～560
加工液容量/L	280
最佳加工粗糙度	≤Ra0.4
最大加工速度/(mm^2/min)	≥400
最小电极消耗	≤1%
机床供电电源	AC380 V，50 Hz
最大加工电流/A	50
机床最大消耗功率/kW	5
供电电源	380 V，50 Hz
主机外形尺寸(长×宽×高)/mm	600×800×1800

电火花成型机床由于功能的差异，导致在布局和外观上有很大的不同，但其基本组成是一样的，都由脉冲电源、数控装置、工作液循环系统、伺服进给系统、基础部件等组成，如图 5.1-1 所示。

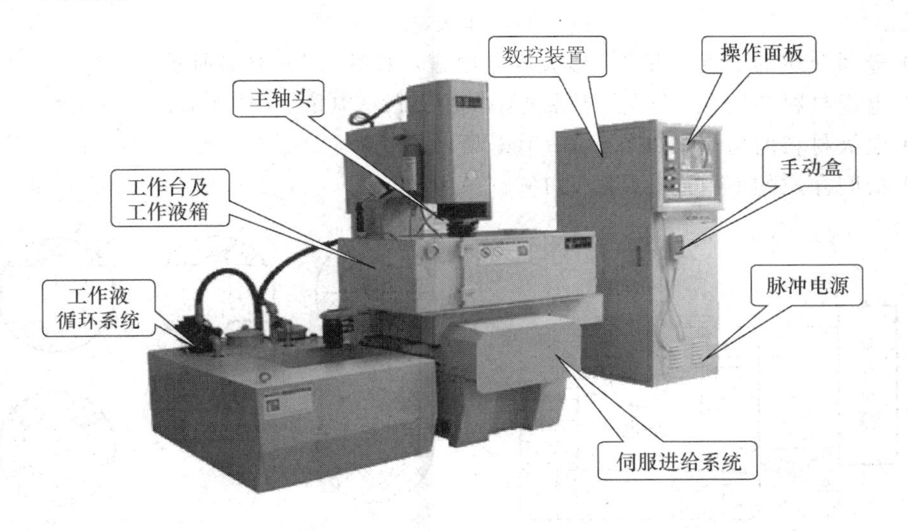

图 5.1-1　电火花成型机床基本组成

4) 电火花加工的定义及原理

电火花加工(Electrical Discharge Machining，简称 EDM)，是利用浸在工作液中的两极间脉冲放电产生的电蚀作用蚀除导电工件材料的特种加工方法，又称放电(电蚀)加工。

电火花加工是利用工具和工件（正、负电极）之间脉冲性火花放电时的电腐蚀现象来蚀除多余的金属，以达到对零件的尺寸、形状及表面质量预定的加工要求，如图 5.1－2(a)所示。工具电极和工件分别接脉冲电源的两极，浸入工作液中，或将工作液充入放电间隙。工具电极由自动进给调节装置控制向工件进给，当两电极间的间隙达到一定距离时，两电极上施加的脉冲电压将工作液击穿，产生火花放电，在放电的微细通道中瞬时集中大量的热能，压力也有急剧变化，从而使这一点工件表面局部微量的金属材料立刻熔化、甚至气化，并爆炸式地飞溅到工作液中，迅速冷凝，形成固体的金属微粒，被工作液带走，在工件表面便留下一个微小的凹坑痕迹，放电短暂停歇，两电极间工作液恢复绝缘状态。这个过程大致分为以下几个阶段：

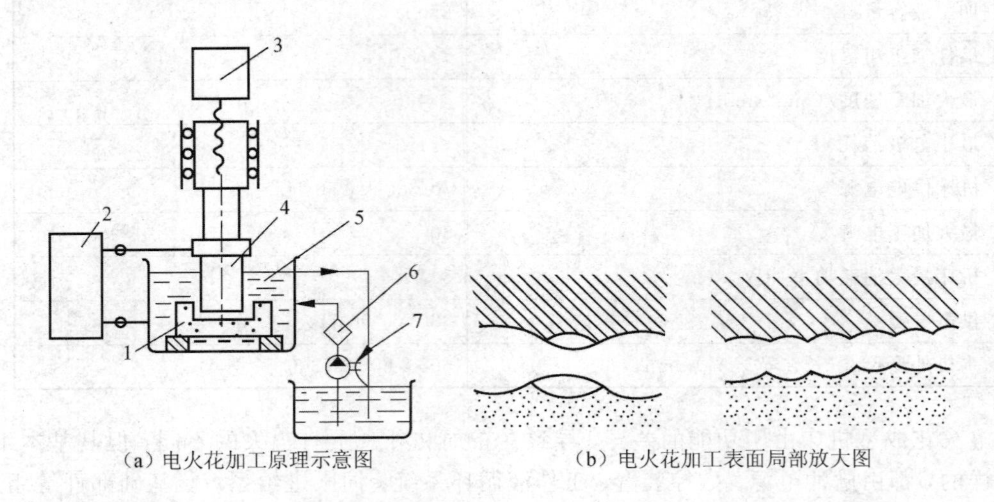

(a) 电火花加工原理示意图　　(b) 电火花加工表面局部放大图

1—工件；2—脉冲电源；3—自动进给调节装置；4—工具电极；5—工作液；6—过滤器；7—液泵

图 5.1－2 电火花加工原理

(1) 极间介质的电离、击穿，形成放电通道，如图 5.1－3(a)所示；

(2) 电极材料的熔化、气化、热膨胀，如图 5.1－3(b)、(c)所示；

(3) 电极材料的抛出，如图 5.1－3(d)所示；

(4) 极间介质的消电离，如图 5.1－3(e)所示。

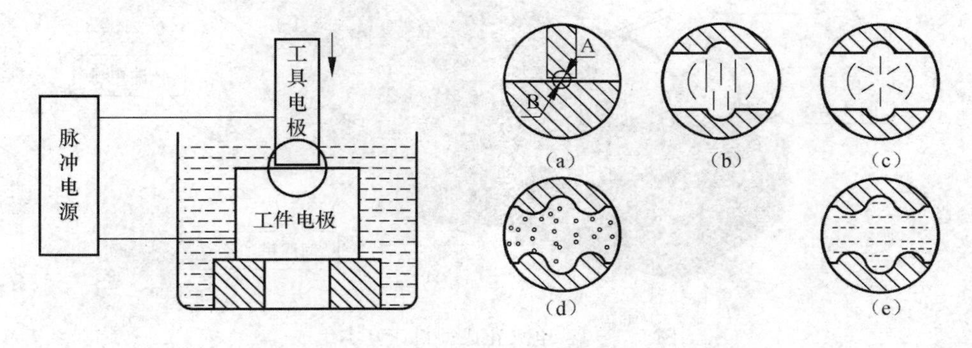

图 5.1－3　电火花加工过程

接着下一个脉冲电压又在两电极相对接近的另一点处击穿，产生火花放电，在保持工具电极与工件之间恒定放电间隙的条件下以相当高的频率重复上述过程，一边蚀除工件加工余量，一边使工具电极不断地向工件进给，最终加工出所需工件。也就是说，电火花加工是大量的微小放电痕迹逐渐累积而成的去除金属的加工方式，如图 5.1-2(b) 左图所示为单脉冲放电加工后的局部放大图，右图所示为多次脉冲放电加工后的局部放大图。这样只要改变工具电极的形状以及与工件之间的相对运动方式，就能加工出各种复杂的型面。工具电极常用导电性良好、熔点较高、易加工的耐电蚀材料，如铜、石墨、铜钨合金、钼等，加工过程中工具电极也有损耗，但小于工件金属的蚀除量，甚至接近于无损耗。工作液作为放电介质，在加工过程中还起着冷却、排屑等作用。常用的工作液是黏度较低、闪点较高、性能稳定的介质，如煤油、矿物油、去离子水和乳化液等。

5）电火花加工的特点

(1) 电火花加工属于不接触加工。工具电极和工件之间不直接接触，有一个 0.05～0.3 mm 的火花放电间隙，有时可能达到 0.5 mm 甚至更大，间隙中充满工作液，加工时通过高压脉冲放电，对工件进行放电腐蚀，无毛刺和刀痕沟纹等缺陷。

(2) 加工过程中没有宏观切削力。火花放电时，局部、瞬时爆炸力的平均值很小，不足以引起工件的变形和位移，无明显机械切削力，利于低刚度工件和微细结构的加工。

(3) 以柔克刚。由于电火花加工直接利用电能和热能来去除金属材料，与工件材料的强度和硬度等关系不大，因此可以用软的工具电极加工硬的工件，实现“以柔克刚”。

(4) 可以加工任何难加工的金属材料和导电材料。由于加工中材料的去除是靠放电时的电、热作用实现的，故材料的可加工性主要取决于材料的导电性及热学特性，如熔点、沸点、比热容、导热系数、电阻率等，而几乎与其力学性能(硬度、强度等)无关。这样可以突破传统切削加工对刀具的限制，能够加工任何高强度、高硬度、高韧性、高脆性以及高纯度的导电材料，甚至可以加工立方氮化硼一类的超硬材料。

(5) 可以加工形状复杂的表面。由于可以简单地将工具电极的形状复制到工件上，因此特别适用于复杂表面形状工件的加工，如复杂型腔模具的加工等。特别是数控技术的采用，使得用简单的电极加工复杂形状零件成为现实。

(6) 可以加工特殊要求的零件。电火花加工可以加工薄壁、弹性、低刚度、微细小孔、异形小孔、深小孔等有特殊要求的零件。由于加工中工具电极和工件不直接接触，没有机械加工的切削力，因此适宜加工低刚度工件及微细加工。

另外，电火花加工时的脉冲参数可依据需要调节，可在同一台机床上进行粗加工、半精加工和精加工，便于实现自动化；电火花加工后的表面呈现的凹坑，有利于贮油和降低噪声。但电火花加工的生产效率低于切削加工；放电过程有部分能量消耗在工具电极上，导致电极损耗，影响加工精度；加工后表面产生变质层，在某些应用中须进一步去除；工作液的净化和加工中产生的烟雾污染处理比较麻烦。

3. 工具电极、夹具及工件的安装

电火花加工过程主要由三部分组成：电火花加工的准备、电火花加工、检验工件，如图 5.1-4 所示步骤。电火花加工可以是成型加工，也可以是穿孔加工，但它们的加工工艺方法有较大区别。

1）电极的准备。

(1) 电极的材料。

理论上任何导电材料都可以作电极，但不同材料的电极对电火花加工速度、加工质

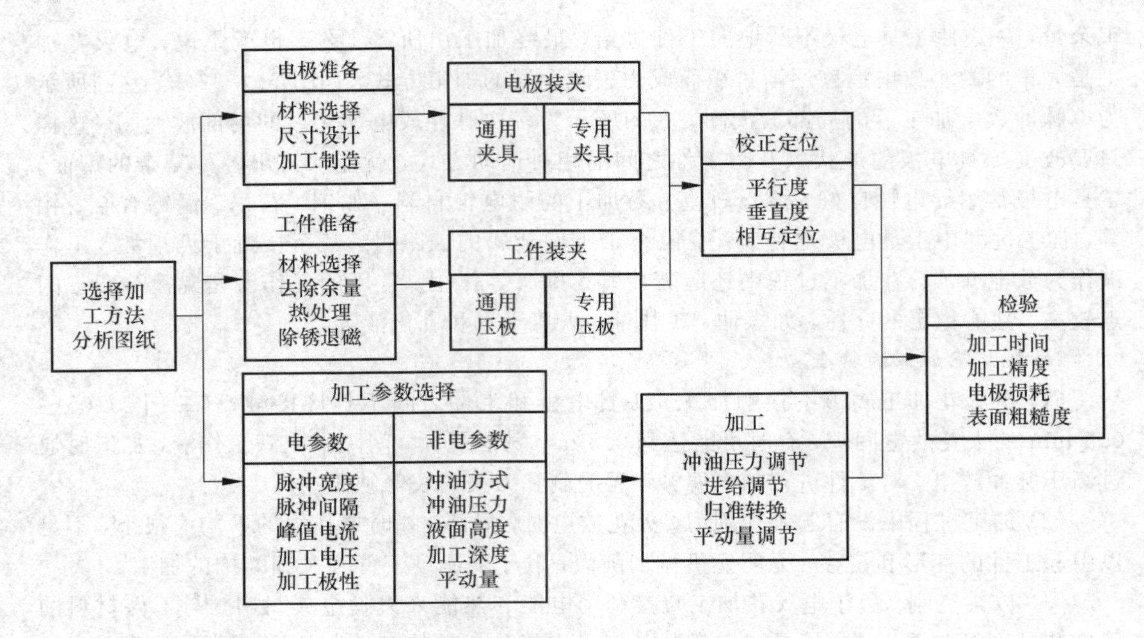

图 5.1－4 电火花加工的步骤

量、电极损耗、加工稳定性都有重要的影响。因此实际加工中应综合考虑各个方面的因素，选择最合适的材料作电极。工具电极所选用材料必须导电性能良好、电腐蚀困难、电极损耗小，并具有机械强度足够、加工稳定、效率高、材料来源丰富、价格便宜等特点。常用的电极材料有紫铜、石墨、黄铜、钢、铸铁等，其性能和应用特点如表 5.1－4 所示。

表 5.1－4 常用电极材料的性能和应用特点

电极材料	性能			应用特点
	电加工稳定性	电极损耗	机械加工性能	
钢	较差	一般	好	应用比较广泛，模具穿孔加工时常用，电加工规范选择应注意加工稳定性，适用于“钢打钢”冷冲模加工
铸铁	一般	一般	好	制造容易，材料来源丰富，适用于复合式脉冲电源加工，加工冷冲模最合适
紫铜	好	一般	较差	材质质地细密，适用性广，特别适用于致密花纹模的电极，但切削加工较为困难
石墨	较好	较小	一般	材质抗高温，变形小，制造容易，质量轻，但材料易脱落、掉渣，机械强度较差，易折角
黄铜	好	较大	好	制造容易，适宜中小电规准情况，但电极损耗太大
铜(银)钨合金	好	小	一般	价格贵，是深长直壁、硬质合金穿孔的理想电极材料

（2）电极的设计。

电极设计是电火花加工中的关键步骤之一。首先应详细分析产品图纸，确定电火花加工位置；然后根据现有设备、材料、拟采用的加工工艺等具体情况确定电极的结构形式；最后根据不同的电极损耗、放电间隙等工艺要求对照型腔尺寸进行缩放，同时考虑工具电极各部位投入放电加工的先后顺序不同，工具电极上各点的总加工时间和损耗不同，同一电极上端角、边和面上的损耗值不同等因素来适当补偿电极。如图 5.1－5 所示是经过损耗预测后对电极尺寸和形状进行补偿修正的示意图。

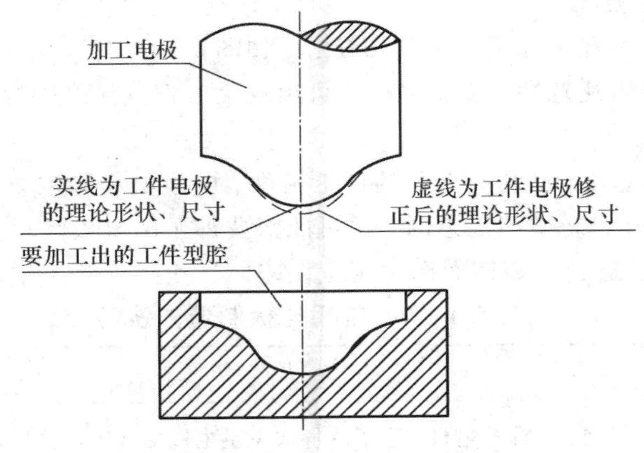

图 5.1－5　电极补偿图

电极的结构形式可根据型孔或型腔的尺寸大小、复杂程度及电极的加工工艺性等来确定。常用的电极结构形式有组合电极、整体电极、镶拼式电极。

电火花成型加工时，型腔一般均为盲孔，排气、排屑条件较为困难，这会直接影响加工效率与稳定性，精加工时还会影响加工表面粗糙度。为改善排气、排屑条件，大、中型腔加工电极都设计有排气、冲油孔。一般情况下，开孔的位置应尽量保证冲液均匀和气体易于排出(见图 5.1－6)，实际设计中应注意：

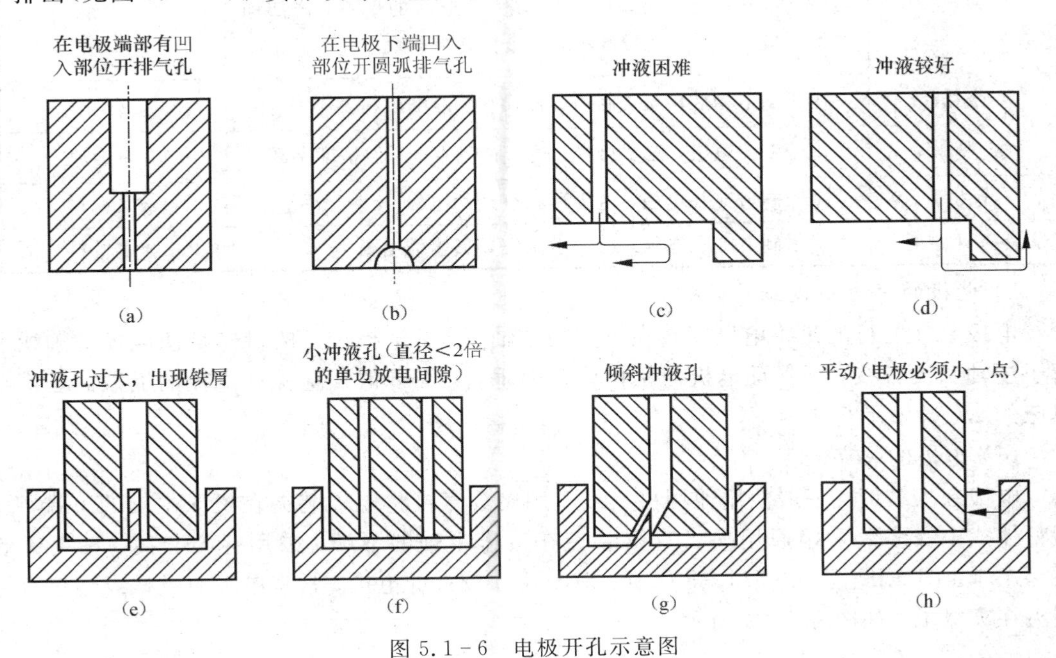

图 5.1－6　电极开孔示意图

① 为便于排气，常将冲油孔或排气孔上端直径加大，如图 5.1-6(a)所示。

② 气孔尽量开在蚀除面积较大以及电极端凹入的位置，如图 5.1-6(b)所示。

③ 冲油孔要尽量开在不易排屑的拐角、窄缝处，如图 5.1-6(c)不好、(d)较好。

④ 排气孔和冲油孔的直径约为平动量的 1～2 倍，一般取 1～1.5 mm；为便于排气排屑，常把排气孔、冲油孔的上端孔径加大到 5～8 mm；孔距在 20～40 mm，位置相对错开，以避免加工表面出现“波纹”。

⑤ 尽可能避免冲液孔在加工后留下的柱芯，如图 5.1-6(f)、(g)、(h)较好，(e)不好。

⑥ 冲油孔的布置需注意冲油要流畅，不可出现无工作液流经的“死区”。

(3) 电极的制造。

电极的制造方法应根据型孔或型腔的加工精度、电极材料和数量确定，常用的电极制造方法见表 5.1-5。在进行电极制造时，尽可能将要加工的电极坯料装夹在即将进行电火花加工的装夹系统上，避免因装卸而产生定位误差。

表 5.1-5 常用电极制造方法

制造方法	应 用 特 点	适用的电极材料
机械切削加工	用于型腔、穿孔电极，适于单件或少量电极的加工，但对形状复杂的电极制造困难，周期长	所有电极材料
液电成型	用于型腔电极，需要母模，电极形状复制性好，适用于批量生产，对于深型腔需要多次成型	紫铜板
压力振动成型	用于型腔电极，需要母模，制造效率高，适于批量生产	石墨
电镀成型	适于型腔、形状复杂的电极，不受电极尺寸的限制，但电镀时间较长，电镀层厚度的均匀性受形状的影响，内凹面电镀层较薄，一般比较疏松，电极损耗率较大	电解铜
烧结	用于制造型腔电极，制造方法简单，但电极精度不高	石墨
精锻	用于型腔电极，需要母模，适于批量生产，但精度不高	有色金属
线切割	用于制造穿孔电极，适于形状复杂的电极	金属材料
反拷贝加工	用于制造穿孔电极，也适于微细异形整体电极	金属材料

2) 电极的装夹与校正

电极装夹的目的是将电极安装在机床的主轴头上，电极校正的目的是使电极的轴线平行于主轴头的轴线，即保证电极与工作台台面垂直，必要时还应保证电极的横截面基准与机床的 X、Y 轴平行。

(1) 电极的装夹。

电极在安装时，一般使用通用夹具或专用夹具直接将电极装夹在机床主轴的下端。小型整体式电极多数采用通用夹具直接装夹在机床主轴的下端，采用标准套筒、钻夹头装夹，分别如图 5.1-7、图 5.1-8 所示；对于尺寸较大的电极，常将电极通过螺纹连接直接装夹在夹具上，如图 5.1-9 所示。

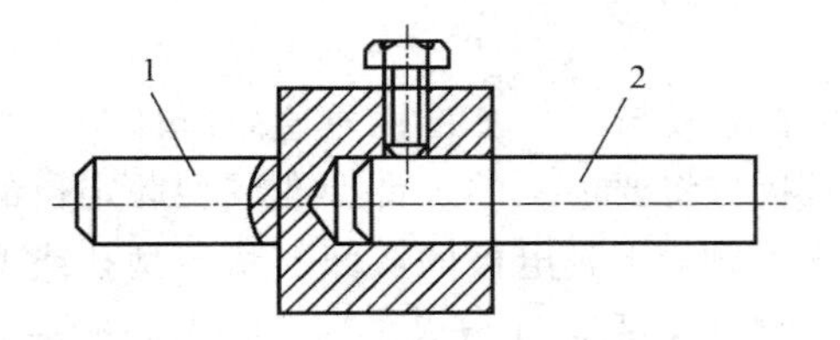

1—标准套筒；2—电极

图 5.1-7 标准套筒夹具

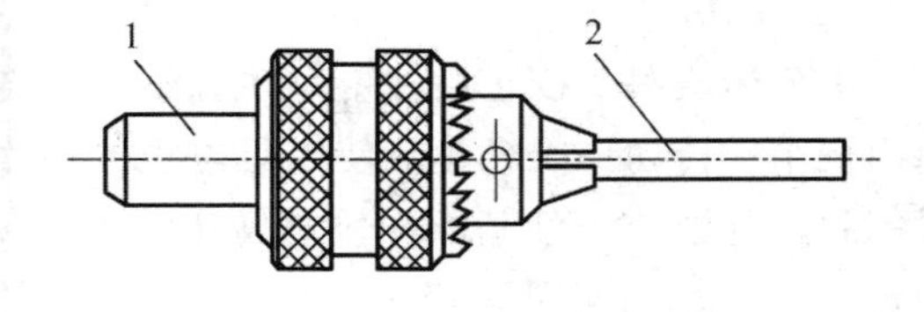

1—钻夹头；2—电极

图 5.1-8 钻夹头夹具

镶拼式电极的装夹较复杂，一般先用连接板将几块电极拼接成所需的整体，然后再用机械方法固定，如图 5.1-10 所示；也可用聚氯乙烯醋酸溶液或环氧树脂黏合。在拼接时各结合面需平整密合，然后再将连接板连同电极一起装夹在电极柄上。

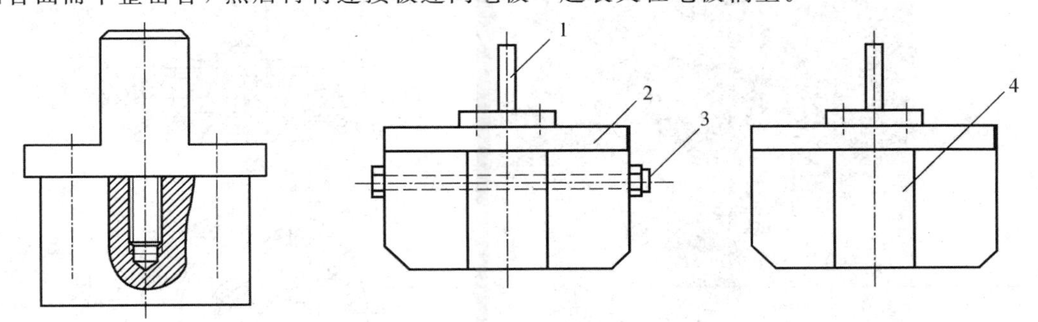

图 5.1-9 螺纹夹头夹具

1—电极柄；2—连接板；3—螺栓；4—黏合剂

图 5.1-10 连接板式夹具

当电极采用石墨材料时，应注意：

① 石墨较脆，不宜攻螺纹孔，可用螺栓或压板将电极固定于连接板上，如图 5.1-11 所示。

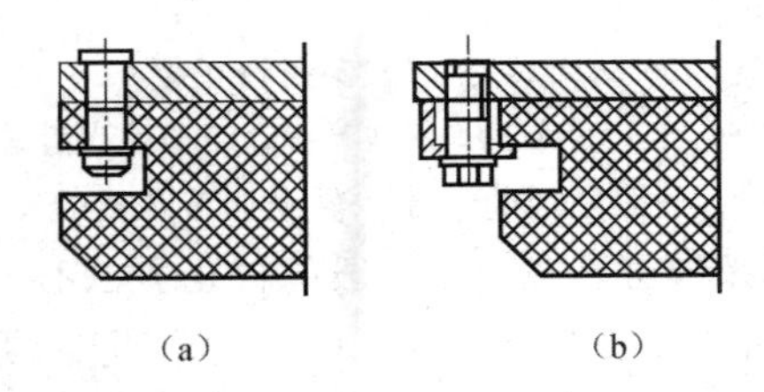

图 5.1-11 石墨电极的装夹

② 不论是整体的还是拼合的电极，都应使石墨压制时的施压方向与电火花加工时的进给方向垂直。如图 5.1-12(a)中箭头所示为石墨压制施压方向，图 5.1-12(b)拼合不合理，图 5.1-12(c)合理。

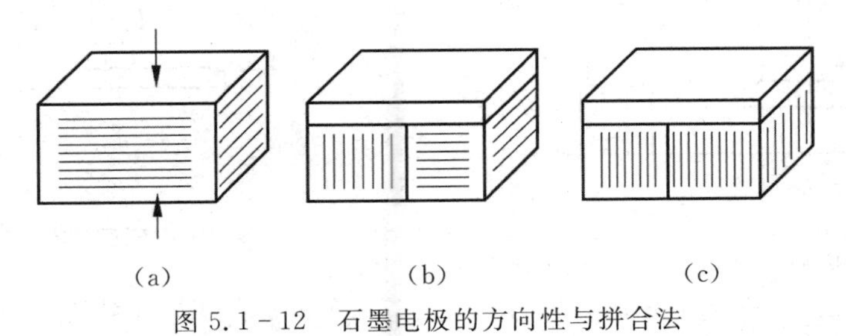

图 5.1-12 石墨电极的方向性与拼合法

(2) 电极的校正。

电极装夹好、校正后才能加工，即不仅要调节电极与工件基准面垂直，而且需在水平面内调节、转动一个角度，使工具电极的截面形状与将要加工的工件型孔或型腔定位的位置一致。电极与工件基准面垂直常用球面铰链来实现，工具电极的截面形状与型孔或型腔的定位靠主轴与工具电极安装面相对转动机构来调节，垂直度与水平转角调节正确后，都应用螺钉夹紧(见图 5.1-13)。

(a) 实物

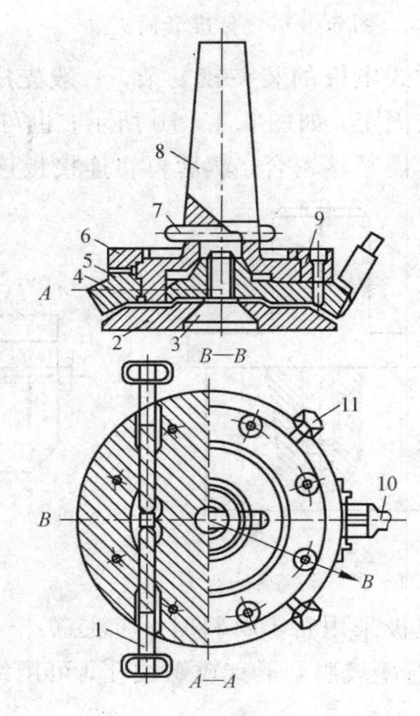

(b) 结构图

1—调节螺钉；2—摆动法兰盘；3—球面螺钉；4—调角校正架；5—调整垫；6—上压板；7—销钉；8—锥柄座；9—滚珠；10—电源线；11—垂直度调节螺钉

图 5.1-13　垂直和水平转角调节装置的夹头

电极装夹到主轴上后，必须进行校正，一般的校正方法有两种情况：

① 根据电极的侧基准面，采用千分表找正电极的垂直度(见图 5.1-14)。

② 电极上无侧面基准时，在电极上端面作辅助基准找正电极的垂直度(见图 5.1-15)。

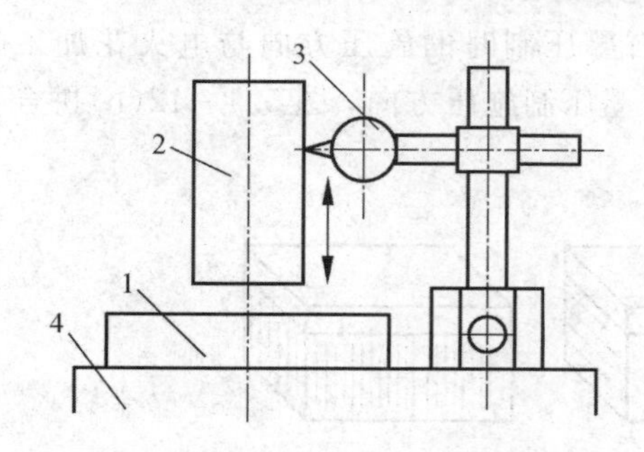

1—凹模；2—电极；3—千分表；4—工作台

图 5.1-14　用千分表校正电极垂直度图

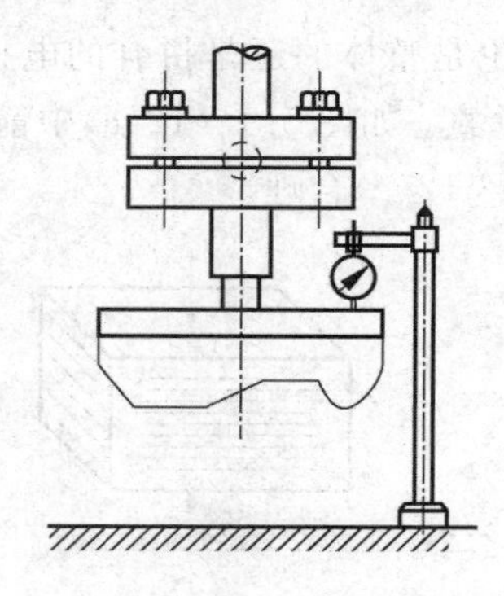

图 5.1-15　型腔加工用电极校正

目前瑞士EROWA公司生产出一种高精度电极夹具，可以有效地实现电极快速装夹与校正。这种高精度电极夹具不仅在电火花加工机床上使用，还可用在车床、铣床、磨床、线切割等机床上，可以实现电极制造、使用的一体化，使电极在不同机床之间便捷地转换。

(3) 电极的定位。

在电火花加工中，电极与加工工件之间相对定位的准确程度直接决定加工的精度。做好电极的精确定位主要有三方面内容：电极的装夹与校正、工件的装夹与校正、电极相对于工件定位。电火花加工工件的装夹与机械切削机床相似，但由于电火花加工中的作用力很小，因此工件更容易装夹。在实际生产中，工件常用压板、磁性吸盘(见图5.1-16)、虎钳等固定在机床工作台上，多数用百分表来校正(见图5.1-17)，使工件的基准面分别与机床的X、Y轴平行。电极相对于工件定位是指将已安装校正好的电极对准工件上的加工位置，以保证加工的孔或型腔在凹模上的位置精度。习惯上将电极相对于工件的定位过程称为找正。电极找正与其他数控机床的定位方法大致类似，读者可以借鉴参考。

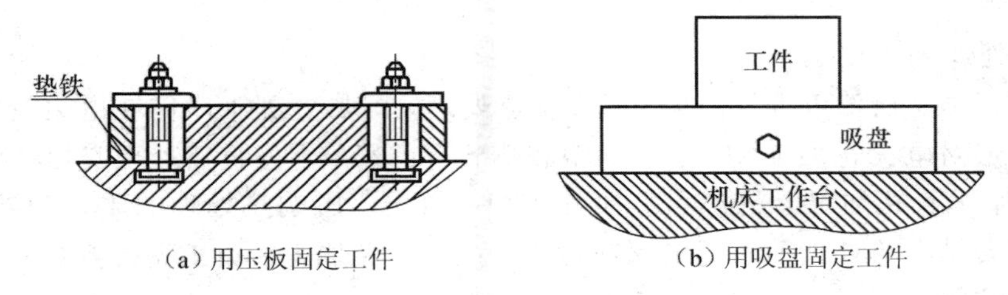

(a) 用压板固定工件　　(b) 用吸盘固定工件

图5.1-16　工件的固定

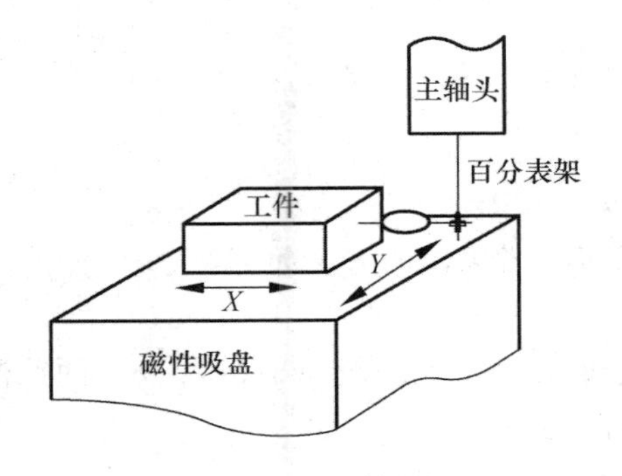

图5.1-17　工件的校正

目前生产的大多数电火花机床都有接触感知功能，通过接触感知功能能较精确地实现电极相对工件的定位。

3) 工件的准备

电火花加工在整个零件的加工中属于最后一道工序或接近最后一道工序，所以加工前宜做好工件准备，具体内容如下：

(1) 工件的预加工。

通常机械切削比电火花加工的效率高，所以电火花加工前应尽可能用机械切削的方法去除大部分加工余量，即预加工(见图5.1-18)。但预加工时要注意：

① 所留余量应合适、均匀，否则会影响型腔表面粗糙度，破坏型腔的仿型精度，引起电极不均匀损耗。

② 对一些形状复杂的型腔，预加工比较困难，可直接进行电火花加工。

③ 在缺少通用夹具的情况下，用常规夹具在预加工中需要将工件多次装夹。

④ 预加工后使用的电极上可能有铣削等机加工痕迹，可能影响到工件的表面粗糙度。

⑤ 预加工过的工件进行电火花加工时，在起始阶段加工稳定性可能存在问题。

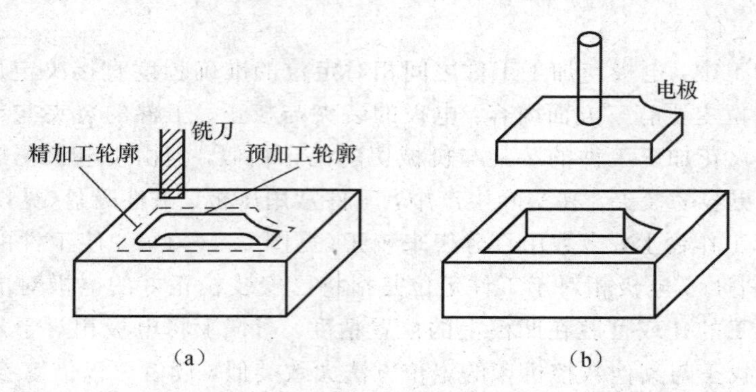

图 5.1-18　预加工示意图

(2) 热处理。

工件在预加工后便可进行淬火、回火等热处理，即热处理工序应在电火花加工前，以免热处理变形对电火花加工尺寸精度、型腔形状等的影响。但将热处理安排在电火花加工前也应注意，电火花加工会将淬火表层加工掉一部分，影响热处理的质量和效果。所以，有些型腔模安排在热处理前进行电火花加工，这样型腔加工后钳工抛光容易，并且淬火时的淬透性也较好。

(3) 其他工序。

工件在电火花加工前必须除锈去磁，否则在加工中工件吸附铁屑，很容易引起拉弧烧伤。

4. 电蚀产物的排除

为了较好地排除电蚀产物，常采用的方法如下：

1) 电极冲油

电极上根据需要开一个或几个直径一般为 0.5～2 mm 的冲油小孔，并强迫冲油。电极冲油是型腔电加工最常用的方法之一。

2) 工件冲油

工件冲油是穿孔电加工最常用的方法之一。由于穿孔加工大多在工件上开有预孔，因而具有冲油的条件。型腔加工时如果允许工件加工部位开孔，则也可采用此法。

3) 工件抽油

工件抽油常用于穿孔加工。由于加工的蚀除物不经过加工区，因而加工斜度很小。抽油时，要使放电时产生的气体(大多是易燃气体)及时排放，不能积聚在加工区，否则会引起“放炮”。“放炮”是严重的事故，轻则工件移位，重则工件炸裂，主轴头受到严重损伤。通常在安放工件的油杯上采取措施，将抽油的部位尽量接近加工位置，将产生的气体及时抽走。

总之，抽油的排屑效果不如冲油好。冲油和抽油对电极损耗都有影响(见图 5.1-19)，尤其是对排屑条件比较敏感的紫铜电极的损耗影响更明显，所以排屑较好时则不用冲、抽油。

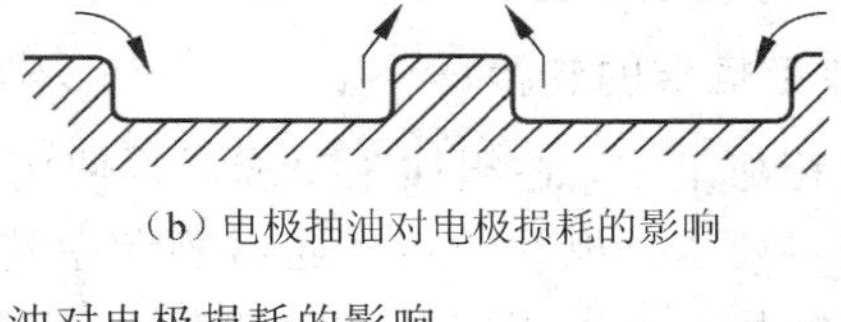

（a）电极冲油对电极损耗的影响　　（b）电极抽油对电极损耗的影响

图 5.1－19　电极冲、抽油对电极损耗的影响

4）开排气孔

大型型腔加工时经常在电极上开排气孔。该方法工艺简单，虽然排屑效果不如冲油，但对电极损耗影响较小。开排气孔在粗加工时比较有效，精加工时需采用其他排屑办法。

5）抬刀

工具电极在加工中边加工边抬刀是最常用的排屑方法之一。通过抬刀，电极与工件间的间隙加大，液体流动加快，有助于电蚀产物的快速排除。抬刀有两种情况：一种是定时的周期抬刀，目前绝大部分电火花机床具备此功能；另一种是自适应抬刀，可以根据加工的状态自动调节进给的时间和抬起的时间(即抬起高度)，使加工正好一直处于正常状态。自适应抬刀与自适应冲油一样，在加工出现不正常时才抬刀，正常加工时则不抬刀。显然，自适应抬刀对提高加工效率有益，减少了不必要的抬刀。

6）电极的平动或摇动

电火花加工中电极的平动或摇动从客观上改善了排屑条件。排屑的效果与电极平动或摇动的速度有关。在采用上述方法实现工作液冲油或抽油的强迫循环中，往往需要在工作台上装上油杯(见图 5.1－20)，油杯的侧壁和底边上开有冲油和抽油孔。电火花加工时，工作液会分解产生气体(主要是氢气)。这种气体如不及时排出，就会存积在油杯里，若被电火花放电引燃，将产生“放炮”现象，造成电极与工件位移，给加工带来很大麻烦，影响被加工工件的尺寸精度，所以对油杯的应用要注意以下几点：

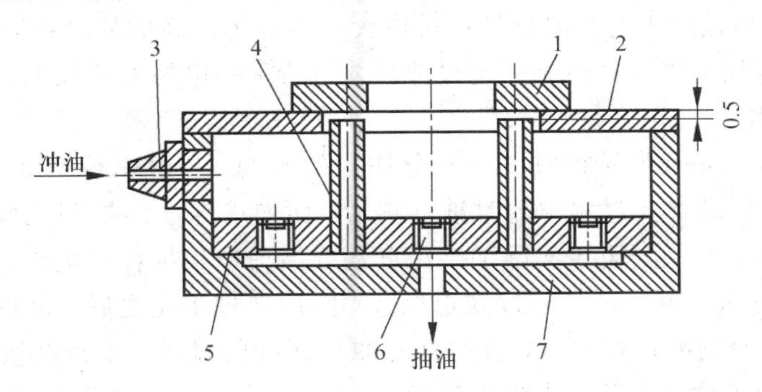

1—工件；2—油杯管；3—管接头；4—抽油抽气管；5—底板；6—油塞；7—油杯体

图 5.1－20　油杯结构图

(1) 油杯要有合适的高度，能满足加工较厚工件的电极的伸出长度，在结构上应满足加工型孔的形状和尺寸要求。油杯的形状一般有圆形和长方形两种，都应具备冲、抽油的条件。为防止在油杯顶部积聚气泡，抽油的抽气管应紧挨在工件底面。

(2) 油杯的刚度和精度要好。根据加工实际需要，油杯的两端面不平度不能超过 0.01 mm，同时密封性要好，防止有漏油现象。

(3) 油杯底部的抽油孔如安装不方便，可安置在靠底部侧面，也可省去抽油抽气管 4

和底板 5，而直接安置在油杯侧面的最上部。

5. 加工规准的转换

电火花加工中，在粗加工完成后再使用其他规准加工，使工件粗糙度值减小，逐步达到工件技术要求。规准的转换还需要考虑其他因素，如加工中的最大加工电流要根据不同时期的实际加工面积确定并进行调节。

1）掌握加工余量

掌握加工余量，这是提高加工质量、效率的重要环节。一般来说，分配加工余量要做到事先心中有数，在加工过程中只进行微小的调整，主要从粗糙度和电极损耗两方面来考虑。在一般型腔低损耗加工中能达到的各种表面粗糙度与最小加工余量有一定的规律(见表 5.1－6)。在加工中必须使加工余量不小于最小加工余量，否则加工不出要求的工件。

表 5.1－6　表面粗糙度与最小加工余量的关系

表面粗糙度 $Ra/\mu m$		最小加工余量
低损耗 规准的范围 （$\theta<1\%$）	50～25	0.5～1
	12.5	1
	6.3	0.20～0.40
	3.2	0.10～0.20
	1.6	0.05～0.10
	0.8	0.05 以下

2）粗糙度逐级逼近

粗糙度逐级逼近，这是另一个要点，忌讳粗糙度转换过大，尤其要防止在损耗明显增大时又使粗糙度差别很大。这样，电极损耗的痕迹会直接反映在电极表面上，使最后加工粗糙度变差。粗糙度逐级逼近是降低粗糙度的一种经济有效的方法，否则将使加工质量变差，效率变低。低损耗加工时粗糙度转换可以大一些。转换规准的时机是必须把前一电规准的粗糙表面全部均匀修光并达到一定尺寸后才进行下一电规准的加工。

3）加工尺寸控制

加工尺寸控制也是规准转换时应予充分注意的问题。一般来说，X、Y 平面尺寸的控制比较直观，并可以在加工过程中随时进行测量；而加工深度的控制比较困难，一般机床只能指示主轴进给的位置，至于实际加工深度还要考虑电极损耗和电火花间隙。因此在一般情况下深度方向都加工至稍微超过规定尺寸，然后在加工完之后，再将上平面磨去一部分。近年来新发展研制的数控机床，有的具有加工深度的显示，比较高级的机床其显示的深度还自动地扣除了放电间隙和电极损耗量。

4）损耗控制

理想情况是在任何粗糙度时都用低损耗规准加工，这样加工质量容易控制。同时由于低损耗加工的效率比有损耗加工要低，故对要求不太高而加工余量又很大的工件，其电极损耗的工艺要求可以低一些。有的加工，由于工艺条件或者其他因素，其电极损耗很难控制，因此要采取相应的措施才能完成一定要求的放电加工。

在加工中，为了有目的地控制电极损耗，应先了解如下内容：

(1) 如果用石墨电极做粗加工，电极损耗一般可以达到 1%以下。

(2) 用石墨电极采用粗、中加工规准加工得到的零件的最小粗糙度 Ra 能达到3.2 μm，但通常只能在 6.3 μm 左右。

(3) 若用石墨作电极且加工零件的表面粗糙度 $Ra<3.2$ μm，则电极损耗在 15%～50%。

(4) 电极角部损耗比上述还要大，粗加工时电极表面会产生缺陷。

(5) 紫铜电极粗加工的电极损耗量可以低于 1%，但加工电流超过 30 A 后，电极表面会产生起皱和开裂现象。

(6) 一般情况下用紫铜作电极采用低损耗加工规准进行加工，零件的表面粗糙度可达 $Ra3.2$ 左右，但紫铜电极的角损耗比石墨电极更大。

6. 电火花成型机床的调整与操作

1) 开机准备

合上电柜右侧总开关，脱开急停按钮，启动；约 20 s 进入准备屏后，执行回原点动作。未进入准备屏之前，不要按任何键；将主轴头移动到加工所需位置；安装电极和工件。

2) 加工

关闭液槽，闭合放油阀；回到加工屏，移动光标到起始程序段，按回车执行；液泵的启停可以用手控盒操作，也可编入程序；液温、液面有自动检测，出现问题会有提示；加工中可以更改加工条件、暂停加工，但不能修改程序。

3) 掉电后的恢复

加工过程中断电或重新开机后要继续加工，都必须进行如下操作：掉电前机床必须执行了回原点、设置零点的操作，设置零点可以在第一屏手动操作，也可以编入程序；重新开机后进入第一屏，先执行回原点操作，然后回零；进入加工屏，将光标移到上次中断的程序段处，按回车继续加工。

4) 手动加工

手动加工只能进行单轴向、单一加工条件和深度的单段加工。在加工屏，按“F9”进入手动加工画面，有以下(1)～(4)项由用户选择和设定：

(1) 加工轴向：用空格键切换，有 $Z-$、$Z+$、$Y-$、$Y+$、$X-$、$X+$ 共六个方向。

(2) 加工深度：用增量坐标表示，不带符号，取值范围在 0～999.999 之间。

(3) 加工条件号：选择加工条件，设置抬刀、平动等参数。

(4) 加工开始：有两种选择，一种是当前点，即以电极当前位置为加工起点；另一种是感知定零，以电极和工件接触感知点确定加工起点。

(5) 手动加工中找正：在手动加工中，按键盘上的“J”键，然后按手控盒上的轴向键(不能是当前加工轴)，可以单步移动该轴。利用这一功能，可以根据放电火花，调整电极位置。

(6) 按“F10”键退出手动加工方式。

5.1.3 电火花成型加工半圆槽组合零件的具体操作与检验

图 5.1-21(a)所示为半圆槽组合零件，图 5.1-21(b)所示为所用电极结构与尺寸。

1. 方法选择

选用单电极平动法进行电火花成型加工，为保证侧面棱角清晰($R<0.3$ mm)，其平动量应小，取 $\delta\leqslant0.25$ mm。

2. 工具电极

(1) 电极材料选用锻造过的紫铜，以保证电极加工质量及加工表面粗糙度。

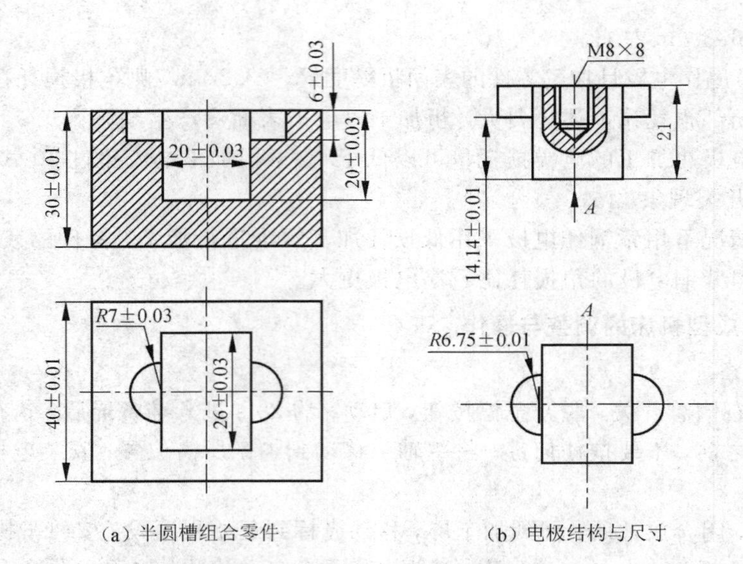

图 5.1-21 半圆槽组合零件加工

(2) 电极结构与尺寸(见图 5.1-21(b))的选择。电极水平尺寸单边缩放量取 $b=0.25$ mm，根据相关计算式可知，平动量 $\delta_0=0.25-\delta_{精}<0.25$ mm。

由于电极尺寸缩放量较小，用于基本成型的粗加工电规准参数不宜太大。根据工艺数据库所存资料(或经验)可知，实际使用的粗加工参数会产生1%的电极损耗。因此，对应的型腔主体 20 mm 深度与 $R7$ mm 搭子的型腔 6 mm 深度的电极长度之差不是 14 mm，而是(20－6)×(1＋1%)＝14.14(mm)。尽管精修时也有损耗，但由于两部分精修量一样，故不会影响二者深度之差。图 5.1-21(b)所示为电极结构，其总长度无严格要求。

3. 电极制造

电极可以用机械加工的方法制造，但因有两个半圆的搭子，一般都用线切割加工，主要工序为：备料→刨削上下面→划线→加工 M8×8 的螺孔→按水平尺寸用线切割加工左右半圆凸台→钳工修整。

4. 半圆槽组合零件坯料加工

半圆槽组合零件坯料加工工序为：按尺寸需要备料→刨削长方体→热处理(调质)达 38～40 HRC→磨削毛坯的六个表面。

5. 电极与工件的装夹和定位

(1) 用 M8 螺钉固定电极，并装夹在主轴头的夹具上；然后用千分表(或百分表)以电极上端面和侧面为基准，校正电极与工件表面的垂直度，并使其 X、Y 轴与工作台 X、Y 移动方向一致。

(2) 半圆槽组合零件一般用平口钳夹紧，并校正其 X、Y 轴，使其与工作台 X、Y 移动方向一致。

(3) 定位，即保证电极与工件的中心线完全重合。用数控电火花成型机床加工时，可利用机床自动找中心功能准确定位。

6. 电火花成型加工及检验

所选用的电规准转换与平动量分配如表 5.1-7 所示，加工完成后使用粗糙度表面对照样板以及内径百分表按图纸要求检验工件质量。

表 5.1-7 电规准转换与平动量分配

序号	脉冲宽度/μs	脉冲电流/A	加工电流/A	表面粗糙度 Ra/μm	单边平动量/mm	端面进给量/mm	备　注
1	350	30	14	10	0	19.90	(1) 型腔深度为 20 mm，考虑 1% 损耗，端面总进给量为 20.2 mm。 (2) 型腔的加工表面粗糙度 Ra 为 0.8 μm。 (3) 用 Z 轴数控电火花成型机床加工
2	210	18	8	7	0.1	0.12	
3	130	12	6	5	0.17	0.07	
4	70	9	4	3	0.21	0.05	
5	20	6	2	2	0.23	0.03	
6	6	3	1.5	1.3	0.245	0.02	
7	2	1	0.5	0.6	0.25	0.01	

5.1.4 相关知识链接

下面主要介绍电参数的选用。

电参数的选择直接影响加工的各项工艺指标及加工效率，调节时应考虑：电极数目、电极损耗、加工表面粗糙度要求、电极缩放量、加工面积、加工深度等基本因素。目前数控电火花加工机床的智能性已有了很大的提高，机床储存有针对各种材料组合加工的大量成套参数，只需在编程过程中按编程要求输入工艺条件，即可自动选择、配置电参数。加工中机床依靠智能化控制技术(如模糊控制技术)，由计算机监测、判断加工间隙的状态，自动微调电参数，保持稳定的放电加工，达到较高的加工效率，能满足一般加工要求，极大地降低了对操作人员的技能要求。

但像在深孔加工、大锥度加工、大面积加工等一些较特殊的加工场合，人工调整电参数就显得很有必要。调整电参数时，应优先考虑调整电参数主规准以外的参数，如抬刀高度、放电时间、抬刀速度等；其次可按次序考虑调整脉冲间隔、脉冲宽度、加工电流等，特殊材料加工可试用负极性加工(电极为负极)。在加工状态稳定的前提下，减少抬刀的动作及幅度、降低脉冲间隔、增大加工电流有利于提高加工效率；但在加工不稳定的情况下，一定要保持勤抬刀，适当选用较大的脉冲间隔，否则反而会降低加工效率，甚至引起电弧放电，使加工过程不能正常进行。根据加工经验，适当保守地进行电参数的调节，可维持加工的正常进行，且可获得较高的加工效率。

任务 5.2 电火花线切割加工设备的使用

【任务描述】

按工序卡片完成十字形零件的电火花线切割加工。

【任务要求】

读懂工序卡片，选择合适的机床型号，完成电极丝、工件和夹具与机床的安装，调整操作机床，完成十字形零件的电火花线切割加工过程。

【知识目标】

（1）能读懂工序卡片中有关量、附、夹具的内容。

（2）能理解机床的主运动、进给运动和辅助运动系统。

（3）能理解各典型传动件和机床附件的结构和工作原理。

【能力目标】

（1）能根据零件加工表面形状、加工精度、表面质量等选择合适的机床型号。

（2）能理解机床的基本结构及工作原理，3B 代码的识读、编写。

（3）能调整线切割机床，会安装电极丝、工件，并操作机床加工零件。

（4）能正确使用量具检验工件。

（5）具备简单机床故障诊断处理的能力。

【学习步骤】

以十字形零件电火花线切割加工工序卡片的形式提出任务，在十字形零件电火花线切割加工的准备工作中学会分析工序卡片及图样，根据分析，选择合适的机床型号，对选定的机床的参数及运动进行分析，掌握本机床的调整及操作方法，掌握电极丝、夹具及工件与机床的连接与安装，最后完成工序卡片零件的加工操作及检验，掌握对一般机床故障的分析与排除能力，学会本类机床的操作规程及其维护保养。

5.2.1 十字形零件电火花线切割加工工序卡片

十字形零件电火花线切割加工工序卡片如表 5.2－1 所示。

表 5.2－1 十字形零件电火花线切割加工工序卡片

××××学院	机械加工工序卡片	产品型号		零件图号		
		产品名称		零件名称	医用十字	共 页 第 页

O A B M K L C D J I F E H G δ=6 90±0.03 30±0.03 30±0.03 90±0.03

车间	工序号	工序名称	材料牌号
特种加工	014	线切割十字	40 Gr
毛坯种类	毛坯外形尺寸	每毛坯可制件数	每台件数
板材	120×120	1	1
设备名称	设备型号	设备编号	同时加工件数
电火花线切割机床	DK7732		1
夹具编号	夹具名称		切削液
	通用夹具		电火花切削油

加工参数的选择与调整

序号	功放（挡位）	脉冲宽度（挡位）	脉冲间隙（挡位）	进给速度（挡位）
1	1～2	4～16	4～8	5～6

工步号	工步内容
1	打开总电源、控制器、步进驱动电源及高脉冲电源开关。
2	据图纸及工件的实际情况计算坐标点，编制程序，安装工作、ϕ0.18 mm钼丝，选择合理切入位置。
3	将粗调开关放在自动位置，拨下进给开关，开始加工，并进一步调节好微调开关及软件微调，达到加工最稳定状态。
4	加工结束后，按顺序关闭机床的高频脉冲、水泵开关、储丝筒开关。

设计（日期）	校对（日期）	审核（日期）	标准化（日期）	会签（日期）

5.2.2 线切割加工十字形零件的准备工作

1. 分析图样

根据图样，切割形状为十字形的工件，尺寸精度等级为IT9级，表面粗糙度为 $Ra6.3$，采用直径0.18 mm钼丝快走线切割加工。

2. 电火花线切割机床型号的选取及结构

1）线切割机床的工艺范围

数控线切割加工已在生产中获得广泛应用，目前国内外的线切割机床已占电加工机床的60%以上，如图5.2-1所示为加工出的部分表面和零件，主要应用有以下几方面：

（1）加工模具，可加工各种形状的冲模、注塑模、挤压模、粉末冶金模、弯曲模等。

（2）加工电火花成型加工用的电极，包括一般穿孔加工用的电极、带锥度型腔加工用的电极、微细复杂形状的电极，以及铜钨、银钨合金之类的电极，用线切割加工特别经济。

（3）加工材料试验样件、各种型孔、特殊齿轮凸轮、样板、成型刀具等复杂形状零件及高硬材料的零件，可进行微细结构、异形槽和标准缺陷的加工；试制新产品时，可在坯料上直接割出零件；加工薄件时可多片叠在一起加工。

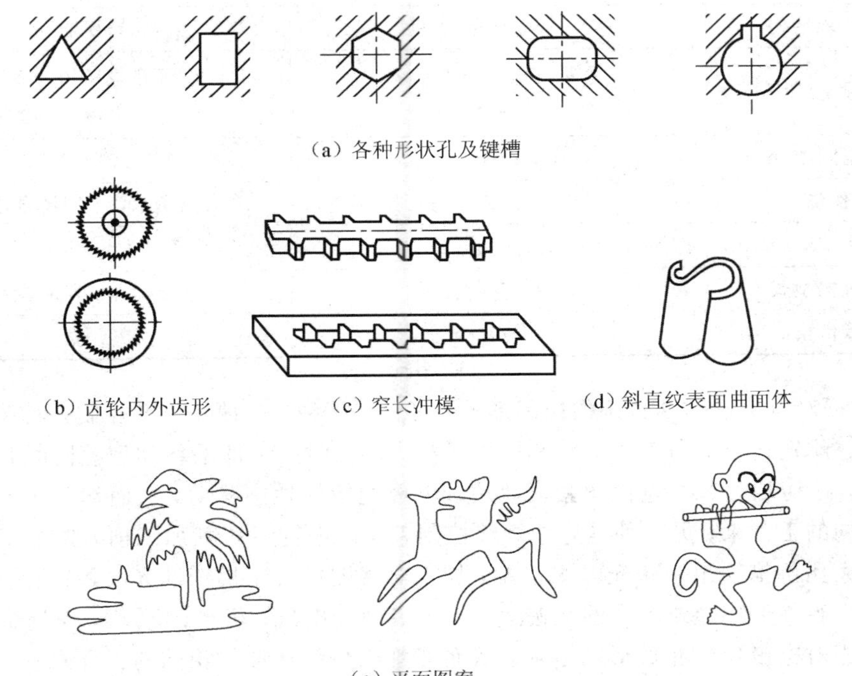

图5.2-1 线切割机床的部分生产运用

2）线切割机床的分类和型号编制

（1）线切割机床的分类。

① 按加工轨迹，可分为直壁切割、锥度切割和上下异形面切割。

a. 直壁切割，指电极丝运行到切割段时，其走丝方向与工作台保持垂直关系。

b. 锥度切割，又分为圆锥面切割和斜（平）面切割。

c. 上下异形面切割，在前两种切割中，工件的上下表面的轮廓是相似的，而在上下异形面切割中，工件的上下表面的轮廓不相似。

② 按电极丝运动速度，可分为快走丝线切割机床(WEDM－HS)和慢走丝线切割机床(WEDM－LS)，具体特征与区别见表 5.2－2。

表 5.2－2　快、慢走丝线切割机床的主要区别

比较项目＼机床类型	快走丝线切割机床	慢走丝线切割机床
走丝速度/(m/s)	≥2.5，常用值 6～10	<2.5，常用值 0.25～0.001
电极丝材料	钼、钨钼合金	黄铜、铜、以铜为主体的合金或镀覆材料
电极丝直径/mm	ϕ0.03～0.25，常用值 ϕ0.12～0.20	ϕ0.003～0.30，常用值 ϕ0.20
穿丝方式	手动	可手动可自动
工作电极丝长度	数百米	数千米
电极丝张力/N	上丝后即固定不变	可调，通常 2.0～25
电极丝振动	较大	较小
运丝系统结构	较简单	复杂
脉冲电源	开路电压 80～100 V 工作电流 1～5 A	开路电压约 300 V 工作电流 1～32 A
单面放电间隙/mm	0.01～0.03	0.01～0.12
工作液	线切割乳化液或水基工作液	去离子水，个别场合用煤油
工作液电阻/(kΩ·cm)	0.5～50	10～100
导丝机构型式	导轮，寿命较短	导向器，寿命较长
机床价格	便宜	昂贵

③ 根据对电极丝运动轨迹的控制形式，可分为三种：一种是仿型控制，其在进行线切割加工前，预先制造出与工件形状相同的型模，加工时把工件毛坯和型模同时装夹在机床工作台上，在切割过程中电极丝紧紧地贴着型模边缘做轨迹移动，从而切割出与型模形状和精度相同的工件来；另一种是光电跟踪控制，其在进行线切割加工前，先根据零件图样按一定放大比例描绘出一张光电跟踪图，加工时将图样置于机床的光电跟踪台上，跟踪台上的光电头始终追随墨线图形的轨迹运动，再借助于电气、机械的联动，控制机床工作台连同工件相对电极丝做相似形的运动，从而切割出与图样形状相同的工件来；第三种是数字程序控制，采用先进的数字化自动控制技术，驱动机床按照加工前根据工件几何形状参数预先编制好的数控加工程序自动完成加工，不需要制作样板也无需绘制光电跟踪图，比前面两种控制形式具有更高的加工精度和广阔的应用范围，目前国内外95%以上都已采用数控化。

此外，线切割机床还可按电极丝位置分为立式线切割机床和卧式线切割机床，按工作液供给方式可分为冲液式线切割机床和浸液式线切割机床。

(2) 线切割机床的型号编制。

根据我国机械行业标准 JB/T 7445.2—1998 规定，线切割加工机床的名称、类、组、系划分见表 5.1-2，如这里将选取的 DK7732，其型号标识如图 5.2-2。

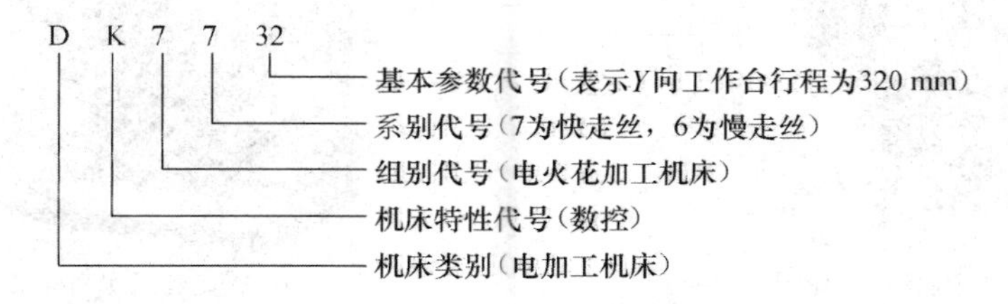

图 5.2-2 线切割机床型号示例

3) 线切割机床的型号选取

线切割机床的品种规格较多，根据工件的形状及轮廓尺寸，这里选用 DK7732 型，其主要技术参数包括机床尺寸参数及加工范围、加工精度、电参数、运动参数等，见表 5.2-3。

表 5.2-3 DK7732 型线切割机床技术参数

项 目 名 称	技 术 参 数
工作台行程($X\times Y$)/mm	400×320
工作台尺寸(宽×长)/mm	360×610
最大切割锥度	±6°/80 mm
工件最大重量/kg	320
最大切割厚度/mm	400(可调)
锥度头 U、V 轴行程/mm	±30
Z 轴行程/mm	≥200
控制轴数及联动轴数	X、Y、U、V，4 轴
最小分辨(指令)单位/mm	0.001
电极丝直径范围/mm	ϕ0.15～0.2(推荐 0.18)
走丝速度/(m/s)	11
最佳加工粗糙度	≤Ra2.5
工作液型号	DX-1/DX-4/南光-1
最高材料去除率/(mm^2/min)	≥100
机床总功率/kW	≤2.2
最大加工电流/A	5
供电电源	380 V，50 Hz
机床外形尺寸(长×宽×高)/mm	1550×1170×1700

各种线切割机床的结构大同小异，如图 5.2-3 所示为两种线切割机床的外观，大体均可分为主机、脉冲电源和数控装置三大部分。走丝机构使电极丝以一定的速度连续不断地进入和离开放电区域，是线切割机床的主要标志。

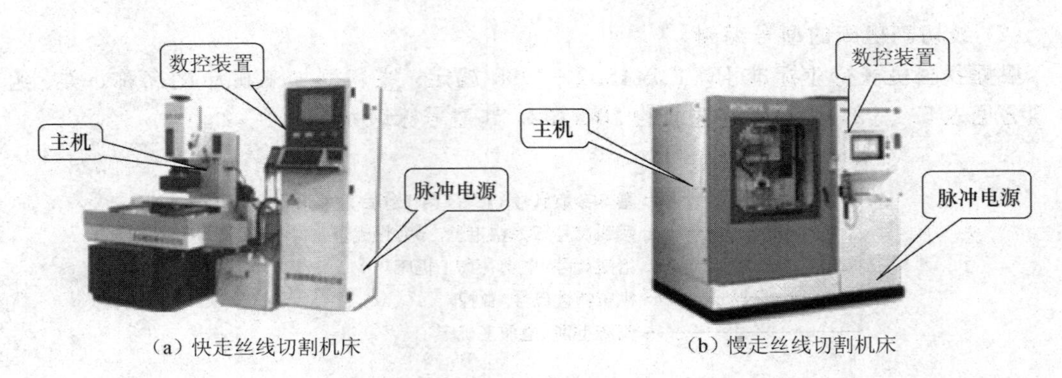

(a) 快走丝线切割机床　　(b) 慢走丝线切割机床

图 5.2-3　线切割机床总成

4) 线切割加工的定义及原理

电火花线切割加工(Wire cut Electrical Discharge Machining，简称 WEDM)，又称线切割加工，是在电火花成型加工的基础上发展起来的，它们都是直接利用电能对金属材料进行加工的，同属电蚀除加工，其原理相似。线切割加工是利用连续移动的电极丝与工件之间产生火花放电，蚀除金属、切割成型，实现轮廓切割。该方法是利用移动的细金属丝作工具电极，按预定的轨迹进行脉冲放电切割。按金属丝电极移动速度的大小可分为高速走丝切割和低速走丝线切割。高速走丝时，电极丝直径一般为 $\phi0.02 \sim \phi0.3$ mm 的高强度钼丝，往复运动速度一般为 8～10 m/s，可重复使用直至断丝为止，加工速度较高，但快速走丝容易造成电极丝抖动和反向时停顿，使加工质量下降，是我国生产和使用的主要机种，也已成为我国特有的线切割机床品种和加工模式，应用广泛；低速走丝时，电极丝多采用铜丝，电极以小于 0.2 m/s 的速度做单向低速运动，电极丝放电后不再使用，工作平稳、均匀、抖动小，加工质量较好，但加工速度较低，是国外生产和使用的主要机种，属于精密加工设备，代表着线切割机床的发展方向。

线切割时电极丝不断移动，损耗小，加工精度较高(可均达 0.01 mm，表面粗糙度可达 $Ra1.6$ 或更小)，远高于电火花成型加工。我国普遍采用高速走丝线切割，近年来低速走丝线切割也有所发展。国内外数控电火花线切割机床都不同程度采用了微机数控系统，实现了电火花线切割数控化。

如图 5.2-4 所示为电火花线切割基本工作原理。工件装夹在机床的坐标工作台上，作为工件电极，接脉冲电源的正极；采用细金属丝作为工具电极，称为电极丝，接入负极。若在两电极间施加脉冲电压，不断喷注具有一定绝缘性能的水质工作液，并由伺服电机驱动坐标工作台按预先编制的数控加工程序沿 X、Y 两个坐标方向移动，则当两电极间的距离小到一定程度时，工作液被脉冲电压击穿，引发火花放电，蚀除工件材料。控制两电极间始终维持一定的放电间隙，并使电极丝沿其轴向以一定速度做走丝运动，避免电极丝因放电总发生在局部位置而被烧断，即可实现电极丝沿工件预定轨迹边蚀除、边进给，逐步将工件切割加工成型。

5) 线切割的运动分析及加工特点

与电火花成型加工相比，电火花线切割加工有如下特点：

(1) 它是轮廓加工，无需设计、制造成型工具电极，降低了加工费用，缩短了生产周期。

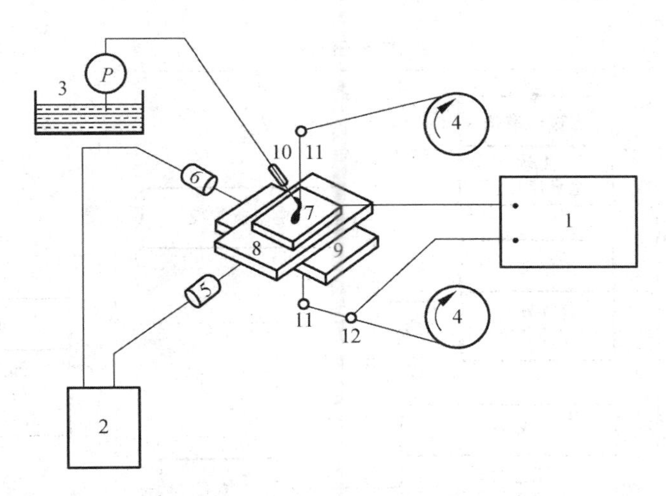

1—脉冲电源；2—控制装置；3—工作液箱；4—走丝机构；5，6—伺服电机；7—工件；
8，9—坐标工作台；10—喷嘴；11—电极丝导向器；12—电源进电柱

图 5.2-4　电火花线切割加工原理图

(2) 直接利用电能进行脉冲放电加工，工具电极和工件不直接接触，无机械加工中的宏观切削力，适宜于加工低刚度零件及细小零件、形状复杂的通孔零件或零件外形。

(3) 无论工件硬度如何，只要是导电或半导电的材料都能进行加工。

(4) 切缝可窄到 0.005 mm，只对工件材料沿轮廓进行“套料”加工，材料利用率高。

(5) 移动的长电极丝连续通过切割区，单位长度电极丝的损耗量较小，加工精度高。

(6) 一般采用水基工作液，可避免发生火灾，安全可靠，可实现昼夜无人值守连续加工。

(7) 通常用于加工零件上的直壁曲面，通过 $X-Y-U-V$ 四轴联动控制，也可进行锥度切割和加工上下截面异形体、形状扭曲的曲面体和球形体等零件。

(8) 不能加工盲孔及纵向阶梯表面。

3. 钼丝、夹具及工件的安装

在一定设备条件下，合理地制定加工工艺路线是保证工件加工质量的重要环节。电火花线切割加工过程一般按如图 5.2-5 所示几个步骤进行。

1) 电极丝准备

(1) 安装钼丝。

将钼丝盘紧固于绕丝轴上，松开丝筒拖板行程撞块。开动走丝电机，将丝筒移至左端后停止，把钼丝一端紧固在丝筒右边固定螺钉上，利用绕丝轴上弹簧使钼丝张紧。张力大小可调整绕丝轴上螺母，先用手盘动丝筒，使钼丝卷到丝筒上，再开动走丝电机(低速)，使钼丝均匀地卷在丝筒表面，待卷到另一端位置时，停止走丝电机，折断钼丝(或钼丝终了时)，将钼丝端头暂时紧固在卷丝筒上。开动走丝电机，调整拖板行程撞块，使拖板在往复运动走丝电机时两端钼丝存留余量(约 5 mm)，停止电机，使拖板停在钼丝端头并处于线架中心位置。

从卷丝筒取下钼丝端头，通过上导轮穿过工件穿丝孔，再从下导轮、导向过轮装置引向卷丝筒，张紧并固定，调整高频电源进电块和断丝保护块(表面应擦干净)，使钼丝与表

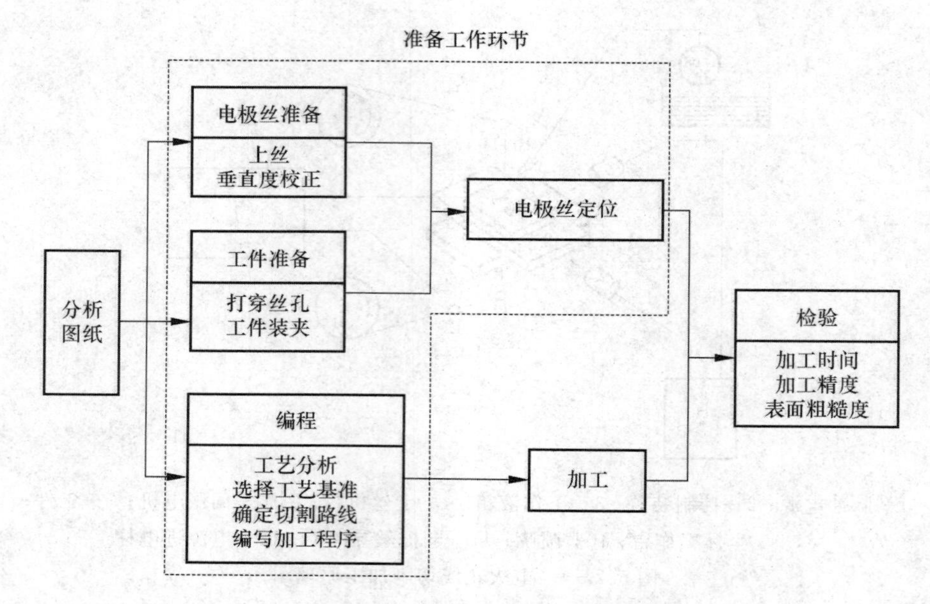

图 5.2-5　线切割加工的步骤

面相接触；如加工件不需穿丝孔，可以从外表面切进，这样在装工件前就可调整好钼丝。

(2) 垂直找正块的使用。

垂直找正块是一长方体，各相邻面相互垂直在 0.005 mm 以内，用来找电极丝和台面垂直。把找正块放置于卡具上，注意使找正块与夹具接触好，可来回移动几下找正块，分别从 X 和 Y(机床前后方向为 X，左右方向为 Y)两个方向找正电极丝。先找正 X 方向电极丝垂直，找正块放在夹具上，并使找正块伸出距离在电极丝的有效行程内。接着从电柜上选择微弱放电功能，然后在手控盒功能下移动电极丝靠近找正块，开始速度可以快些，靠近后要点动手控盒，移动电极丝直至与找正块之间产生火花。若是沿 X 正向接近找正块，火花在找正块下面，可按 U+并让 X 向负向回退一点，直至上下火花均匀，则 X 方向电极丝垂直已找好，X 向负向移开电极丝。Y 方向电极丝垂直找正时，用方尺靠上下锥度头，移动 V 轴使上下两锥度头侧面在同一平面上，然后调整上下导轮(具体方法如上所述)保证钼丝与工作台的垂直度(注意不能再动 V 轴)。

2) 工件准备

(1) 线切割穿丝孔。

切割凹模或带孔的工件时必须先有一个孔将电极丝穿进去，然后才能进行加工。由于在线切割中工件坯料的内应力会失去平衡而产生变形，影响加工精度，严重时切缝甚至会夹住、拉断电极丝。综合考虑内应力导致的变形等因素，可以看出图 5.2-6 中的(a)、(c)较好，图(b)、(d)中零件与坯料的主要连接部位被过早割离，工件刚性大大降低，易产生变形，影响加工精度。

穿丝孔的加工方法取决于现场的设备。在生产中穿丝孔常常用钻头直接钻出来，对于材料硬度较高或较厚的工件，则常采用高速电火花穿孔加工。穿丝孔的位置与加工零件轮廓的最小距离和工件的厚度有关，工件越厚，则最小距离越大，一般不小于 3 mm。在实际中穿丝孔有可能打歪(如图 5.2-7(a)所示虚线为加工轨迹，圆形小孔为穿丝孔)，若穿丝

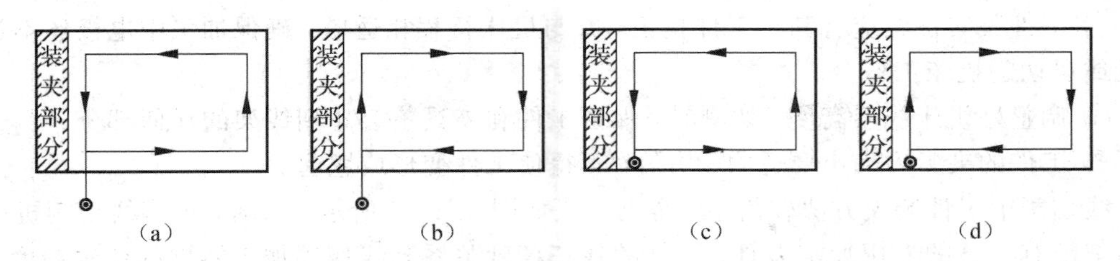

图 5.2－6　切割凸模时穿丝孔位置及切割方向比较图

孔与欲加工零件图形的最小距离过小，则可能导致工件报废；若穿丝孔与欲加工零件图形的距离过大(如图 5.2－7(b)所示)，则会增加切割行程。

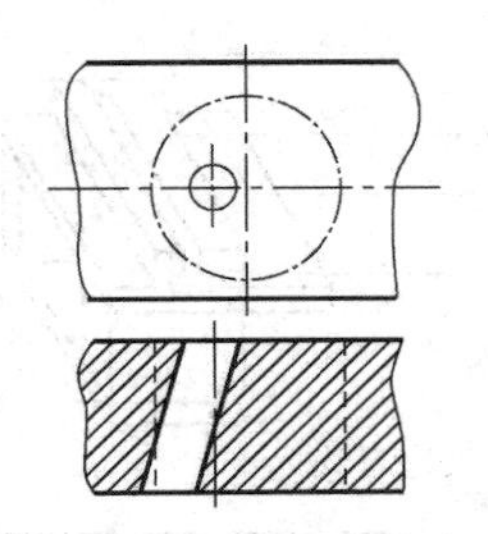
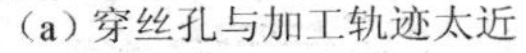
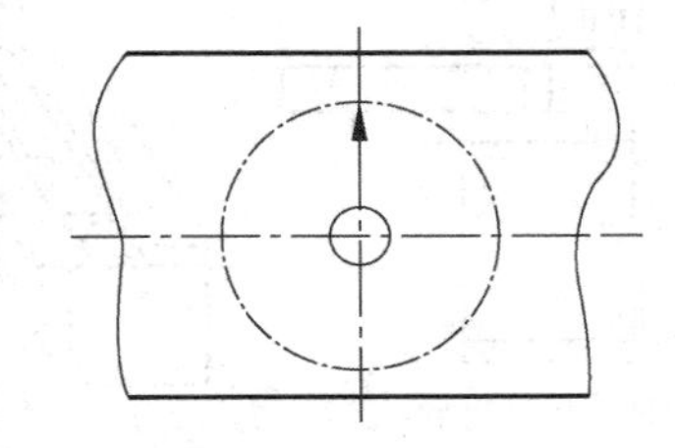

(a) 穿丝孔与加工轨迹太近　　(b) 穿丝孔与加工轨迹较远

图 5.2－7　穿丝孔的大小与位置

穿丝孔的直径不宜过小或过大，否则加工较困难。若由于零件轨迹等方面的原因导致穿丝孔的直径必须很小，则在打穿丝孔时要小心，避免打歪或尽可能减小穿丝孔的深度。如图 5.2－8(a)所示直接用打孔机打孔，操作较困难；图 5.2－8(b)所示是在不影响使用的情况下，在底部先加工较大的底孔来减小穿丝孔的深度以降低打孔的难度。这种方法在加工塑料模的顶杆孔等零件时常常应用。穿丝孔加工完成后清理毛刺，以免加工中产生短路而导致加工不能正常进行。

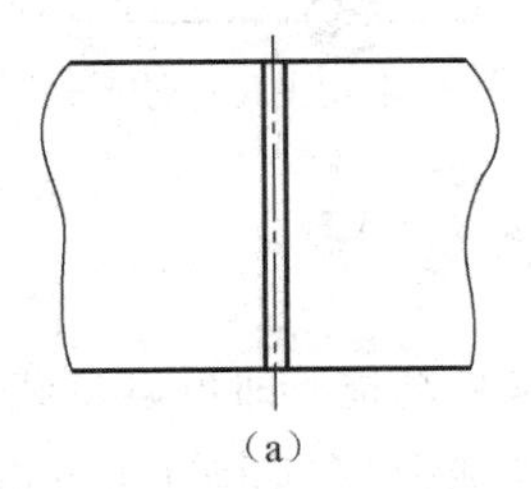
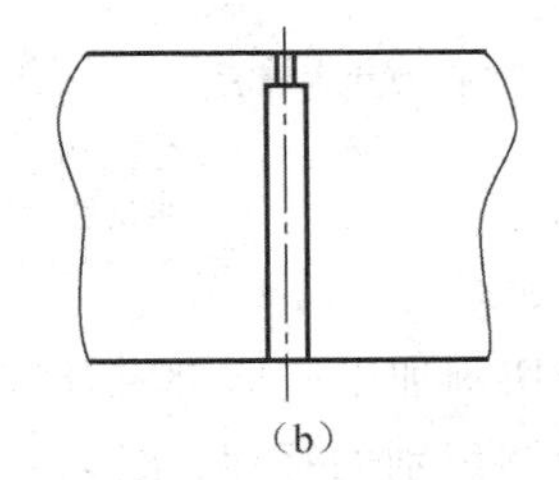

(a)　　(b)

图 5.2－8　穿丝孔高度

(2) 工件的找正装夹。

线切割加工属于较精密加工，工件的装夹对加工零件的定位精度有直接影响，特别是模具制造等加工。待 X、Y 方向电极丝均找正后，将夹具(随机附件)擦拭干净后在工作台上的适当位置紧固，放上准备好的工件，找正夹紧。装夹过程中需要注意如下几点：

① 确认工件的设计基准或加工基准面，尽可能使设计或加工的基准面与 X、Y 轴平行。

② 工件的基准面应清洁、无毛刺。经过热处理的工件，要清理穿丝孔内及扩孔的台阶处热处理残物及氧化皮。

③ 工件装夹位置应有利于工件找正，并与机床行程相适应，确保加工中电极丝不过分靠近或误切割机床工作台。

④ 调整好机床线架高度，切割时，保证工件和夹具不会碰到线架的任何部分。

⑤ 工件的夹紧力大小要适中、均匀，不得使工件变形或翘起。

线切割中工件装夹方法较简单，常见方式如图 5.2－9 所示。目前，很多线切割机床制造商都配有自己的专用加工夹具。工件的找正精度关系到线切割加工零件的位置精度。在实际生产中，根据加工零件的重要性，往往采用按划线找正、按基准孔或已成型孔找正、按外形找正等方法，其中按划线找正用于零件要求不高的情况下。

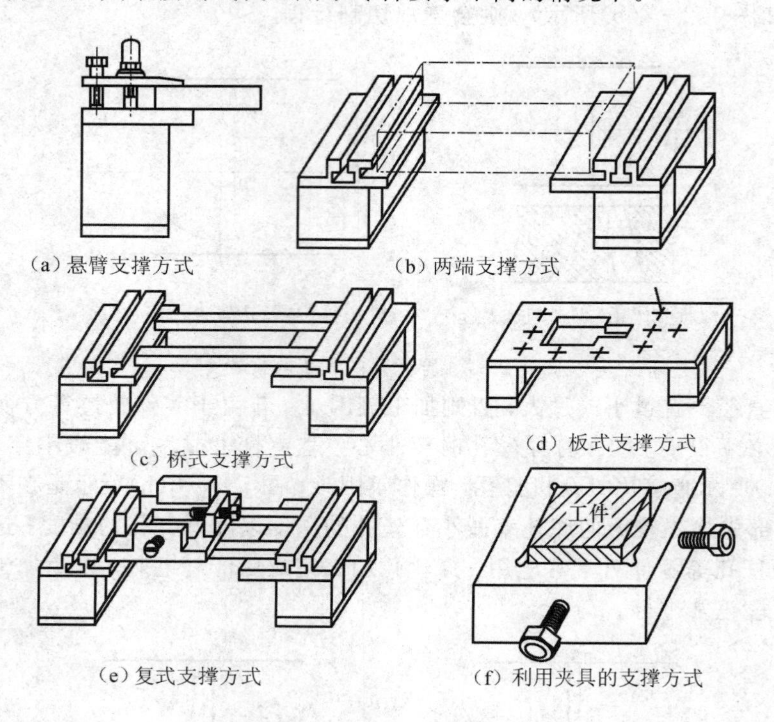

(a) 悬臂支撑方式　(b) 两端支撑方式　(c) 桥式支撑方式　(d) 板式支撑方式　(e) 复式支撑方式　(f) 利用夹具的支撑方式

图 5.2－9　常见的装夹方式

3) 编程

目前生产的线切割加工机床都有计算机自动编程功能，即可以将线切割加工的轨迹图形自动生成机床能够识别的程序。线切割程序与其他数控机床的程序相比较短，很容易读懂。国内线切割程序常用格式有 3B(个别扩充为 4B 或 5B)格式和 ISO 格式。其中，慢走丝机床普遍采用 ISO 格式，快走丝机床大部分采用 3B 格式。这里就 3B 代码程序格式作以介绍。

线切割加工轨迹大体由直线、圆弧组成，它们的 3B 程序指令格式如表 5.2－4 所示。

表 5.2－4　3B 程序指令格式

B	X	B	Y	B	J	G	Z
分隔符	X 向坐标值	分隔符	Y 向坐标值	分隔符	计数长度	计数方向	加工指令

注：B 为分隔符，它的作用是将 X、Y、J 数码区分开来；X、Y 为增量(相对)坐标值；J 为加工线段的计数长度；G 为加工线段计数方向；Z 为加工指令。

编程时采用相对坐标系(即坐标系的原点随程序段的不同而变化)，将图形拆解成直线和圆弧再逐条编制，先确定 X、Y 值，再确定计数方向，计算计数长度，最后确定加工指令。加工直线时以该直线的起点为坐标点，X、Y 值取该直线终点的坐标值；加工圆弧时以该圆弧的圆心为坐标系的原点，X、Y 值取该圆弧起点的坐标值；坐标值取绝对值。

5.2.3 线切割加工十字形零件的具体操作与检验

1. 开机前的准备

操作前应仔细阅读“机床使用说明书”和与之配套的“电源柜使用说明书”，熟悉本机床机械、电气、传动原理及其相互关系，熟悉机床各主要部分的结构，熟悉各操作开关的位置及其作用，熟悉本机床规格、性能和安全操作措施，熟悉机床各润滑部分及如何润滑，在此基础上仔细阅读“控制柜使用说明书”，熟悉三者关系，便于正确地使用机床。

(1) 将工作台移动到中间位置。

(2) 摇动卷丝筒，检验拖板往复运动是否灵活，调整左右撞块，控制拖板行程。

(3) 开启总电源，启动走丝电机，检验运转是否正常，检查拖板换向动作是否可靠，换向时“高频电源”是否自行切断，并检查限位开关是否起到停止走丝电机的作用。

(4) 工作台做纵横向移动，检查输入信号与移动动作是否一致。

2. 基本机床操作步骤

(1) 合上机床主机电源开关。

(2) 合上控制柜电源开关，启动计算机，双击桌面 YH 图标，进入线切割控制系统。

(3) 解除机床主机上的急停按钮。

(4) 按机床润滑要求加注润滑油。

(5) 开启机床，空载运行 2 min，检查其工作状态是否正常。

(6) 按所加工零件的尺寸、精度、工艺等要求，在线切割机床自动编程系统中编制线切割加工程序，并送控制面板；或手工编制加工程序，并通过软驱读入控制系统。

(7) 在控制面板上对程序进行模拟加工，以确认程序准确无误。

(8) 装夹工件。

(9) 开启运丝筒。

(10) 开启冷却液。

(11) 选择合理的电加工参数。

(12) 手动或自动对刀。

(13) 点击控制台上的“加工”键，开始自动加工。

(14) 加工完毕后，按“Ctrl+Q”键退出控制系统，并关闭控制柜电源。

(15) 拆下工件，清理机床。

(16) 关闭机床主机电源开关。

3. 十字形零件的线切割加工操作与检验

(1) 使用垂直找正块找正钼丝。

(2) 装夹、找正工件。

(3) 1∶1 绘制工件图形(CAXA 或 TCAD)和引线。

(4) 通过自动编程生成程序。

程序：　　　　　　　　　　（轨迹）

B0B5000B5000GYL4　　$O \to A$)
B15000B0B15000GXL1　　($A \to B$)
B0B30000B30000GYL4　　($B \to C$)
B30000B0B30000GXL1　　($C \to D$)
B0B30000B30000GYL4　　($D \to E$)
B30000B0B30000GXL3　　($E \to F$)
B0B30000B30000GYL4　　($F \to G$)
B30000B0B30000GXL3　　($G \to H$)
B0B30000B30000GYL2　　($H \to I$)
B30000B0B30000GXL3　　($I \to J$)
B0B30000B30000GYL2　　($J \to K$)
B30000B0B30000GXL1　　($K \to L$)
B0B30000B30000GYL2　　($L \to M$)
B15000B0B15000GXL1　　($M \to A$)
B0B5000B5000GYL2　　($A \to O$)
DD

(5) 把计算机系统切换到纯 DOS 模式(Windows98 系统容易系统切换)。

(6) 输入相关 DOS 命令，启动 CNC2 加工程序。

(7) 点亮变频、进给按钮，按下“F1”，用手控盒移动机床工作台，使钼丝处于合适位置，按“Esc”弹起“F1”。

(8) 按下“F3”，把 3B(或 G)代码调入 CNC2 加工程序。

(9) 按下“F6”，输入间隙补偿值($d/2+z$；d 为钼丝直径，z 为单边放电间隙)。

(10) 进行加工演示，注意显示屏右上 X、Y 数值，确认是否适合加工或超程，弹起“F3”。

(11) 根据工序卡片调节相应的电参数(脉冲调节、脉停调节、加工电流)；确认断丝保护开关处于打开状态。

(12) 确定乳化液流量合适后，再进行下一步操作。

(13) 按下“高频”、“F8”、“加工”，进行加工。

(14) 加工结束，机床自动停止，熄灭“加工”、“高频”。

(15) 按下“F1”，移开钼丝。

(16) 取出零件，清洗加工表面，用游标卡尺检测轮廓尺寸，用粗糙度对照样板检测加工表面质量。

5.2.4 线切割机床的安全操作规程与保养

1. 线切割机床的安全操作规程

(1) 操作前应接受有关劳动保护、安全生产等教育，熟悉电火花机床的安全操作规程。

(2) 操作人员应熟悉机床的结构、原理、性能及用途等方面的知识，按照工艺规程做好加工前的一切准备工作。

(3) 尽量保持电器部分清洁，防止受潮，以免降低机床的绝缘性而影响机床的正常工作。

(4) 定期检查机床保护接地是否可靠，注意各部位是否漏电。放电加工使用中，不得用手接触电极工具，以免触电。

(5) 在加工过程中，操作人员应坚守岗位，集中思想，细心观察机床设备的运转情况，发现问题及时处理。操作人员不在现场时，不得使电火花机床处在加工状态。

(6) 机床附近严禁烟火(吸烟)，并配置适当的灭火器。若发生火灾，应立即切断电源，并用四氯化碳或二氧化碳灭火器灭火，防止事故扩大。

(7) 电火花加工操作车间内必须具有抽油雾烟气的换气装置，保证室内空气通风良好。

(8) 油箱要保证足够的循环油量，油温要控制在安全范围内。添加工作介质(煤油)时，不得混入汽油之类的易燃物，以免发生火灾。

(9) 加工过程中，工作液面必须高于工件 15 cm。若液面过低，加工电流较大，则容易引起火灾，因此操作人员必须经常检查液面是否合适。

(10) 用手柄操作线切割储丝筒后应及时将手柄拔出，防止储丝筒转动时将摇柄甩出伤人；装卸电极丝时，防止电极丝扎手，换下来的废丝要放在规定的容器内，防止混入电路和走丝系统中，造成电机短路、触电和断丝等事故。在停机时要在储丝筒刚换向后尽快按下停止按钮，以防因丝筒惯性造成断丝及传动件碰撞。

(11) 加工完毕停机时，应先停高频脉冲电源，后停工作液，让电极丝运行一段时间，并等储丝筒反向后再停走丝，关掉总电源，擦净工作台及夹具，并润滑机床，清扫现场。

2. 线切割机床的保养

(1) 每天使用前请先拉手动注油器，以保证 Z 轴丝杆润滑，增加其寿命(R32 润滑油)。

(2) 经常检查 X 轴、Y 轴的丝杆是否缺黄油，并及时补充。

(3) 经常擦拭机器，保持清洁，增加其寿命。

(4) 常检查加工液是否太脏，必要时更换过滤网、加工液，清洗过滤箱，提高加工性能。

(5) 经常检查电源箱的电扇通风是否良好(风扇过滤网需每月清洗一次)。

(6) 经常检查工作槽防漏橡胶(耐煤油方形条)是否腐蚀硬化，以确保安全，防止漏油。

(7) 工作完成后擦拭工作台保持清洁，下次使用时更方便。

5.2.5 相关知识链接

1. 线切割程序的编制

1) 直线的 3B 代码编程

(1) X、Y 值的确定。

X、Y 表示直线终点的坐标绝对值(单位为 μm)，主要确定该直线的斜率，所以可将直线终点坐标的绝对值除以它们的最大公约数作为 X、Y 的值，以简化数值。若直线与 X 轴或 Y 轴重合，为区别一般直线，X、Y 均可写作 0 也可以不写。

(2) G 的确定。

G 用来确定加工时的计数方向，分 Gx 和 Gy(见图 5.2－10)。以要加工直线的起点为

原点建立直角坐标系，取该直线终点坐标绝对值大的坐标轴为计数方向。设终点坐标为(X_e、Y_e)，令 $X=|X_e|$，$Y=|Y_e|$，若 Y<X，则 G=Gx (图(a)所示)；若 Y>X，则 G=Gy (图(b)所示)；若 Y=X，则在一、三象限取 G=Gy，在二、四象限取 G=Gx。也就是以45°线为界，取与终点处走向较平行的轴作为计数方向(图(c)所示)。

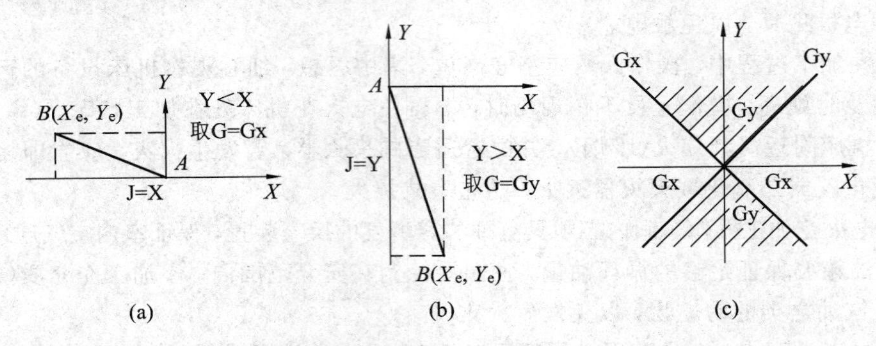

图 5.2-10　G 的确定

(3) J 的确定。

计数长度 J(单位 μm)的取值方法为：由计数方向 G 确定投影方向，若 G=Gx，则将直线向 X 轴投影得到长度的绝对值即为 J 的值；若 G=Gy，则将直线向 Y 轴投影得到长度的绝对值即为 J 的值。

(4) Z 的确定。

加工指令 Z 按照直线走向和终点的坐标不同可分为 L1、L2、L3、L4，其中与 +X 轴重合的直线算作 L1，与 −X 轴重合的直线算作 L3，与 +Y 轴重合的直线算作 L2，与 −Y 轴重合的直线算作 L4，如图 5.2-11 所示。

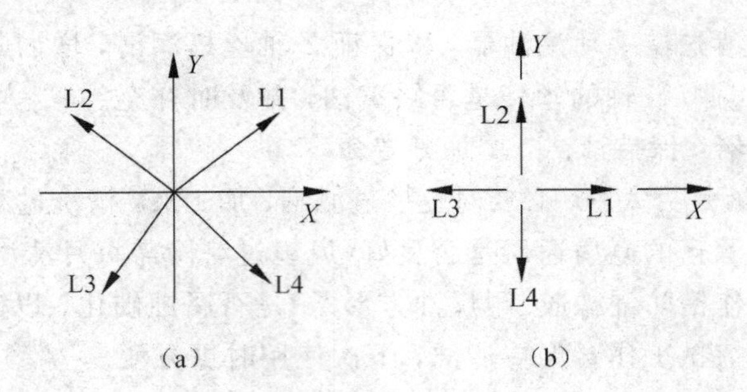

图 5.2-11　Z 的确定

综上所述，如图 5.2-12(a)所示的轨迹形状，就可写出其 X、Y 值。图(b)、(c)、(d)中线段的 3B 代码如表 5.2-5 所示。

表 5.2-5　线段的 3B 代码

直线	B	X	B	Y	B	J	G	Z
CA	B	1	B	1	B	100000	Gy	L3
AC	B	1	B	1	B	100000	Gy	L1
BA	B	0	B	0	B	100000	Gx	L3

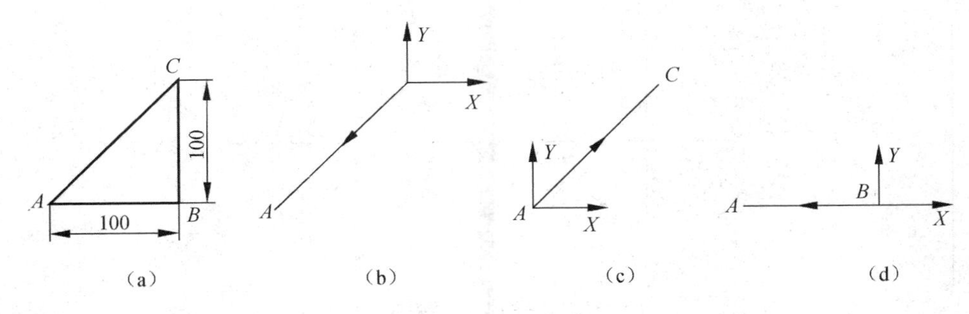

图 5.2-12　直线轨迹

2）圆弧的 3B 代码编程

(1) X、Y 值的确定。

以圆弧的圆心为原点建立正常的直角坐标系，X、Y 表示圆弧起点坐标绝对值(单位 μm)。

(2) G 的确定。

以某圆心为原点建立直角坐标系，取终点坐标绝对值小的轴为计数方向。若圆弧终点坐标为(X_e，Y_e)，令 X＝$|X_e|$，Y＝$|Y_e|$，若 Y＜X，则 G＝Gy，如图 5.2-13(a)所示；若 Y＞X，则 G＝Gx，如图 5.2-13(b)所示；若 Y＝X，则 Gx、Gy 均可。可见，圆弧计数方向由圆弧终点的坐标绝对值大小决定，与直线相反，即取与圆弧终点处走向较平行的轴作为计数方向，如图 5.2-13(c)所示。

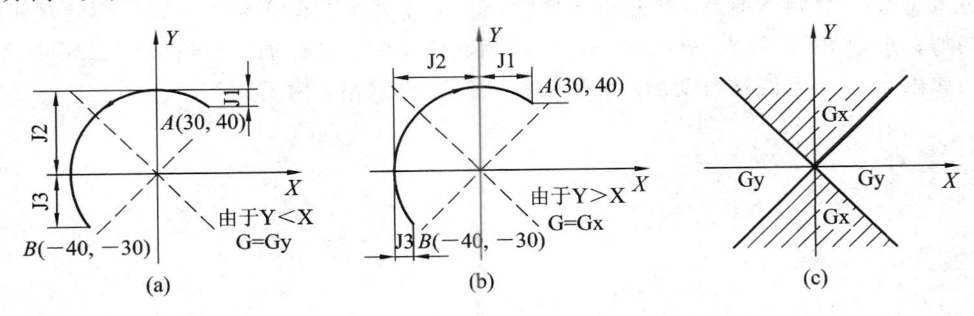

图 5.2-13　圆弧轨迹

(3) J 的确定。

圆弧编程中 J 的取值方法为：由计数方向 G 确定投影方向，若 G＝Gx，则将圆弧向 X 轴投影；若 G＝Gy，则将圆弧向 Y 轴投影。J 值为各个象限圆弧投影长度绝对值的和。

(4) Z 的确定。

加工指令 Z 按照第一步进入的象限可分为 R1、R2、R3、R4；按切割走向可分为顺圆 S、逆圆 N，于是共有 8 种指令：SR1、SR2、SR3、SR4、NR1、NR2、NR3、NR4，如图 5.2-14 所示。

2. 快走丝机床加工中出现断丝的原因分析及避免措施

(1) 减少电极丝(钼丝)运动的换向次数，尽量消除钼丝抖动现象。根据线切割加工的特点，钼丝在高速切割运动中需要不断换向，在换向的瞬间会造成钼丝松紧不一致，即钼丝各段的张力不均，使加工过程不稳定。所以在上丝的时候，电极丝应尽可能上满储丝筒。

(2) 钼丝导轮的制造和安装精度直接影响钼丝的工作寿命。在安装和加工中应尽量减

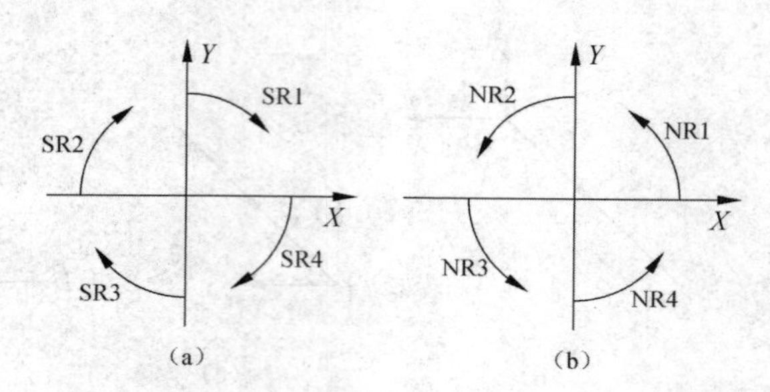

图 5.2－14　Z 的确定

小导轮的跳动和摆动，以减小钼丝在加工中的振动，提高加工过程的稳定性。

(3) 选用适当的切削速度。在加工过程中，如切削速度(工件的进给速度)过大，被腐蚀的金属微粒不能及时排出，会使钼丝经常处于短路状态，造成加工过程的不稳定。

(4) 保持电源电压的稳定和冷却液的清洁。电源电压不稳定会使钼丝与工件两端的电压不稳定，从而造成击穿放电过程的不稳定。冷却液如不定期更换会使其中的金属微粒成分比例变大，逐渐改变冷却液的性质而失去作用，引起断丝。如果冷却液在循环流动中没有泡沫或泡沫很少、颜色发黑、有臭味，则要及时更换冷却液。

若在刚开始加工阶段就断丝，则可能的原因有：① 加工电流过大；② 钼丝抖动厉害；③ 工件表面有毛刺或氧化皮。若在加工中间阶段断丝，则可能的原因有：① 电参数不当，电流过大；② 进给调节不当，开路短路频繁；③ 工作液太脏；④ 导电块未与钼丝接触或被拉出凹痕；⑤ 切割厚件时，脉冲过小；⑥ 丝筒转速太慢。若在加工最后阶段出现断丝，则可能的原因有：① 工件材料变形，夹断钼丝；② 工件跌落，撞落钼丝。

参考文献

[1] 刘苍林．金属切削机床[M]．天津：天津大学出版社，2009．

[2] 刘苍林．金属切削机床实训教程[M]．天津：天津大学出版社，2009．

[3] 李凡国．普通机床零件加工[M]．北京：北京邮电大学出版社，2012．

[4] 张普礼，杨琳．机械加工设备[M]．北京：机械工业出版社，2005．

[5] 陈伟栋．机械加工设备[M]．北京：北京大学出版社，2010．

[6] 徐小国．机加工实训[M]．北京：北京理工大学出版社，2006．

[7] 段晓旭．普通车床操作与加工实训[M]．北京：电子工业出版社，2008．

[8] 徐洪义．车工[M]．3 版．北京：中国劳动社会保障出版社，2011．

[9] 陈宏均．车工速查速算手册[M]．北京：机械工业出版社，2011．

[10] 王先逵．车削、镗削加工[M]．北京：机械工业出版社，2008．

[11] 陈宏均．铣工速查速算手册[M]．北京：机械工业出版社，2011．

[12] 周增宾．磨削加工速查手册[M]．北京：机械工业出版社，2010．

[13] 王先逵．拉削、刨削、插削加工[M]．北京：机械工业出版社，2008．

[14] 张学仁．数控电火花线切割加工技术[M]．哈尔滨：哈尔滨工业大学出版社，2004．

[15] 赵明久．普通铣床操作与加工实训[M]．北京：电子工业出版社，2010．

[16] 王先逵．磨削加工[M]．2 版．北京：机械工业出版社，2008．

[17] 王先逵．铣削、锯削加工[M]．北京：机械工业出版社，2008．